AF343438

TRAITÉ

DE

ZOOLOGIE

PAR

EDMOND PERRIER

MEMBRE DE L'INSTITUT ET DE L'ACADÉMIE DE MÉDECINE
PROFESSEUR AU MUSÉUM D'HISTOIRE NATURELLE DE PARIS

FASCICULE V

AMPHIOXUS — TUNICIERS

AVEC 97 FIGURES

PARIS

MASSON ET Cie, ÉDITEURS

LIBRAIRES DE L'ACADÉMIE DE MÉDECINE

120, BOULEVARD SAINT-GERMAIN

1899

II. LÉGION

PHANÉROCHORDES

Néphridiés libres ou fixés; dans le premier cas, système nerveux central tout entier situé d'un même côté du tube digestif, caractérisant en général la face dorsale et séparé de la cavité générale par une cloison contenant soit un cordon cellulaire de structure spéciale, la corde dorsale, soit une colonne osseuse articulée, dite colonne vertébrale; dans le deuxième cas, système nerveux réduit chez la larve à un cordon longitudinal, mince, terminé en avant par une volumineuse vésicule contenant les organes des sens; corde dorsale n'occupant que la région postérieure du corps, amincie en forme de queue. Développement généralement très accéléré; pas de phase de trochosphère.

Généralités, rapports des embranchements. — On se borne d'habitude à distinguer deux grands groupes de Phanérochordes, les Tuniciers et les Vertébrés; cette division serait satisfaisante s'il était vrai que les Tuniciers jettent une sorte de pont entre les Invertébrés et les Vertébrés, qu'ils relieraient particulièrement aux Mollusques. Mais la plus simple comparaison entre l'organisation des Tuniciers et celle des Mollusques montre que ces animaux n'ont aucun rapport entre eux, et que les seuls Néphridiés inférieurs avec qui les Vertébrés aient d'incontestables affinités sont les Vers annelés. Tous les caractères qui distinguent les Vertébrés des Vers annelés se rattachent à l'exceptionnel développement de leur système nerveux (p. 2162) et à leur intense accélération embryogénique; cela suffit à établir que les Vertébrés ne sauraient avoir pour ancêtres des animaux fixés comme les Tuniciers, où le système nerveux est manifestement en voie de régression.

Les affinités des Tuniciers avec les Phanérochordes libres étant d'ailleurs incontestables, les premiers de ces animaux ne peuvent être que le résultat de la fixation au sol et de l'adaptation à un genre de vie sédentaire des Phanérochordes les plus inférieurs, et notamment d'un groupe de Phanérochordes dont l'*Amphioxus* paraît être le dernier représentant. La connaissance préalable de l'*Amphioxus* est donc nécessaire à l'intelligence de l'organisation des Tuniciers, et il est logique d'isoler les animaux de ce genre dans un embranchement spécial. Cet embranchement est celui des Acraniens ou Phanérochordes sans cerveau nettement différencié et sans crâne. L'embranchement des Acraniens ne contient qu'une seule classe, celle des Leptocardes. Les Tuniciers en dérivent directement par suite d'une régression due à la fixation au sol; tandis que par le perfectionnement graduel de tous leurs systèmes organiques, les Phanérochordes primitifs sont devenus les Vertébrés proprement dits.

I. EMBRANCHEMENT

ACRÀNIENS

Phanérochordes libres, sans squelette, ni externe, ni interne, pourvus seulement d'une corde dorsale s'étendant sur toute la longueur du corps. Point de cerveau nettement différencié, ni de crâne cartilagineux; une moelle épinière à peu près de la longueur du corps.

CLASSE UNIQUE

LEPTOCARDES

Branchie disposée en trémie, occupant la région antérieure de l'œsophage, entourée d'une chambre péribranchiale, s'ouvrant au dehors par un orifice ventral unique. Un vaisseau ventral contractile tenant lieu de cœur.

Affinités; forme générale du corps[1]. — Les Leptocardes ne sont représentés dans la nature actuelle que par le seul genre *Amphioxus* ou mieux *Branchiostoma*. Les *Amphioxus* (fig. 1548) sont des animaux marins, à corps comprimé, lancéolé, terminé en pointe mousse à ses deux extrémités, comme l'indique leur nom. Ils sont d'un blanc opalin, demi-transparent, et atteignent rarement six ou sept, voire huit centimètres de long. Il existe plutôt une carène dorsale qu'une face dorsale; du côté opposé, deux *replis latéraux* longitudinaux, les *métapleures* (fig. 1549, *mt*) qui s'étendent depuis la bouche jusque vers le dernier tiers postérieur du corps, où ils se rejoignent, limitent une sorte de face ventrale dont le tégument est marqué longitudinalement, de douze à seize sillons qui peuvent disparaître lorsque le corps est distendu par les produits génitaux; en arrière du point de jonction des métapleures, la face ventrale est remplacée par une carène comme du côté dorsal. Un peu en arrière de l'extrémité antérieure du corps, sur la face ventrale, se trouve la *bouche*, qui a la forme d'une fente longitudinale s'ouvrant au fond d'une sorte d'entonnoir membraneux, saillant, le *capuchon buccal*, portant sur son bord libre des *tentacules* ou *barbillons* à demi rigides, pinnés (fig. 1548, C), dont le nombre va en croissant avec l'âge et peut s'élever jusqu'à quarante chez l'*A. lanceolatus*. Immédiatement en avant du point de jonction des deux replis latéraux est un large orifice par lequel s'échappe l'eau de la cavité péribranchiale : c'est le *pore abdominal* ou mieux *pore branchial* (P); un troisième orifice, l'*anus* (A), est tout près de l'extrémité postérieure du corps et légèrement à gauche.

Un léger rebord membraneux s'étend le long de la ligne médiane dorsale et sur le tiers postérieur du corps, le long de la ligne médiale ventrale. Ces deux rebords s'élargissent près des extrémités, de manière à constituer une *nageoire céphalique* et une nageoire caudale. La moitié droite du capuchon buccal se continue avec la nageoire céphalique, et de même chez l'*Amphioxus (Epigonichthys) cultellus* et l'*A.*

[1] Ray Lankester, *Contributions to the knowledge of Amphioxus lanceolatus*; Q. Journ. of Microscopical Science, 3ᵉ série, t. XXIX, 1889. — Willey, *Amphioxus and the ancestry of Vertebrates*, New-York, 1894.

(*Asymmetron*) *lucayanus* la métapleure droite se continue seule avec le rebord ventral. Le rebord dorsal est très élevé chez l'*A. cultellus*, où la nageoire caudale ne se différencie pas de lui; chez l'*A. lucayanus* la queue se prolonge en un long appendice dans lequel pénètre la corde dorsale. En avant de la bouche, du côté gauche, se trouve une fossette ciliée, dite *fossette olfactive*.

De chaque côté du corps, on observe des sillons en forme de chevrons, à sommet dirigé en avant. Ces chevrons correspondent à autant de cloisons conjonctives, les *myocommes* qui divisent les masses musculaires de la paroi du corps en soixante et un segments environ chez l'*A. lanceolatus*; mais ce nombre varie avec les espèces (p. 2169). On doit considérer les segments musculaires ou *myotomes* comme caractérisant autant de métamérides, bien que les sillons de droite alternent régulièrement avec les sillons de gauche, comme s'il y avait eu un léger glissement de l'un des côtés du corps sur l'autre. Chez l'*A. lanceolatus*, sur le trente-sixième myotome et sur la cinquante et unième cloison se trouvent respectivement le *pore branchial* et l'*anus*.

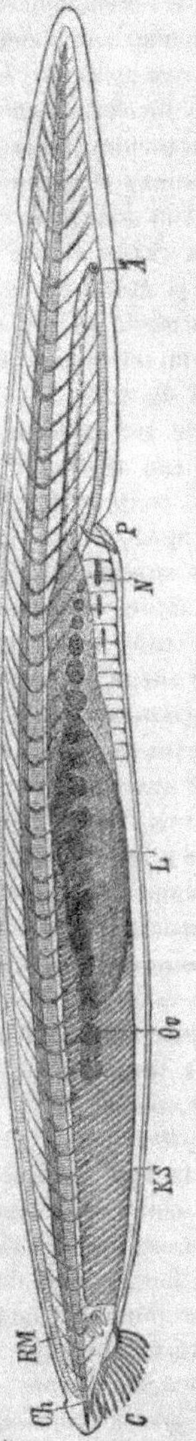

L'animal vit dans le sable, où il s'enfonce avec agilité. Au repos, il laisse saillir hors du sable l'extrémité antérieure de son corps, et un courant d'eau attiré par le battement des cils de sa branchie pénètre constamment dans son orifice buccal béant. Mais il arrive aussi fréquemment à l'*Amphioxus* de se reposer à la surface du sable; il est toujours alors couché sur le côté, à la façon des poissons pleuronectes, auxquels il ressemble encore par les nombreuses traces de dissymétrie que présente son organisation. En raison de cette dissymétrie, comme aussi de la réduction de ses organes sensoriels, on a pensé que l'*Amphioxus* ne devait pas être considéré comme un type ancestral des Vertébrés, mais bien comme une forme dégénérée. L'embryogénie nous montrera, au contraire, que la dissymétrie de l'*Amphioxus* semble éclairer l'histoire de l'une des phases les plus intéressantes de l'histoire des Vertébrés, celle du changement d'attitude qui a amené la face ventrale du Ver ancestral à devenir la face dorsale du Vertébré et réciproquement. L'ancêtre de l'*Amphioxus* était vraisemblablement couché sur le côté gauche; par suite d'un retour partiel à la symétrie bilatérale, l'*Amphioxus*, lorsqu'il est sur le sable, se couche indifféremment sur le côté gauche ou le droit, contrairement à ce qu'on observe chez les Poissons pleuronectes.

Épipleures et cavité péribranchiale. — Chez les embryons d'*Amphioxus*, la région antérieure du corps présente des séries de *fentes branchiales* qui font com-

Fig. 1548. — *Amphioxus lanceolatus*. — C, cirres buccaux; KS, branchies; L, foie; A, anus; N, bourrelet glandulaire longitudinal; P, pore du sac branchial; Ov, ovaire; Ch, corde dorsale; RM, moelle épinière.

muniquer la région pharyngienne du tube digestif avec l'extérieur à travers la paroi du corps. Plus tard deux replis latéraux des téguments, les *épipleures* (p. 2166), dont les métapleures ne sont, chez l'adulte, que les bords demeurés libres, laissant seulement entre eux une ouverture postérieure, le *pore atrial*, recouvrent la région perforée du corps, et constituent tout à la fois une nouvelle surface du corps et la *cavité péribranchiale* ou *cavité atriale* dans laquelle se rassemble l'eau qui a traversé les branchies. Dans cette cavité (fig. 1549, *a*) feront plus tard hernie les *gonades* (*o*) contenues chacune dans une poche formée aux dépens de la paroi primitive du corps et dont la cavité est un diverticule du cœlome. De même dans le côté droit de la cavité atriale pénètre, entouré d'une poche semblable, le *cæcum intestinal* (*c* et p. 2145). La cavité atriale ne s'arrête pas au pore atrial; elle se prolonge sous la forme d'un sac conique jusqu'au voisinage de l'anus, où elle se termine en cæcum, et son prolongement s'interpose entre l'intestin et la musculature de la paroi du corps. La face ventrale de la cavité atriale est constituée par la lame plissée sur sa surface libre qui s'étend entre les replis latéraux et qui contient dans son épaisseur un muscle transversal (*m*), séparé en deux moitiés par un raphé conjonctif médian. Les fibres de ce *muscle ventral* n'ont pas une striation bien apparente; il n'est pas certain qu'elles soient associées à des fibres longitudinales superficielles; en tout cas l'ensemble du muscle est animé de contractions rythmiques qui assurent l'expulsion de l'eau et des produits génitaux.

Du côté dorsal, la cavité atriale est limitée par une membrane plissée qui s'attache sur la base des lames de séparation des fentes branchiales, mais de deux en deux seulement; de sorte qu'on peut, de ce fait, diviser ces lames en deux catégories : les *cloisons* sur lesquelles s'attache la membrane plissée, les *languettes* qu'elle laisse libres; ces cloisons et ces languettes ont effectivement une origine différente (p. 2145). La membrane plissée sépare la cavité atriale de la région dorsale de la cavité générale, région divisée en deux moitiés symétriques par la soudure du sac branchial à la gaine de la corde; ces deux moitiés de la cavité générale dorsale sont les *espaces cœlomiques suprapharyngiens.*

Structure des parois du corps. — Les parois du corps présentent à considérer : 1° un *épithélium* ou *épiderme*; 2° une *lame sous-épithéliale*; 3° une *couche conjonctive* à laquelle on peut appliquer la dénomination de *derme*; 4° les *myotomes* ou segments musculaires; 5° les *myocommes* ou cloisons intermusculaires; 6° une *membrane péritonéale*.

L'*épithélium* (fig. 1549, *e*) est formé d'une seule assise de cellules prismatiques, dont la hauteur s'abaisse beaucoup sur la face ventrale; parmi elles sont des cellules sensitives terminées chacune par un cil (Langerhans).

La *lame sous-épithéliale* est intimement soudée à l'épiderme et présente de fines stries horizontales comme si elle était formée de lamelles superposées; on y distingue nettement tout au moins une couche gélatineuse et une membrane basilaire plus résistante; ces couches ne contiennent pas de noyaux et sont probablement formées par la couche conjonctive sous-jacente.

La *couche conjonctive*, plus épaisse, est au contraire parsemée de nombreux noyaux, bien visibles surtout chez les jeunes individus; elle atteint son maximum de développement dans la région céphalique, dans les replis latéraux, les nageoires et à la face ventrale.

Dans l'épaisseur de la lame gélatineuse sont creusées des cavités qui ont été considérées comme constituant une sorte d'appareil lymphatique; un premier système de cavités est contenu à l'intérieur des métapleures; dans chacun de ces replis court un canal (s) qui se termine en cæcum en arrière et qui en avant se met en com-

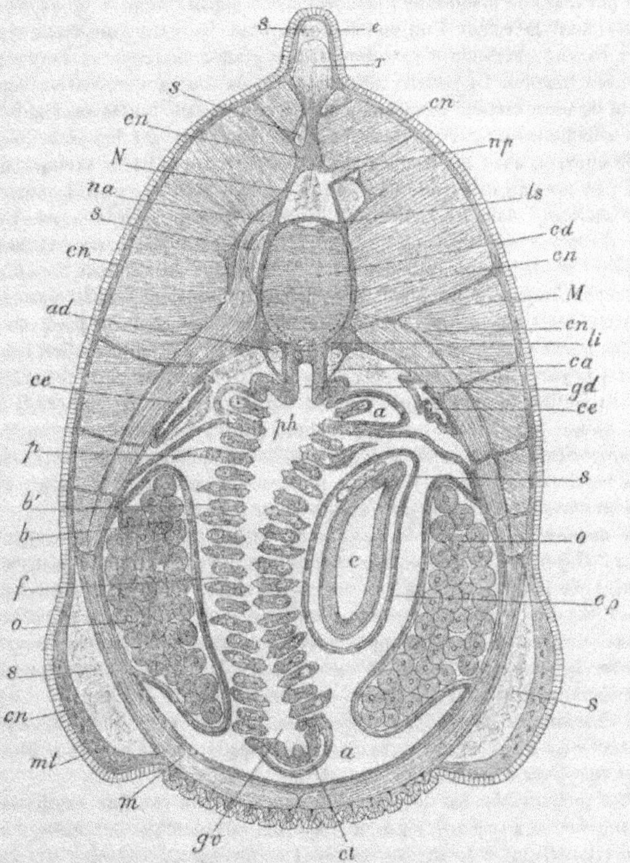

Fig. 1549. — s, sinus lymphatiques; cn, crête supraneurale; N, moelle épinière; na, racine antérieure d'un nerf; cn, tissu conjonctif; ad, artère dorsale; ce, entonnoir atrio-cœlomique; p, poche d'une cloison pharyngienne contenant une cavité cœlomique; b', languettes; b, cloisons; f, fente branchiale; o, gonades; cn, tissu conjonctif de la métapleure; mt, métapleure; m, muscle transverse de l'épipleure; gv, gouttière ventrale ou endostyle; ct, plaque squelettique endostylaire; ph, pharynx; a, atrium; c, cæcum intestinal; cp, enveloppe somatique du cæcum intestinal; gd, gouttière dorsale; ca, canal péri-artériel; cn, lames conjonctives; M, muscles de la paroi du corps traversés par les myocommes; cd, corde dorsale; ls, canal supérieur de la notocorde; np, racine postérieure d'un nerf; r, rayon de la nageoire dorsale; e, épiderme (les lettres sont énumérées en tournant de haut en bas et de gauche à droite), d'après E. Ray Lankester.

munication avec son symétrique par un court canal postbuccal. Ce système est complètement clos. Un autre système de canaux forme un réseau complexe à mailles longitudinales dans le plan médian des nageoires céphalique et caudale ; ces deux réseaux sont unis l'un à l'autre par de fins canaux longitudinaux occupant les faces dorsale et latérale de l'animal ; on a décrit à tort des canaux plus larges dans la couche conjonctive de la région plissée de la face ventrale. Tous ces canaux sont tapissés par une fine membrane nucléée, fournie par la couche conjonctive et qui a par conséquent la valeur d'un endothélium. Dans les parois des deux replis ventraux la couche gélatineuse prend aussi une grande épaisseur et contient de très nombreuses fibrilles. La couche gélatineuse et la couche conjonctive constituent une sorte de tissu cartilagineux qui peut s'accroître dans toutes ses dimensions.

De la couche conjonctive partent les myocommes dont les lignes de jonction en forme de chevron avec la couche conjonctive pariétale ont leur sommet, dirigé en avant, à peu près au niveau de l'axe de la corde dorsale. Les myocommes délimitent les chambres dans lesquelles sont contenus les *myomères* ou *myotomes*. Ceux-ci sont composés de faisceaux de fibres, s'attachant par leurs extrémités aux myocommes et disposés parallèlement à la longueur de l'animal. Les fibres sont elles-mêmes composées de plaquettes striées, de forme parallélogrammique et soudées les unes aux autres. Immédiatement au contact de la paroi du cœlome dorsal, les fibres musculaires se disposent non plus longitudinalement, mais parallèlement à la paroi du cœlome et constituent le *droit abdominal* de Schneider.

Le tissu conjonctif de l'*Amphioxus* est d'un type tout particulier. Il n'est, en général, qu'une transformation de l'épithélium qui tapisse chez l'embryon les poches myocéliques dont la gaine de la corde et l'étui médullaire ne sont originairement que des dépendances. De cette origine, il a conservé une trace frappante dans l'arrangement constant de ses noyaux en une seule assise.

Corde dorsale. — La corde dorsale (fig. 1548, *Ch*) s'étend à mi-hauteur du corps de l'*Amphioxus*, de son extrémité antérieure à son extrémité postérieure ; elle se termine en pointe obtuse à ses deux extrémités. Elle est formée d'une gaine (fig. 1549, *cn*) dite *étui de la corde* et d'un tissu mou (*cd*) qui est la corde proprement dite. Ce tissu n'adhère complétement à la gaine que latéralement ; l'espace laissé libre le long de la ligne médiane dorsale (*li*) est plus étendu, plus régulier, que l'espace ventral (*ls*) ; tous deux sont traversés par des fibrilles conjonctives portant chacune un gros noyau et qui constituent le *tissu de Müller* ; en outre la face interne de la gaine est tapissée dans l'espace dorsal par de petites cellules formant une sorte d'épithélium.

Sur les préparations durcies, la substance molle de la corde est divisée en disques transversaux successifs par des cloisons conjonctives réticulées, formées de faisceaux anastomosés de fibrilles qui vont en divergeant s'attacher aux parois de la gaine. La substance gélatineuse est traversée par des stries transversales, formées par des fibrilles ; ces stries, à ses deux extrémités, sont remplacés par des lignes circulaires concentriques. Ces caractères semblent être des produits de préparation et la corde normale est vraisemblablement formée de cellules vacuolaires, aplaties, comme celles que nous retrouverons chez les Vertébrés proprement dits. Chez les jeunes individus de nombreux noyaux disposés au voisinage du plan vertical de symétrie de la corde sont disséminés sur toute sa longueur ; ces noyaux semblent avoir disparu chez l'adulte ; on en retrouve cependant au voisinage de l'étui une couche unique sur le tiers inférieur de la corde, et ils sont allongés dans le même

sens que les stries longitudinales. Un autre groupe de noyaux se trouve de chaque
côté du canal intracordal dorsal. Enfin dans le tissu mou de la corde, au voisinage
de l'espace dorsal, se trouvent des amas de grosses cellules granuleuses, se colorant
vivement par le carmin boracique et qui ont l'aspect de cellules glandulaires.

L'étui de la corde a pour origine un repli des poches myocéliques qui s'insinue
entre les myotomes, la corde et la moelle, et dont la cavité s'oblitère ultérieurement.
Les deux feuillets en sont encore reconnaissables à deux assises de noyaux dont
l'une avoisine la corde et la moelle, tandis que l'autre est contiguë avec les myotomes. Le feuillet contigu à la moelle produit, au contact de celle-ci, une lame analogue à la lame sous-épidermique, et formée de deux couches concentriques, l'une
interne, résistante, qui semble décomposable en lamelles superposées; l'autre
externe, plus lâche, lacunaire. Sur la face dorsale de l'étui que nous verrons se
continuer avec diverses importantes formations conjonctives, on observe deux rangées d'enfoncements symétriques ou de *godets* que traverseraient des faisceaux de
fibres continus avec les fibres transversales de la corde et avec lesquels s'entremê-
leraient des prolongements des grosses cellules glandulaires. On a attribué à ces
godets des ouvertures qui mettraient en communication l'espace dorsal qu'occupe
le tissu de Müller avec la cavité du canal neural dans lequel est contenue la moelle
épinière et qui se confond en ce point avec l'étui de la corde; mais il est possible
que ces boutonnières soient de simples accidents de préparation (Ray Lankester).
Dans l'épaisseur de l'étui de la corde se trouvent deux bandes médianes granuleuses, l'une dorsale, l'autre ventrale, qui ne sont qu'une modification de sa
substance.

La gaine de la moelle est renforcée le long de la ligne médiane dorsale, de manière
à constituer un bourrelet longitudinal, cylindrique sur lequel se dresse une lame
verticale qui présente dans la région moyenne du corps sa hauteur et son épaisseur
maximum. Cette lame supporte à son tour une série de parties saillantes (*r*) qui s'engagent dans le repli médian dorsal et constituent les *rayons de la nageoire*. Chacun
des rayons est entouré d'un espace lymphatique, contenant un liquide coagulable;
ces espaces ne communiquent pas entre eux ; ils sont revêtus intérieurement d'un
endothélium nucléé qui se prolonge également sur le rayon; la formation de ces
espaces est vraisemblablement antérieure à celle des rayons de nageoires, car les cinq
ou six premiers et au moins les six derniers ne contiennent pas de rayons. Les
premiers rayons sont, en général, distribués à raison de quatre par myotome ; puis
on en trouve cinq jusque dans la région postérieure, où ce nombre est dépassé.

De même que l'étui de la corde fournit du côté dorsal, une gaine à la moelle épinière, il fournit, du côté ventral, une gaine à l'aorte, à partir du pore branchial;
entre le pore et l'anus cette gaine n'est pas encore fermée inférieurement, elle se
ferme à partir de l'anus et dès lors supporte une double rangée de tubercules qui
sont les rayons de la nageoire caudale; il en existe trente-quatre paires pour douze
myotomes; chaque paire est contenue dans un espace lymphatique.

C'est à ce système de cloisons et de gaines conjonctives que se rattachent les
myocommes qui, d'autre part, viennent se perdre dans le tissu conjonctif sous-tégu-
mentaire et dans la membrane qui sépare de la cavité générale la couche musculaire formée par l'ensemble de myotomes; cette membrane est généralement assez
épaisse au point où elle se rattache à l'étui de la corde.

Appareil digestif. — L'orifice entouré de *cirres* du *capuchon buccal* peut être désigné sous le nom d'*orifice vestibulaire*; on ne saurait le considérer comme la bouche proprement dite, car il existe déjà chez l'embryon un orifice buccal avant la formation du capuchon (fig. 1560, p. 2163, *b*). Ce dernier est, en effet, tardivement constitué par un prolongement péribuccal et prébuccal des replis épipleuraux qui forment la cavité atriale.

Les *cirres* (fig. 1548, *c*) sont des baguettes légèrement coniques, contenant un axe cartilagineux, entouré d'une gaine conjonctive, supportant elle-même un épithélium cylindrique. De place en place, les cellules de cet épithélium s'allongent et forment ainsi un bouton conique, saillant, vers le sommet duquel elles convergent. Dans le bouton se trouvent associées des cellules épithéliales uniciliées et des cellules sensitives, terminées chacune par une soie tactile raide. En arrivant dans le capuchon buccal, les axes cartilagineux des cirres parcourent encore un certain trajet, puis se recourbent en arrière, parallèlement au bord du capuchon, de manière à former une pièce basilaire, plus élargie vers l'extérieur que le cirre. Ces pièces basilaires sont échancrées en avant, et leur échancrure reçoit l'extrémité postérieure de la pièce qui précède. L'ensemble des pièces basilaires forme ainsi un fer à cheval ouvert en avant, qui soutient le capuchon buccal. Entre les pièces basilaires et le bord du capuchon règne d'ailleurs un muscle annulaire qui unit ensemble tous les axes cartilagineux. Le tissu de ces axes rappelle par sa constitution celui de la corde dorsale.

De chaque côté du capuchon buccal, entre l'épithélium et le muscle, court un canal tapissé par un endothélium; chacun de ces canaux est en continuité avec le canal contenu dans le repli latéral du même côté; chaque cirre présente à la face externe de son axe cartilagineux un diverticule du canal basilaire.

L'épithélium de la paroi interne de la cavité vestibulaire est formé, dans sa partie antérieure, d'une seule assise de cellules cubiques, semblables à celles du tégument; dans la région moyenne, ces cellules sont pigmentées, et vers le fond du vestibule leur caractère se modifie : du côté dorsal, elles deviennent extrêmement allongées et sur les parois latérales atteignent le long de certaines bandes une hauteur exceptionnelle, de manière à former, de chaque côté, des rides saillantes, puissamment ciliées qui arrivent jusqu'à l'entrée de la bouche proprement dite et constituent l'*organe rotateur* de Müller. En connexion avec cet organe rotateur contre le côté droit de la notochorde se trouve la *fossette de Hatschek* ou *organe cribriforme* qui a été considéré comme un organe du goût.

Le pourtour de la bouche est pigmenté de brun; sous l'épithélium buccal se trouve un fort sphincter musculaire qui s'unit inférieurement au muscle de la couronne de cirres et au muscle ventral; il en résulte que la cavité vestibulaire est séparée de celle du pharynx par une lèvre annulaire saillante ou *velum* au centre de laquelle est la bouche; cette lèvre est aussi renforcée par un anneau cartilagineux. Derrière elle prennent naissance douze tentacules délicats qui sont, en général, rabattus dans la cavité pharyngienne. Ces tentacules sont d'inégale longueur; ils sont formés d'un axe cartilagineux reposant sur le cartilage péribuccal, et d'un épithélium cylindrique dont les cellules sont entremêlées de nombreuses cellules sensitives souvent disposées en bouton comme sur les cirres. De semblables boutons sensitifs existent aussi sur le *velum*.

Le tube digestif, qui fait suite à la bouche, est sensiblement rectiligne; mais il présente des régions bien distinctes : 1° le *sac pharyngien* ou *sac branchial*; 2° l'intestin *moyen*, muni d'un cæcum hépatique; 3° l'*intestin postérieur*, qui aboutit à l'*anus*. Tout l'épithélium interne du tube digestif est cilié.

Le *sac pharyngien* est très large, ovoïde, et s'étend en arrière jusqu'au niveau de l'angle antérieur des myocommes 27 à 29, suivant l'âge. Ses parois sont percées de fentes (fig. 1549, *f*) que l'eau, après avoir pénétré dans sa cavité, traverse pour tomber dans la cavité péribranchiale. Elles ont une constitution toute particulière : en raison de la formation par les épipleures de la cavité péribranchiale, la paroi primitive du corps est masquée; d'autre part, la paroi primitive du pharynx ayant produit des diverticules qui sont venus se souder à la paroi primitive du corps, puis se sont ouverts à l'extérieur de manière à former les fentes branchiales (p. 2163), il s'ensuit que la paroi primitive du corps et la paroi primitive du pharynx, unies en un grand nombre de points, semblent ne former qu'un seul et même système. Du mode de formation de ce système, il résulte que les bandes qui séparent les fentes branchiales les unes des autres contiennent nécessairement chacune un diverticule de la cavité générale primitive. Le nombre de fentes branchiales s'accroît avec l'âge. Chez l'embryon, elles correspondent d'abord aux myotomes; mais elles deviennent rapidement beaucoup plus nombreuses, par suite de la formation de fentes nouvelles à la partie postérieure du sac branchial; cette formation dure toute la vie de l'animal. Un individu de trois ans présente environ cent fentes branchiales; on en compte cent vingt-quatre et jusqu'à cent quatre-vingts chez un individu de cinq à six ans, le nombre des myotomes demeurant constant. Les fentes nouvelles se montrent d'abord sous forme de perforations circulaires de la paroi du corps; puis elles s'allongent obliquement de haut en bas et d'avant en arrière, de manière à devenir elliptiques; alors apparaît à leur sommet supérieur, une saillie qui s'étend le long de leur grand axe et divise chaque *fente primitive* en deux *fentes secondaires*. Nous avons déjà donné le nom de *languettes branchiales* à ces formations et celui de *cloisons branchiales* aux bords de séparation entre les fentes primitives (p. 2140). Plus tard encore les fentes primitives sont recoupées transversalement par des *synapticules* ou *barrettes*, allant d'une cloison à l'autre par-dessus les languettes et disposées en séries à peu près au même niveau horizontal, mais sans grande régularité [1].

Les cloisons et les languettes sont soutenues par un axe cartilagineux et il en existe également un dans les barrettes transversales. Tous ces axes sont reliés entre eux à leur extrémité supérieure et comme ceux des cloisons sont encore reliés par le soutien cartilagineux du synapticule, le squelette branchial tout entier ne forme qu'un seul et même système treillissé. A un premier examen, les axes des cloisons se distinguent déjà de ceux des languettes parce qu'ils sont bifides, au lieu d'être simples à leur extrémité inférieure; mais leurs relations ne sont pas exactement les mêmes. Les deux lames de la poche pharyngienne qui constitue chaque cloison sont accolées sur toute leur étendue, sauf au voisinage du bord atrial, où la cavité cœlomique est très large et se présente sur les coupes transversales sous la forme d'un croissant à concavité tournée vers le pharynx (fig. 1550,

---

[1] B. Benham, *The Structure of the pharyngeal bars of Amphioxus*; Q. Journ. of microsc. Science, 3° série, t. XXXV, 1893.

n° 2, *cg*). L'axe cartilagineux est logé dans cette concavité; il apparaît sur les coupes comme un triangle dont la base serait convexe vers l'extérieur, et le sommet échancré de manière à recevoir dans son entaille un vaisseau (*vg*). En réalité, ce triangle se décompose en trois pièces : deux latérales, symétriques (*ch*), comprenant entre elles une pièce médiane externe (*ch'*), contiguë avec la cavité cœlomique; entre les trois pièces un petit espace triangulaire demeure vide. La cavité cœlomique extérieure au cartilage est tapissée d'une fine membrane endothéliale, à

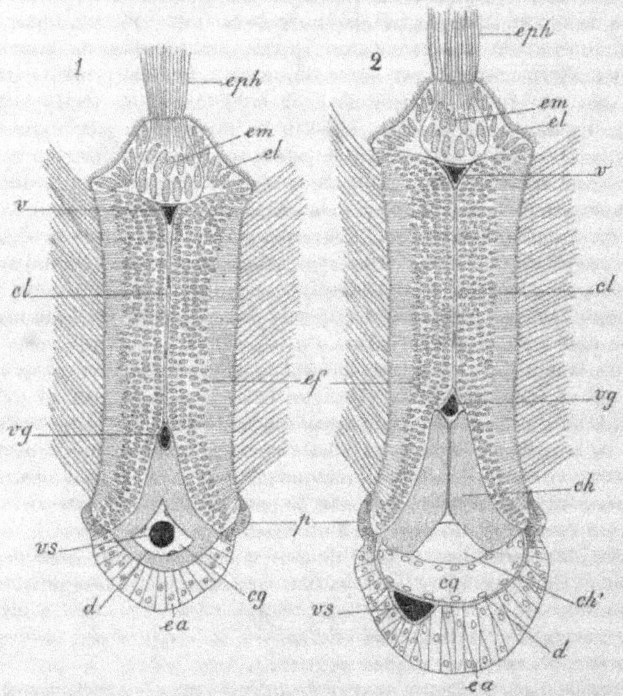

Fig. 1550. — Coupe transversale d'une languette (n° 1) et d'une cloison pharyngienne primaire (n° 2) d'*Amphioxus*. — *eph*, extrémité pharyngienne de la coupe, portant de longs cils; *em*, groupe moyen, *cl*, groupe latéral de cellules ciliées; *ef*, épithélium des faces latérales des barres; *p*, cellules pigmentées; *cg*, cœlome; *ea*, extrémité atriale des coupes; *d*, derme; *vs*, vaisseau squelettique; *vg*, vaisseau somatique; *cl*, membrane nucléée; *ch*, *ch'*, cartilages; *v*, vaisseau viscéral (d'après Benham).

noyaux saillants; un vaisseau (*vs*) court entre cet endothélium et l'épithélium atrial de la cloison, sur la face externe convexe de la cavité cœlomique. Dans les languettes (n° 1), les trois pièces cartilagineuses sont soudées en une seule pièce directement appliquée contre l'épithélium atrial, de sorte que la languette ne semble pas contenir de cavité cœlomique; mais ici la petite cavité triangulaire (*cg*) de l'axe cartilagineux est devenue très grande, elle est tapissée d'un endothélium et contient dans son axe un vaisseau, comme si la cavité cœlomique et le vaisseau qui lui est accolé dans les cloisons avaient été englobés dans l'axe cartilagineux.

A part cela les cloisons et les languettes branchiales présentent exactement la même structure. Leur bord pharyngien est constitué par trois bandes épithéliales dont les cellules sont caractérisées par leurs noyaux allongés; la bande médiane (*em*) porte de très longs cils, les bandes latérales (*el*) des cils très courts; les noyaux y sont placés sur deux rangs. L'épithélium des deux faces qui limitent les fentes branchiales (*ef*) est formé d'une seule assise de longues et fines cellules, portant chacune un flagellum dont les noyaux placés à des hauteurs différentes semblent au premier abord représenter plusieurs assises de cellules à limites indécises; sur le bord atrial ces cellules sont remplacées par de grandes cellules cylindriques, à

petit noyau et sans cils. La limite entre les deux épithéliums est indiquée par une bande de cellules pigmentées (*p*). Les bandes épithéliales qui forment les deux faces des cloisons et des languettes sont séparées l'une de l'autre par une membrane nucléée *cl*. Un vaisseau (*v*) est compris entre les deux lames et l'épithélium du bord pharyngien; de sorte que chaque cloison, comme chaque languette, contient trois vaisseaux, un *marginal interne* ou *viscéral (v)*, un *médian* ou *somatique (vg)* contigu au bord interne du cartilage, un *marginal externe* ou *squelettique* (*vs*) englobé dans le cartilage des languettes, compris entre l'endothélium cœlomique et l'épithélium atrial des cloisons.

Le long de la ligne médiane

Fig. 1551. — Diagramme de la moitié inférieure du corps de l'Amphioxus dans la région des entonnoirs cœlomiques. — *g'd'*, gouttière pharyngienne dorsale; *fp*, orifices des poches cœlomiques des cloisons pharyngiennes; *m*, muscles de la paroi du corps; *a*, atrium; *cg*, cœlome compris entre l'intestin et la paroi originelle du corps (à gauche un stylet est engagé entre ces deux parois); *o*, gonade; *me*, métapleure; *ad*, aorte dorsale; *x*, bord coupé de la paroi originelle du corps qui a été rabattue sur le côté; *ce*, entonnoir atrio-cœlomique (d'après E. Ray Lankester).

dorsale du sac branchial qui est relié à la gaine de la corde par une mince couche de tissu conjonctif spécial, règne une gouttière ciliée profonde, la *gouttière épibranchiale* (fig. 1549, *gd*), nettement distincte par la longueur et la forme de ses cellules épithéliales des régions voisines du sac branchial; elle est protégée de chaque côté par une lame anhiste résistante, revêtue d'une membrane nucléée, continue d'une part avec la paroi de la cavité atriale, reliée d'autre part par une mince membrane au bord dorsal de la région normale du sac branchial. C'est le long de cette gouttière que cheminent les aliments pour se rendre à l'intestin, auquel elle passe insensiblement; en avant la gouttière épibranchiale s'efface peu à peu.

Le long de la ligne médiane ventrale, il existe une autre gouttière, la *gouttière hypobranchiale* ou *endostyle* (*gv*), dont l'épithélium est formé de neuf bandes cellulaires : quatre bandes de cellules glandulaires alternent avec les cinq autres dont la structure est un peu différente. Ces cellules sont ciliées et reposent sur une couche présentant plusieurs assises de noyaux ; la bande médiane est particulièrement saillante et munie de longs cils. Au-dessous de l'épithélium de l'endostyle se trouve une sorte de squelette ventral, formé par une série de plaques cartilagineuses (*ct*) correspondant aux fentes branchiales primitives, décomposables chacune en deux moitiés symétriques, lâchement unies, chevauchant l'une sur l'autre et soutenues par les bifurcations terminales des axes cartilagineux de deux cloisons branchiales consécutives qui se rejoignent, au-dessous d'elles, deux à deux. Ces bifurcations terminales ne sont pas entièrement cartilagineuses ; elles sont formées d'un reticulum conjonctif, parsemé de noyaux, dont la périphérie seule a été envahie par la chondrine.

Au-dessous de ces plaques cartilagineuses court l'artère branchiale, exactement appliquée contre elles et contenue dans un vaste espace cœlomique, ventral et médian ; cet espace communique avec les espaces cœlomiques des cloisons et des languettes branchiales du côté dorsal (fig. 1551, *fp*) qui communiquent, à leur tour, avec les espaces cœlomiques suprapharyngiens, situés de part et d'autre de la gouttière épibranchiale. Ces derniers se terminent en cæcum en avant ; latéralement chacun d'eux est limité par une membrane plissée qui s'accole à la base des cloisons branchiales ; postérieurement, il se prolonge tout autour de l'intestin et à peu de distance de sa paroi jusqu'à l'anus. A la jonction de l'espace cœlomique suprapharyngien et de l'espace péri-intestinal, la membrane qui limite ces espaces s'invagine en avant dans les espaces suprapharyngiens et forme ainsi deux tubes coniques symétriques, les *entonnoirs atrio-cœlomiques* (fig. 1551, *ce*) qui s'ouvrent à leur base dans l'atrium et à leur sommet dans les espaces suprapharyngiens. Le cœlome est ainsi mis indirectement en communication avec l'extérieur. On peut comparer ces orifices de communication avec le pore abdominal des Poissons.

Appareil circulatoire. — L'appareil circulatoire (fig. 1552) est, comme chez les Vers annelés inférieurs, en relation particulièrement étroite avec le tube digestif. Comme chez ces Vers, il existe un tronc vasculaire longitudinal, par places transformé en plexus, le long des deux lignes médianes du tube digestif ; également comme chez ces Vers, le tronc placé du même côté que le système nerveux est dépourvu de contractilité ; le tronc placé le long de la ligne médiane opposée est, au contraire, contractile dans toute la région des branchies ; il correspond de tous points au *vaisseau dorsal* des Vers ; c'est par un simple changement de convention, motivé par le demi-renversement de l'attitude chez l'*Amphioxus* et son renversement complet chez les Vertébrés que l'on considère ce vaisseau comme ventral. Dans le vaisseau contractile le sang coule d'arrière en avant comme chez les Vers annelés ; il marche d'avant en arrière dans le vaisseau neural. On est convenu d'appeler *aorte* ce vaisseau neural qui se bifurque dès qu'il atteint la base du sac branchial en fournissant deux branches d'ailleurs très rapprochées (fig. 1549, et 1551, *ad*). La partie contractile du vaisseau opposé est l'*artère branchiale*, continuée en arrière par le système des canaux hépatiques et la *veine sous-intestinale*.

La paroi de l'intestin est parcourue par un réseau de capillaires qui partent de l'aorte ; dans la région intestinale postérieure, les capillaires se rassemblent sur la face ventrale du tube digestif en cinq ou six vaisseaux longitudinaux très rapprochés et fréquemment anastomosés de manière à ne laisser entre eux que de longues et étroites fentes en forme de boutonnière et à simuler un canal unique [1], c'est le début de la *veine sous-intestinale*; en se rapprochant du cæcum hépatique, ces vaisseaux se réduisent à trois, puis à un seul, la véritable veine sous-intestinale (*cp*), qui continue son chemin jusqu'à la naissance du cæcum. La veine semble alors se prolonger sur la ligne médiane ventrale du cæcum, se replier sur sa face dorsale pour se réfléchir de nouveau (*ccv*) quand elle est parvenue à la base du cæcum, et se transformer ainsi en artère branchiale. En réalité sur le cæcum hépatique, elle se transforme en un réseau capillaire dont le sang est recueilli dans un plexus hépatique, semblable au plexus fenestré de la région postérieure de la veine sous-intestinale. La veine sous-intestinale ainsi comprise entre un réseau intestinal et un réseau hépatique affecte les dispositions essentielles d'une *veine porte*.

L'artère branchiale donne naissance, sur son trajet, à autant de rameaux latéraux qu'il y a de cloisons branchiales. Ces rameaux (*bulbilles* de J. Müller) sont très courts, contractiles et se bifurquent presque immédiatement pour donner naissance aux trois vaisseaux qui parcourent les cloisons (fig. 1550 et 1554) : le *vaisseau cœlomique* ou *squelettique* qui chemine entre les épithé-

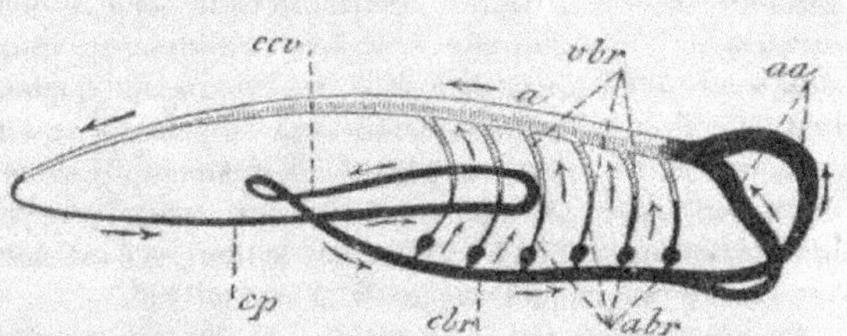

Fig. 1552. — Schéma de l'appareil circulatoire de l'*Amphioxus*. — *aa*, lacunes établissant la communication entre l'artère branchiale *abr* et les deux aortes dorsales *a*; *vbr*, veines branchiales; *ccv*, réseau hépatique; *cp*, tronc sous-intestinal; *cbr*, organes contractiles à l'origine des artères branchiales *abr*. Les plexus intestinal et hépatique ont été supprimés et l'aorte est supposée simple dans toute sa longueur (d'après Nuhn).

liums cœlomique et atrial; le *vaisseau somatique*, situé sur le bord interne de la baguette cartilagineuse; le *vaisseau viscéral*, qui est sous l'épithélium pharyngien; ces trois vaisseaux se réunissent de nouveau pour aboutir par un canal unique à l'une des deux branches de l'aorte. Dans les languettes ces trois vaisseaux se jettent aussi dans la branche correspondante de l'aorte par un tronc unique, mais ils se réunissent en anse au bord inférieur de la languette, sans communiquer avec l'artère branchiale. Celle-ci immédiatement au-dessous du sphincter buccal, présente une dilatation (*cœur* de Langerhans), d'où partent deux vaisseaux symétriques destinés aux tentacules de l'appareil rotateur.

En arrière, l'aorte accompagne le tube digestif jusqu'à l'anus; elle se continue ensuite à la face inférieure de l'étui de la corde et se termine en cæcum près de l'extrémité postérieure de cet organe. Les deux branches antérieures de l'aorte qu'on peut nommer, en raison de leur position, *aortes épibranchiales*, ont en avant une terminaison différente [2]. En avant du pharynx, l'aorte épibranchiale droite

<hr>

[1] F. E. WEISS, *Excretory tubules in Amphioxus lanceolatus*; Q. J. of microscopical Science, 3ᵉ série, t. XXXI, 1890.

[2] JOHANNES MÜLLER, LANGERHANS, RAY LANKESTER, VAN WIJHE ont donné des descriptions différentes de ces terminaisons; la version résumée ici est celle qui a été adoptée par Willey comme résultant de la critique de ces recherches.

s'ouvre dans une vaste expansion vasculaire, occupant en partie la paroi droite du velum (*arc aortique antérieur* de Johannes Müller). Cette expansion ne communique pas avec le vaisseau contractile sous-branchial, mais se termine en cæcum dans le voisinage de la métapleure droite. Au delà de l'expansion, l'aorte droite se continue dorsalement en un plexus jusqu'à la *fossette de Hatschek*; en avant de cette fossette, elle entre en communication avec l'aorte gauche par une anastomose transversale passant au-dessous de la corde. Le plexus droit donne naissance aux vaisseaux des cirres buccaux.

L'aorte épibranchiale gauche ne présente en avant aucune modification particulière; elle se termine dans la cavité de l'un des myotomes céphaliques; une branche du plexus droit suit à peu près, à droite, le même chemin qu'elle, se termine de la même façon, et semble, en conséquence, la représenter.

Les deux aortes épibranchiales donnent encore des vaisseaux aux muscles de la paroi du corps et à la face interne de cette paroi au-dessous de l'épithélium. Ces derniers se jettent ensuite de chaque côté dans un vaisseau longitudinal, qui est situé sous la tunique atriale, à la face interne des épipleures. Ce vaisseau est surtout bien visible chez les individus dont les gonades ne sont pas mûres.

Le réseau des capillaires hépatiques communique enfin avec l'espace cœlomique dorso-pharyngien par l'intermédiaire des parties pharyngopleurales des cloisons branchiales auxquelles le cæcum est contigu, et il est certain que le sang emprunte aux cavités cœlomiques une partie de son circuit.

Appareil excréteur; néphridies. — Si l'on fait vivre des *Amphioxus* dans de l'eau tenant en suspension des grains de carmin qu'ils avalent, ces grains finissent par se rassembler dans certaines cellules épithéliales modifiées de la paroi interne de la cavité atriale correspondant au muscle inspirateur (Weiss) [1]. Ces cellules (fig. 1543, N), à qui J. Müller avait déjà attribué une fonction rénale, sont ciliées et de deux sortes : de grandes cellules ovoïdes à noyau basilaire, à nombreuses concrétions brillantes, et de petites cellules coniques, se prolongeant inférieurement en un grêle filament compris entre les grandes cellules (Langerhans). Les éléments sécréteurs forment au-dessus du muscle ventral une couche épithéliale épaisse, sur laquelle s'élèvent chez les mâles des tubercules en champignons, tandis que chez les femelles la couche s'épaissit au point de former, en arrière des dernières gonades, une sorte de tissu lacunaire, remplissant la cavité atriale. A ces plages correspondent des espaces sanguins d'où partent des ramuscules vasculaires qui s'insinuent entre les cellules.

Les grandes cellules colonnaires qui forment l'épithélium atrial des languettes branchiales sous lesquelles court un rameau vasculaire retiennent également le carmin, ainsi que celles qui avoisinent la ligne de jonction de la membrane plissée et des cloisons branchiales. Les entonnoirs atrio-cœlomiques ou entonnoirs bruns ont les mêmes propriétés. Mais ce sont là de simples différenciations de l'épithélium.

Il existe chez l'*Amphioxus* un autre système sécréteur d'une importance morphologique beaucoup plus grande [2]. Il est contenu dans les espaces cœlomiques suprabranchiaux et constitué par une série de tubules supportés par le bord dorsal des plis de la membrane pharyngo-pleurale. Chacun de ces tubules (fig. 1553, *n*) est

---

[1] F. ERNEST WEISS, *Excretory tubules in Amphioxus lanceolatus*; Q. J. of micr. Science, 3ᵉ série, vol. XXXI, 1890.

[2] BOVERI, *Die Nierencanälchen des Amphioxus*, Zool. Jahrbuch für Anatomie, 1892.

formé de deux branches presque rectangulaires, l'une longitudinale et dirigée en arrière, l'autre verticale. Ces tubules se répètent comme les branchies primitives, et affectent, par conséquent, une disposition métamérique. Leur branche verticale ou antérieure s'ouvre dans le cœlome par un orifice relativement large et dirigé en avant; leur branche longitudinale ou postérieure s'ouvre également dans le cœlome par son extrémité libre, mais en outre sur les tubules qui suivent le premier on voit se former sur le bord dorsal des pavillons qui s'ouvrent aussi dans le cœlome et dont le nombre croit

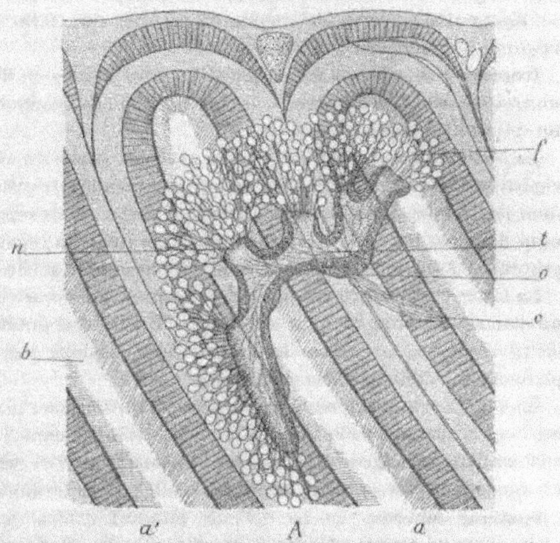

Fig. 1553. — Un tube néphridien gauche de l'*Amphioxus*. — *n*, orifices cœlomiques de la néphridie; *b*, fente branchiale; *A*, cloison; *a*, *a'*, languettes pharyngiennes; *c*, cils de l'orifice atrial de la néphridie; *o*, un orifice; *t*, tube néphridien; *f*, cellules à filament (d'après Boveri).

jusque vers le milieu de la série des tubules, peut atteindre le nombre de neuf, et décroît ensuite jusqu'à se réduire de nouveau à l'unité. En outre cette même branche présente sur son bord ventral un orifice unique (o) qui s'ouvre dans la chambre péribranchiale, au voisinage d'une languette branchiale; cet orifice porte un faisceau de longs cils (c); l'épithélium interne des tubules est également cilié et formé de cellules cubiques. De chacun des pavillons cœlomiques partent en rayonnant, des filaments (f), terminés chacun par un corps sphéroïdal; ce sont des cellules modifiées qui contribuent sans doute à augmenter le pouvoir sécréteur des tubules. Chacun de ces derniers est pourvu d'un réseau vasculaire complexe, véritable *glomérule* (fig. 1554, m) à la formation duquel prennent part des branches assez nombreuses

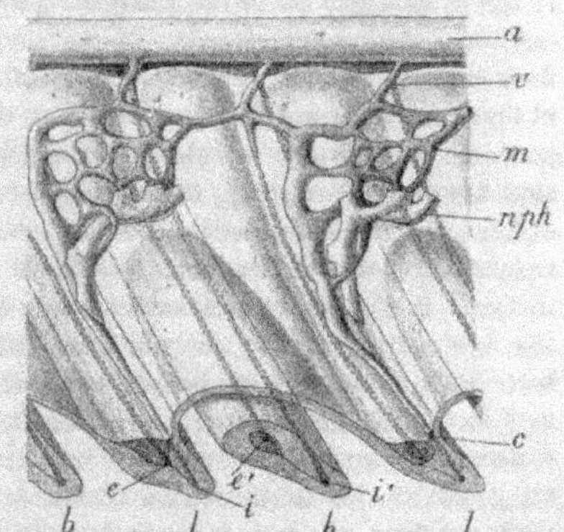

Fig. 1554. — Deux glomérules néphridiens de l'*Amphioxus*. — *a*, aorte dorsale gauche; *v*, vaisseaux afférents du glomérule; *m*, glomérule; *nph*, néphridie; *c*, vaisseau squelettique d'une cloison; *e*, *e'*, vaisseaux externes; *i*, *i'*, vaisseaux internes des cloisons et des languettes (d'après Boveri).

issues du vaisseau squelettique d'une cloison branchiale et des branches analogues venant d'un vaisseau externe d'une languette. Au bout de huit à quinze jours d'une alimentation carminée de l'*Amphioxus*, les cellules de ces tubules se chargent de grains de carmin. Tous ces caractères sont ceux de véritables néphridies, analogues à celles des Vers.

Organes des sens. — Les organes des sens nettement différenciés se réduisent à une *fossette olfactive* et à une *tache pigmentée* qui est généralement considérée comme un œil rudimentaire.

La *fossette olfactive* (fig. 1561, *fn*; p. 2164) est située du côté gauche, sur la région céphalique. C'est une sorte d'entonnoir tégumentaire, revêtu d'un épithélium cilié et dont l'extrémité profonde arrive presque jusqu'au cerveau auquel le relie un faisceau de fibres nerveuses. Cet entonnoir représente la région initiale du canal neural primitif et de son orifice; il est relié par un cordon solide à la surface du cerveau.

La tache pigmentaire est située à l'extrémité antérieure du cerveau et même plus ou moins enfoncée dans la substance de son bord antérieur. Hasse a également décrit chez des *Amphioxus* de la mer du Sud, deux paires de fossettes latérales, pigmentées, qu'il considère comme des yeux.

En dehors des bourgeons sensitifs des cirres buccaux (p. 2144), la fonction tactile est exercée par des cellules sensitives disséminées dans l'épiderme et nombreuses surtout dans les nageoires antérieure et postérieure. Ces cellules sont manifestement en rapport, sur la nageoire, avec les ramifications terminales des nerfs cérébraux.

Système nerveux. — Le système nerveux central paraît, au premier abord, exclusivement représenté par la moelle épinière. Celle-ci se termine antérieurement par un très faible élargissement creusé en forme de cuilleron qui représente le cerveau. La tache oculaire est appliquée contre le bord antérieur rétréci de ce cuilleron. De la face inférieure de ce bord naissent, en avant du premier myotome, deux paires de nerfs sensitifs qui se ramifient dans la nageoire antérieure et qui sont les seuls auxquels puisse s'appliquer la dénomination de *nerfs cérébraux*. La première paire anime surtout la moitié dorsale de la nageoire, la deuxième sa moitié ventrale. Ces nerfs cérébraux sont exclusivement sensitifs et leurs ramifications terminales portent de petits renflements ganglionnaires, composés de une à quatre cellules recouvertes par le névrilemme. Tous les autres nerfs sont des *nerfs médullaires*. Ils naissent de la moelle en quatre séries, deux dorsales et deux ventrales. Les nerfs des deux séries dorsales sont des *nerfs mixtes*, à la fois sensitifs et moteurs; les nerfs des deux séries ventrales exclusivement des *nerfs moteurs*. Il n'existe aucune commissure entre les nerfs moteurs et les nerfs sensitifs. Les nerfs de droite alternent dans chaque série avec les nerfs de gauche, de sorte qu'une coupe transversale contient toujours un nerf mixte à droite et un nerf moteur à gauche, ou réciproquement. La première racine motrice naît immédiatement en arrière du cerveau et les nerfs moteurs correspondent aux myomères; au contraire, les nerfs mixtes sont accolés aux myocommes; la dissymétrie des nerfs est donc une conséquence de celle des segments musculaires.

La racine des nerfs ventraux (fig. 1556, *m*) est très étalée longitudinalement sur la moelle; ses fibres nerveuses traversent la gaine médullaire par des orifices spéciaux, et bientôt après se dissocient pour venir se mettre en rapport chacune avec une fibre musculaire; les fibrilles postérieures de chaque racine innervent plus particulièrement la région ventrale des myomères.

Les nerfs dorsaux ont, au contraire, une racine étroite (s); ils se divisent assez vite en une branche dorsale, qui se dirige en haut et en avant, et une branche ventrale qui se dirige en bas et en arrière. Les deux branches des nerfs dorsaux cheminent dans la lame gélatineuse sous-épidermique. La branche dorsale se ramifie spécialement dans le tégument dorsal; la branche ventrale innerve de même le tégument ventral; elle émet, en outre, un rameau qui passe en dedans et au-dessous des muscles longitudinaux de la paroi du corps et des muscles transverses du plancher de l'atrium. Ce *rameau viscéral* innerve les muscles transverses et forme à leur surface un plexus serré. Il résulte de la disposition des nerfs mixtes que les deux paires cérébrales correspondent aux deux branches d'une seule et même paire médullaire. Il est donc tout naturel que la paire qui suit soit motrice. Rohon a toutefois signalé une troisième paire nerveuse cérébrale. Le velum est, en raison de son origine (p. 2167), exclusivement innervé par des nerfs du côté gauche de la moelle appartenant aux quatrième, cinquième et sixième paires, qui donnent naissance chacune à deux branches fournissant l'une un plexus interne, l'autre un plexus externe.

La moelle ne présente pas de renflements ganglionnaires. En coupe transversale (fig. 1549, N; p. 2141) elle a la forme d'un triangle à sommet dorsal; du sommet du triangle part une fente à bords contigus qui descend jusqu'au centre de la coupe et s'y élargit, de sorte qu'un canal axial parcourt toute la longueur de l'organe. Les bords de la fente et du canal sont constitués par des cellules ganglionnaires et des cellules de soutien dont les prolongements sont disposés radiairement par rapport à la fente et au canal. En avant, le canal médullaire s'épanouit en une vésicule cérébrale dont un diverticule ventral représente l'hypophyse. La fente verticale s'élargit elle-même en arrière de la vésicule cérébrale, indépendamment de cette vésicule et donne ainsi au cerveau l'apparence de cuilleron déjà signalée; cette dilatation recouverte d'une fine membrane caractérise la moelle allongée.

Les fibres nerveuses, en grande partie longitudinales, occupent la région périphérique de la moelle, tandis que la majorité des cellules est assemblée dans la région axiale. C'est une disposition inverse de celle qui prédominait chez les Vers annelés, mais qui résulte du mode de formation du système nerveux par invagination. La plupart des fibres sont fines et variqueuses (fig. 1555 et 1556)[1]; mais parmi elles se trouvent aussi, au nombre d'environ vingt-six, des *fibres géantes* sans varicosités (fig. 1555 et 1556, *fg*), analogues à celles qu'on observe chez les Vers annelés (p. 1595, 1653, 1696, 1752) et issus, comme elles, de cellules géantes (*cg*). Une partie des cellules géantes se trouve dans la région antérieure de la moelle, en arrière de la sixième racine sensitive; les fibres qui en naissent sont dirigées en arrière; une autre partie de ces cellules est située en arrière de la quatorzième racine sensitive; les fibres qui en naissent se dirigent en avant. La fibre géante issue de la cellule la plus antérieure est la plus grosse et demeure médiane; les autres sont situées latéralement. Les fibres géantes d'un côté de la moelle s'infléchissent au moment de se terminer (fig. 1555, *fg*), de manière à traverser la moelle de part en part, puis elles reviennent sur elles-mêmes, en formant un coude brusque, et rejoignent une cellule géante multipolaire (*cg*), située du côté de la moelle opposé à

[1] G. Retzius, *Zur Kenntniss des Centralen Nervensystems von Amphioxus lanceolatus*; Biologische Untersuchungen, Neue Folge, II, 1891.

celui d'où elles sont parties, mais à peu près sur la ligne médiane et au niveau d'une racine sensitive. Jusqu'au coude qu'elles forment pour rejoindre leur cellule d'origine, les fibres géantes n'émettent pas de collatérales; au coude même, elles donnent naissance à deux prolongements longitudinaux, exactement opposés, produisant de fines ramifications variqueuses qui se mêlent aux autres fibres longitudinales; dans le court trajet compris entre le coude et la cellule, elles émettent dans la couche fibreuse d'assez nombreuses collatérales qui conservent une direction oblique.

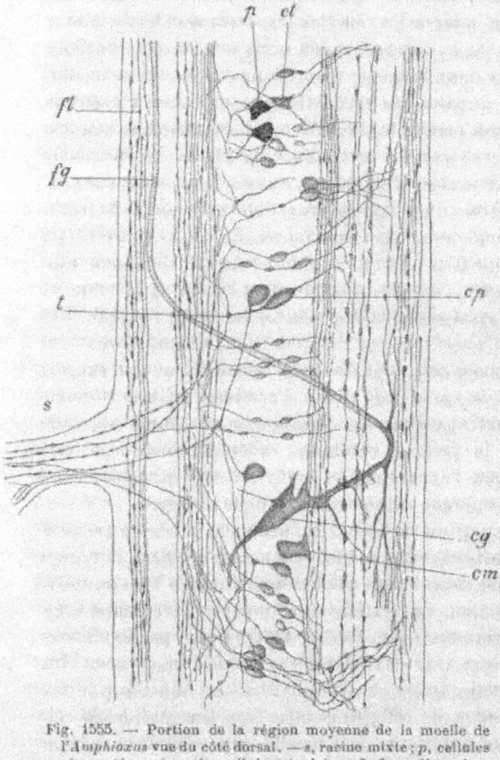

Les fibres des racines mixtes sont variqueuses (fig. 1555, s); un assez grand nombre d'entre elles traversent obliquement la couche fibreuse du côté de la moelle qui leur correspond; elles aboutissent à des cellules bipolaires dont le prolongement opposé à la fibre traverse obliquement le cylindre central cellulaire, rejoint la couche fibreuse, s'y renfle quelquefois en un granule, puis se ramifie abondamment; ou bien après un certain trajet transversal s'infléchit pour se mêler aux fibres longitudinales. D'autres fibres sensitives deviennent rapidement longitudinales en entrant dans la moelle, et se mêlent aux fibres longitudinales, situées du même côté que la racine; elles aboutissent à des cellules multipolaires dont certains prolongements se mêlent aux fibres longitudinales, tandis que d'autres pénètrent dans l'axe cellulaire de la moelle et s'y divisent en nombreux ramuscules terminés en bouton. D'autres encore (*t*) viennent se greffer, en formant T avec elles, sur des fibres longitudinales présentant sur leur trajet un renflement cellulaire. Certaines fibres sensitives aboutissent enfin à de grandes cellules très irrégulières de forme dont les autres ramifications s'étendent également sur les deux faces latérales.

Fig. 1555. — Portion de la région moyenne de la moelle de l'*Amphioxus* vue du côté dorsal. — *s*, racine mixte; *p*, cellules pigmentées; *ct*, petite cellule tripolaire; *fl*, fines fibres longitudinales; *fg*, fibre géante; *cp*, petites cellules bipolaires; *t*, fibre longitudinale en forme de T, dont une branche s'engage dans la racine mixte; *cg*, cellule géante; *cm*, cellule bipolaire moyenne (d'après Retzius).

Les fibres motrices (fig. 1556, *m*) semblent se terminer en crochet renflé dans une plage granuleuse, avoisinant la naissance de la racine dont elles font partie. Il n'a pas été possible de les suivre plus loin; il est peu vraisemblable cependant qu'elles ne soient pas en rapport avec des cellules nerveuses. On voit, en effet, pénétrer quelques fines fibres de l'intérieur de la moelle dans la plage granuleuse. D'autre part certaines cellules bipolaires reçoivent un filament qui vient de la région centrale de la moelle et en émettent un autre qui se dirige vers la plage granuleuse de la base d'une racine motrice, arrive à son contact et se réfléchit sans y pénétrer. Ces cellules et leurs prolongements se disposent en général de manière à figurer un tronc de cône dont la petite base correspond à la plage granuleuse de la racine motrice. On trouve enfin quelques cellules tri- ou multipolaires abondamment ramifiées à ramuscules terminés en bouton qui semblent sans connexion avec une fibre nerveuse.

Appareil génital[1]. — De chaque côté du corps, il existe vingt-six gonades ou poches génitales, correspondant à autant de myotomes et alternant, comme les myotomes, d'un côté à l'autre du corps (fig. 1548, *Ov*; p. 2139). La dernière gonade appartient très probablement au cinquante et unième myotome, le myotome préanal. Ces gonades sur un même individu sont exclusivement mâles ou exclusivement femelles; les sexes sont donc séparés, mais les différences sexuelles sont seulement d'ordre anatomique, comme le développement plus grand de l'épithélium excréteur sur le plancher atrial des femelles. Les gonades font défaut du côté gauche chez

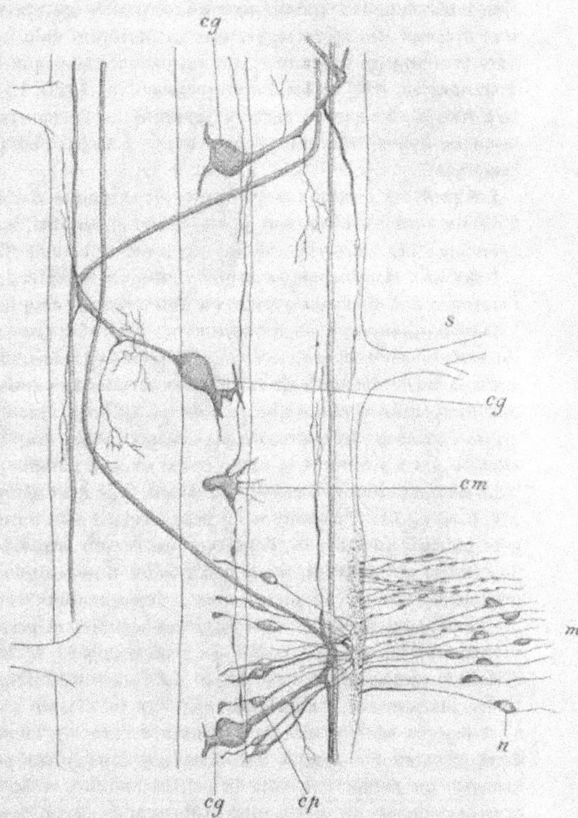

Fig. 1556. — Partie de la moelle épinière de l'*Amphioxus* (dernier tiers) vue du côté dorsal. — *s*, racine mixte; *m*, racine motrice; *cg*, cellule géante; *cm*, cellule bipolaire de grandeur moyenne; *cp*, groupe de cellules bipolaires de fonction inconnue; *k*, noyau d'une fibre motrice (d'après Retzius).

les B. (*Epigonichthys*) *cultellum* et B. (*Asymmetron*) *lucayanum*. Elles sont à peu près de forme cubique aux deux extrémités de la série; elles sont plus hautes que larges dans la région moyenne. Chaque gonade (fig. 1549, *O*; p. 2141) est enfermée

<hr>

[1] BOVERI, *Ueber die Bildungstätte der Geschlechtdrüsen und die Entstehung der Genitalkammern bei Amphioxus*; Anatomische Anzeiger, t. VII, 1892.

dans une poche dépendant de la paroi primitive du corps qui fait hernie dans l'atrium ; elle est séparée de la paroi interne de cette poche par un espace vide, dépendant du cœlome.

La paroi propre de l'ovaire est de très faible épaisseur, et on voit dans sa cavité des tractus qui la divisent en compartiments où sont logés les ovules. A l'intérieur des testicules, des spermatogonies disposées en plusieurs couches forment, par leur division, des spermatogemmes cylindriques dont les spermatocytes convergent vers le centre de l'organe et qui rappellent celles que l'on observe chez les Echinodermes (p. 830) et les Entéropneustes (p. 1923). La tête des spermatozoïdes a la forme d'un cœur de carte à jouer ; dans l'échancrure du cœur vient s'insérer la queue de l'élément qui porte souvent à sa base un petit globule, reste du spermatocyte.

Les produits génitaux sont déversés par simple déchirure dans la cavité atriale d'où ils sont expulsés soit par le pore abdominal, avec l'eau qui a traversé la branchie (Ray Lankester, Willey), soit par la bouche (Kowalevsky, Hatschek).

Dans la Méditerranée, la reproduction s'accomplit durant toute la belle saison ; l'émission des éléments génitaux a lieu a lieu de cinq heures à sept heures du soir.

Développement [1]. — *Segmentation ; gastrula ; premières ébauches du mésoderme, du système nerveux et de la corde dorsale.* — La fécondation se produit seulement après la sortie des œufs de la chambre atriale. Les œufs ne sont entourés que d'une fine membrane vitelline que le contact de l'eau écarte légèrement du vitellus et qu'en l'absence de micropyle, le spermatozoïde doit traverser, pour arriver au vitellus. On n'a observé la sortie que d'un seul globule polaire.

La segmentation s'accomplit suivant le type géométrique (p. 155 et fig. 235, n⁰ˢ 1 à 8, p. 154). Les blastomères du pôle formatif sont un peu plus petits que ceux du pôle nutritif. Au stade 64, l'embryon est encore formé de quatre cercles superposés de cellules qui peuvent, au lieu d'affecter une position fixe, comme dans d'autres groupes, présenter au moins trois types essentiels de disposition : 1⁰ les blastomères peuvent se placer suivant seize secteurs et présenter ainsi une disposition rayonnée, c'est le *type radial* de segmentation ; 2⁰ les blastomères peuvent se diviser successivement et isolément dans un ordre déterminé, c'est le *type hélicoïdal* ; 3⁰ les blastomères symétriques peuvent se diviser simultanément deux à deux, c'est le *type bilatéral* qui sera conservé chez les Tuniciers [2]. Après ce stade 64, deux clivages des cercles extrêmes par deux plans parallèles détachent au pôle formatif un cercle nouveau de petites cellules et au pôle nutritif un cercle de grosses cellules ; un cercle médian de grandes cellules oblongues, demeurées indivises, sépare, à ce moment, les trois cercles de cellules de l'hémisphère formatif, des deux cercles de l'hémisphère nutritif.

L'arrangement régulier des blastomères disparaît après ce stade 64, et finalement l'embryon prend la forme d'une *blastula*, formée de 256 cellules qui grandissent et sont d'autant plus chargées de granules vitellins qu'elles sont plus rapprochées du pôle nutritif. La calotte formée par les cellules granuleuses s'invagine bientôt à l'in-

---

[1] Hatschek, *Studien über Entwicklung des Amphioxus*, Arb. zool. Inst. Wien, 1891. — *Die Metamerie des Amphioxus und der Ammocœtes* ; Anatomische Anzeiger, 1892.

[2] E. B. Wilson, *Amphioxus and Mosaïc theorie of Development* ; Journal of Morphology, VIII, 1893.

térieur de la *blastula*, qui se transforme ainsi en une *gastrula* (fig. 1557, nᵒˢ 1 et 2)
dont l'entoderme vient rapidement s'appliquer coture l'exoderme de manière à sup-
primer toute cavité d'invagination (nᵒ 3). Ces phénomènes s'accomplissent en six
heures environ. Le blastopore correspond, comme d'habitude, à la future extrémité postérieure de l'animal. D'abord circulaire, il devient ensuite elliptique, accusant ainsi la symétrie bilatérale de l'embryon déjà reconnaissable vers la fin de la

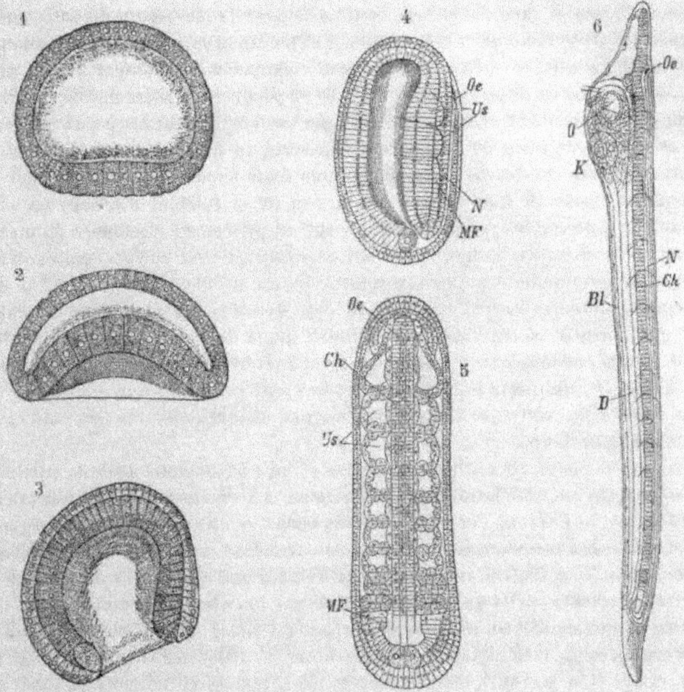

Fig. 1557. — Développement de l'*Amphioxus* (d'après B. Hatschek). — 1. Blastula. — 2. Commencement
de l'invagination de l'entoderme (gastrula). — 3. Gastrula (les cils des cellules ectodermiques n'ont pas
été représentés). — 4. Coupe optique d'un embryon avec deux segments primitifs, métamérides ou myomères. *US*, segments primitifs ou métamérides; *MS*, repli mésodermique; *N*, tube nerveux; *Oe*, son
orifice externe. — 5. Embryon avec neuf segments primitifs, représenté par la face dorsale pour
montrer l'asymétrie naissante des métamérides; *Ch*, corde dorsale. — 6. Embryon plus avancé avec la
bouche *O*, et la première fente branchiale *K*; *D*, tube digestif; *Bl*, vaisseau ventral.

segmentation. En même temps, la courbure de la surface du corps cesse d'être
régulière; tandis que la future face dorsale s'aplanit sur une certaine étendue, la
future face ventrale demeure courbe et le point où la courbure est le plus accen-
tuée marque l'extrémité antérieure définitive de l'animal. Au cours de cette défor-
mation, le blastopore arrive à être légèrement dorsal, et il se rétrécit de plus en
plus, surtout dans la région de son bord antérieur ou dorsal. Le bord postérieur ou
ventral se modifie, au contraire, fort peu et se caractérise par la présence de deux

grosses initiales mésodermiques (n°s 3, 4 et 5) différenciées aux dépens de l'entoderme. À ce moment, un cil vibratile unique se développe sur chacune des cellules exodermiques de l'embryon à qui les cils dont il se recouvre ainsi, impriment, sous les enveloppes de l'œuf, un mouvement continu de rotation. Les changements éprouvés par l'embryon, au cours de cette période, semblent dus à un accroissement plus rapide de la face dorsale dont les éléments voisins du blastopore continueraient à s'invaginer, refoulant vers la face ventrale les éléments entodermiques proprement dits, de sorte que la face dorsale en continuité avec le blastopore du sac stomacal de la gastrula arriverait ainsi à être formée d'éléments primitivement exodermiques.

Quoi qu'il en soit, le corps de l'embryon commence à s'allonger et, en même temps, le long de sa ligne médiane dorsale se produit un léger enfoncement. Le fond de cet enfoncement constitue une *plaque médullaire* dont les bords ne tardent pas à se séparer du reste de l'exoderme et passent au-dessous de lui (fig. 1558, *n*); il se produit ainsi, au-dessus de la plaque, une fente exodermique, la *gouttière dorsale* dont les bords se rapprochent peu à peu et se soudent d'arrière en avant, formant une lame qui va rejoindre l'exoderme en arrière du blastopore de manière à couvrir celui-ci; c'est l'origine du *canal neurentérique* qui met en communication la cavité entodermique avec le canal neural qui va se constituer. Bientôt, en effet, la plaque médullaire devient concave du côté dorsal; cette plaque ne s'étend en avant que jusqu'à la naissance du premier quart de l'embryon, et la gouttière qu'elle forme communique en ce point avec l'extérieur par un orifice (fig. 1557, n°s 4, 5 et 6, *Oe*) qui porte le nom de *neuropore*; les cellules qui la constituent sont ciliées comme les autres cellules exodermiques et leurs cils très fins battent vers l'extrémité postérieure.

En se développant, la gouttière nerveuse refoule au-dessous d'elle la partie correspondante du sac entodermique, et détermine la formation de deux plis latéraux (fig. 1558, *me*) qui seront l'origine du mésoderme et qu'on peut, en conséquence, nommer les *replis mésodermiques*. Ces replis s'étendent jusqu'aux initiales mésodermiques, mais leurs limites relativement à l'entoderme deviennent de plus en plus indécises à mesure qu'ils se rapprochent de ces initiales. La présence, chez l'*Amphioxus*, d'initiales mésodermiques qui rappellent celles qui ont été observées chez les Bryozoaires (p. 1480 et 1483), les Polychètes (p. 1605), les Géphyriens (fig. 1156, *b*, *Mz*, et fig. 1158, p. 1657), les Oligochètes (p. 1710), les Hirudinées (p. 1756) et les Mollusques (fig. 1517, *Mz*, p. 2060; fig. 1637, p. 2069), les liens que ces initiales présentent encore avec les replis mésodermiques, indiquent que le mésoderme avait ici primitivement la même origine que dans les groupes que nous venons d'énumérer, et que l'intervention de l'entoderme dans la formation du mésoderme n'est qu'un phénomène d'accélération embryogénique ou tachygénèse. La façon dont ce mode de formation du mésoderme a pu être réalisé a déjà été expliquée p. 2060, à propos de l'embryogénie de la Paludine, et l'on peut, en quelque sorte, constater son origine chez les Echinodermes au cours du développement d'un même individu. Là, en effet, les éléments mésodermiques commencent à se détacher un à un de l'entoderme, et c'est seulement plus tard que ce phénomène initial est remplacé par la formation de replis entodermiques (p. 832). Ce même mode de formation du mésoderme a encore été constaté chez les Chétognathes (p. 1432), les Brachiopodes (p. 1521) et les Entéropneustes (p. 1924). L'identité du processus est le même dans tous

ces cas, de sorte qu'on peut affirmer qu'il ne s'agit pas ici d'un mode primitif de
développement, mais d'un phénomène de tachygénèse qui a pu se produire dans
les types les plus divers du règne animal, et dont l'histoire embryogénique des
Echinodermes, ainsi que la comparaison du mode de développement de la Paludine
avec celui des autres Mollusques indique clairement l'origine (Giard). Ce mode de
développement ne saurait donc être invoqué pour classer ensemble les animaux
qui le présentent, leur attribuer une parenté généalogique et les séparer des
formes dont les rapproche leur organisation transitoire ou définitive. Il ne constitue pas, en particulier, un argument sur lequel on puisse s'appuyer pour repousser
entre les Vers annelés d'une part, l'*Amphioxus* et les Vertébrés d'autre part, les
liens que l'Anatomie comparée établit si nettement.

Les replis mésodermiques ne tardent pas à présenter en avant, d'abord un, puis

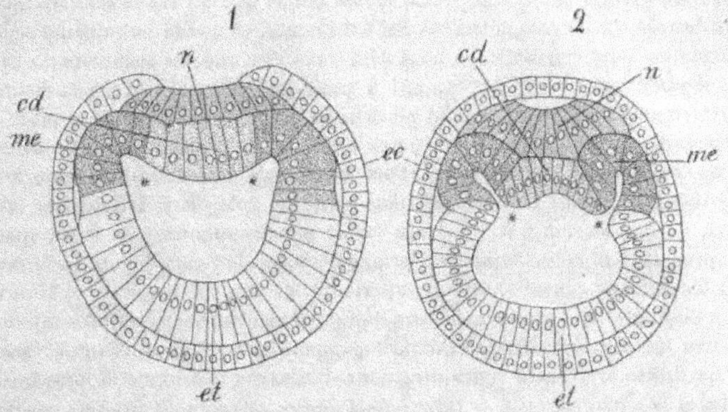

Fig. 1558. — Coupes transversales de deux embryons d'*Amphioxus*, montrant deux phases successives de
la formation du système nerveux, du mésoderme et de la corde dorsale. — *n*, plaque nerveuse; *cd*,
cellules de la corde; *me*, évaginations mésodermiques; *ec*, exoderme; *et*, entoderme (d'après Hatschek).

deux, puis un nombre croissant de constrictions (fig. 1557, n°ˢ 4 et 5, *Us*) qui apparaissent successivement les unes derrière les autres et caractérisent autant de
segments mésodermiques correspondant, en réalité, à des métamérides. Ces segments continuent à communiquer, chacun par un orifice dorsal, avec la cavité
entodermique jusqu'au moment où l'on en peut compter quatorze. A ce moment ils
s'isolent, et forment des *sacs cœlomiques* complètement clos, disposés en deux rangées dorsales et dont le degré de développement va en décroissant d'arrière en
avant. Il est possible que la cavité de ces sacs s'oblitère momentanément et que
les cavités cœlomiques définitives se creusent ensuite à nouveau dans les masses
solides ainsi formées [1]. A partir de la même époque, la région demeurée indivise
des replis mésodermiques qui jusque-là était en communication avec la cavité
entodermique s'isole, elle aussi; de sorte que les segments mésodermiques formés
après le quatorzième sont, dès le début, dénués de toute communication avec le
tube digestif désormais caractérisé.

[1] Lwoff, *Ueber einige wichtige Punkte in der Entwicklung der Amphioxus*; Biologische
Centralblatt, Bd. XII, 1892.

Éclosion. — L'éclosion a lieu alors que deux métamérides seulement sont constitués, c'est-à-dire au bout de huit heures ; l'embryon nage à l'aide de ses cils vibratiles, en tournoyant autour de son grand axe, la future extrémité buccale dirigée en avant ; il conserve son existence pélagique jusqu'au moment où se formeront ses fentes branchiales tertiaires (p. 2167). Pendant ce temps, l'embryon se nourrit des granules vitellins contenus dans tous ses tissus et qui disparaissent successivement de l'épiderme, du mésoderme, de la plaque médullaire, enfin de l'entoderme. Peu à peu le corps, d'abord ellipsoïdal, se comprime ; une nageoire caudale larvaire se différencie, par suite des modifications que subit à cette époque l'exoderme dont les cellules s'aplatissent sauf dans les régions céphalique et caudale, tandis qu'elles prennent le long de la nageoire caudale qu'elles constituent tout entière une hauteur exceptionnelle.

Transformations du mésoderme. — En même temps que les replis mésodermiques, la corde dorsale s'isole complètement de l'entoderme, et quand le huitième segment mésodermique s'est constitué, on peut déjà constater que les segments de gauche se sont déplacés en avant, par rapport à ceux de droite, d'environ la longueur d'un demi-segment ; le jeune animal est devenu asymétrique (fig. 1557, n° 5).

Au moment où se montre le neuvième segment, le premier segment mésodermique de chaque côté envoie en avant un diverticule qui est destiné à fournir son mésoderme à la région prébuccale. Dans tous les groupes d'Artiozoaires étudiés jusqu'ici, ce mésoderme s'est toujours formé effectivement d'une façon spéciale. A peu près dans le même temps, la face postérieure des segments mésodermiques devient légèrement concave, la face antérieure légèrement convexe, et ainsi commence à s'indiquer la forme en chevron que présenteront finalement les myomères. Peu à peu les segments mésodermiques gagnent vers la face ventrale ; les segments de droite arrivent à rencontrer ceux de gauche le long de la ligne médiane ventrale, et *la cavité du corps se trouve ainsi divisée, comme celle des Vers annelés, en segments indépendants, séparés par des dissépiments résultant de l'accolement des faces contiguës de deux myomères consécutifs*. C'est là un point important, car de même que les connexions des replis mésodermiques avec les initiales établissent, malgré les apparences contraires, l'homologie du mésoderme des Phanérochordes avec celui des Vers, la formation, chez l'*Amphioxus*, de segments mésodermiques se rejoignant, ne fût-ce que pour un temps, sur la face ventrale, établit l'identité du phénomène de la métaméridation chez ces mêmes Phanérochordes et chez les Vers annelés.

De la jonction, le long de la ligne médiane ventrale, des segments mésodermiques de droite et de gauche, résulte la formation d'une lame mésentérique qui unit le tube digestif à la paroi du corps et dans laquelle apparaît bientôt un canal transparent qui est le rudiment de la veine sous-intestinale. Au niveau du deuxième segment, où va apparaître sur le milieu de la face ventrale le premier rudiment de branchie, ce canal est dévié vers la droite et se termine en cæcum. A mesure que se développe la cavité des segments mésodermiques, leurs cellules pariétales s'aplatissent, à l'exception de celles de la région immédiatement en contact avec la corde. Ces dernières deviennent de plus en plus hautes (fig. 1559, *m*), chacune a la largeur même d'un segment ; leur extrémité libre, renflée et arrondie, fait saillie dans la cavité cœlomique. Cette extrémité contient leur noyau, tandis que dans leur partie basilaire, appuyée contre la corde, se différencie une fibre musculaire striée qui présente, elle aussi, par conséquent, une longueur égale à celle d'un segment. Mais toutes les fibres se correspondent d'un segment à l'autre, de manière à former sur toute la longueur du corps autant de lignes contractiles continues qu'il existe de cellules musculaires dans un même segment.

Lorsque le nombre des métamères s'est élevé à quatorze environ, les cloisons de séparation des métamères mésodermiques se résorbent dans la région ventrale, et il ne subsiste que la lame mésodermique médiane qui se réduit bientôt elle-même à la gaine de la veine sous-intestinale (fig. 1559, n° 2, v), de sorte que sur toute la face ventrale, le cœlome est une cavité continue d'un bout à l'autre du corps, circonscrite par une membrane qui porte le nom de *plaque latérale* et dont un feuillet,

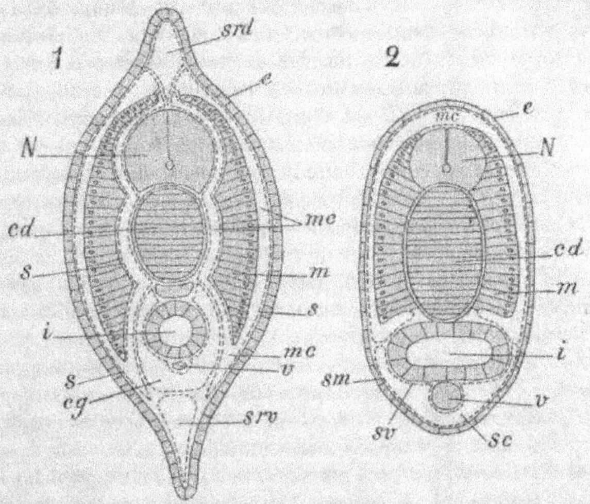

Fig. 1559. — Coupes transversales schématiques de deux embryons d'*Amphioxus*, l'un (n° 2) très jeune; l'autre (n° 1) plus âgé, montrant la formation d'un myocèle dorsal, et d'un splanchnocèle ventral ainsi que l'origine du tissu squelettique. — *srd*, myocèle dorsal; *N*, moelle épinière; *cd*, corde dorsale; *s*, lame dermique des myocèles; *i*, intestin; *cg*, splanchnocèle; *srv*, myocèle ventral; *v*, veine; *mc*, myocèle; *m*, hautes cellules de la lame musculaire du myocèle; *c*, exoderme; *sv*, splanchnopleure; *sm*, somatopleure (d'après Ray Lankester).

la *splanchnopleure* (sv), s'applique sur le tube digestif, tandis que l'autre, la *somatopleure* (sm), s'applique contre la paroi du corps; c'est le *splanchnocèle* (sc). La résorption s'effectue de manière que les métamérides mésodermiques demeurent séparés du splanchnocèle par une cloison; chacun d'eux circonscrit ainsi une cavité close ou *myocèle* (mc) et les myocèles demeurent métamériquement disposés. La formation d'un splanchnocèle distinct des myocèles apparait clairement ici comme une disposition acquise après qu'une métaméridation parfaite s'est établie. Par tachygénèse, ou accélération embryogénique, le sphanchnocèle se constitue d'emblée chez les Vertébrés, mais ce phénomène, qui n'a rien d'imprévu, n'enlève nullement à la métaméridation, en apparence partielle, des Vertébrés sa signification primitive, et ne l'empêche pas de demeurer exactement comparable à celle des Vers annelés.

Les métamérides mésodermiques désormais réduits à leur région dorsale peuvent recevoir le nom de *myomères*. Chaque *myomère* (fig. 1559, n° 2) présente : 1° une *lame dermique* mince, appliquée contre l'exoderme (*s*); 2° une *lame musculaire* contiguë à la moelle épinière et à la corde dorsale et formée des hautes cellules (*m*) dans lesquelles se différencient les fibrilles musculaires; 3° deux faces, l'une antérieure, l'autre postérieure, qui s'appliquent contre les faces correspondantes du myomère précédent et du suivant pour constituer avec elles les dissépiments partiels ou *myoseptes*; 4° une face inférieure appliquée contre le tube digestif, reliant la lame dermique à la lame musculaire et qui en raison du rôle important qu'elle est appelée à jouer, doit recevoir le nom de *plaque sclérale* ou de *sclérotome*. A la jonction du sclérotome avec la lame dermique se trouve une grosse cellule qui est le premier rudiment des glandes génitales.

Peu à peu, à la fibre musculaire unique que contenait chaque cellule de la lame musculaire se juxtaposent d'autres fibres formant ensemble une plaque à laquelle s'ajoutent successivement d'autres plaques qui remplissent peu à peu la cellule dont le noyau demeure au voisinage du bord libre. Bientôt le feuillet scléral forme dans chaque myomère, un repli qui s'insinue entre la lame musculaire, la corde dorsale et la moelle qu'il enveloppe complètement; le feuillet externe de ce repli devient la lame fissurée appliquée contre la face interne des myomères; le feuillet interne devient la couche squelettogène (n° 1, *s*) qui forme la lame extérieure de la gaine de la corde et son prolongement neural. La lame sclérale et la lame dermique forment ensemble elles-mêmes un repli mésodermique qui s'insinue entre la somatopleure et l'exoderme et vient tapisser les compartiments de la nageoire impaire ventrale *srv*, comme ceux de la nageoire impaire dorsale sont tapissés par la lame dermique des myomères (*srd*).

Développement de la corde dorsale. — *La région de l'entoderme comprise entre la plaque médullaire d'une part, les replis mésodermiques d'autre part est l'origine de la corde dorsale.* Cette région (fig. 1558, *ed*; p. 2159) se trouve en rapport avec des régions d'accroissement et de transformations rapides, à la nutrition desquelles elle prend vraisemblablement une part prépondérante, en leur cédant les substances de réserve que contenaient ses cellules. On comprend donc que ses éléments se modifient d'une façon toute particulière. Cette modification qui apparaît pour la première fois chez l'*Amphioxus*, se retrouvera chez les embryons des Tuniciers et chez ceux de tous les Vertébrés, où la corde dorsale sera, en quelque sorte, l'organe directeur de la formation de la colonne vertébrale. Son apparition semble se rattacher au mode nouveau de développement du système nerveux et du mésoderme, avec les rudiments desquels elle se trouve en contact; les connexions précises et constantes de la région où elle se produit excluent toute assimilation avec le diverticule proboscidien des *Balanoglossus* qu'on lui a comparé (p. 1919).

Peu après l'éclosion, la région entodermique qui doit former la corde dorsale devient concave vers la cavité entodermique; elle se transforme en une gouttière dont les deux moitiés longitudinales se rapprochent rapidement jusqu'au contact, s'isolent de l'entoderme et constituent ainsi un cordon plein. Dans ce cordon, les cellules s'orientent de manière à apparaître sur une coupe transversale comme une pile de quatre cellules, occupant chacune toute la largeur de la corde. Au début, la corde ne dépasse pas le premier segment mésodermique; elle se développe d'avant en arrière, par la progression de la gouttière médio-intestinale qui lui a donné naissance en avant. C'est d'ailleurs seulement la partie médiane de la gouttière qui prend part à sa formation. Assez tardivement seulement l'extrémité postérieure de la corde se sépare complètement de l'entoderme, tandis qu'elle s'est transportée en avant jusqu'à l'extrémité antérieure du corps.

Vers l'époque où le huitième segment mésodermique se constitue, des quatre cellules superposées que l'on voit sur une section de la corde, les deux moyennes subissent une modification particulière; au contact de leurs faces adjacentes à la cellule similaire qui précède et à celle qui suit, se forme une petite masse albuminoïde demi-lenticulaire tandis que le cytosarque et le noyau se rassemblent dans la région moyenne de la cellule. Sur une coupe longitudinale, au niveau des deux cellules en question, on observe donc une alternance régulière de lentilles albuminoïdes biconvexes et de lentilles granuleuses biconcaves formées par le cytosarque et le noyau. Les autres cellules de la corde ne présentent que de petites vacuoles éparses.

Développement des orifices du tube digestif, des orifices prébuccaux et des fentes branchiales. — Alors que l'embryon ne présente que quatorze segments, dont la cavité communique encore avec celle de l'entoderme, la bouche, la première fente branchiale et l'anus se constituent. La *bouche* est d'abord représentée par un épaississement exodermique, situé du côté gauche du corps, au niveau du premier sac mésodermique qui est dans cette région moins étendu. Cet épaississement discoïdal entre en rapport avec le sac entodermique, et à son centre s'ouvre un orifice d'abord étroit et entouré de grandes cellules exodermiques; c'est la bouche larvaire qui ne tarde pas à s'agrandir (fig. 1557, n° 6, O). La *première fente branchiale* se forme à la face ventrale, au niveau du deuxième segment mésodermique (K); elle a pour premier rudiment un diverticule de l'entoderme entouré à sa base de longues cellules claires; le sommet de ce diverticule s'accole à l'exoderme, et il se produit à leur rencontre un trou d'abord petit et circulaire, mais qui ne tarde pas à grandir, et passe bientôt au

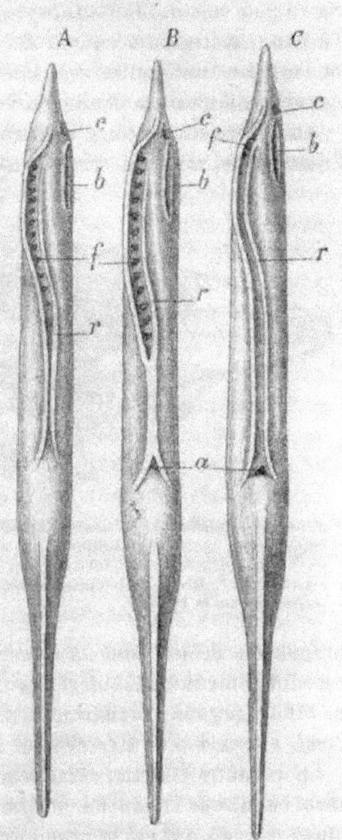

Fig. 1560. — Trois stades successifs de la formation des fentes branchiales primitives et de la cavité péribranchiale chez les larves d'*Amphioxus*. C est la plus jeune larve; B, la plus âgée. — e, fossette prébuccale; b, bouche; r, épipleures; f, fentes branchiales; a, anus (d'après Willey).

côté droit du corps. L'*anus* se forme du côté gauche, et en même temps que l'extrémité postérieure du sac entodermique arrive ainsi à s'ouvrir au dehors, le canal neurentérique s'oblitère.

Pendant que se perforent tous ces orifices, au moment où l'embryon ne présente encore que huit métamères, dans la région du sac entodermique antérieure au premier segment mésodermique se forment deux diverticules qui peuvent être considérés comme une première paire de poches branchiales (Hatscheck). Le diverticule droit grandit rapidement, remplit au-dessus de la corde tout le prolongement en forme de museau de l'extrémité antérieure du corps, et refoule même en arrière l'extrémité antérieure du sac entodermique dont il s'est isolé. Au contraire, le diverticule gauche demeure petit, se place transversalement au-dessous de la corde et finit par s'ouvrir au dehors par un orifice prébuccal situé sur le côté gauche (*fn*). Sa région voisine de l'orifice est alors fortement ciliée tandis que vers la droite l'organe se termine en cul-de-sac. Plus tard un nerf vient aboutir à sa paroi. et l'organe tout entier constitue l'*organe cribriforme* qui s'ouvre à l'intérieur du capuchon buccal de l'animal adulte [1].

Au niveau du premier métamère se forme en même temps, sur le côté *droit* de l'entoderme, un repli dorso-ventral qui s'étend ensuite en bas et à gauche pour s'isoler finalement et se transformer en un cæcum glandulaire qui s'ouvre également à *gauche*, immédiatement au voisinage de la bouche (fig. 1561, *oe*). Plus tard l'organe prend une forme coudée (*ob*) et le fond de son cul-de-sac entre, à droite, en communication avec le tube digestif. Cet organe a été désigné sous le nom d'*organe claviforme* et considéré comme une fente

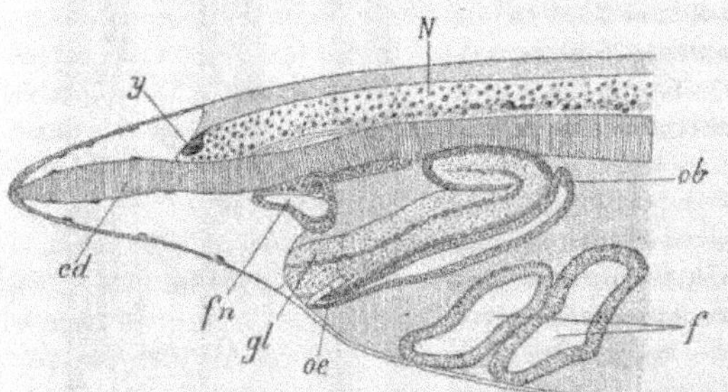

Fig. 1561. — Extrémité antérieure d'un jeune *Amphioxus*. — *N*, moelle épinière; *y*, tache pigmentaire; *cd*, corde; *fn*, fossette préorale; *gl*, endostyle; *ob*, orifice interne; *oe*, orifice externe de la glande claviforme; *f*, fentes branchiales situées à droite et vues par transparence (d'après Willey).

branchiale droite dont la symétrique serait représentée par la bouche [2]. Il est essentiellement transitoire. Lorsque l'embryon a atteint la période critique définie p. 2166, l'organe claviforme commence déjà à s'atrophier; ses éléments se dissocient, et paraissent être chassés dans le tube digestif où ils seraient digérés.

En avant de l'organe claviforme se trouve, dès le début de son apparition, exactement en face de la bouche, une bande dorso-ventrale de très hautes cellules munies de longs cils (*gl*) qui est la première indication de la *gouttière endostylaire* du sac branchial. Cette bande est entièrement située à droite, et elle ne tarde pas à se couder comme l'organe claviforme contre lequel elle est d'abord appliquée; plus tard les deux organes se séparent par suite de la croissance de l'endostyle dont la forme en V s'accuse de plus en plus, à mesure que le sommet du V se transporte en arrière. L'organe claviforme se trouve alors croiser le V vers le milieu de sa longueur.

De nouvelles fentes branchiales, les *fentes branchiales primaires*, apparaissent en

---

[1] Ces diverticules et l'orifice du diverticule gauche ont été assimilés par Bateson au cæcum et à l'orifice de la trompe du *Balanoglossus*. Nous avons donné p. 1916 les raisons qui s'opposent à ce que l'on puisse considérer le *Balanoglossus* comme un progéniteur des Vertébrés; tout au plus serait-il possible de voir en lui une forme dégénérée des Vertébrés les plus primitifs.

[2] Van Vijhe, *Ueber Amphioxus*, Anatomische Anzeiger, 1893.

arrière de la première, et se constituent de la même façon soit sur la ligne médiane ventrale, soit un peu à sa droite ; toutes se transportent d'ailleurs ensuite au côté droit du corps, tandis que les orifices digestifs et glandulaires demeurent à gauche. Pendant que les fentes branchiales primaires arrivent ainsi au nombre de quatorze environ, le nombre des métamères s'élève graduellement jusqu'à soixante et un. Au niveau des fentes branchiales la veine sous-intestinale médiane se dévie vers la droite et vient passer au-dessus d'elles. Bientôt, au-dessus de cette veine, un épaississement moniliforme de la paroi pharyngienne droite annonce l'apparition d'une nouvelle série de fentes, les *fentes branchiales secondaires*. Les renflements s'isolent peu à peu les uns des autres ; chacun d'eux s'unit à l'exoderme et un trou apparaît au point d'union, caractérisant ainsi une fente branchiale. Il s'en forme d'abord seulement six, qui alternent avec les fentes primaires, *comme les segments de droite avec ceux de gauche* ; la première fente secondaire correspond à l'intervalle entre la troisième et la quatrième fentes primaires. Plus tard une fente nouvelle se forme en avant, au niveau de l'intervalle entre les deuxième et troisième fentes primaires ; il s'en forme également une ou deux en arrière de la série, de sorte que le nombre des fentes secondaires est porté à huit, ou plus rarement à neuf. Entre ces deux séries de fentes, le sommet du V de l'ébauche endostylaire s'insinue et s'allonge graduellement, les deux branches du V constituent respectivement ses deux lèvres. Plus tard, la première des fentes branchiales primaires et un certain nombre des dernières se ferment de manière que les deux séries se trouvent ramenées au même nombre, qui est généralement huit, rarement sept ou neuf. Ce nombre est justement celui qui se retrouve, abstraction faite des fentes sensorielles, chez tous les Vertébrés, où elles sont, comme chez l'*Amphioxus*, intersegmentaires. Le nombre plus grand des fentes branchiales primaires indique évidemment un état primitif où les fentes étaient plus multipliées.

Le mode de formation des fentes branchiales, leur position par rapport aux orifices digestifs sont particulièrement instructifs pour l'histoire généalogique de l'*Amphioxus* et des Vertébrés ancestraux. L'apparition des fentes branchiales primaires, qui sont, comme on le verra plus tard, celles du côté gauche de l'animal sur la ligne médiane ventrale, leur migration vers la droite précédant leur localisation définitive à gauche, impliquent que les ancêtres de l'*Amphioxus* ont subi deux torsions en sens inverse. La formation presque simultanée des fentes branchiales secondaires qui sont les futures fentes de droite ; leur nombre, égal d'emblée au nombre que les fentes primaires n'atteignent qu'après réduction, impliquent l'intervention de la tachygénèse, et rendent vraisemblable que c'est aussi par tachygénèse que les fentes primaires apparaissent sur la ligne médiane dans une position également éloignée de leur position initiale et de celle qu'elles doivent momentanément atteindre ; il n'y a par suite aucune raison de supposer qu'elles ont pu être, comme on l'a dit, des orifices buccaux, ni que les fentes secondaires soient des formations secondairement acquises. Toutes ces dispositions s'expliquent, au contraire, simplement si l'on remarque que la bouche de l'*Amphioxus* ayant été transportée à gauche, l'animal, avant d'être devenu fouisseur, était forcé de se coucher sur le côté gauche pour manger et masquait ainsi ses orifices branchiaux ; il a été amené pour les utiliser à se tordre de manière à les reporter à droite. Cette torsion d'abord volontaire s'est ensuite héréditairement fixée, de même que se sont fixées les trois torsions des Mollusques gastéropodes (p. 2074). C'est seulement quand l'*Amphioxus* est devenu fouisseur que la symétrie bilatérale, favorisée par de nouvelles circonstances biologiques, a repris partiellement le dessus : l'animal s'est détordu, ramenant ses branchies à leur position primitive et entraînant la bouche asymétrique sur la ligne médiane, ainsi, pour d'autres raisons, se sont détordus les Gastéropodes opisthobranches (p. 2040 et 2073). L'application sans réticences à l'*Amphioxus* du principe de la répétition de la généalogie par l'embryogénie indique clairement que les premiers Vertébrés n'ont acquis leur attitude actuelle, renversée par rapport à celle des Vers, qu'après avoir eu une attitude intermédiaire, analogue à celle des Poissons pleuronectes, mais déterminée par une tout autre cause, l'asymétrie de la bouche dont la raison est donnée p. 2168.

Formation de la cavité atriale [1]. — Au moment où le nombre des fentes branchiales primaires s'élève à neuf ou dix, à peu près vers le milieu du corps, de chaque côté de la ligne médiane ventrale, se forment deux replis tégumentaires très rapprochés qui se dirigent vers l'extrémité antérieure. En arrivant au niveau des fentes branchiales, les deux replis se portent du côté droit du corps ; celui de droite passe au-dessus des fentes branchiales, celui de gauche au-dessous (fig. 1560, *r*, *C*) ; le premier, beaucoup plus long que le second, décrit un arc concave vers la ligne médiane ventrale en passant au-dessus des fentes, en avant, et dépasse notablement la première. A la face interne de ces replis, apparaît bientôt, dans leur région postérieure où elles sont plus rapprochées, une bandelette longitudinale saillante. Les deux *bandelettes subatriales* s'avancent à la rencontre l'une de l'autre, se soudent graduellement d'arrière en avant (*B*), et arrivent ainsi à limiter une cavité qui se clôt complètement en avant, et qui n'est autre que la *cavité atriale* ou *cavité péribranchiale*. Les parties des replis demeurées libres au delà de la bandelette d'union constituent les *métapleures*, simple prolongement des épipleures ; la bandelette elle-même demeure en arrière indépendante de la paroi du corps ; la cavité atriale présente donc sur ce point un orifice qui est le *pore atrial*.

Période critique ; passage de la forme larvaire à la forme adulte. — Lorsque cette cavité, située d'abord tout entière du côté droit du corps, est arrivée à se constituer complètement, elle gagne peu à peu vers la gauche, où finissent par se transporter les fentes branchiales primaires, tandis que les fentes branchiales secondaires demeurent du côté droit. Pendant ce temps la bouche se modifie profondément. C'était d'abord une large ouverture elliptique, entièrement située à gauche et laissant apparaître la partie supérieure des quatre premières fentes branchiales situées à droite (fig. 1557, n° 6, p. 2157, et 1560, *b*, p. 2163) ; elle prend peu à peu la forme d'un triangle isocèle à base antérieure et dont l'angle opposé à la base devient de plus en plus obtus. Finalement les deux côtés de cet angle se confondent en une même ligne droite parallèle à la base du triangle et forment avec elle le *velum* de l'animal adulte. La paroi droite de la bouche est donc formée d'emblée par la paroi primitive du corps avec laquelle se continue la paroi droite du capuchon buccal.

Cependant par l'apparition des languettes branchiales, les fentes branchiales se dédoublent, et à l'extrémité postérieure du corps la nageoire caudale et ses

---

[1] Willey, *The later larval development of Amphioxus*, Q. J. of microscopical Science, t. XXXII, 1891.

canaux interstitiels se sont définitivement constitués. Désormais le jeune animal a une forme très voisine de sa forme définitive; son cæcum intestinal s'est même développé. Il abandonne la vie pélagique, tombe au fond de l'eau et s'enfonce dans le sable, d'où il ne laisse saillir que l'extrémité antérieure de son corps. Il est arrivé à une période critique qui dure un certain temps et qui marque un point de divergence important relativement aux Vertébrés proprement dits. En effet, tandis que chez ces derniers le nombre des fentes branchiales s'arrête à huit non comprises les fentes sensorielles, et que, chez tous, les fentes gardent leur position intersegmentaire, chez l'*Amphioxus* la formation de *fentes branchiales tertiaires*, apparaissant par paires en arrière des fentes primaires et secondaires, détermine le refoulement en avant de celles-ci et leur fait perdre leur correspondance primitive avec les segments mésodermiques. La formation de ces fentes tertiaires se continue, on l'a vu p. 2145, pendant toute la vie de l'animal.

La chambre atriale d'abord étroite et tubulaire s'agrandit en se dilatant, non seulement par suite de l'écartement graduel des métapleures, de l'allongement du pont qui les unit et de la croissance de la paroi du corps, mais aussi parce que la portion amincie de la paroi primitive du corps qui était primitivement comprise entre les métapleures, comme si elle cédait à la pression constante de l'eau qui traverse la chambre atriale, est refoulée d'une part contre la paroi latérale du corps, d'autre part contre le tube digestif, qu'elle arrive à entourer en grande partie. Il se constitue ainsi une vaste chambre atriale pourvue d'une paroi propre résultant de l'agrandissement d'une partie primitivement très limitée de la paroi ventrale du corps, celle qui était comprise entre les replis métapleuraux. La paroi de la cavité atriale n'arrive d'ailleurs à s'accoler ni aux parois latérales du corps, ni au tube digestif, quoiqu'elle suive tous leurs contours; elle en demeure séparée par le cœlome ventral, qui se trouve seul réduit par son développement. Il résulte du mode du développement de la cavité atriale que le tube digestif fait, en quelque sorte, une hernie longitudinale, à son intérieur. La portion des parois de cette cavité comprise entre les métapleures est seule une formation nouvelle; les parois latérales situées au-dessus de ces replis et désignées par Ray Lankester sous le nom d'épipleures ne sont autre chose que les parois latérales primitives du corps, doublées par une expansion de la paroi ventrale interépipleurale primitive et séparées d'elle par le cœlome réduit par la formation de cette expansion (fig. 1349, p. 2144, et fig. 1351, p. 2147).

Les replis métapleuraux ne sont pas d'ailleurs des formations propres à la région branchiale; après s'être momentanément soudés en arrière de la bouche, ils s'étendent en avant de manière à constituer autour d'elle le capuchon buccal qui englobe également les orifices des organes cribriformes et claviformes; ils se rejoignent de nouveau pour constituer la nageoire frontale. En arrière du pore atrial, ils s'unissent sans cependant se confondre d'une manière absolument complète et constituent ainsi le repli médian ventral et la nageoire caudale, dont les doubles rayons indiquent la dualité primitive.

Après la formation du capuchon buccal, les bords de la bouche primitive s'épaississent pour constituer le *velum* sur lequel poussent d'abord quatre tentacules buccaux, deux médians et deux latéraux. Ce nombre est ensuite porté à douze. Les rudiments de cirres du capuchon buccal apparaissent au bord postérieur de celui-ci sous forme de sphérules cartilagineux résultant d'une modification du tissu conjonctif;

une expansion du capuchon se forme bientôt au-dessus d'eux et devient un cirre. Les nouveaux cirres se forment aussi bien en avant qu'en arrière des premiers formés.

La nageoire impaire définitive est constituée par un repli exodermique comprenant entre ses deux lames une série de chambres communiquant avec la cavité générale du corps et où se développent les rayons d'origine mésodermique.

Développement du système nerveux; renversement d'attitude des Vertébrés. — Le tube médullaire, dont le mode de formation a été indiqué p. 2158, s'étend jusqu'au voisinage de l'extrémité antérieure du corps; il ne tarde pas à présenter un élargissement antérieur, auquel prend part sa cavité interne et qui correspond à un rudiment de cerveau. Une tache pigmentaire située à son extrémité antérieure et considérée comme un œil rudimentaire, se montre à la fin de la période embryonnaire, mais auparavant il existait deux taches semblables l'une derrière l'autre, au niveau du cinquième métamère. Bientôt on peut reconnaître dans la région élargie trois parties distinctes : 1° le *cerveau antérieur*, qui est creux et dont la cavité médullaire s'élargit en un ventricule, le *premier ventricule primaire*, communiquant, par l'intermédiaire de l'*infundibulum*, avec le neuropore; 2° le *cerveau moyen* contenant un *second ventricule primaire* représenté par une portion très rétrécie du canal médullaire; 3° le *cerveau postérieur* où la fente médullaire s'élargit en une *fosse rhomboïdale*.

Le neuropore était d'abord situé sur la ligne médiane dorsale; il est rejeté à gauche par le développement de la nageoire dorsale. Autour de lui se constitue un enfoncement épithélial, au fond duquel il persiste assez longtemps; c'est la *fossette ciliée* ou *organe de l'odorat* de Kœlliker. Avec cette fossette se mettent en rapport deux courts *nerfs olfactifs*.

La position entièrement dorsale du système nerveux, la localisation des cellules nerveuses autour du canal médullaire, à l'intérieur de la moelle, sont deux caractères que nous rencontrons pour la première fois et qui ont été invoqués pour séparer complètement les Vertébrés des Invertébrés et notamment des Vers annelés. Ces caractères distinctifs s'expliquent cependant avec une grande facilité par les plus simples considérations. L'histoire des Arthropodes, celle des Vers annelés a déjà montré que le système nerveux se constituait par une différenciation des cellules exodermiques de la face ventrale du corps, si bien que chez beaucoup de ces animaux il est impossible de tracer une limite entre l'épithélium de la face ventrale et les cellules ganglionnaires; cette délimitation est même presque toujours impossible chez les Polychètes pour les ganglions cérébroïdes (p. 1592). La bouche ayant cessé, chez les Invertébrés segmentés, d'être terminale, et se trouvant placée à la face neurale du corps, la portion du système nerveux afférente à la région prébuccale du corps est forcément située en avant de la bouche et reliée à la partie située en arrière par un collier péribuccal. C'est la présence de la bouche à la face ventrale du corps qui détermine la formation du collier œsophagien. Si maintenant le système nerveux prend un volume considérable, son développement sera nécessairement accéléré; si, en même temps, la bouche se forme d'une façon tardive, elle n'interviendra pas dans la disposition du système nerveux; il n'y aura pas de raison pour qu'il se forme de collier œsophagien; *tout le système nerveux sera situé d'un même côté du corps*. La précocité du développement du système nerveux, le volume de ce système s'opposera à ce que la bouche, lorsqu'elle apparaîtra, puisse se former à sa place habituelle, déjà occupée; elle se formera le plus près possible de sa position initiale, c'est-à-dire latéralement; ou bien sera remplacée par un orifice d'une autre nature détourné de son usage normal, une fente branchiale, par exemple, et, plus tard seulement par une nouvelle adaptation, reviendra la face hémale du corps si l'animal prend une attitude telle que le milieu redevienne symétrique par rapport à lui (p. 2166). L'*Amphioxus* nous montre les étapes de cette migration. Cela fait, la bouche devant toujours être tournée vers le sol chez un animal vermiforme, la face hémale primitivement dorsale est devenue ventrale par un simple changement d'attitude, facile à un animal apode, tel qu'on peut concevoir les premiers Vertébrés. La disparition de tout collier nerveux, l'inversion évidente que présentent toutes les parties du corps de l'*Amphioxus* et de tous les Vertébrés relativement aux parties correspondantes des Vers, sont donc simplement la conséquence de l'accroissement de leur système nerveux, et loin de constituer une objection relativement à la parenté de l'*Amphioxus* et des Vers, ces caractères pouvaient, en quelque sorte, être prévus en se plaçant dans l'hypothèse de cette parenté. L'inversion des éléments nerveux dans la moelle épinière est aussi la conséquence du volume de la moelle. Le système nerveux peu volumineux des Vers se formant par délamination, les cellules ganglionnaires étaient forcément externes; le système nerveux volumineux de l'*Amphioxus* et des Vertébrés a dû subir, en raison de son volume, les lois de la tachygénèse; il se forme par une invagination longitudinale de l'exoderme, en vertu de laquelle les cellules primitivement externes sont devenues internes. C'est le même phénomène qui a amené chez les Arachnides l'apparition des yeux à rétine intervertie que nous retrouverons chez les Vertébrés. Les caractères différenciels de l'*Amphioxus* dépendent donc tous de l'accroissement relativement considérable de son système nerveux et des phénomènes de tachygénèse qui en ont été la conséquence. Ces caractères mis à part, l'*Amphioxus* présente avec les Vers annelés les plus incontestables ressemblances, et cette conclusion entraîne pour les Vertébrés la même parenté.

Développement des organes génitaux. — Les gonades se laissent déjà reconnaître chez des individus de quatre à huit millimètres de long; elles sont représentées par des groupes de cellules très aptes à absorber les matières colorantes, qui sont situées à la jonction de la lame dermique et de la couche sclérale, sur la face antérieure de chaque myomère; ces groupes cellulaires alternent à droite et à gauche, comme les myomères. D'abord disposés en épithélium, ils s'invaginent bientôt dans la cavité du myocèle, et forment ainsi, à l'angle postéro-inférieur des myomères, des amas arrondis, entourés d'un épithélium emprunté à la face antérieure du dissépiment contre lequel la gonade s'est formée. Celle-ci pénètre ainsi dans le myomère qui précède celui auquel elle appartient réellement. Chaque gonade est reliée à la paroi antérieure du dissépiment qu'elle refoule par un tractus épithélial, en forme de pédoncule. Les gonades sont d'abord contenues dans les myocèles; mais chez les individus d'environ seize millimètres de long, il se forme à l'extrémité antérieure du sac génital un pli qui s'enfonce vers l'arrière, et finit par isoler complétement du myocèle, la gonade autour de laquelle il contribue à former une poche génitale close. Les gonades sont alors suspendues au bord postérieur de chaque segment. Mais elles grandissent ensuite presque jusqu'au bord postérieur du segment précédent, et font alors hernie dans la cavité atriale.

Fam. **BRANCHIOSTOMIDÆ**. — Famille unique.

Branchiostoma, Costa, 1834 (*Amphioxus*, Yarrell, 1836). — Genre unique. — *B. elongatum*, 79 segments, Pérou. — *B. bassanum*, 76 à 75 segments, détroit de Bass. — *B. californiense*, 69 segments, San Diego. — *B. (Asymmetron) lucayanum*, 68 segments, Bahama. — *B. Belcheri*, 65 à 64 segments, Bornéo. — *B. lanceolatum*, 61-59 segments, mers d'Europe [1]. — *B. caribæum*, 60 à 58 segments, Rio Janeiro. — *B. (Epigonichthys) cultellum*, 55 à 52 segments, détroit de Torrès.

II. EMBRANCHEMENT

TUNICIERS

Phanérochordes fixés ou pélagiques, sans squelette interne, protégés par une enveloppe de consistance variable, la tunique, formée d'une substance voisine de la cellulose. Corps présentant deux orifices, l'un pour l'entrée de l'eau dans l'appareil branchial, l'autre pour sa sortie. Région antérieure du tube digestif transformé en un sac branchial à parois percées de fentes ciliées, que traverse pour sortir par l'orifice efférent, l'eau entrée par l'orifice afférent. Adulte sans corde dorsale, quand il n'existe pas d'appendice caudal; système nerveux central réduit à un ganglion placé entre les siphons. Larve normale des espèces fixées ayant la forme d'un têtard dont la queue contient la corde dorsale.

Affinités des Tuniciers; modifications graduelles de leur organisme. — Les Tuniciers forment un embranchement très homogène quoique composé d'organismes qui mènent trois genres de vie fort différents. La plupart sont fixés au sol; d'autres (Pyrosomidæ, Doliolidæ, Salpidæ) sont libres, pélagiques et se déplacent par réaction en expulsant, par des contractions rythmiques de leur corps, l'eau qui s'est introduite dans des cavités appropriées (Hydronecta); d'autres encore (Appendiculariidæ) sont aussi libres et pélagiques, mais nagent à l'aide des ondulations d'une queue relativement puissante (Uronecta). Dans les formes fixées et flottantes la tunique présente deux orifices, surmontés de *siphons* dans les premières et qui sont traversés constamment par deux courants d'eau, l'un afférent, l'autre efférent. Chez les Tuniciers fixés, les Pyrosomidæ et les Doliolidæ le courant afférent est déterminé par les vibrations des cils d'un sac branchial, formé aux dépens de la région pharyngienne du tube digestif et qui rappelle de très près le sac branchial de l'*Amphioxus*. L'eau amenée par le courant afférent passe également ici, au travers des fentes du sac branchial, et tombe dans une *cavité péribranchiale ou cavité atriale*, d'où elle s'échappe par l'orifice efférent. On peut donc désigner ces orifices et les siphons qui les surmontent sous les noms d'*orifice* ou *siphon branchial* et d'*orifice* ou *siphon atrial*. Les Salpidæ et les Appendiculariidæ présentent des dispositions un peu différentes. Comme ces dispositions sont plus simples que celles que nous venons d'indiquer, on en a quelquefois conclu que les Tuniciers pélagiques étaient les progéniteurs des autres [2]; mais une application

[1] Découvert par Pallas en 1778 et nommé par lui *Limax lanceolatus*; reconnu comme un Vertébré par Costa, en 1834.

[2] Herdmann, *Report on the Tunicata*. Voyage of H. M. S. *Challenger*, Part. XVII, 1882, and Part. XXXVIII, 1884. — Lahille, *Recherches sur les Tuniciers*, 1860.

rigoureuse des principes de la morphogénie ne permet pas d'adopter cette opinion, que le mode de développement des Salpes vient également contredire L'anatomie et l'embryogénie de l'*Amphioxus* nous ont, en effet, montré en cet animal le dernier survivant d'un groupe d'organismes précurseurs des Vertébrés, les Provertébrés dont les affinités avec les Vers annelés sont incontestables; des Vers annelés on peut remonter par une série pour ainsi dire continue de formes, jusqu'aux Rotifères; et en dehors de cette série, il n'y a place pour aucun type ancestral des Provertébrés. D'autre part, les Tuniciers présentent, au cours de leur développement, une larve nageuse, rappelant la forme d'un *têtard* de Grenouille, larve dont le mode de développement implique une parenté rapprochée avec l'*Amphioxus*. Ce têtard, d'abord voisin des Provertébrés, doit subir une véritable dégradation pour se transformer en Ascidie. La loi de *patrogonie*[1] ne permet donc pas de voir dans les Tuniciers autre chose que des Provertébrés *simplifiés*. Dès lors l'arbre généalogique des Tuniciers ne saurait être construit en allant des formes simples aux formes compliquées; comme celui des Vers plats, il doit être, au contraire, régressif; par cela même les Salpidæ et les Appendiculariidæ se trouvent exclues des formes ancestrales dont elles ne gardent quelques traits que par suite de l'arrêt précoce de leur développement.

Des considérations d'une tout autre nature conduisent à la même conclusion. La simplification des appareils de la vie de relation qu'a subie l'organisme des Provertébrés pour devenir celui des Tuniciers n'a pu se produire sans cause. Or, il n'y a, dans la vie pélagique, aucune cause de dégénérescence des appareils locomoteur et sensitif. Tout au contraire, la fixation au sol amène, par défaut d'usage (p. 336), l'atrophie de l'appareil locomoteur, y compris les muscles des parois du corps, l'atrophie des organes des sens et celle du système nerveux; la déchéance de l'appareil musculaire et des organes sensitifs qui se répètent dans chaque segment entraîne, à son tour, la disparition de la métaméridation; ce sont là justement les caractères qui distinguent les Tuniciers des Provertébrés.

L'application d'un autre principe général, celui de la *tachygénèse* ou *accélération embryogénique* (p. 177 et 178) permet de rendre compte de l'existence des formes pélagiques. Les phénomènes dus à la tachygénèse (*tachygonies*) présentent chez les Tuniciers une netteté exceptionnelle. Ils se traduisent d'abord par la précocité de plus en plus grande des phénomènes de métamorphose qui ont eu pour cause la fixation de l'animal, et qui devraient dans une *embryogénie normale*, ne se manifester qu'après la fixation de la larve; même chez des Tuniciers normaux tels que les *Molgula*, ils peuvent se combiner avec les phénomènes de développement proprement dit d'une manière si intime que *la phase de têtard est supprimée* et que l'animal éclôt avec sa forme définitive. Dans ces conditions, les organes de fixation ont disparu, et si le jeune animal est suffisamment léger pour flotter entre deux eaux, ce qui est une question de proportion des matières grasses, les muscles qu'il possède suffisant pour déterminer une natation analogue à celle des Méduses, la vie pélagique sera réalisée. Dès lors pourront commencer des adaptations nou-

---

[1] Nous désignerons désormais ainsi, par abréviation, la loi élaborée par Étienne Geoffroy Saint-Hilaire, Serres et Fritz Müller qui constate la répétition des formes ancestrales d'un animal par la série de ses formes embryonnaires, c'est la loi de la *répétition de la généalogie* (*phylogénie* de Hæckel) *par l'embryogénie*.

velles consistant principalement dans le transfert aux deux extrémités opposées du corps des orifices afférent et efférent, plus ou moins rapprochés chez les types fixés; dans une répartition régulière des bandes musculaires de la paroi du corps et dans la simplification graduelle du sac branchial, simplification qui arrive à son maximum chez les SALPIDÆ (fig. 1579, p. 2198). La présence de phénomènes de bourgeonnement eux-mêmes très accélérés chez les PYROSOMIDÆ, DOLIOLIDÆ et SALPIDÆ, indique d'ailleurs que ces animaux sont descendus non pas des Ascidies primitives, qui étaient nécessairement, comme les Provertébrés eux-mêmes, dépourvues de cette faculté, mais des formes qui l'avaient acquise et en particulier des DISTOMIDÆ et des POLYCLINIDÆ.

Pour expliquer les APPENDICULARIIDÆ (fig. 1567, p. 2180) il est nécessaire d'avoir recours à des considérations d'un autre ordre. Là, en effet, non seulement il n'y a pas de fixation, mais la queue de la larve subsiste et sert d'organe de natation à l'animal adulte; on peut donc dire que la larve, quoique notablement modifiée, est ici permanente, mais qu'elle a acquis des organes reproducteurs; c'est le phénomène qui a reçu le nom de *progénèse* ou de *pédogénèse* (p. 49). A ce titre, les APPENDICULARIIDÆ ont pu être érigées en ordre distinct, sous le nom fort juste de LARVACEA.

En poursuivant la même série de considérations, on peut arriver à coordonner les diverses familles de Tuniciers fixés, de manière à mettre en relief les modifications parallèles de leurs divers organes, de leur genre de vie et de leur mode de reproduction. Nous avons déjà fait remarquer (p. 1346) que dans une série régressive d'organismes, les formes *simples*, étant en réalité des formes *simplifiées*, ne sauraient être des formes ancestrales. En ce qui concerne les Tuniciers, en particulier, il est évident que leurs ancêtres Provertébrés devaient avoir, au moment où ils se sont fixés, un sac branchial assez développé pour suffire par les battements de ses cils vibratiles à la formation d'un courant alimentaire; la simplicité d'organisation du sac branchial n'est donc pas ici un critérium d'ancienneté; d'autre part, après la fixation, l'organe branchial devenant le seul organe actif de respiration, a pu se compliquer, si quelque cause nouvelle n'est pas intervenue pour le simplifier encore; c'est donc parmi les formes à sac branchial moyennement développé que se trouvent vraisemblablement les formes originelles. La détermination de celle-ci peut être faite avec certitude si l'on se reporte aux conditions dans lesquelles s'est produite l'évolution des Tuniciers, à partir de la fixation du Provertébré originel. Comme le plus grand nombre des animaux qui se fixent (*Blastula* des Spongiaires, Crinoïdes, Bryozoaires, Cirripèdes), c'est par sa région antérieure que ce Provertébré a adhéré aux corps solides; c'est encore ainsi que se produit l'adhérence des têtards, et il est intéressant de retrouver également des organes de fixation à l'extrémité antérieure du corps d'un assez grand nombre de Vertébrés inférieurs (Lamproies, larves des Esturgeons, des Lépidostées, des Batraciens). L'adhérence une fois réalisée, il est évident que les premiers Tuniciers qui en sont résultés devaient avoir leur orifice buccal voisin du plan de fixation, leur orifice atrial à l'opposé (fig. 1563, n° 1). Une telle orientation est défectueuse parce que le voisinage du plan de fixation gêne l'arrivée de l'eau à l'orifice branchial et que les déjections émises par l'orifice atrial tendent à retomber sur l'animal et à s'accumuler autour de lui. Aussi les animaux fixés subissent-ils presque tous ce qu'on pourrait appeler une *transformation rotative*, ayant pour but d'amener leurs deux orifices à l'opposé du plan de fixation. Cette transformation s'est produite graduellement chez les Tuniciers.

Dans la tribu des BOLTENIINÆ (fig. 1562, n° 2), où le corps est soutenu, comme chez les LEPADIDÆ (p. 972), par un pédoncule qui éloigne en même temps les deux orifices du plan de fixation, ces deux orifices ont gardé leur position primitive : l'orifice branchial est près du sommet du pédoncule, dans la région inférieure du corps, par conséquent; l'orifice atrial est presque à l'extrémité opposée; à ce point de vue les BOLTENIINÆ paraissent donc les formes les plus voisines des formes primitives. Leur organisation interne confirme cette première indication : leur tube digestif, bien qu'appliqué sur le côté gauche de la branchie, comme s'il avait cédé à l'action de la pesanteur, est simplement courbé en anse (fig. 1562, n° 2, *i*); les organes génitaux multiples (*Culeolus Murrayi*) ou en une seule masse (*C. perlatus, Fungulus*) sont développés, comme chez l'*Amphioxus*, sur les parois mêmes du corps; l'animal n'a pas encore reconquis la faculté de bourgeonner qui manque aux Provertébrés et aux Vertébrés; le sac branchial ne présente qu'un degré moyen de complication.

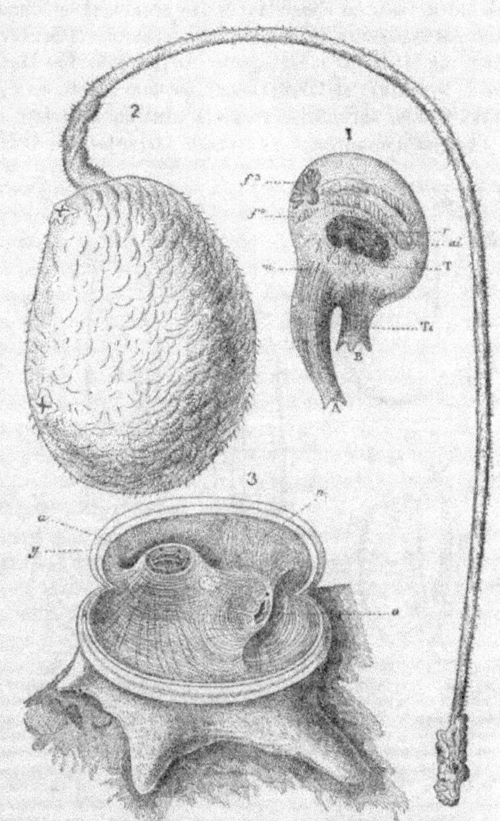

Fig. 1562. — Ascidies simples. — 1. *Molgula (Anurella) solenota*, (côté droit). A, orifice efférent; B, orifice afférent; T, Ti, siphons correspondant à ces orifices; m, fibres musculaires des siphons; ai, r, tube digestif; *f*, *f'*, lobes droits du foie; T, glandes reproductrices (grand. nat.); — 2. *Boltenia oviformis*, munie de son pédoncule (1/3 gr. nat.); — 3. *Rhodosoma (Chevreulius) callense*. a, orifice afférent; o, orifice efférent; n, ganglion nerveux situé dans leur intervalle; y, opercule de la tunique (gross. 3 fois).

Les diverses parties du corps ont déjà subi un déplacement chez les CYNTHIINÆ; l'animal a glissé sur le plan de fixation auquel il adhère non plus par son extrémité antérieure, mais par sa face ventrale; les deux orifices, tout en demeurant à l'opposé l'un de l'autre, ont été reportés sur la face dorsale; cédant à nouveau à la pesanteur qui agit autrement sur lui, dans cette nouvelle attitude, le tube digestif s'est compliqué d'une nouvelle courbure, remontant vers l'orifice atrial (fig. 1562, n° 3); les organes génitaux sont demeurés pariétaux, et le sac branchial ne diffère pas de celui des BOLTENIINÆ. Ces conditions demeurent à peu près les mêmes chez les MOLGULIDÆ où cependant le sac branchial se complique, chez les STYELIDÆ où l'on voit apparaitre la faculté de bourgeonner (POLYSTTYELINÆ) et chez les BOTRYLLIDÆ (fig. 1568, p. 2181) où elle est générale. Les familles des CYNTHIIDÆ, MOLGULIDÆ, STYELIDÆ et BOTRYLLIDÆ, forment donc un premier groupe des ASCIDIES PLEUROGONES, caractérisées par la situation pariétale des organes génitaux.

Chez les ASCIDIIDÆ et les familles suivantes, les deux siphons sont parvenus à se rassembler à l'opposé du plan de fixation (n°s 4 et 5); l'animal adulte parait donc fixé par son extrémité postérieure. Si l'on suppose l'animal dressé sur son support, les siphons en haut, position qui n'est pas générale, mais qui se rencontre assez souvent et a dû être fréquente dans les formes initiales, on peut dire que les familles se succèdent comme si la pesanteur avait graduellement dissocié leurs parties. Chez les ASCIDIIDÆ (fig. 1577, od, p. 2193), le tube digestif continue à adhérer au sac branchial, désormais simplifié; mais les organes génitaux, tout en demeurant dans les parois du corps, avortent régulièrement d'un côté et viennent se mettre en rapport avec le tube digestif;

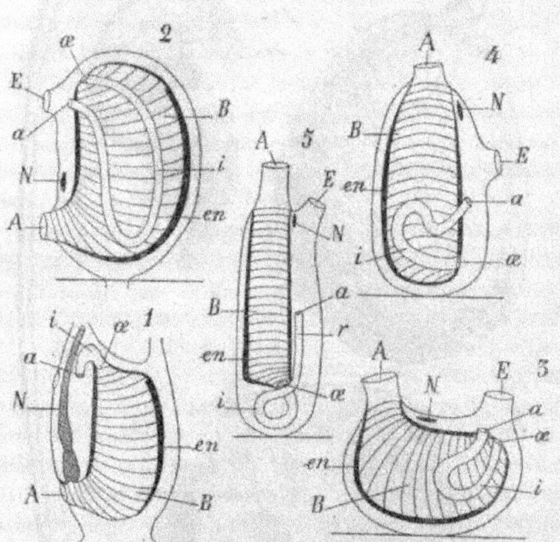

Fig. 1563. — Figures théoriques représentant les principales transformations du type ascidie. — 1. Jeune larve au moment où elle vient de se fixer; — 2. *Boltenia* (les deux orifices ont conservé la position larvaire); — 3. *Polycarpa*, l'animal a tourné de 90°, l'axe intersiphonal est perpendiculaire au plan de fixation; — 4. *Ascidiella*, la rotation est de 180°, l'axe intersiphonal est parallèle au plan de fixation; — 5. *Ciona*; l'anse intestinale est descendue au-dessous du sac branchial. — A, orifice afférent; E, orifice efférent; N, centre nerveux; æ, orifice de l'œsophage; en, endostyle; i, intestin; a, anus (d'après Roule, un peu modifié).

on peut dire que les ASCIDIIDÆ commencent la série des ASCIDIES HÉMIGONES. A partir des CIONIDÆ, le tube digestif tombe au-dessous de la branchie, en formant une anse plus ou moins allongée (n° 5). Chez les CIONIDÆ, les CLAVELLINIDÆ (fig. 1564, *GD*) et les DISTOMIDÆ, les glandes génitales sont encore situées dans l'anse intestinale; l'ensemble des viscères forme au-dessous du sac branchial ce qu'on appelle un *abdomen*, et chacune de ces deux familles contient des formes simples et des formes bourgeonnantes. Chez les POLYCLINIDÆ (fig. 1589, p. 2217), la dissociation est plus complète; les glandes génitales tombent au-dessous de l'anse intestinale, et constituent, en arrière de l'abdomen, un *post-abdomen*; tous ces animaux ont acquis la faculté de bourgeonner et forment des *ascidiodèmes* plus ou moins compliqués, il n'y a plus de formes simples; les ascidiodèmes sont en général massifs ou même pédonculés. Les DIDEMNIDÆ ne forment au contraire que des croûtes minces; ils n'ont plus, en conséquence, de post-abdomen; mais un trait remarquable de leur organisation semble indiquer qu'ils dérivent des POLYCLINIDÆ : par suite de la descente des organes génitaux au-dessous de l'anse intestinale, le canal déférent de ces derniers s'est beaucoup allongé; lorsque chez les DIDEMNIDÆ (fig. 1581, p. 2200), les organes génitaux remontent au niveau de l'anse intestinale, le canal déférent conserve sa longueur, mais il s'enroule en une hélice de plusieurs tours autour de la glande mâle.

A mesure que, par suite de la généralisation de la faculté de bourgeonner, la vie sociale devient elle-même plus générale, la taille des ascidiozoïdes se réduit, leur sac branchial se simplifie, et atteint son maximum de simplicité chez les DIDEMNIDÆ; mais en même temps les processus du bourgeonnement s'accélèrent; ces processus atteignent justement leur maximum de rapidité dans cette dernière famille, comme cela était à prévoir. Dans une autre série régressive, celle des Trématodes, les processus de la reproduction se compliquent de même, à mesure que l'organisme se simplifie (p. 1761 et 1791). Les traits d'un groupe terminal s'accusent encore chez les DIDEMNIDÆ, par la constance que prennent leurs caractéristiques numériques : l'orifice branchial est toujours découpé en six lobes, et le sac branchial ne présente plus que trois ou quatre rangées de fentes. Il suffit donc d'appliquer rigoureusement des principes biologiques incontestés, pour sérier toutes les familles des Tuniciers dans un ordre parfaitement logique, au point de vue de leur organisation et de leur mode de reproduction.

La ressemblance manifeste que présentent les phénomènes de bourgeonnement des PYROSOMIDÆ, des DOLIOLIDÆ et des SALPIDÆ avec ceux qu'on observe chez les DISTOMIDÆ et les POLYCLINIDÆ autorise à penser qu'ils sont issus de Tuniciers fixés, voisins de ces familles, et même qu'ils ne sont que des rameaux divergents d'une souche unique, mais il est difficile de préciser davantage. Nous réunirons, en conséquence, les trois familles de Tuniciers pélagiques hydronectes en une classe parallèle à celle des Tuniciers fixés et en dehors de laquelle devront demeurer les Tuniciers pélagiques uronectes, c'est-à-dire les Appendiculaires. Nous diviserons donc les Tuniciers en trois classes :

1° Les THÉTHYES ou ASCIDIES, qui sont fixées et dont la branchie, en forme de sac, porte ordinairement au moins trois rangées de fentes;

2° Les THALIES ou Tuniciers pélagiques hydronectes, tous doués de la faculté de blastogénèse et qui comprennent trois ordres profondément séparés correspondant aux familles des PYROSOMIDÆ, des DOLIOLIDÆ et des SALPIDÆ;

3° Les LARVACÉS ou COPÉLATES, tuniciers pélagiques, larviformes, uronectes, ne comprenant que les Appendiculaires.

Morphologie externe des ascidiozoïdes. — Un Tunicier étant l'équivalent d'un Provertébré, appartient, dans l'ordre de complication des organismes, au moins au rang des *zoïdes*, et peut être désigné sous le nom d'*ascidiozoïde*. Les ascidiozoïdes qui possèdent la faculté de bourgeonner forment des associations plus ou moins compliquées auxquelles convient la dénomination d'*ascidiodèmes*. Il y a lieu d'étudier séparément la morphologie des ascidiozoïdes et celle des ascidiodèmes et, dans chaque cas, de distinguer, en raison de leurs adaptations spéciales, les types fixés des types pélagiques.

D'une manière générale, un ascidiozoïde fixé a l'aspect d'un sac assez irrégulier, formé par un tissu plus ou moins résistant, constituant la *tunique*. Le sac est percé de deux orifices surmontés chacun d'un siphon contractile. Chez les BOLTENIINÆ qui paraissent être les formes les plus primitives, le sac est supporté par un pédoncule généralement grêle chez les *Culeolus* et la plupart des *Boltenia* (fig. 1562, n° 2), mais qui s'épaissit chez la *B. pachydermatina* et les *Fungulus*. On retrouvera encore un court pédoncule chez certaines MOLGULIDÆ (*Ascopera*), diverses *Styela* (*S. clava*) ou *Polycarpa* (*P. viridis. P. pedata*); le pédoncule des *Corynascidia* et des *Hypobythius* ne le cède guère en longueur à celui des *Boltenia*. Chez les Ascidies bourgeonnantes, les Ascidiozoïdes ne sont généralement pédonculés que lorsqu'ils poussent isolément sur des stolons (*Clavellina*, fig. 1564, *Ecteinascidia*) ou sur un axe ramifié (*Perophora*, fig. 1568). La présence ou l'absence d'un pédoncule n'est qu'un caractère à peine spécifique chez les *Styela* et *Polycarpa*; la fixation directe par la tunique est la condition ordinaire chez les ASCIDIIDÆ, les CIONIDÆ et chez toutes les formes constituant des ascidiodèmes où les tests de ascidiozoïdes sont confondus. Beaucoup de MOLGULIDÆ, au contraire, sont complètement libres, et se contentent d'agglutiner du sable sur la surface externe de leur tunique à l'aide de prolongements dont celle-ci est pourvue.

Ainsi que nous l'avons vu, l'orientation de l'animal est variable par rapport à son support, et par conséquent aussi par rapport à son pédoncule quand il en a un. Quelle que soit cette orientation, on peut convenir d'appeler *extrémité antérieure*, celle où l'on trouve le siphon branchial; *face dorsale*, celle où est situé le siphon atrial; le côté droit et le côté

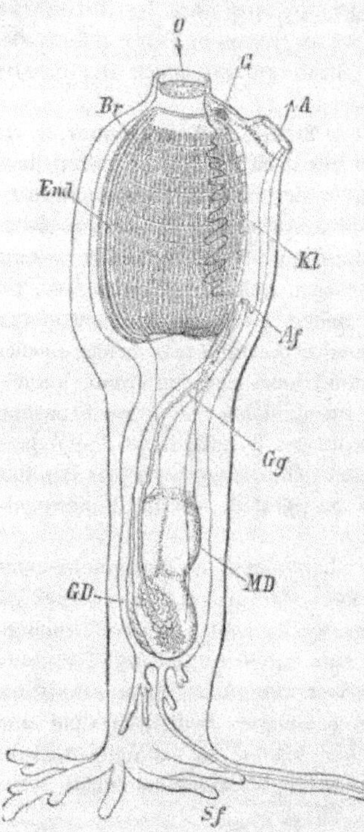

Fig. 1564. — *Clavellina lepadiformis.* — *O*, orifice afférent; *G*, ganglion nerveux; *A*, orifice efférent; *Br*, branchie; *End*, endostyle; *Gd*, glandes génitales; *Sf*, stolons fixateurs; *MD*, estomac; *Gg*, canal déférent; *Af*, anus; *Kl*, cavité atriale (d'après Milne-Edwards, un peu schématisé).

gauche de l'animal sont alors déterminés d'une façon précise ainsi que l'*extrémité postérieure* et la *face ventrale*. Cette orientation est d'ailleurs justifiée par la présence, entre les deux siphons, de l'adulte du ganglion nerveux qui dérive du système nerveux de la larve dont la position est nettement dorsale [1].

[1] L'orientation que nous venons de définir est celle qu'ont adoptée Milne-Edwards, Kupffer, Heller, Hertwig, Traustedt, Julin, Herdmann, Lahille, Pizon et tous les auteurs récents. Alder et Hancock considéraient l'orifice atrial comme ventral; les côtés droit et

Ces dénominations étant acceptées, il se trouve, comme nous l'avons déjà indiqué, que le pédoncule aussi bien que la base de fixation n'ont nullement la même position morphologique dans les diverses espèces : le pédoncule des BOLTENIINÆ est un prolongement de l'extrémité antérieure du corps; celui des *Ascopera*, des *Polycarpa*, des *Rhopalæa*, des *Clavellina*, etc., est, au contraire, un prolongement de l'extrémité postérieure du corps, et cela est surtout frappant pour les *Hypobythius*. Le corps de ces Tuniciers abyssaux a exactement la forme d'un calice avec une surface supérieure plane; au centre de cette face est l'orifice branchial; un peu au-dessous de son bord, l'orifice atrial; le pédoncule part exactement du pôle inférieur du calice.

Il existe également un court pédoncule chez un singulier type des grandes profondeurs, l'*Octacnemus bythius*. L'*Octacnemus* a la forme d'un disque dont le bord se prolongerait en huit longs appendices coniques. Sur la face inférieure du disque vient s'implanter excentriquement, près du bord cloacal, le pédoncule fixateur. Sur la face opposée est l'orifice afférent, en forme de fente, compris entre deux lèvres rappelant par leur configuration les lèvres humaines; cet orifice est excentrique, normal au plan antéro-postérieur, à mi-distance entre le centre du disque et l'orifice cloacal. Ce dernier est tout à fait marginal, à l'extrémité d'un court siphon, situé entre deux des appendices coniques.

La position respective des siphons se modifie graduellement à partir des BOLTE-NIINÆ suivant le processus indiqué p. 2174. Très écartés et latéraux chez les BOL-TENIINÆ, ils demeurent écartés, mais se trouvent à l'extrémité antérieure du corps chez les CYNTHIINÆ, MOLGULIDÆ, aux deux extrémités chez les BOTRYLLIDÆ (fig. 1569), tandis que chez les ASCIDIIDÆ le siphon branchial est à l'extrémité antérieure du corps, le siphon atrial vers le milieu de la face dorsale (fig. 1563, n° 4). Les deux siphons se rapprochent de l'extrémié antérieure du corps chez les CIONIDÆ (fig. 1563, n° 5) et cette position, d'ailleurs modifiable suivant les espèces, est sensiblement conservée chez les autres familles. Les deux siphons arrivent même à se trouver rapprochés exactement à l'opposé de l'aire de fixation chez les *Clavellina* (fig. 1564) qui conduisent à la disposition précédemment décrite chez les *Hypobythius* et qu'on retrouve encore chez les *Octacnemus*. Au contraire, chez les Tuniciers flottants les orifices sont toujours sensiblement situés aux extrémités opposées du corps. Chez les APPENDICULARIIDÆ l'orifice branchial est terminal mais l'orifice atrial n'existe pas et l'anus est ventral comme chez l'*Amphioxus*.

Le bord des siphons est quelquefois entier et circulaire (BOTRYLLIDÆ, CORYNASCI-DIINÆ, *Ecteinascidia*, *Clavellina*, *Oxycorynia*); d'ordinaire il est divisé en lobes et le nombre des lobes peut être le même pour les deux orifices ou différent. Les deux orifices sont, en effet, à quatre lobes chez les CYNTHIINÆ, les *Boltenia*, les STYE-LIDÆ, à six chez les *Chelyosoma*, *Perophora*, *Diazona*, *Tylobranchium*, *Distoma*, *Colella* et *Sydnium*, à sept chez les *Sluiteria* et l'*Aplidium asperum*. Partout ailleurs

gauche se trouvaient ainsi intervertis. Cette dernière orientation des deux côtés du corps était aussi celle de Savigny, mais Savigny appelait *antérieure* la *face* atriale du corps et *supérieure*, l'*extrémité* qui portait les deux orifices. De Lacaze-Duthiers, comparant l'ascidiozoïde à un Lamellibranche, appelle au contraire cette *extrémité inférieure* (fig. 1562, n° 1), et il nomme *postérieure* la *face* atriale. Grâce à cette double interversion, les côtés droit et gauche du corps sont les mêmes que pour Savigny, Alder et Hancock.

l'orifice branchial présente plus de dents que l'orifice cloacal, et souvent le nombre de ces dents est constant pour une même famille ou pour un même genre, de sorte qu'en faisant suivre de la lettre B le nombre de dents péribranchiales et par la lettre A celui des dents périatriales, on peut écrire les formules suivantes, que nous appellerons *formules périosculaires* :

Molgulidæ..	6 B + 4 A
Fungulus..	3 B
Culeolus...	3 B + 2 A
Ascidinæ simples...................................	8 B + 6 A
Perophoropsis.....................................	12 B + 6 A
Rhodosoma...	7 B + 6 A
Ciona..	
Rhopalona...	} 8 B + 6 A
Abyssascidia......................................	14 B + 9 A

Les lobes sont généralement entiers ; toutefois les lobes péribranchiaux des *Ctenicella* sont laciniés. Chez les Ascidies formant des ascidiodèmes (fig. 1565), l'orifice branchial est souvent seul apparent ; le nombre de ses lobes est presque constamment de six, toutefois il s'élève à huit chez les *Circinalium, Parascidia, Morchellium, Morchellioïdes, Pharyngodictyum* et descend à cinq chez les *Cœlocormus*, à quatre chez les *Chondrostachys* et les *Oxycorynia*. Malgré leur constance relative, les nombres de dents des siphons varient quelquefois dans une certaine mesure : les lobes périatriaux, des *Perophora*, par exemple, peuvent tomber à quatre, et l'orifice branchial habituellement circulaire des *Oxycorynia* est quelquefois quadrilobé.

Dans les ascidiodèmes, où les orifices atriaux ne sont pas apparents, ils s'ouvrent dans des cloaques communs dont les orifices sont diversement placés. Dans ces cloaques ils peuvent former chacun une saillie tubulaire (*Cystodites, Didemnum, Didemnoïdes*) ; le plus souvent ils sont simplement surmontés chacun d'une languette qui d'ordinaire est un simple prolongement de leur bord supérieur, mais peut aussi s'implanter au-dessus de l'orifice, à une certaine distance de son pourtour (*Polyclinoïdes diaphanum*). Cette languette est souvent trilobée à son extrémité (*Amaroucium*) ; elle se bifurque chez certains

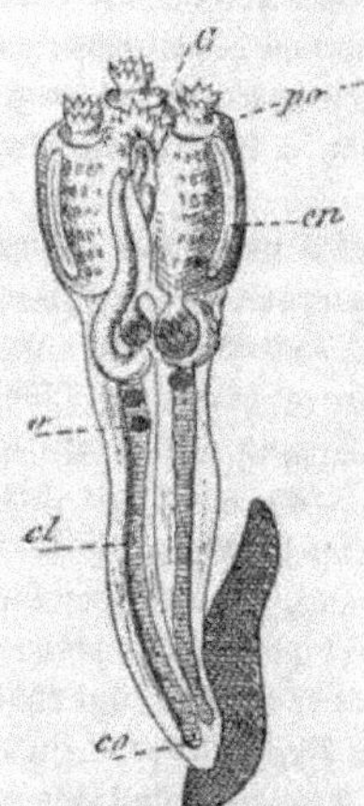

Fig. 1565. — Jeune ascidiodème de *Circinalium concrescens*. — C, orifice cloacal commun ; *pa*, orifice afférent ; *en*, endostyle ; *o*, œufs ; *cl*, tubes épicardiques ; *co*, cœur (d'après Giard).

Didemnidæ et prend la forme d'une paire de cornes enroulées.

La position de l'orifice atrial par rapport au sac branchial dépend de celle que prend l'ascidiozoïde dans l'ascidiodème. Il se trouve entre le bord supérieur et le milieu du sac branchial chez les Polyclinidæ, où les ascidiozoïdes sont presque verticaux ; il passe près du bord postérieur de ce sac chez les Didemnidæ, et chez les Botryllidæ les deux orifices sont presque situés aux extrémités opposées du corps. Ces orifices se fixent toujours à ces deux extrémités chez les familles pélagiques (Doliolum, *Pyrosoma*) dont la forme extérieure se trouve par cela même sensiblement modifiée. Les *Pyrosoma* forment des ascidiodèmes (fig. 1570, p. 2183)

dans lesquels chaque asciodiozoïde a l'aspect d'une sorte de tonnelet comprimé et à
extrémités rétrécies et inégales (fig. 1587, p. 2211); mais les tuniques de tous les
Ascidiozoïdes étant ici confondues, la forme de l'animal n'est plus comparable à
celle des ascidiozoïdes libres, revêtus de leur tunique. Il en est autrement pour les
Doliolum, qui, revêtus de leur tunique, gardent cette même forme de tonnelet à
laquelle ils doivent leur nom (fig. 1574, p. 2187); ce nom est encore justifié par les
bandes musculaires, circulaires dont la paroi du corps est pourvue et qui sont disposées comme les cercles d'un tonneau.

Les Salpes (fig. 1571 et 1572, p. 2185) sont plus aberrantes encore. Leur forme
est, en général, subcylindrique ou quadrangulaire; leur tunique est puissante, transparente; elle présente deux orifices : l'un antérieur, transversal, bilabié, terminal,
sauf chez quelques formes agrégées (*I. zonaria*), entouré d'un gros sphincter rappelant, vu de face, l'orifice d'une corolle personée, s'ouvrant et se fermant rythmi-
quement, c'est l'orifice afférent; l'autre postérieur, habituellement dorsal est également entouré, chez la plupart des espèces, d'un sphincter capable de le fermer. Ce
sphincter est remplacé chez la *S. costata* par deux bandes latérales d'où partent
des fibres circulaires. L'orifice atrial est terminal dans la *Cyclosalpa pinnata*, les
deux formes de *S. costata*; dorsal dans les deux formes de la *Thalia mucronata*. Les
deux orifices sont plus rapprochés chez les jeunes individus que chez les adultes;
il en est de même chez les *Doliolum*, ce qui est conforme à l'origine ascidienne de
ces animaux. Des appendices de forme et de position variables suivant les espèces,
se développent sur diverses régions du corps. Presque toute sa longueur est occupée
par une vaste cavité, la *cavité péribranchiale*; ses parois contiennent des bandes
musculaires de trajet variable mais qu'on peut dériver de la forme annulaire (fig. 1579,
p. 2198). La tunique présente des dispositions particulières qui lui permettent de
fonctionner comme antagoniste des muscles; elle est relativement mince le long
de la ligne médiane dorsale, et s'épaissit ensuite, pour venir s'amincir de nouveau
sur les côtés; elle reprend une grande épaisseur sur la face ventrale; en général
deux paires de carènes dorsales, une paire de carènes latéro-ventrales et une
carène médiane ventrale viennent la renforcer; entre les carènes qui sont quelquefois dentées (*S. runcinata*) la tunique se dilate en forme d'aile chez quelques espèces
(forme solitaire de *S. cylindrica*).

Tous les viscères sont relégués à l'arrière du corps, du côté ventral, où ils
forment une masse opaque qu'on nomme le *nucleus*. La cavité péribranchiale est
traversée obliquement de haut en bas et d'avant en arrière, dans son plan de symétrie par une bandelette dite *branchie*, mais qui ne correspond qu'à la partie dorsale
de la branchie des Ascidies. De même que chez les Pyrosomidæ, sur la région
antérieure du corps se trouvent de véritables yeux, un médian et deux latéraux.
Chaque espèce de Salpidæ se présente sous deux formes différentes; le nombre
des formes que peuvent revêtir les divers individus de Doliolidæ s'élève à quatre.
Les caractères de ces formes et les causes de ce remarquable *polymorphisme* sont
étudiés p. 2184.

Les Appendiculaires ou Copélates (fig. 1566, 1567 et 1576, p. 2189) sont les plus
petits des Tuniciers libres; le plus gros d'entre eux, le *Megalocercus abyssorum*, ne
dépasse pas trente millimètres, et l'*Appendicularia sicula* n'atteint pas deux millimètres. Ces petites formes ne sont plus comparables aux précédentes, mais à leurs

larves ou *têtards* (p. 2251). Comme celui de ces larves, leur corps se divise en
deux régions, une viscérale, le *tronc*, une exclusivement locomotrice, la *queue*.
Ces deux régions ont l'une et l'autre un plan de symétrie, mais celui de la queue
a éprouvé, par rapport à celui du tronc, une rotation de 90° de droite à gauche, de
sorte que la face dorsale de la queue se trouve à la gauche du tronc. En outre la
queue insérée à la face ventrale du tronc, entre le milieu du tronc et son extré-

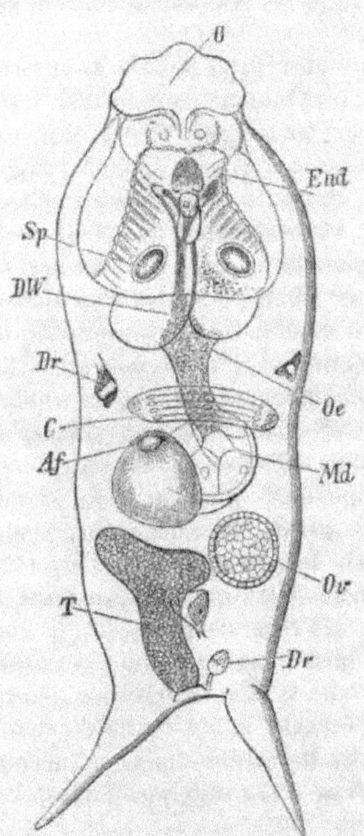

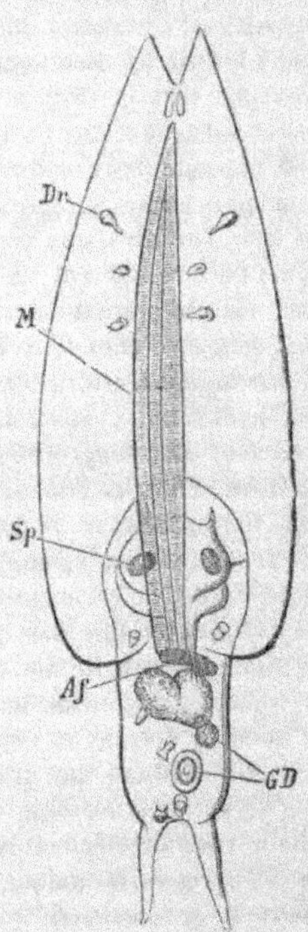

Fig. 1566. — *Fritillaria furcata*, vue par la
face ventrale et dont l'appendice caudal a
été enlevé. — *O*, bouche; *End*, endostyle;
Sp, les deux canaux ciliés de la cavité
pharyngienne; *DW*, bande ciliée dorsale;
Oe, œsophage; *Md*, estomac; *Af*, anus;
Dr, glandes; *Ov*, ovaire; *T*, testicule;
C, cœur (d'après H. Fol).

Fig. 1567. — *Fritillaria furcata*, dont l'appendice caudal est
replié sur la face ventrale, dans la position naturelle. —
Dr, glandes; *Sp*, fentes branchiales; *Af*, anus (le trait
doit s'arrêter à son contact avec l'organe sphéroïdal qu'il
dépasse et qui est le rectum); *Gd*, glandes génitales; l'organe
représenté entre le rectum et ces glandes est l'estomac;
au-dessus de lui, le cœur; la bouche est à l'extrémité
antérieure du corps; elle est ici masquée par les muscles
de la queue *M* (voir aussi fig. 1576, p. 2189, n° 3, d'après Fol).

mité postérieure, s'est rabattue en avant appliquant son côté gauche contre la face
ventrale du tronc et tournant sa pointe en avant (fig. 1567). C'est dans cette
situation que se déplace l'animal, mais sa queue très aplatie se meut de manière
à faire avec le tronc des angles très variables et qui peuvent aller jusqu'à 90°. Les
Fritillaria qui sont de tous les Copélates ceux dont l'arrêt de développement a été
le plus précoce, meurent souvent dans cette attitude, comme si, sous ce rapport,
elles étaient moins loin de la forme larvaire normale, tandis que chez les *Oikopleura*

mortes ou à l'état de repos, l'axe de la queue est presque parallèle à celui du corps. L'attitude du têtard avant son éclosion permet d'expliquer les rapports du tronc et de la queue des Appendiculaires (p. 2264).

La forme générale du tronc est celle d'un cône tronqué dont la base serait remplacée par un hémisphère lorsque les organes génitaux, toujours postérieurs, ont atteint tout leur développement (fig. 1575, n° 3, p. 2189). La région rétrécie est la région antérieure, presque aussi large que la base chez les *Appendicularia*, plus rétrécie chez les *Oikopleura*, plus rétrécie encore et recourbée en dessous chez les *Stegosoma*. Le corps presque cylindrique chez les *Fritillaria*, est tronqué en arrière et porte à chaque extrémité de la troncature un appendice conique, en forme de corne. La face ventrale est généralement aplatie, la face dorsale convexe. La bouche (fig. 1566, *O*), terminale chez les *Appendicularia* et les *Megalocercus*, se relève du côté dorsal chez les *Oikopleura* et devient ventrale chez les *Stegosoma*; au-dessous d'elle se trouve chez les *Megalocercus* une lèvre fortement saillante. Sur les côtés du corps se voient, en outre, deux orifices symétriques, les *spiracules* (*Sp*), qui mettent en communication la cavité pharyngienne avec l'extérieur et laissent écouler au dehors l'eau entrée dans le pharynx par la bouche. L'anus s'ouvre sur la face ventrale du corps, vers le milieu de cette face et en avant de l'insertion de la queue chez les *Megalocercus* et les *Oikopleura*, tout à fait au niveau de cette insertion chez les *Stegosoma*, en avant de l'insertion caudale et un peu à droite chez les *Appendicularia*, *Fritillaria* (*Af*), *Kowalevskia*. Comme par leur appendice caudal, les Appendiculaires demeurent, par la permanence de leurs spiracules et l'absence de cavité péribranchiale, des Tuniciers à l'état larvaire. Chez les *Fritillaria*, un repli tégumentaire ou *capuchon*, rabattu en avant, forme autour de la région antérieure une sorte de coiffe, *sous* laquelle se forme la coque incomplète de l'animal; l'extrémité postérieure de l'*Oikopleura velifera* présente aussi un velum dorsal, lui-même plissé et *recouvert* par la coque, ici très volumineuse.

La queue est fortement comprimée, et dépasse toujours le corps en longueur; une fois et demie aussi longue que ce dernier chez les *Fritillaria* (fig. 1567, *M*), deux fois et demie chez l'*Appendicularia sicula*, de trois à six fois chez les *Oikopleura* (fig. 1576, n° 1), elle atteint huit fois cette longueur chez les *Kowalevskia*; elle est aussi, dans sa région moyenne, plus large que le corps, sans dépasser le double de cette largeur, mais elle s'amincit à ses deux extrémités, l'extrémité libre se terminant en pointe, de sorte qu'elle a sensiblement la forme d'un aviron.

Morphologie des ascidiodèmes. — La faculté de bourgeonner que possèdent de très nombreuses Ascidies (p. 2174) a pour résultat la formation d'ascidiodèmes dont le mode de constitution et la configuration générale dépendent de la façon dont s'exerce le bourgeonnement. Quelques espèces forment, par simple juxtaposition, des masses qui simulent de tels ascidiodèmes, mais où tous les individus sont respectivement issus d'un œuf (*Styela grossularia*). Les rapports réciproques des ascidiozoïdes avaient déjà conduit Henri Milne Edwards à distinguer, parmi les Ascidies bourgeonnantes, deux types, celui des *Ascidies sociales* et celui des *Ascidies composées*. Dans les ascidiodèmes du premier type, les ascidiozoïdes ne sont reliés que par des stolons qui peuvent être absolument rampants, les ascidiozoïdes se dressant seuls à la surface du support (*Ecteinascidia*, *Clavellina*, fig. 1564, p. 2176, *St*), ou bien se séparer en partie du support de manière à former des rameaux indépendants (nombreux spécimens de *Perophora*, fig. 1568); mais le plus souvent les ascidiozoïdes sont rapprochés et plus ou moins soudés par leur tunique. On

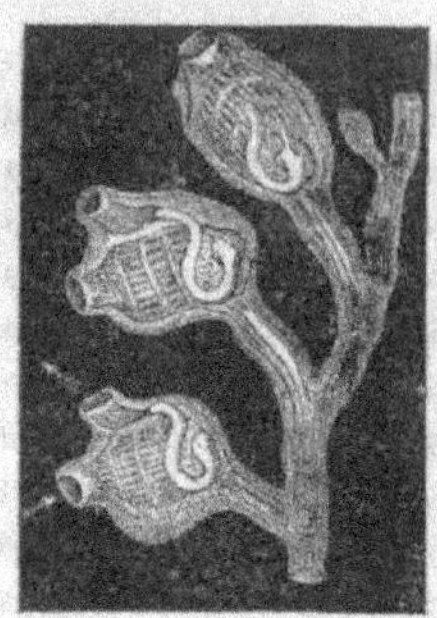

Fig. 1568. — *Perophora Listeri*. Ascidie sociale. — Les flèches indiquent le sens du courant d'eau de mer qui traverse la branchie; *i*, intestin; *e*, estomac; *o*, siphon afférent; *r*, siphon efférent.

trouve tous les passages entre l'indépendance presque complète qu'on observe encore chez les *Diazona*, les *Chondrostachys* ou les *Polystyela*, et la fusion de toutes les tuniques en une masse commune dans laquelle tous les ascidiozoïdes sont comme plongés, ce qui est le cas des Ascidies composées proprement dites. Alors même que cette fusion s'est accomplie les ascidiozoïdes peuvent demeurer indépendants, de telle sorte que leurs orifices atriaux, comme leurs orifices branchiaux, s'ouvrent isolément à la surface de l'ascidiodème (POLYSTYELINÆ, *Oxycorynia*, *Cystodites*, *Distoma*, *Colella*); mais souvent le test est creusé de galeries ou de cavités dans lesquelles s'ouvrent les orifices atriaux d'un certain nombre d'individus; les galeries s'ouvrent elles-mêmes au dehors par des orifices irrégulièrement disposés auxquels on peut donner le nom d'*oscules* (BOTRYLLIDÆ, fig. 1568; *Distaplia*, POLYCLINIDÆ, fig. 1589, p. 2217, DIDEMNIDÆ). Chez les *Diplosoma* tous les ascidiozoïdes sont suspendus dans une vaste cavité commune et reliés chacun par un pédoncule uniquement dérivé de la tunique qui recouvre chaque zoïde à la paroi de la cavité adhérente au support (fig. 1581, *a*, p. 2200); ce prolongement manque aux *Didemnum* où les ascidiodèmes sont percés de nombreuses cavités. Les oscules sont souvent difficiles à découvrir lorsque l'ascidiodème a été contracté et surtout lorsque les ascidiozoïdes n'affectent pas les uns par rapport aux autres de position déterminée, comme c'est le cas chez les DIDEMNIDÆ et la plupart des POLYCLINIDÆ; mais il est des cas, au contraire, où les ascidiozoïdes se disposent en rayonnant régulièrement autour des oscules (*Botryllus*, fig. 1569; *Polycyclus*, *Atopogaster*, divers *Amaroucium*) et forment des *systèmes* ou *démules* autour de chaque oscule. Tous les ascidiozoïdes peuvent ne former qu'un seul démule (*Circinalium*, fig. 1565, p. 2178). Chez les *Botrylloïdes* et *Sarcobotrylloïdes* les démules, d'abord elliptiques, peuvent s'allonger beaucoup, puis confluer de manière à former un réseau assez irrégulier. On observe aussi des démules chez les POLYCLINIDÆ, mais ils sont en général irré-

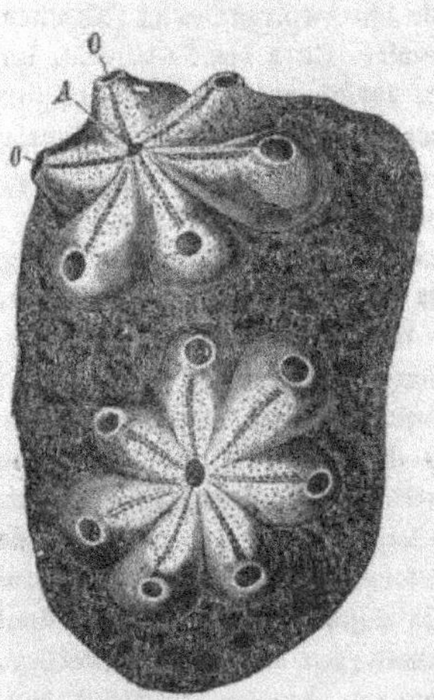

Fig. 1569. — Deux démules d'un ascidiodème de *Botryllus violaceus*. — O. bouche ou orifice afférent; A, orifices efférents communs ou cloaques (d'après Henri Milne-Edwards).

guliers. L'absence d'oscules n'exclut pas une certaine régularité dans l'arrangement des ascidiozoïdes; la *Colella pedunculata*, par exemple, est remarquable par l'arrangement de ses ascidiozoïdes en lignes bisériées verticales.

La forme des ascidiodèmes est dans une large mesure indépendante de l'arrangement et même de l'organisation des ascidiozoïdes. Il est à remarquer cependant que lorsque l'ascidiozoïde est court, l'ascidiodème s'étale sur son support, auquel il peut être fixé par des crampons (*Diplosoma gelatinosum*), en croûte mince (*Botryllus*, *Botrylloïdes*, DIDEMNIDÆ) ou assez épaisse (*Sarcobotrylloïdes*); chez les POLYSTYELINÆ et les POLYCLINIDÆ, les ascidiodèmes sont généralement épais (*Distoma*), massifs (*Chorizocormus*, *Aplidium griseum*, *Amaroucium Nordmanni*, *Synstyela*), presque sphéroïdaux (*Morchellioïdes affinis*, *Morchellium Giardi*, *Sidnyum pallidum*, *Aplidium leucophæum*, *Amaroucium irregularis*, *Glossophorum sabulosum*, *Polyclinum aurantium*, *Aplidiopsis vitreus*, *Parascidia elegans*) ou même de forme allongée, presque ovoïde (*Atopogaster*, *Amaroucium irregularis*, *Amaroucium concinnum*, *Psammaplidium*, *Circinalium*, etc.).

Chez les *Amaroucium*, on assiste à la division graduelle de l'ascidiodème en deux parties, l'une où les ascidiozoïdes sont nombreux, l'autre où ils font presque entièrement défaut et qui constitue le pédoncule (*A. colelloïdes*, *A. globosum*, etc.). Parmi les formes pédonculées on remarque certains *Goodsiria* (*G. placenta*), les *Distaplia*, *Sluiteria*, *Morchellium*, *Pharyngodictyum* et surtout les *Colella*, où le contraste entre la masse à ascidiozoïdes et son pédicule atteint son maximum. Tandis que chez les premières formes, la région qui porte les ascidiozoïdes est plus ou moins renflée, elle est en forme de chapeau de champignon chez les *Tylobranchion* et les *Pharyngodictyum*. L'ascidiozoïde cylindrique des *Cœlocormus* s'invagine sur lui-même de manière à former une masse creuse, peut-être libre, qui rappelle à certains égards le manchon des *Pyrosoma*; mais chez les *Cœlocormus* la paroi externe et la paroi interne du manchon sont séparées par un espace libre; chacune de ces parois est constituée par une assise d'ascidiozoïdes et l'espace libre, interposé entre elles, correspond à une cavité cloacale.

Chez les *Pyrosoma* (fig. 1570), le manchon, de forme conique ou cylindro-conique, n'est constitué que par une seule assise d'ascidiozoïdes dont les orifices efférents sont tous tournés vers l'intérieur du manchon,

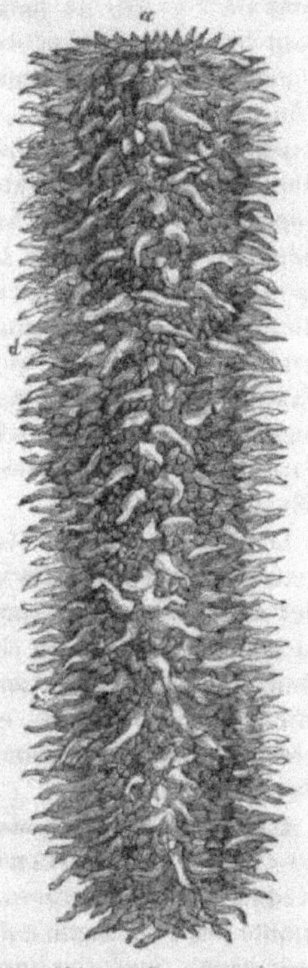

Fig. 1570. — *Pyrosoma elegans.* — *d*, appendices des ascidiozoïdes; *a*, ouvertures du manchon (1/3 de grandeur naturelle).

les orifices afférents vers l'extérieur. Au-dessus de chacun de ces derniers, la tunique commune s'élève souvent en un tubercule ou en un prolongement conique qui fait paraître la surface du manchon taillée à facettes. Le manchon est fermé à une extrémité, ouvert à l'autre; l'extrémité fermée se termine en calotte hémisphérique; l'extrémité ouverte est toujours la plus large; son orifice est susceptible d'être rétréci par un diaphragme musculaire qui rappelle le velum des Méduses, et joue le même rôle. L'axe antéropostérieur des ascidiozoïdes est normal à la surface du manchon; les ascidiozoïdes eux-mêmes sont disposés en verticilles dans les jeunes ascidiodèmes, mais par suite de l'interposition constante des nouveaux individus, cette disposition régulière disparaît peu à peu et les individus arrivent, en général, à être placés absolument sans aucun ordre; toutefois dans des ascidiodèmes de très grandes dimensions, comme ceux du *P. spinosum* des mers tropicales, qui dépasse 1 m. 20 de longueur, tous les Ascidiozoïdes conservent une disposition régulière. Il en était de même chez le *Pyrosoma* pêché par le *Talisman* dans l'Atlantique tropical et qui mesurait près de 2 mètres de long sur 2 décimètres de large[1]. Les formes de nos régions sont beaucoup plus petites. Le *P. giganteum*, par exemple, ne dépasse pas 30 centimètres. Les quatre premiers blastozoïdes, et plus tard ceux qui sont voisins de l'orifice de l'ascidiodème, produisent un appendice postérieur, exclusivement exodermique de chaque introïdes qui part de la base du tube cloacal. Une partie des fibres musculaires dorsales se rend dans l'appendice qui lui correspond et tous ces appendices viennent aboutir au diaphragme annulaire de l'orifice dont ils déterminent les mouvements. La contraction de l'un des ascidiozoïdes marginaux entraîne la rétraction de son appendice et le mouvement de rétraction perçu par les ascidiozoïdes voisins détermine, par répercussion, leur propre contraction. C'est par cet artifice très simple que la synergie de tous les ascidiozoïdes est obtenue et que l'ascidiodème se meut comme s'il avait une individualité propre. Un résultat analogue est réalisé chez les *Botryllus*, au moyen de leurs languettes cloacales (p. 2178); l'appendice des *Pyrosoma* est probablement homologue de l'*appendice fixateur* des DIDEMNIDÆ.

Le plus souvent dans les ascidiodèmes, les ascidiozoïdes bien que nés par bourgeonnement les uns des autres ne présentent aucune continuité de tissu, ce sont des ascidiodèmes par simple contiguïté; mais il y a aussi parmi les Tuniciers des ascidiodèmes dus à un simple accolement par la tunique d'oozoïdes nés indépendamment les uns des autres et qui acquièrent cependant un cloaque commun (*Circinalium concrescens*, etc.), et enfin des ascidiodèmes dans lesquels il existe de véritables communications vasculaires entre les ascidiozoïdes (*Perophora, Clavellina*, BOTRYLLIDÆ).

Associations et polymorphisme des SALPIDÆ et des DOLIOLOLIDÆ. — Dans les familles des SALPIDÆ et des DOLIOLOLIDÆ, un individu issu d'un œuf, l'*oozoïde*, produit par un bourgeonnement analogue à celui des Ascidies composées de la famille des POLYCLINIDÆ d'autres individus, les *blastozoïdes*, qui demeurent associés; mais tandis que d'ordinaire l'oozoïde, quand il se développe complètement, est identique aux blastozoïdes, dans les deux familles de Tuniciers pélagiques dont il s'agit ici l'oozoïde diffère des blastozoïdes par des caractères importants. Ces dissemblances ont été l'origine de la théorie des *générations alternantes*; elles sont dues simplement aux adaptations particulières que présentent, en raison de leur origine différente et de leur rôle, l'oozoïde et les blastozoïdes qui demeurent toujours un certain temps associés avec lui et qu'il transporte pendant ce temps. Ces adaptations à un genre de vie différent sont compliquées d'*adaptations réciproques* chez les DOLIOLIDÆ.

---

[1] Ces grands ascidiodèmes sont indiqués comme venant de grandes profondeurs; ceux que le *Talisman* a recueillis soit entiers, soit en lambeaux, étaient toujours à la surface du chalut et avaient évidemment été recueillis durant son ascension, entre deux eaux.

L'oozoïde des Salpes est souvent plus gros que les blastozoïdes. Assez fréquemment son corps se termine par une (*Pegea confœderata*) ou deux paires d'appendices coniques (*Thalia democratica*, fig. 1571); cette disposition est exceptionnelle chez les blastozoïdes (*Pegea confœderata*) dont le corps ovoïde se termine d'ordinaire en pointe simple

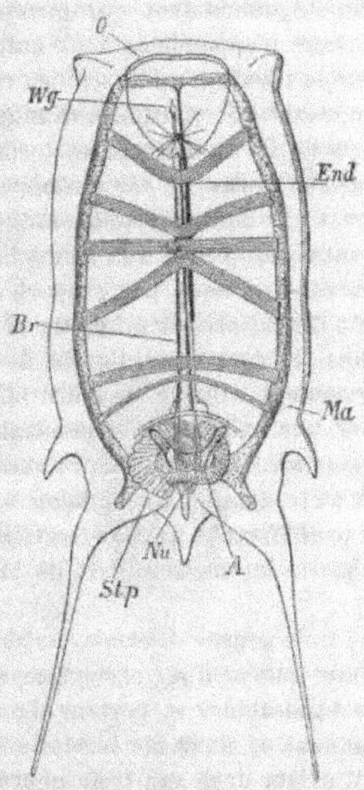

Fig. 1571. — Forme solitaire de la *Thalia democratica-mucronata*. — *O*, bouche; *Wg*, fossette ciliée; *Br*, bandelette représentant ce qui reste du côté dorsal de la branchie; *End*, endostyle représentant la partie ventrale de la branchie; *Ma*, tunique; *A*, orifice efférent; *Nu*, nucléus; *Stp*, stolon prolifère.

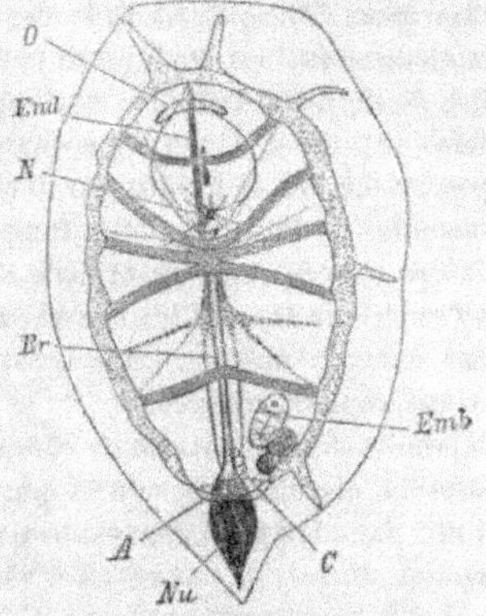

Fig. 1572. — *Thalia democratica-mucronata*, forme agrégée. Mêmes lettres; en plus, *Emb*, embryon.

(fig. 1572). Dans les deux formes les deux orifices sont dorsaux, mais à peu près terminaux. Les blastozoïdes sont d'abord en continuité de tissu non seulement entre eux, mais avec l'oozoïde (fig. 1571, *A*); tous ensemble constituent alors un véritable ascidiodème où les ascidiozoïdes, d'abord placés bout à bout, changent peu à peu d'orientation (p. 2341) pour se disposer soit en double chaîne, soit en couronne (*Cyclosalpa*).

Arrivées à un certain degré de développement, ces chaînes (*Pegea*, *Thalia*, *Salpa*, *Iasis*) et ces couronnes s'isolent de l'oozoïde qui continue à produire de nouvelles chaînes tant que dure son existence. Les chaînes contiennent de cinquante à cent blastozoïdes, les couronnes huit ou neuf.

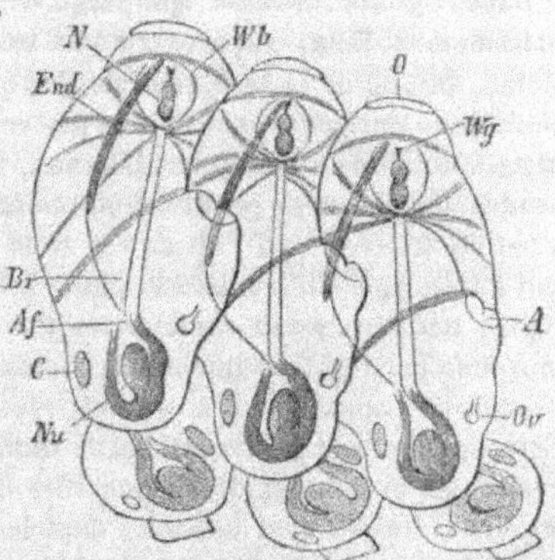

Fig. 1573. — Fragment d'une jeune chaîne de *Thalia democratica-mucronata*. — *O*, bouche; *N*, ganglion; *Wg*, fossette ciliée; *End*, endostyle; *Br*, bandelette branchiale dorsale; *C*, cœur; *Nu*, nucléus; *Ov*, ovaire; *A*, anus (d'après Grobben).

Ces blastozoïdes ne sont pas en continuité de tissu; ils sont simplement soudés les uns aux autres (fig. 1573) par des appendices tégumentaires qui manquent à l'oozoïde; ce dernier peut être cependant porteur d'appendices tout autrement disposés que ceux des blastozoïdes. Les *Cyclosalpa* n'ont qu'un appendice ventral, et les appendices de tous les ascidiozoïdes composant une couronne se réunissent suivant une même ligne verticale autour de laquelle ils rayonnent; les formes qui vivent en double chaîne sont unies d'une rangée à l'autre, 1° par des appendices ventraux, au nombre de quatre (*Pegea confœderata*); 2° dans une même rangée, par deux appendices latéraux. Ces appendices ne sont pas insérés à la même hauteur sur les deux côtés; aussi l'axe des blastozoïdes est-il oblique par rapport à celui de la chaîne, au lieu de lui être perpendiculaire; il peut arriver à lui être parallèle (*Salpa fusiformis*). Dans les chaînes comme dans les couronnes, l'union des blastozoïdes est assez lâche; les chaînes se fragmentent sous le moindre effort et fréquemment des individus s'isolent pour mener une existence indépendante. Les blastozoïdes de l'une des deux rangées de la chaîne sont ventre à ventre avec ceux de l'autre rangée; tous les orifices étant dorsaux se trouvent par cela même tournés vers l'extérieur et, sauf les cas de monstruosité, présentent la même orientation. La chaîne exécute une véritable natation dans laquelle les mouvements de tous les individus sont simultanés.

La famille des Doliolidæ ne comprend que les trois genres *Anchinia*, *Dolchinia* et *Doliolum*. L'oozoïde n'est connu que dans le dernier genre; il est certain cependant qu'il est, dans les trois genres, très différent des blastozoïdes et porteur d'un long appendice dorsal, le *cadophore* [1], sur lequel viennent se fixer les blastozoïdes nés d'un *stolon prolifère* ventral (fig. 1574, *Ms*, *Ls*). Il existe dans ces trois genres une gradation remarquable dans la longueur du stolon, son organisation et le degré de polymorphisme des blastozoïdes qui viennent se fixer sur le cadophore.

Dans le genre *Anchinia* [2] qui paraît le plus primitif des trois genres, le cadophore, extrêmement long, est parcouru à sa base, suivant sa ligne médiane dorsale, par le stolon, qui, né de la face ventrale de l'oozoïde, a probablement contourné l'un des côtés de ce dernier, pour venir se placer sur le cadophore. Là, après avoir fourni un certain nombre de bourgeons latéraux, il se fragmente et finit par disparaître, vraisemblablement en se résolvant en bourgeons. Jusqu'ici les cadophores des *Anchinia* n'ont été trouvés qu'à l'un de ces trois états qui correspondent vraisemblablement soit à trois âges différents, soit plutôt à trois régions d'un même cadophore, dont la région basilaire serait caractérisée par la présence d'un stolon continu, la région moyenne par l'état fragmenté du stolon, la région terminale par son absence. Les blastozoïdes appartenant à ces trois régions sont de structure et d'aspect différents. Ceux que portent les fragments de cadophore à stolon entier, sont de couleur rougeâtre; ils présentent de chaque côté une seule bande musculaire, courbée en S; les deux orifices sont opposés, dentelés; une plaque adhésive ventrale, placée en avant de l'orifice efférent et près de laquelle se trouve un amas de pigment, sert à la fixation sur le cadophore. Ces blastozoïdes sont absolument stériles. Sur les tronçons de cadophore à stolon fragmenté, on observe des blastozoïdes analogues

---

[1] De κάδος, tonnelet, et φόρος, porteur.
[2] J. Barrois, *Recherches sur le cycle génétique et sur le bourgeonnement de l'Anchinie*; Journal d'Anatomie et de Physiologie, 1885.

aux précédents, mais qui présentent des rudiments d'organes génitaux. Ces rudiments entrent bientôt en dégénérescence. Enfin sur les cadophores adultes, sans trace de stolon, apparaissent des blastozoïdes qui se distinguent par la présence au-dessus de l'orifice efférent, d'un appendice conique, probablement un cadophore rudimentaire; cet appendice est marqué de taches pigmentaires; une courte protubérance pigmentée se trouve aussi au-dessus de l'orifice afférent et enfin un troisième amas de pigment s'observe sur la région moyenne du corps. Ces blastozoïdes deviennent seuls sexués; on peut les désigner sous le nom de *gamozoïdes*. Il semble qu'ici les bourgeons ne sont capables d'arriver à maturité que lorsque le stolon qui les produit est arrivé à un certain âge; les blastozoïdes qui se succèdent, sont disposés sur le cadophore d'une façon quelconque, ne présentent aucune

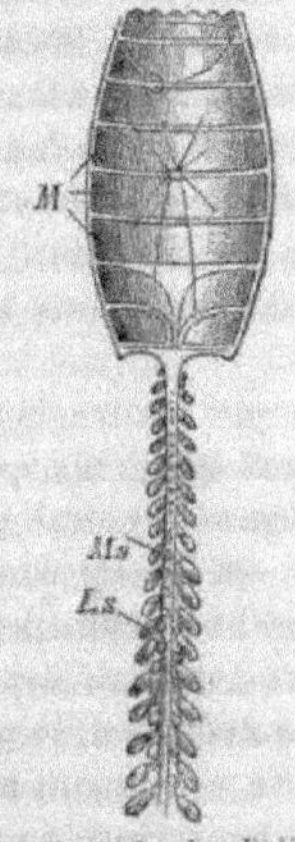

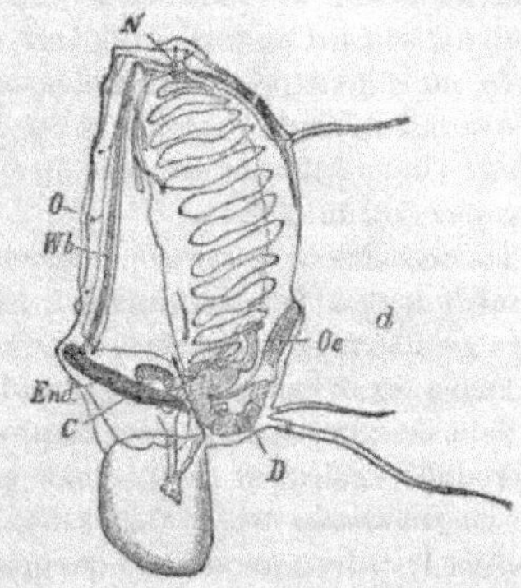

Fig. 1574. — Oozoïde de *Doliolum* avec son cadophore portant en *Ms*, les phorozoïdes; en *Ls*, les trophozoïdes, eux-mêmes porteurs de gamozoïdes; *M*, bandelettes musculaires de l'oozoïde (d'après Gegenbaur).

Fig. 1575. — Trophozoïde de *Doliolum*. — *N*, ganglion nerveux; *O*, bouche énorme et latérale; *Wb*, arc cilié; *End*, endostyle; *C*, cœur; *D*, intestin; *Oe*, œsophage. L'anus s'ouvre directement en dehors; il n'y a pas de cloaque, ni d'orifice efférent (d'après Grobben).

adaptation réciproque; tout au plus les blastozoïdes des deux premières catégories remplissent-ils à l'égard de l'ascidiodème le rôle de trophozoïdes. Le cadophore a d'ailleurs ici une constitution particulière (p. 2321).

Chez les *Dolchinia* [1] on ne trouve plus de stolon sur le cadophore, fait qui s'explique de la même façon sans doute que pour les *Doliolum*. Les blastozoïdes sont régulièrement rangés de chaque côté de la ligne médiane creusée en gouttière du cadophore, dont ils laissent à découvert la face ventrale; ils sont d'autant plus jeunes qu'ils sont plus rapprochés de la ligne médiane dorsale; ils ont la forme de tonnelets à orifices opposés, pourvus de huit bandes musculaires, annulaires et parallèles. Un court pédoncule fixe ces blastozoïdes asexués au cadophore, et c'est sur ce pédoncule que viennent se fixer, à leur tour, les bourgeons qui se développeront plus tard en individus sexués ou gamozoïdes. Ces gamozoïdes lorsqu'ils ont

[1] Korotneff, La *Dolchinia mirabilis*, nouveau Tunicier; Mittheilungen aus der zool. Station zu Neapel, X. Band, 1891-1893.

acquis un certain âge, se détachent facilement de leur porteur asexué pour mener
une vie indépendante. Entre les deux sortes de blastozoïdes des *Dolchinia*, il y a
donc déjà des rapports déterminés, des *adaptations réciproques*. Ces adaptations
atteignent à un haut degré de perfection chez les *Doliolum*.

Chez les *Doliolum*, l'oozoïde et les blastozoïdes portés par le cadophore demeurent, en effet, étroitement unis et forment des associations très solidarisées.
L'oozoïde (fig. 1574) est beaucoup plus gros que les blastozoïdes; sur son cadophore
ces derniers sont disposés en deux rangées latérales et une rangée médiane dorsale.
Les blastozoïdes qui occupent les côtés du cadophore sont issus des premiers bourgeons produits. Ils sont asymétriques, et présentent la forme d'une cuiller comprimée, munie d'une carène dorsale. La concavité de la cuiller n'est autre chose
que la cavité pharyngienne très développée, et sa paroi dorsale est constituée par
la lamelle branchiale; il n'y a plus ici d'orifice cloacal; les fentes branchiales, le
rectum s'ouvrent directement au dehors. Ces blastozoïdes sont asexués. Leur
appareil digestif est normal, mais leur appareil musculaire est tout à fait rudimentaire, de sorte qu'ils sont incapables de mener une vie indépendante et sont pré-
posés à la nutrition de l'oozoïde et des autres blastozoïdes; *ils paraissent* destinés à
alimenter l'association et peuvent être, en conséquence désignés sous le nom de
trophozoïdes (fig. 1575) [1].

Les blastozoïdes de la rangée médiane sont plus jeunes que les trophozoïdes; ils
deviennent tout à fait semblables à leur progéniteur, sauf qu'ils n'acquièrent ni
organes génitaux, ni cadophore, mais présentent un *pédoncule* ventral par lequel
ils sont fixés sur le cadophore de l'oozoïde. Le pédoncule de ces blastozoïdes médians
qu'on peut désigner sous le nom de *phorozoïdes* [2], porte des bourgeons de différents
âges produits également par l'oozoïde et qui sont destinés à devenir des individus
sexués ou *gamozoïdes* (fig. 1627, p. 2320). Pour assurer cette évolution, le phorozoïde
doit quitter le cadophore et vivre quelque temps en liberté en continuant à véhiculer
les bourgeons fixés sur son pédoncule (sur l'origine de ces bourgeons, voir p. 2321).
Les gamozoïdes adultes ne diffèrent de l'oozoïde que par l'absence de cadophore et
parce qu'ils ne présentent que huit bandes musculaires annulaires, au lieu de neuf.

D'autre part, à mesure qu'il forme de nouveaux bourgeons l'oozoïde tend vers
une période de stérilité. Il perd rapidement, quand il a cessé de bourgeonner, sa
branchie, son endostyle, son tube digestif, et son rôle se réduit désormais à véhiculer les blastozoïdes fixés sur son cadophore; ce n'est plus qu'un *nectozoïde*.

Il y a une ressemblance évidente entre les adaptations réciproques des zoïdes
chez les Siphonophores et chez les DOLIOLIDÆ, bien que dans le premier cas, les
zoïdes soient en continuité physiologique, tandis que dans le second ils sont simplement accolés. Dans les deux groupes on trouve des nectozoïdes et des gamozoïdes;
les trophozoïdes des *Doliolum* correspondent aux gastromérides des Siphonophores
et les phorozoïdes garnis de gamozoïdes des Tuniciers sont les équivalents des
démules reproducteurs du Polype (EUDOXIDA, ERSÆIDA, p. 669 et 678).

Coque des Appendiculaires [3]. — Les Appendiculaires sont protégées par une
formation toute particulière, la *coque*, extrêmement réduite chez les *Fritillaria*,

[1] De τροφός, nourricier, ξῶον, animal, et εἶδος, forme.
[2] De φορός, porteur.
[3] O. SEELIGER, *Tunicata*; Bronn's Thierrheich, 1894-1895.

mais qui arrive à prendre chez les *Kowalevskia* et les *Oikopleura* (fig. 1576, n° 1) un tel développement que son grand diamètre chez la *K. tenuis* est égal à 35 fois la plus grande largeur de la queue de l'animal. Chez les *Fritillaria*, elle est simplement représentée par une mince couche muqueuse, sécrétée autour de la partie antérieure

de l'animal et appliquée contre son corps, qu'elle n'arrive jamais à couvrir entièrement. Lorsque la queue est en mouvement, cette couche muqueuse se dilate et se transforme en une poche présentant deux orifices opposés, l'un correspondant à la bouche, l'autre servant à la sortie du courant nourricier. Dès que le mouvement de la queue cesse, la poche revient sur elle-même et s'applique de nouveau sur le corps. Tout en demeurant fort peu résistante, la coque garde une forme permanente chez les *Kowalevskia* et les *Appendicularia*. Celles de la *K. tenuis* et de l'*A. sicula* ont la forme d'une ellipsoïde de révolution à axes très inégaux, présentant à l'une des extrémités de son petit axe, une large ouverture autour de laquelle il est un peu aplati. Cette ouverture conduit dans une vaste cavité portant sur sa paroi interne, chez la *K. tenuis*, de vingt à trente plis méridiens, et au fond de laquelle repose par son extrémité postérieure l'Appendiculaire. Les mouvements de la queue de celle-ci déterminent la formation d'un courant d'eau rapide qui entre et sort par le grand orifice. Dans les petites espèces d'*Oikopleura*, la coque est encore

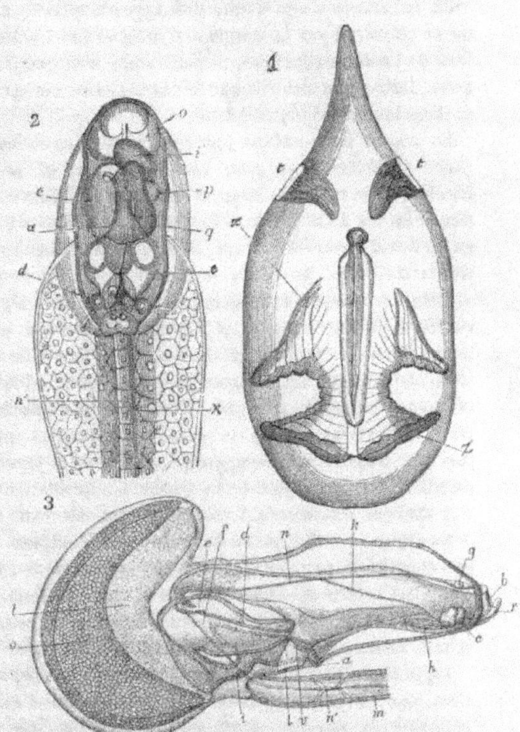

Fig. 1576. — APPENDICULAIRES. — 1. *Oikopleura cophocerca*, au centre de sa coquille; *t*, ouvertures treillagées de la coquille; *x*, grande cavité de la coquille (grossissement 6 fois). — 2. *Oikopleura dioica* vue de face; *a*, œsophage; *d*, glandes unicellulaires; *e*, estomac; *i*, intestin; *p*, pylore; *n*, nerf caudal; *x*, corde dorsale; *o*, ovaire. — 3. *Oikopleura cophocerca*, vue de profil; *b*, bouche; *r*, pharynx; *k*, sa bandelette ciliée; *l*, son ouverture latérale droite; *f*, estomac; *d*, bord gauche de sa paroi supérieure; *i*, intestin; *a*, anus; *c*, glandes; *g*, ganglion nerveux et otocyste; *n*, nerf dorsal se recourbant postérieurement pour pénétrer dans la queue; *m*, muscles de la queue; *o*, ovaire; *t*, testicules (grossissement 25 fois, d'après Herman Fol).

assez peu résistante pour que des infusoires puissent pénétrer dans sa substance, y vivre et s'y mouvoir; elle est plus résistante chez les grandes espèces, et sa forme varie d'une espèce à l'autre, souvent d'un individu à l'autre. Elle est souvent piriforme avec trois orifices correspondant respectivement à la bouche et aux deux

fentes branchiales. Le grand diamètre de la coque de l'*O. Chamissonis* peut atteindre
jusqu'à 50 millimètres. La coque des *Megalocercus* et des *Stegosoma* est inconnue ;
en revanche Swainson a décrit une coque en mitre d'évêque et Moss une coque en
forme de papillon dont les Appendiculaires ne sont pas connues.

La substance de la coque des Appendiculaires ne contient pas de cellulose ; elle
ne se colore ni par la teinture d'iode, ni par l'iodure de potassium iodé après l'action de l'acide sulfurique, ni par l'acide osmique, le chlorure d'or ou l'azotate d'ar-
gent ; faiblement colorée par le carmin, elle conserve sa transparence dans l'alcool
et dans les acides organiques.

La coque est sécrétée par des cellules épithéliales spéciales qui occupent une
place caractéristique pour chaque espèce, et se distribuent en groupes ou en
bandes. Ces cellules forment chez les *Fritillaria* et l'*Appendicularia sicula*, une
bande en fer à cheval dont les branches se dirigent sur les côtés du corps de haut
en bas et d'arrière en avant ; elles occupent chez les *Oikopleura* toute la région antérieure du corps. Au cours de la sécrétion de la coque, on voit souvent des cellules
sécrétantes passer dans la mucosité, mais elles s'y détruisent en peu de temps. La
sécrétion de la coque est d'ailleurs très rapide ; elle ne demande pas plus d'une
heure ; aussi les Appendiculaires abandonnent-elles au moindre choc leur demeure ;
elles la quittent même spontanément, et n'habitent, en général, dans la même
qu'un petit nombre d'heures. Il est possible que les coques soient non seulement
un abri, mais un moyen de protéger la fuite, et qu'elles jouent également un certain rôle dans la nutrition, en dirigeant vers la bouche le courant que crée l'Appendiculaire par l'agitation de sa queue. L'assimilation de la coque des Appendiculaires
à la tunique des autres Tuniciers ne va pas sans quelques difficultés.

Tunique [1]. — La paroi du corps des Tuniciers autres que les Appendiculaires
est constituée par deux enveloppes superposées : l'une externe, la *tunique* ou *test*,
qui n'est qu'un épiderme modifié ; l'autre interne, souvent appelée improprement
manteau, et que nous appellerons simplement *paroi somatique*, car elle est de tous
points assimilable à la paroi conjectivo-musculaire du corps des autres animaux.

La tunique ne fait défaut que chez quelques espèces de *Doliolum*. Partout ailleurs
c'est une enveloppe permanente, formée d'une substance presque identique à la
cellulose, la *tunicine* (Berthelot), associée à une petite quantité de cholestérine,
d'acides gras et de sels minéraux (Winterstein, Schäfer). Chaque individu possède
une tunique en propre chez les Ascidies simples et sociales (*Perophora, Perophoropsis,
Ecteinascidia, Diazona, Clavellina*), les Barillets, les Salpes. Toutes les tuniques se
confondent au contraire en une masse gélatineuse, dans laquelle les divers individus sont enfouis chez les Ascidies composées ; le test commun est quelquefois
modifié autour de chaque ascidiozoïde, qui paraît ainsi avoir en propre une sorte de
tunique. Chez les Ascidies sociales, la tunique recouvre non seulement les Ascidiozoïdes, mais aussi les stolons qui les unissent entre eux. Chez les MOLGULIDÆ
et divers POLYCLINIDÆ (*Psammaplidium, Glossophorum sabulosum, Amaroucium densum*)
le test se recouvre de grains de sable qui sont retenus chez les MOLGULIDÆ par des
prolongements du manteau, recouverts de tunicine (p. 2199).

La tunique est regardée d'habitude comme un revêtement cuticulaire, anhiste, extérieur à l'exoderme; cependant chez les *Botryllus*, les *Pyrosoma*, les *Fraga-roides*, les *Salpa*, l'acide osmique fait apparaître deux couches cellulaires, l'une continue, appliquée contre le derme; l'autre incomplète tout à fait et superficielle; on a voulu voir quelquefois dans cette dernière l'exoderme et dès lors la tunique sous-jacente aurait été de nature mésodermique; mais la couche fugace et exceptionnelle dont il s'agit ici n'est qu'un reste des enveloppes de l'œuf (cellules de la *testa*, p. 2247)[1]. La couche profonde est le véritable exoderme; elle est constituée par une assise simple de cellules à peu près cubiques, toutes semblables entre elles, à protoplasme finement granuleux, à noyau petit et qui se multiplient activement pendant toute la vie de l'animal.

La tunique contient de son côté de nombreuses cellules étoilées dites *cellules tunicières*, qui ont été considérées comme provenant tantôt exclusivement de la division des cellules exodermiques, tantôt de cellules du mésoderme qui auraient émigré à travers l'exoderme (p. 2278), tantôt dans certains cas au moins, du follicule de l'œuf (*Distaplia*, *Diplosoma*). Quelle que soit leur origine, ces éléments se multiplient à l'intérieur de la substance tunicière; ils en sécrètent de nouvelles quantités, et par leur présence, donnent au test une structure analogue à celle de la substance conjonctive. Ils subissent d'ailleurs, dans la tunique, d'importantes modifications. Plus ou moins sphéroïdaux au moment où ils viennent de se détacher, ils produisent rapidement des pseudopodes qui leur donnent une forme étoilée; dans certains points, ils peuvent s'allonger en fibrilles comme dans les crampons du *Diplosoma gelatinosum*. Au bout d'un temps variable, suivant les espèces, et qui est un facteur important de l'épaisseur de la tunique, tous entrent en dégénérescence, et leur dégénérescence s'accuse de deux façons, soit par la production, à leur intérieur, de granulations d'un brun plus ou moins foncé qui transforment peu à peu l'élément en une masse granuleuse, destinée elle-même à se désagréger; soit, comme chez les végétaux, par la production de vacuoles qui peu à peu se confondent et transforment l'élément en une vésicule dont la paroi, origine de la cellulose, est formée par une mince couche de cytosarque contenant le noyau. L'un de ces deux modes de transformation peut prédominer plus ou moins, jusqu'à l'exclusion de l'autre; en général, ils se produisent simultanément dans un même test, mais sur des éléments différents. Ainsi les cellules vacuolaires font défaut ou ne contiennent que de petites vacuoles chez les CYNTHIIDÆ, MOLGULIDÆ, STYELIDÆ, *Ciona*, *Perophora*, *Glossophorum*, PYROSOMIDÆ; elles se localisent chez les *Rhopalona* à la tunique de la région postérieure du corps; près de la surface externe chez les *Cystodytes* et les *Salpa*; elles sont particulièrement abondantes chez les ASCIDIIDÆ, *Distaplia*, *Distoma*, *Diplosomoïdes* et surtout chez les *Diplosoma*, où elles forment la presque totalité de la tunique. A la naissance de l'œsophage les cellules tunicières forment une bague qui semble séparer la région branchiale de l'abdomen chez les *Cystodytes*, les *Didemnum*, les POLYCLINIDÆ, les *Leptoclinum*.

La substance fondamentale demeure ordinairement claire et homogène; elle n'est guère opaque et parfois colorée que chez les CYNTHIIDÆ. Chez les grands Pyrosomes tropicaux (*Pyrosoma excelsior*), elle diffluе dès que l'animal est hors de l'eau, mais en général sa résistance est plus grande et sa consistance varie depuis celle

---

1. F. LAHILLE, *Recherches sur les Tuniciers*, 1890, p. 17.

de la gélatine (*Ciona*, et surtout *Leptoclinum gelatinosum*, *Diplosoma gelatinosum*), jusqu'à celle du cartilage (CYNTHIIDÆ, *Phallusia*, *Rhodosoma*, *Goodsiria*, *Didemnum*) ou même de la corne (*Chelyosoma*). Assez souvent il s'y développe des fibres, comme dans la substance conjonctive, et il peut même arriver, notamment chez quelques CYNTHIIDÆ, que ces fibres se prolongent à la surface du test soit en épines, recouvertes d'une substance chitineuse, soit en papilles (*Cynthia papillosa*), qu'elles se superposent en couches successives d'un arrangement compliqué ou que des sillons régulièrement disposés la divisent en aires polygonales (*Forbecella*, *Chelyosoma*). Les couches externes de la tunique sont souvent éliminées, de sorte que l'animal présente à des intervalles indéterminés, une véritable mue (*Ciona*). On peut aussi trouver dans le test des spicules, qui sont siliceux chez certaines espèces de Salpes, calcaires chez certaines Ascidies composées, où ils se forment surtout en automne [1] et constituent pour l'ascidiodème un appareil de protection hibernale. Les spicules des DIDEMNIDÆ apparaissent toujours sous forme de polyèdres à faces pyramidées, plus ou moins aiguës; plus tard des appositions de substance calcaire transforment le polyèdre en un sphéroïde dont la surface demeure armée de pointes. Ceux des *Cystodites* sont lenticulaires et forment des gaines autour de la moitié inférieure du corps des ascidiozoïdes; des spicules peuvent aussi se trouver dans le sac branchial (*Culeolus*).

Quand le test est épais, il y pénètre des vaisseaux qui naissent, chez l'adulte, de deux troncs placés côte à côte près de l'extrémité postérieure de la face ventrale (fig. 1577, *vt*); ces deux troncs donnent naissance à des branches qui se ramifient toujours parallèlement et dont les couples de ramuscules, surtout nombreux dans la région périphérique du test, aboutissent respectivement à un bulbe (*rt*) par l'intermédiaire duquel les deux vaisseaux d'un même couple communiquent entre eux. Ces vaisseaux sont enveloppés d'un étui exodermique qu'ils ont entraîné avec eux, en pénétrant dans le test. Chez les Ascidies composées, le test est aussi pénétré soit de prolongements exodermiques, soit de canaux, prolongements de la cavité du corps des ascidiozoïdes et qui sont particulièrement bien développés chez les BOTRYLLIDÆ. La paroi de ces canaux est souvent accompagnée de fibres musculaires qui, en se rétractant, peuvent amener des déplacements relatifs des ascidiozoïdes (*Leptoclinum Thomsoni*). La coloration assez fréquente de la tunique est due soit à des pigments, soit aux globules du sang qui pénètrent dans les vaisseaux. Dans les espèces où il existe un pédoncule, on trouve toujours des prolongements vasculaires à son intérieur.

Le test est généralement plus ou moins irrégulièrement ovoïde. Par une exception unique, chez les *Rhodosoma* il se divise en une partie basilaire et une partie operculaire qui se rabat sur elle, comme un couvercle sur une tabatière. Les deux siphons sont compris entre les deux valves du test et cachés entre elles quand elles sont rabattues (fig. 1563, n° 3, p. 2173).

Morphologie générale; manteau; cavités péribranchiale et périviscérale. — Lorsqu'on assimilait les Tuniciers à des Mollusques et leur tunique à une coquille, on a donné le nom de *manteau* à l'ensemble des tissus qui doublent la tunique et

---

[1] GIARD, *Recherches sur les Synascidies*, Archives de Zoologie expérimentale, 1ʳᵉ série, t. II, 1873.

forment une sorte de sac dans lequel les viscères sont contenus. Le manteau est, en réalité, constitué par la paroi même du corps, doublée par la lame externe de deux sacs membraneux dont l'origine sera décrite p. 2269 et 2281 et dont la lame interne s'applique exactement sur la paroi pharyngienne pour constituer avec elle la branchie. La cavité (fig. 1577, *pb*) de ces sacs s'appelle la *cavité péribranchiale*. Il existe un sac péribranchial droit et un sac péribranchial gauche. Les deux sacs s'accolent du côté ventral, de manière à former une double cloison qui sépare complètement la cavité péribranchiale droite de la cavité péribranchiale gauche (fig. 1577). Au contraire, du côté dorsal les deux cavités entrent en large communication avec une cavité médiane, la *cavité cloacale* (*cl*), qui communique avec l'extérieur par le siphon efférent (*E*) et dans laquelle viennent également s'ouvrir l'anus (*a*) et les conduits excréteurs des glandes génitales (*od*), lorsqu'ils sont développés. C'est en tout cas toujours par l'intermédiaire de cette cavité que sont évacués les éléments génitaux ou les larves, dans les espèces incubatrices. La cavité péribranchiale est souvent traversée par des tractus vasculaires (*vp*) qui vont de la branchie au manteau.

Chez les BOTRYLLIDÆ et les CIONIDÆ (*Ciona, Diazona*), l'intestin appliqué contre la branchie dans la première famille, placé au-dessous d'elle dans la seconde, semble contenu dans une cavité que l'on

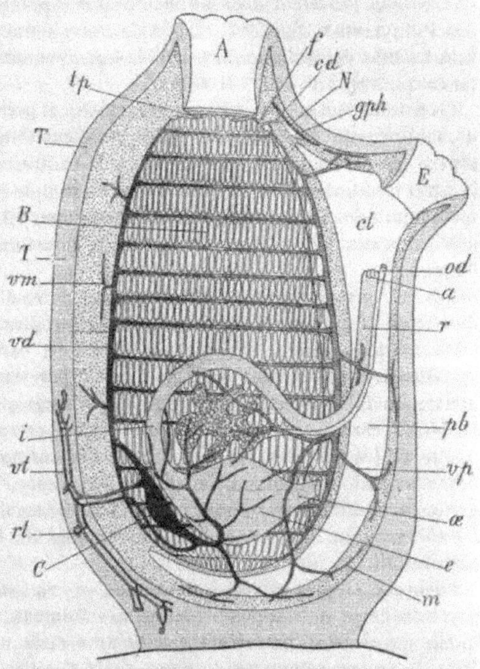

Fig. 1577. — Schéma de l'organisation d'une *Ascidia*. — A, bouche ou orifice afférent; *tp*, tentacules péribuccaux; *T*, tunique; *B*, branchie; *m*, manteau (c'est la région pointillée); *vm*, vaisseaux du manteau; *vp*, branches vasculaires traversant la cavité péribranchiale; *vd*, vaisseau ventral; *vt*, vaisseaux de la tunique; *rt*, ampoules terminales des vaisseaux de la tunique; *i*, intestin; *C*, cœur; *e*, estomac; *œ*, œsophage; *od*, canaux génitaux aboutissant à la glande génitale située dans l'anse intestinale; *a*, anus; *pb*, cavité péribranchiale; *cl*, cavité cloacale; *E*, orifice efférent; *gph*, glande hyponeurale; *N*, ganglion nerveux; *cd*, canal de la glande hyponeurale; *f*, entonnoir cilié d'après Herdmann).

pourrait prendre, au premier abord, pour une cavité générale. Cette cavité n'a rien à faire avec la cavité générale primitive; elle est, comme la cavité péribranchiale, circonscrite par deux sacs membraneux dont une moitié s'applique exactement sur les viscères, en suivant tous leurs contours, tandis que l'autre s'accole à l'exoderme (p. 2270), on peut la désigner sous le nom de *cavité périviscérale*. Les deux cavités périviscérales communiquent chez les BOTRYLLIDÆ, avec les cavités péribranchiales correspondantes; elles en sont séparées par une cloison chez les CIONIDÆ; partout ailleurs les parties homologues à la cavité périviscérale sont indépendantes. Chez les DISTOMIDÆ et les POLYCLINIDÆ, les sacs qui forment la cavité périviscérale des BOTRYLLIDÆ et des CIONIDÆ ne se moulent pas sur la surface de l'intestin, mais cheminent à côté de lui, passent au devant de la gouttière cardiaque qu'ils contribuent à fermer, se fusionnent en un tube unique, le *tube épicardique*, pénètrent dans les stolons des espèces sociales, dans le post-abdomen des POLYCLINIDÆ (fig. 1565, *el*, p. 2178), et y simulent également une cavité générale. Le tube épicardique joue dans le bourgeonnement un rôle de première importance (p. 2296, 2304, 2307 et 2338).

Le développement des sacs péribranchiaux et périviscéraux entraîne la disparition de toute cavité générale; du moins cette cavité est-elle réduite à l'intervalle qui sépare les parois de ces sacs soit l'une de l'autre, soit de la paroi du corps, soit de la paroi intestinale. Ces intervalles sont en grande partie oblitérés par des éléments mésodermiques; les parties vides constituent les lacunes souvent prises pour des vaisseaux, dans lesquelles circule le liquide sanguin, chargé de corpuscules flottants.

Les sacs périviscéraux et péribranchiaux ne se développent pas chez les Appendiculaires. Il ne saurait cependant, chez elles, être davantage question d'une véritable cavité générale. La paroi du corps est exclusivement constituée par un épithélium exodermique; le tube digestif par un épithélium entodermique; en arrière du tube digestif se trouvent les organes génitaux; en arrière du pharynx, la poche cardio-péricardique. Tout l'espace compris entre l'épithélium exodermique et les viscères est rempli par une substance gélatineuse que traversent des filaments normaux à la surface du corps, et dans laquelle sont creusés des espaces tubulaires, restes de la cavité générale; dans ces espaces circule le liquide sanguin. Il n'y a ni éléments conjonctifs libres, ni tissu conjonctif proprement dit.

Paroi du corps des Appendiculaires. — Si simple que soit la structure de la paroi du corps des Appendiculaires, ces animaux, en dehors des muscles de leur queue locomotrice, présentent encore un certain nombre de muscles somatiques. Dans la région antérieure du corps de la *Vexillaria speciosa* on trouve des fibres rayonnantes qui vont d'un tubercule saillant sur une cellule exodermique aux viscères; quelque chose d'analogue paraît exister chez les *Kowalevskia* et les *Appendicularia*; en outre les *Vexillaria* sont unies à leur coque par une paire de tractus coniques qui semblent être des muscles. La musculature du *Megalocercus abyssorum* est plus compliquée, et consiste en tractus s'étendant de la paroi pharyngienne à la paroi du corps et en muscles circulaires entourant l'orifice buccal.

Mais la dépendance la plus importante de la paroi du corps chez les Appendiculaires est la queue. Elle est formée d'un axe cellulaire, comparable à la *corde dorsale* de l'*Amphioxus* et qui en garde le nom; de deux bandes musculaires, symétriquement placées par rapport à la corde (fig. 1567, *M*, p. 2180, et fig. 1576, p. 2189), d'un cordon nerveux (p. 2231) et d'un épithélium exodermique qui recouvre le tout. Entre l'épithélium exodermique et les organes sous-jacents se trouve, comme dans le reste du corps, une couche de substance gélatineuse dans laquelle sont creusées deux lacunes longitudinales, l'une dorsale, l'autre ventrale.

La corde s'étend presque d'une extrémité à l'autre de la queue. Arrondie en avant, où elle refoule un peu l'exoderme du corps proprement dit, elle se termine en pointe en arrière, un peu avant d'atteindre l'extrémité postérieure de la queue; elle présente son maximum de développement dans la région moyenne de celle-ci; sa section figure une ellipse à grand axe vertical. La corde est formée d'une substance axiale et d'une membrane d'enveloppe. La substance axiale est transparente, élastique, de consistance cartilagineuse, à peu près homogène. La membrane est mince, mais très résistante; sur sa face interne, s'étend, chez les jeunes animaux, une couche continue de protoplasme parsemée de saillies contenant chacune un noyau. A mesure que la substance axiale et la membrane enveloppante prennent plus d'importance, la couche protoplasmique se résorbe, et il subsiste seulement, autour de chaque noyau, une petite masse protoplasmique, munie fréquemment, à sa périphérie, de prolongements amiboïdes. La résorption du protoplasme pourrait même être complète (Rankin), le noyau subsistant seul (*Fritillaria furcata*) ou bien au contraire il ne demeurerait (Fol) qu'un corpuscule protoplasmique étoilé sans noyau. Assez souvent on observe à l'extrémité postérieure de la corde des jeunes *Fritillaria*, une grosse cellule terminale et un certain nombre de cellules discoïdales qui traversent la substance axiale de part en part; cela rend vraisemblable que la corde des Appendiculaires dérive d'une rangée axiale de cellules qui se sont, par la suite, modifiées.

En avant les bandes musculaires n'atteignent pas tout à fait l'extrémité de la corde, et la bande droite finit d'ordinaire avant la gauche; toutes deux, au contraire, dépassent un peu la corde en arrière, sauf chez la *Fritillaria formica*. La hauteur des deux bandes peut être un septième (*Kowalevskia tenuis*), un quart (*Fritillaria*) et jusqu'à la moitié (*Oïkopleura, Megalocercus*) de celle de la queue. Chaque bande se décompose en cellules musculaires rectangulaires, disposées en une seule rangée, occupant, par conséquent, toute la largeur de la bande. On a quelquefois considéré ces cellules comme représentant chacune un myotome de l'*Amphioxus*, mais en raison de l'absence d'une métamérie rigoureusement correspondante dans le système nerveux, cette interprétation demeure douteuse jusqu'à ce que l'embryogénie ait prononcé. Le nombre des cellules musculaires varie d'une espèce à l'autre; on en compte dix chez les *Fritillaria furcata* adultes. Chaque cellule présente une couche externe de cytosarque, le *sarcosome*, et une *couche contractile* tournée vers la corde. La substance contractile est formée de lames longitudinales superposées dont la longueur égale celle du muscle et qui s'étendent normalement à la surface, depuis la couche de cytosarque jusqu'à l'étui de la corde. Chaque lame est formée de deux feuillets transversaux accolés, mais qui parfois se séparent accidentellement. Chaque feuillet est, à son tour, formé d'une assise de corpuscules facilement colorables, arrangés régulièrement aussi bien dans le sens transversal que dans le sens longitudinal et qu'unit entre eux une substance interstitielle claire, difficilement colorable. La lame musculaire est donc striée. Les corpuscules sont ordinairement unis deux à deux dans une même lamelle, et à chaque couple correspond un autre couple de la seconde lamelle, de sorte que sur la tranche des plaques, chaque groupe paraît comme un petit carré traversé par une fine croix. Dans le sarcosome se trouve le noyau, qui prend, chez l'animal adulte, la forme d'un réseau complexe. Ces réseaux n'occupent pas des deux côtés une position exactement correspondante, et ils demeurent indépendants les uns des autres chez les *Fritillaria*; au contraire, chez les *Oikopleura*, ils se développent au point de se confondre et de former un réseau continu de chaque côté de la queue.

Il est à remarquer que chez les *Fritillaria* et chez les jeunes individus, on observe une certaine correspondance de nombre et de position entre les cellules musculaires, les ganglions nerveux et les noyaux de la corde dorsale. Cette correspondance peut être par la suite plus ou moins altérée, mais il est bien difficile de ne pas y voir le reste d'une division métamérique du corps. Si dans la queue des Appendiculaires, les myotomes et les segments de la corde sont respectivement réduits à une seule cellule, les ganglions nerveux sont pluricellulaires et les discordances de nombre entre des parties, qui primitivement étaient métamériquement disposées, sont trop nombreuses chez tous les Artiozoaires, pour qu'on puisse les considérer ici comme des objections irréductibles.

Manteau ou paroi du corps des Ascidies et des Salpes. — Le manteau est essentiellement, au point de vue de sa structure, une paroi à la fois conjonctive et musculaire, sur laquelle repose directement l'épithélium producteur de la tunique et dans laquelle se ramifient des lacunes et des nerfs.

L'union du manteau et de la tunique est particulièrement intime chez les formes primitives, où elle n'est pas même rompue par l'action de l'alcool (*Polycarpa viridis, Pelonaia corrugata*); mais en général, sur les spécimens conservés dans l'alcool, la tunique et le manteau fortement adhérents chez l'animal vivant se séparent largement et presque entièrement l'un de l'autre, ne demeurant unis que sur le pourtour des siphons et au point où les vaisseaux passent dans la tunique.

Le tissu conjonctif se retrouve, en général, dans toutes les parties du corps, avec les caractères qu'il présente dans le manteau. Il est formé d'éléments étoilés, plongés dans une substance interstitielle qui présente souvent une structure fibrillaire dans les régions où les muscles sont bien développés et la contractilité étendue. Certaines cellules conjonctives se chargent de pigment; d'autres meurent; elles subissent, dans la substance interstitielle, les mêmes dégénérescences que dans le test, et se transforment en une vacuole ou en granulations brunâtres.

Les fibres musculaires ne sont jamais striées, sauf dans les parois du cœur. On doit distinguer dans la musculature celle des siphons et celle de la paroi palléale proprement dite. La musculature des siphons constitue deux sphincters puissants, l'un branchial, l'autre atrial, qui peuvent être formés de plusieurs anneaux musculaires distants l'un de l'autre (beaucoup de POLYCLINIDÆ et de DIDEMNIDÆ).

Comme on pouvait s'y attendre, en raison de leur ancienneté, c'est chez les CYNTHIIDÆ que la musculature du manteau présente les dispositions les plus voisines de celles qu'on observe chez les types libres de Néphridiés. Leur musculature palléale est, en effet, très régulièrement développée et constituée principalement, comme chez les animaux libres, par une couche de fibres circulaires et une couche de fibres longitudinales. Cependant, contrairement à ce qu'on observe chez les Vers, la couche de fibres longitudinales est externe, la couche de fibres circulaires, interne (Herdmann). Ces deux couches sont continues chez les CYNTHIINÆ, chez certaines BOLTENIINÆ, et à un degré moindre, les *Microcosmus*. Les faisceaux fibreux de chaque couche sont espacés de manière que l'ensemble de deux couches forme un treillis à mailles rectangulaires. On peut habituellement distinguer dans les faisceaux musculaires, des faisceaux secondaires composés à leur tour de fibres lisses. Une substance conjonctive parsemée de noyaux pâles pénètre toute la substance des faisceaux; elle est parcourue par d'innombrables fibrilles nerveuses qui la rendent facilement colorable.

Les STYELIDÆ conservent la musculature typique des CYNTHIIDÆ, et il en est de même, à peu de chose près, des *Ciona*, chez qui les fibres s'associent encore en faisceaux. Il s'y joint chez les *Polycarpa* une couche interne de fibres élastiques qui masquent l'arrangement des faisceaux musculaires et donnent au derme une grande résistance; mais ici l'assise des fibres longitudinales est beaucoup plus développée que celle des fibres transversales. Cette disposition s'exagère encore chez les *Clavellina*, où les faisceaux longitudinaux sont espacés et où les autres sont extrêmement réduits; quelquefois il existe une couche de fibres longitudinales internes (*Polycarpa varians*, *Styela canopus*), et chez les *Styelopsis*, les fibres circulaires sont externes, les longitudinales internes.

Chez les MOLGULIDÆ, il n'y a plus d'arrangement régulier. Les fibres musculaires s'associent en faisceaux fusiformes, prolongés à chaque extrémité en un cordon tendineux; ces faisceaux sont très espacés; leur orientation est quelconque; toutefois autour des orifices, ils affectent habituellement une disposition rayonnée. Le manteau s'amincit encore chez les ASCIDIIDÆ; dans cette famille la musculature se limite même le plus souvent à la moitié droite du manteau (*Rhodosoma*, *Perophora*), disposition qu'on observe déjà chez quelques CYNTHIIDÆ. On peut attribuer à la présence de l'intestin, cette réduction asymétrique du système musculaire. Les fibres musculaires du manteau des ASCIDIIDÆ ne présentent plus aucune disposition régulière; les faisceaux courent dans tous les sens, se ramifient et s'anastomosent en réseau. Il existe un réseau semblable dans le manteau du *Tylobranchion speciosum*. Chez les *Chelyosoma*, les faisceaux musculaires sont placés entre les plaques cornées, formées aux dépens de la partie supérieure du test (p. 2192).

Le manteau est aussi extrêmement mince et sa musculature très peu développée chez les Ascidies composées. Les fibres musculaires sont généralement groupées en faisceaux distincts et espacés les uns des autres. Il existe toujours des faisceaux annulaires parallèles dans les deux siphons; le plan de l'orifice du siphon cloacal est souvent oblique par rapport à l'axe de la branchie; dans ce cas les faisceaux annulaires sont parallèles à ce plan, et il peut en être de même des faisceaux de la paroi somatique; c'est ce qui arrive chez les *Distaplia*, *Polyclinum*, *Glossophorum*. Ce parallélisme a son intérêt, car il suffit à expliquer que dans les formes où les orifices afférent et efférent sont opposés, leurs anneaux musculaires respectifs devenant parallèles, les faisceaux musculaires somatiques prennent eux-mêmes l'aspect d'anneaux musculaires dont le plan serait perpendiculaire à l'axe du corps comme on le voit chez les *Doliolum* (fig. 1578, p. 2198) et un certain nombre de SALPIDÆ (fig. 1579). Chez les *Distaplia* on compte une douzaine d'anneaux musculaires complets. Les muscles obliques ne dépassent pas, en général, la région branchiale de l'animal. Chez les *Glossophorum* ces muscles sont au nombre de six paires; ils partent des lobes buccaux ou des espaces interlobulaires et sont plus courts à droite qu'à gauche en raison de la présence des œufs qui gênent leur développement. Chez les APLIDIIDÆ, des muscles partent également des lobes du siphon buccal, mais ces muscles sont longitudinaux; ils se prolongent le long des viscères et du stolon, où ils se terminent dans deux prolongements coniques qui fixent l'animal à la tunique commune. Les muscles sont aussi longitudinaux chez les *Cystodites*, où on en compte jusqu'à vingt faisceaux, et chez les *Diplosoma*, où le nombre des faisceaux varie suivant les espèces; le *D. spongiforme* présente, en effet, trois paires de faisceaux près du sillon ventral, tandis que le *D. gelatinosum* n'en possède que deux, une ventrale et une dorsale, qui se réunissent dans un long appendice fixateur, attachant chaque ascidiozoïde à la lame inférieure de la tunique commune. Les *Diplosomoïdes* (fig. 1581, p. 2200) et les *Didemnum* possèdent des appendices fixateurs analogues, mais relativement plus courts.

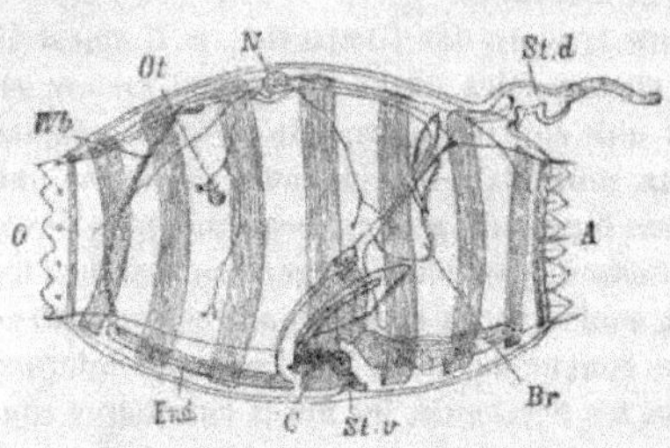

Fig. 1578. — Jeune oozoïde de *Doliolum*. — *O*, orifice afférent; *Wb*, arc cilié; *Ot*, otocyste; *N*, ganglion nerveux; *St.d*, cadophore encore rudimentaire; *A*, orifice efférent; *Br*, branchie; *St.v*, stolon prolifère; *C*, cœur; *End*, endostyle (d'après Grobben).

Les Ascidiozoïdes des *Pyrosoma* demeurent immobiles dans leur tunique commune; leur musculature se confine au voisinage des siphons. La musculature transversale se développe au contraire beaucoup chez les DOLIOLIDÆ et les SALPIDÆ, où ses faisceaux forment un nombre déterminé de bandes nettement limitées dont la contraction détermine la natation de l'animal. Ces bandes sont circulaires, au nombre de huit (formes asexuées) ou de neuf (formes sexuées) chez les *Doliolum* (fig. 1578 et fig. 1627, p. 2320). Elles forment des cercles complets chez l'oozoïde des *Doliolum*, sauf la première, qui est incomplète dorsalement; cette même bande est incomplète ventralement chez les

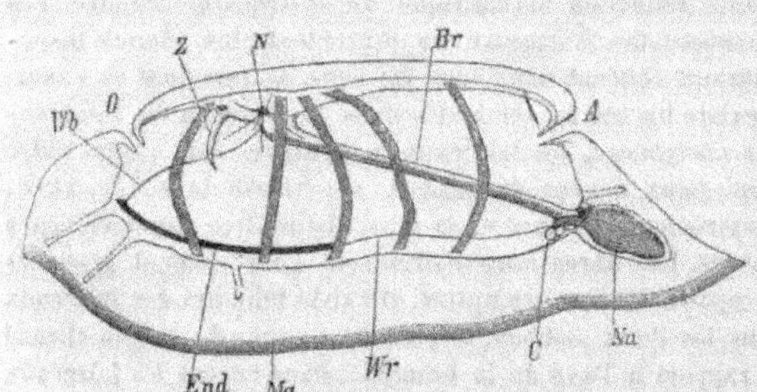

Fig. 1579. — *Thalia democratica-mucronata*, forme agrégée, vue de profil. — *Wb*, arc cilié; *O*, bouche; *Z*, languette prébranchiale; *N*, ganglion nerveux; *Br*, tube épibranchial, représentant la région médiane dorsale de la branchie (branchie des auteurs); *A*, orifice efférent; *Nu*, nucléus; *C*, cœur; *Wr*, gouttière ciliée; *Ma*, tunique; *End*, endostyle (d'après Grobben).

phorozoïdes du même animal; elles le sont presque toutes chez les trophozoïdes. Chez les *Anchinia*, voisines des *Doliolum*, les cercles musculaires sont remplacés par une paire de bandes latérales courbées en S [1].

Parmi les SALPIDÆ, la *Thalia mucronata* a encore, comme les *Doliolum* (fig. 1579), des cercles musculaires presque complets; mais dans la plupart des autres formes les bandes musculaires sont interrompues sur la face ventrale, et peuvent même être

____

[1] Il est donc impossible d'admettre les ordres des CYCLOMYARIA et des DESMOMYARIA respectivement établis par Gegenbaur et Claus pour les *Diolol um* et les *Salpa*, en opposant la continuité et la discontinuité respectives de leurs bandes musculaires.

subdivisées chacune en trois ou quatre arcs distincts (*S. costata*); le nombre des bandes est le plus souvent de neuf, comme chez les *Doliolum*, mais il peut tomber à quatre (*S. scutigera*) ou s'élever à vingt (*S. costata*). Les bandes musculaires ont assez souvent la forme de cercles transversaux réguliers, au moins dans la région moyenne du corps (formes solitaires des *Cyclosalpa pinnata, Salpa hexagona, S. africana, S. cordiformis, S. costata, S. pinnata*, etc.; forme agrégée de *S. cordiformis*), mais souvent aussi ces bandes se courbent en C ou se brisent en V à sommet médian ou latéral et les bandes consécutives s'orientent deux à deux en sens inverse, de manière à se toucher par leur sommet (forme agrégée des *Cyclosalpa pinnata, Thalia mucronata*, formes solitaires des *Pegea confœderata, Salpa cylindrica, S. scutigera*). La dernière des six bandes musculaire de la forme agrégée de la *Salpa cordiformis* est bifurquée à droite non à gauche. Des muscles spéciaux sont chargés d'ouvrir et de fermer les lèvres buccales; leur disposition varie d'une espèce à l'autre et est aussi différente chez la forme solitaire et la forme agrégée de chaque espèce. Toutes ces dispositions entrent dans la caractéristique des espèces. Les fibres musculaires constituant les bandes dorsales de Salpes sont striées; sur la ligne médiane de ces bandes on observe une rangée de gros noyaux équidistants dont l'origine est mal connue.

Dans les genres *Distaplia* et *Colella* (fig. 1580), le manteau présente dans sa région dorsale, un diverticule médian, voisin de l'extrémité antérieure de la cavité péribranchiale. C'est une chambre incubatrice tantôt courte, tantôt enroulée en spirale et qui peut être aussi longue et aussi large que le corps même de l'ascidie (*C. pedunculata*); c'est là une formation tout à fait caractéristique de ces genres.

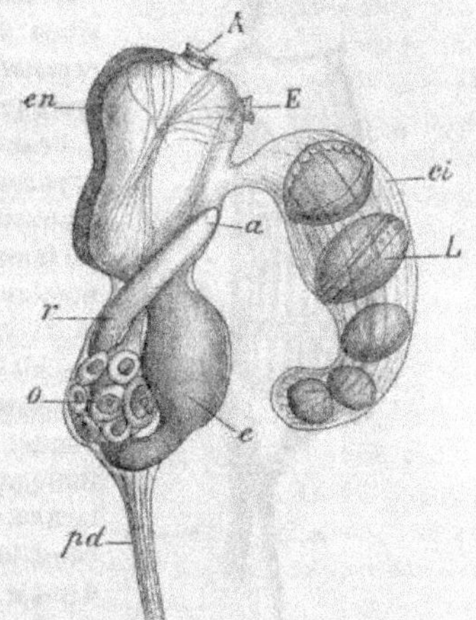

Fig. 1580. — Un ascidiozoïde de *Colella pedunculata*, avec sa chambre incubatrice *ci*, contenant cinq embryons, *L*. — *A*, orifice afférent; *en*, endostyle; *r*, rectum; *o*, ovaire; *pd*, appendice vasculaire; *e*, estomac; *a*, anus (d'après Herdmann, gr. nat. = 3 mm).

La surface du manteau est hérissée, chez les MOLGULIDÆ, de villosités plus ou moins ramifiées qui refoulent devant elles le test dont elles demeurent revêtues et s'accroissent parfois avec rapidité par leur extrémité libre. Ce sont ces villosités qui fixent à la surface de l'animal les grains de sable sous lesquels il se dissimule. Il existe des villosités analogues chez les *Ciona*, mais elles naissent toutes d'un tronc unique, situé à l'extrémité postérieure du corps, tronc qui se ramifie dans le test, possède, ainsi que ses premières ramifications, la même structure que le derme, et contient, comme lui, les fibres musculaires. Des ramifications revêtues d'une mince couche de test émergent normalement à la surface postérieure de l'animal, et une partie d'entre elles constitue son appareil de fixation. Chaque villosité contient deux lacunes communiquant entre elles, près de son extrémité libre. Les extrémités de prolongements dermiques analogues acquièrent chez les Ascidies inférieures, la propriété de se transformer en nouveaux ascidiozoïdes et sont ainsi le point de départ de la formation d'ascidiodèmes. Les Ascidies bourgeonnantes étant, comme on l'a vu p. 2174, les formes les plus éloignées des formes primitives, il est inexact de considérer les prolongements dermiques comme des stolons qui auraient perdu la faculté de bourgeonner. C'est au contraire l'existence de tels prolongements, sans cesse en voie de prolifération à leur extrémité libre, contenant par conséquent dans cette extrémité un grand nombre d'éléments jeunes, indifférenciés, doués, par conséquent, de la faculté de se diviser activement, puis de jouer le rôle d'éléments blastodermiques, qui a permis la réapparition de la faculté de bourgeonner, absente chez les premières Ascidies issues des Provertébrés, comme chez leurs progéniteurs [1].

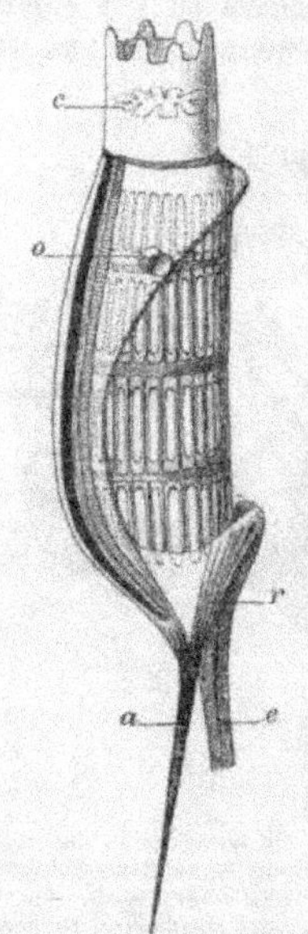

Fig. 1581. — Un ascidiozoïde de *Diplosomoïdes Lacazii*; forme éloignée d'un orifice cloacal, avec manteau ouvert du côté dorsal, mais non dilaté latéralement. — *c*, couronne de tentacules; *o*, fossettes latérales; *a*, appendice fixateur; *e*, pédoncule œsophago-rectal reliant le thorax à l'abdomen; *r*, muscle rétracteur (d'après Lahille, gross. 55 f.).

Beaucoup d'Ascidies composées présentent enfin des expansions plus ou moins longues et ramifiées du manteau qui s'étendent dans la tunique et contribuent à lui fournir des éléments. Ces prolongements sont surtout nombreux et constants chez les larves (fig. 1396, *pe*; p. 2251) et les oozoïdes, mais on les observe aussi chez les blastozoïdes. Ils sont creux, cylindro-coniques, et se terminent le plus souvent par un renflement ovoïde, duquel se détachent les éléments qui émigrent dans la tunique. On peut voir en eux les homologues des tubes lacunaires de la tunique des Ascidies simples, et ils constituent chez les BOTRYLLIDÆ, où ceux d'un même démule s'anastomosent entre eux, une réelle dépendance de l'appareil lacunaire (p. 2300). Dans la plupart des autres types, ceux des divers Ascidiozoïdes demeurent indépendants, et leur nombre considérable chez certaines larves appartenant même aux Ascidies simples (CYNTHIIDÆ, *Styela*, BOTRYLLIDÆ, *Diplosomoïdes Lacazii*, fig. 1596, p. 2252, etc.), se réduit en général, beaucoup chez les adultes. Le *Didemnum cereum* n'en a que de quatre à huit partant d'un tronc commun à la hauteur du pharynx. Le *D. nivum* en a cinq. L'oozoïde n'en porte que trois chez le *Diplosoma gelatinosum*, dont les blastozoïdes en sont souvent dépourvus.

Cavité péribranchiale. — La *cavité péribranchiale* ou *cavité atriale* fait encore défaut aux Appendiculaires. Chez les Ascidies hémigones et hypogones, elle s'ouvre au dehors par un *orifice cloacal* dont les diverses modifications ont été décrites p. 2177; ses rapports fondamentaux ont été indiqués, p. 2193. Par une exception remarquable, l'orifice cloacal s'élargit au point que la plus grande partie de la branchie

[1] La faculté de bourgeonner s'est de même constituée chez certaines Méduses (p. 623) et reconstituée chez les Cestoïdes. Il est à remarquer que chez ces animaux, qui sont tous des zoïdes, le bourgeonnement donne naissance non pas à des mérides tels que ceux dont la fusion a constitué la Méduse ou le Cestoïde, mais, ainsi que cela a lieu chez les Tuniciers, à un zoïde semblable au zoïde générateur. Il s'agit donc ici d'une loi générale du bourgeonnement.

demeure à découvert du côté dorsal chez le *Diplosomoides Lacazii* (fig. 1581); ce qui reste de la paroi péribranchiale s'étale même, chez les ascidiozoïdes voisins des oscules, en une expansion qui contribue à former le bord de l'oscule et à le maintenir ouvert ou fermé. Dans la cavité péribranchiale ou sur ses parois, font hernie chez les Ascidies pleurogones et les Ascidiidæ (p. 2213), le tube digestif et les glandes génitales, ainsi que les singulières vésicules désignées chez les Styelidæ sous le nom d'*endocarpes* (p. 2235). Chez presque toutes les Ascidies la cavité péribranchiale n'est interrompue que du côté ventral par la soudure de la branchie, le long de sa ligne médiane ventrale, avec la paroi péribranchiale; une soudure analogue ne persiste du côté dorsal que chez les Didemnidæ, où il existe, en réalité, deux cavités péribranchiales séparées, mais s'ouvrant dans une *cavité cloacale* unique, communiquant elle-même avec l'extérieur par un orifice médian, situé près de l'extrémité inférieure de la branchie et orienté vers l'extrémité inférieure du corps. Chez ces animaux et chez les *Glossophorum*, il ne subsiste aucun rapport entre les parois branchiale et pariétale de la cavité péribranchiale; il n'en est pas généralement ainsi; chez de nombreuses Ascidies composées (*Distaplia*, *Clavellina*) des trabécules vasculaires partent en des points déterminés de la paroi branchiale, traversent la cavité péribranchiale et établissent ainsi une communication entre les lacunes de la branchie et celles de la paroi du corps. De semblables communications existent chez le plus grand nombre des Ascidies simples, si bien que la branchie se trouve, en réalité, suspendue dans la cavité péribranchiale par les tractus vasculaires plus ou moins nombreux qui la traversent (fig. 1577, *vp*; p. 2193). Chez les Aplidiidæ, les deux parois branchiale et somatique se soudent même suivant un certain nombre de parallèles de la branchie, de sorte que les lacunes de ces parois sont en large communication les unes avec les autres.

Chez les Doliolidæ (fig. 1578, *Br*) où la branchie proprement dite se réduit à une lame de forme variable, séparant en deux la vaste cavité qui s'étend entre les deux orifices du corps, la cavité postérieure doit être considérée comme une cavité cloacale. Chez les Salpidæ la branchie n'est plus représentée dans la cavité qui occupe presque la totalité du corps, que par un sillon ventral (fig. 1579, *End*, *Wr*), et par une bande dorsale (*Br*) qui s'étend obliquement de haut en bas et d'avant en arrière, entre l'orifice afférent et l'origine de l'œsophage. Les deux intervalles symétriques, compris entre les bords de cette bande et ceux de la gouttière ventrale correspondent à deux gigantesques fentes branchiales, supprimant les parois latérales de la branchie. La cavité péribranchiale se confond presque ainsi avec la cavité branchiale. La région de cette cavité située au-dessus de la bande branchiale et qui s'ouvre au dehors par l'orifice efférent peut être considérée comme une cavité cloacale (p. 2330).

Sac branchial. — Exclusivement chargé de produire le courant d'eau qui amène vers l'animal immobile non seulement l'oxygène nécessaire à sa respiration, mais aussi les particules flottantes qui constituent son unique aliment, le sac branchial prend, dans l'organisation des Tuniciers, une importance prédominante. Il peut remplir toute la cavité du manteau et même dépasser sa longueur (*Phallusia*); dans ce cas, sa région postérieure se recourbe vers l'avant du corps.

Siphon afférent et tentacules. — La bouche qui donne accès dans ce sac n'est autre chose que l'orifice du siphon afférent (p. 2177). Le test se réfléchit à l'intérieur du siphon en une lame délicate qui revêt toute sa paroi interne (fig. 1577, *A*, p. 2193). Le tube dermique, prolongement du manteau, qui est ainsi compris entre la lame directe et la lame réfléchie du test, contient le sphincter chargé de fermer l'orifice.

La limite inférieure du siphon est marquée par un anneau saillant, quelquefois prolongé en lobes qui forment un diaphragme incomplet à l'entrée du sac branchial (*Microcosmus*); sur son bord inférieur, cet anneau porte un cercle de tentacules (*tp*). La forme, les dimensions respectives, le nombre et l'arrangement des tentacules sont souvent utilisés dans les caractéristiques. Ces organes sont déchiquetés sur leur bord ou ramifiés chez les CYNTHIIDÆ et les MOLGULIDÆ; partout ailleurs ils sont simples; leur section est généralement triangulaire, et leur arête est tournée vers le bas. Lorsque les tentacules sont de taille inégale, ils sont symétriquement placés et les plus grands, disposés en croix, sont l'un dorsal, l'autre ventral, les deux autres latéraux; quelquefois un tentacule est beaucoup plus grand que les autres (*Culeolus Wyville-Thomsoni*, *Molgula pedunculata*, etc.). On en compte de douze à vingt chez les CYNTHIIDÆ; chez les *Molgula*, il y a, en général, six grands tentacules alternant avec les lobes péribranchiaux; entre ces tentacules viennent s'en intercaler d'autres dont le nombre augmente avec l'âge; on en compte une trentaine chez les STYELIDÆ. Ils sont surtout nombreux chez les ASCIDIIDÆ, où on peut les classer, d'après leur taille, en deux, trois ou plusieurs ordres, les tentacules des divers ordres alternant les uns avec les autres. Les tentacules sont également nombreux chez les CIONIDÆ et les DISTOMIDÆ; leur nombre peut s'élever à cinquante chez les *Cystodites*. Chez les Ascidies composées, les tentacules sont généralement semblables; on peut toutefois en distinguer de deux ordres chez les *Botryllus* où il en existe huit, et les *Pyrosoma* où il en existe seize; dans ces deux genres, quatre sont plus grands que les autres. Les nombres vingt-quatre (*Rhopalona*, *Clavellina*, *Diazona*), seize (*Glossophorum*, *Aplidium*, *Leptoclinum*, *Pyrosoma*, *Diplosoma*) ou huit (*Didemnum*, *Didemnoïdes*) sont les plus fréquents; quelquefois de nombreux tentacules secondaires viennent s'ajouter à huit tentacules principaux (*Distaplia*). Les tentacules déjà très réduits chez les PYROSOMIDÆ, font défaut chez les autres formes pélagiques (THALIACEA, APPENDICULARIIDÆ).

Chaque tentacule est constitué par un axe de tissu conjonctif, contenant des fibres musculaires, creusé de lacunes en communication avec celles du manteau, et entouré d'une assise épithéliale semblable à celle qui tapisse, dans leur voisinage, l'intérieur du siphon branchial. Ces lacunes sont souvent au nombre de deux, courant parallèlement à l'axe du tentacule (*Molgula*, *Ascidia fumigata*); mais il peut n'en exister qu'une seule, émergeant parfois d'un réseau lacunaire situé à la base du tentacule (*Ciona*). Les tentacules sont beaucoup moins sensibles que les lobes périsiphonaux, et paraissent surtout constituer, par leur ensemble, un appareil de filtration.

Au-dessous de l'anneau tentaculifère se trouve une zone lisse, la *zone péribranchiale*, limitée inférieurement par deux replis circulaires superposés, couverts de cils vibratiles, les *bandelettes péripharyngiennes*, comprenant entre elles la *gouttière péricoronale*. Les bandelettes péripharyngiennes sont formées de faisceaux de tissu conjonctif en continuité avec celui du manteau et recouverts d'un épithélium qui, d'abord aplati comme l'épithélium branchial, devient ensuite cubique, puis colonnaire à la base interne du pli; le fond de la gouttière et ses bords sont seuls ciliés. Aussitôt après la bandelette postérieure, commence le sac branchial proprement-dit.

Régions du sac branchial; raphé dorsal. — Les parois du sac branchial résultent de la superposition de la paroi pharyngienne et du feuillet viscéral des deux sacs péribranchiaux déjà indiquée p. 2193; elles sont percées de *stigmates* ou *trémas* qui se sont produits aux points de soudure des deux membranes; entre les trémas, celles-ci circonscrivent, par leur accolement, des canaux dont les dispositions sont assez variables; il ne se développe pas de squelette branchial, tel que celui de l'*Amphioxus*.

On doit distinguer dans le sac branchial des Tuniciers un *raphé dorsal*, le long duquel règne la *lame dorsale*, ou *pli épibranchial*; un *raphé ventral* ou *endostyle*, également nommé *gouttière hypobranchiale*, et deux *surfaces latérales* portant les *trémas* ou *stigmates*. Le *raphé dorsal* (fig. 1585, *ld*; p. 2208) occupe la ligne médiane dorsale du sac branchial; il est ordinairement marqué par une membrane saillante, dans laquelle viennent se confondre les arcs dorsaux de la bande péripharyngienne postérieure. A leur jonction avec le raphé dorsal, ces arcs comprennent entre eux la *fossette épibranchiale* (Julin), qui peut être courte (*Corella parallelogramma*) ou très allongée (*Ascidia venosa*), et demeure fréquemment séparée de la gouttière péricoronale par la jonction des deux arcs dorsaux de la bandelette péripharyngienne postérieure. Un épithélium colonnaire, cilié, tapisse toujours la fossette épibranchiale. Le sac branchial ne s'unit au manteau que sur le trajet des bandelettes péripharyngiennes, à l'extrémité antérieure de la lame dorsale et tout le long de l'endostyle (fig. 1577, p. 2193). La lame dorsale commence au-dessous de la fossette épibranchiale; elle s'élargit d'ordinaire à mesure qu'elle s'approche de l'orifice œsophagien; là elle se rétrécit brusquement et s'unit à un repli circulaire qui entoure l'orifice œsophagien et va rejoindre un sillon de forme variable, le *sillon postérieur* continuation de l'endostyle. Souvent, dans sa région élargie, elle se recourbe en haut et généralement à droite, de manière à former un demi-canal qui conduit vers l'ouverture œsophagienne; on verra p. 2205 comment ce demi-canal concourt à la préhension des aliments. Sa face convexe, et parfois aussi sa face concave, sont marquées de plis saillants, transversaux, rattachés aux parallèles du sac branchial et dans lesquels se continuent les vaisseaux de ces parallèles. Ces plis se prolongent fréquemment eux-mêmes sur le bord libre de la bandelette, qui se trouve ainsi dentelé; la membrane se raccourcit et les dents s'allongent chez quelques espèces (*Clavellina*, fig. 1564, p. 2176). Chez les *Boltenia*, *Culeolus*, *Cynthia*, diverses *Styela*, les *Perophora*, *Perophoropsis*, CORELLINÆ, *Corynascidia*, CIONIDÆ, DISTOMIDÆ, POLYCLINIDÆ (fig. 1589, p. 2218, *ld*), DIDEMNIDÆ, *Pyrosoma*, la lame dorsale est remplacée par une série de languettes dites *languettes de Lister*. Ces languettes sont quelquefois excentriques (*Diazona*, *Didemnum*, *Perophora*, *Cystodites*, APLIDIIDÆ, *Glossophorum*). Chez les *Salpa*, il n'existe, en avant de la bandelette branchiale, qu'une très grande languette (fig. 1579, Z, p. 2198).

Endostyle. — L'endostyle est une gouttière qui court le long de la ligne médiane ventrale de la branchie, à l'opposé de la lame dorsale; elle présente chez tous les Tuniciers, une structure assez compliquée et, en même temps, remarquablement constante (fig. 1582 et 1583). Elle est bordée par deux lèvres parfois très élevées, les *replis marginaux* (r), qui, dans un assez grand nombre d'espèces tout au moins, sont susceptibles de s'appliquer l'un sur l'autre, transformant ainsi la gouttière en un canal ne communiquant avec la cavité branchiale que par deux orifices situés à ses extrémités. Les replis marginaux dans les parois desquels sont développées de nombreuses lacunes se continuent l'un à droite, l'autre à gauche avec la lèvre inférieure de la gouttière péricoronale. La lèvre supérieure de cette gouttière, comme elle le fait aussi du côté dorsal, s'avance un peu au-dessus de l'angle de raccord des replis marginaux et de la lèvre inférieure, et l'espace compris entre ces trois membranes est le *cul-de-sac antérieur* de l'endostyle. A son extrémité postérieure, indépendamment du *sillon* ou *raphé postérieur* qui le continue jusqu'à l'orifice œsophagien, l'endostyle se prolonge aussi en un *cul-de-sac postérieur*, qui peut faire hernie en arrière de la branchie de manière à constituer un court doigt de gant (*Ciona*, *Diplosoma*, *Sigillina*), ou même un tube aux dépens duquel s'accomplira le bourgeonnement (*Pyrosoma*, DOLIOLIDÆ, SALPIDÆ).

Depuis le bord libre des replis marginaux jusqu'au fond de la gouttière endostylaire, l'épithélium subit de remarquables et constantes modifications. Les cellules épithéliales qui recouvrent la face interne des replis marginaux (*r*) sont, en général, petites, cubiques et couvertes de cils courts. Celles qui occupent le fond de la gouttière sont, au contraire, longues et munies de cils très allongés (*m*) qui atteignent presque jusqu'au bord libre de la gouttière. Entre ces deux régions, suivant trois bandes ou trois bourrelets parallèles, de chaque côté (g_1, g_2, g_3), les cellules épithéliales s'allongent beaucoup, deviennent glandulaires, perdent d'ordinaire leurs cils, souvent se groupent et de manière que leur extrémité libre converge dans chaque bourrelet vers la ligne médiane de celui-ci. Les trois *bourrelets glandulaires* sont séparés par deux *bandes ciliées* (i_1, i_2) où les cellules épithéliales sont plus courtes. La même constitution fon-

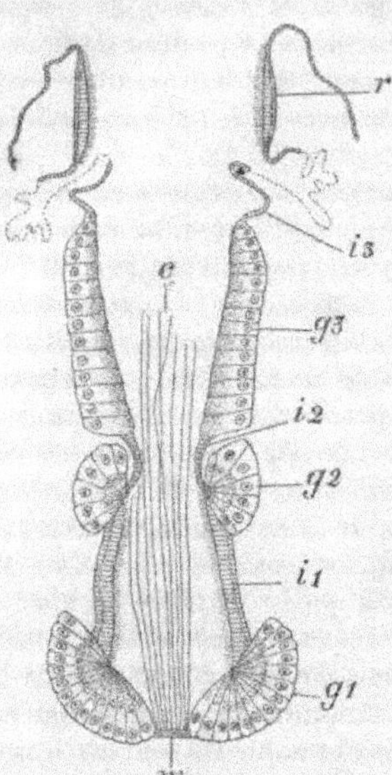

Fig. 1582. — Coupe transversale de l'endostyle de la *Pegea confœderata*. — *r*, replis marginaux; g_1, g_2, g_3, les trois zones glandulaires; i_1, i_2, i_3, les trois zones intermédiaires; *m*, zone médiane à longs cils *c* (d'après Lahille, gr. 200).

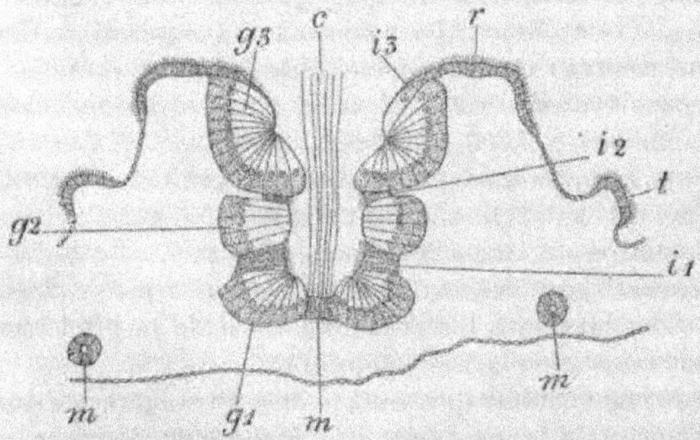

Fig. 1583. — Coupe transversale de l'endostyle de la *Clavellina lepadiformis*. — Mêmes lettres que dans la figure précédente; en plus: *t*, limite des trémas; *m*, faisceaux musculaires ventraux (d'après Lahille, gr. 200).

damentale de l'endostyle se retrouve aussi bien chez les SALPIDÆ (fig. 1582) que chez les Ascidies (fig. 1583). Les seules différences résident dans la largeur relative

des trois bourrelets glandulaires, dans la largeur et dans l'épaisseur relatives
des bandes ciliées. Les trois bandes glandulaires sont, par exemple, sensiblement
égales chez les *Diazona* et les *Pyrosoma*; la première bande glandulaire, à partir
du bord libre, est beaucoup plus large que les autres et les bandes ciliées très peu
épaisses, chez les *Salpa*, les *Didemnum*; elle prédomine encore, mais ses cellules sont
convergentes chez les *Clavellina* (fig. 1583), tandis qu'elle manque chez les *Distaplia*.
Chez les *Ciona*, la deuxième bande ciliée est presque aussi épaisse que les deux
bourrelets glandulaires entre lesquels elle est comprise. C'est seulement chez les
Appendiculaires qu'une simplification graduelle, mais toujours très grande, se manifeste. Chez certaines *Oikopleura* il existe encore une rangée médiane de cellules
ciliées au fond de la gouttière et six ou seulement cinq rangées de cellules latérales, glandulaires, de chaque côté; les cellules de l'extrémité antérieure de l'endostyle peuvent même porter des cils plus grands que les autres; il en est également
ainsi chez les *Appendicularia* et *Stegosoma*. Chez les *Oikopleura* les cellules des
rangées marginales sont plus grandes que celles des rangées médianes et les
dimensions des cellules vont en croissant d'avant en arrière chez les *Megalocercus*.
Chez la plupart des autres genres, le nombre des rangées de cellules se réduit
à quatre et il n'y a plus de rangée médiane. Il n'y a plus que deux rangées
de cellules chez les *Fritillaria*, et le nombre total des cellules se réduit même à
huit chez la *F. furcata*, à quatre chez la *F. urticans*. Enfin l'endostyle manque
totalement chez les *Kowalerskia*; il se résorbe durant la période de reproduction
chez les vieux individus d'*Oikopleura rufescens*. Souvent bordé de cellules ciliées,
il est quelquefois ondulé ou courbe (*Fritillaria*).

L'endostyle a pour fonction essentielle de sécréter des filaments de mucus qui
forment d'abord un réseau à la surface de la branchie. Ces filaments sont ensuite
filés, pour ainsi dire, et poussés en avant par les longs cils dont sont munies les
cellules colonnaires de l'épithélium. La cordelette traverse en avant le sac branchial; elle s'engage dans une des moitiés de la gouttière péricoronale, où elle est
reprise par la bandelette dorsale, maintenue dans sa concavité et conduite ainsi
jusqu'à l'orifice œsophagien. Sur cette cordelette viennent s'agglutiner les particules
alimentaires, tenues en suspension dans l'eau attirée dans le sac branchial par la
vibration des cils de ses parois. Ces particules sont dégluties avec la cordelette et
digérées, sans cesser d'adhérer à celle-ci, qui traverse parfois tout le tube digestif,
pour ressortir par l'orifice anal.

Les cellules des trois paires de bourrelets glandulaires présentent une partie
profonde, claire, qui contient le noyau et une partie superficielle, sombre et souvent
striée longitudinalement. Les cellules des deuxième et troisième bourrelets glandulaires sont souvent coniques et sur une coupe transversale paraissent converger
vers un même point (*Pegea, Pyrosoma, Diazona*, etc.), comme le font aussi les cellules du premier bourrelet des *Clavellina* (fig. 1583, i_e).

Entre le cul-de-sac postérieur de l'endostyle et l'orifice de l'œsophage dans le
sac branchial se trouve d'ordinaire un certain intervalle; le cul-de-sac et l'orifice
sont reliés l'un à l'autre, chez les *Molgula*, par un court *raphé postérieur*, résultant
de l'union des deux lèvres de l'endostyle; ce raphé est beaucoup plus long chez
les *Ciona*; il se continue en une véritable gouttière formée sur le fond dépourvu
de trémas de la branchie par deux replis saillants, le droit plus que le gauche,

tous deux ciliés, et pénétrant dans l'œsophage, où ils se prolongent jusqu'à l'estomac.

Parois latérales du sac branchial ; trémas. — La paroi du sac branchial est percée de *stigmates* ou *trémas* dont la disposition est elle-même le point de départ de complications ultérieures. Dans la règle, les trémas sont des fentes allongées, disposées en rangées transversales, bien régulières (fig. 1584). Le nombre de ces rangées est généralement supérieur à 12 chez les PLEUROGONA et ne descend même à ce chiffre que chez les *Botryllus* ; il est également élevé chez les ASCIDIIDÆ et CIONIDÆ ; toutefois il tombe à 4 chez les *Perophora*, et ce nombre, qui est le plus fréquent chez les larves, se retrouve chez les *Cystodites*, *Colella*, *Distaplia* et chez la plupart des DIDEMNIDÆ ; dans cette dernière famille, il s'élève à 6 chez les *Eucœlium*, mais descend à 3 chez les *Sigillina*, *Didemnum* et *Didemnoïdes*. Dans le genre *Distoma*, le nombre des rangées de trémas varie de 3 à 24, suivant les espèces. Chez les POLYCLINIDÆ, il oscille, en général, de 9 à 15 ; c'est ce dernier nombre qu'on observe chez les *Perophoropsis* et les *Clavellina*.

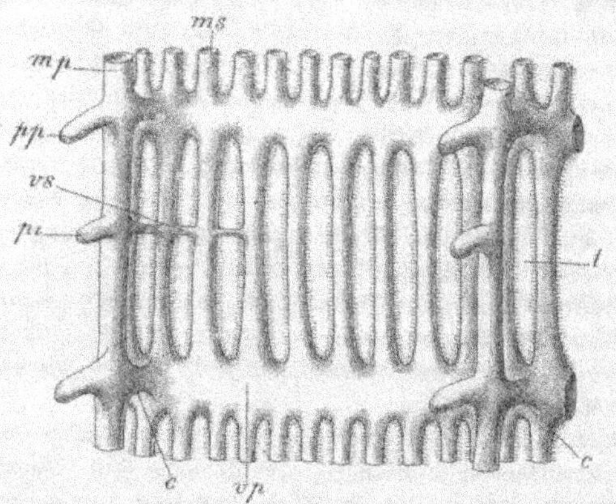

Fig. 1584. — Un fragment un peu schématisé de la branchie d'une *Ascidia* vue du côté interne (type phlébobranche). — *mp*, méridiens principaux ; *pp*, papilles principales ; *vs*, canaux transversaux intermédiaires ; *p*, papilles secondaires ; *c*, supports des méridiens principaux ; *t*, trémas (d'après Herdmann).

Le nombre des trémas de chaque rangée est lui-même très variable ; il n'est d'ailleurs intéressant à connaitre que chez les Ascidies de petite taille, où il tend à se fixer, comme celui des rangées de trémas elles-mêmes. On compte environ de chaque côté, de 25 à 30 trémas chez les *Distaplia*, 18 chez les *Cystodites* et *Glossophorum*, 16 chez les *Morchellium*, 12 à 14 chez les *Parascidia*, *Synoicum*, *Aplidiopsis*, *Diplosomoïdes*, 10 chez les *Diplosoma*, 9 chez les *Morchelliopsis*, etc.

Les trémas se raccourcissent souvent quand le nombre de leurs rangées diminue, et ils peuvent alors garder la forme presque circulaire qu'ils présentent chez les jeunes individus. Ils peuvent au contraire, chez l'adulte, s'allonger dans le sens transversal (*Boltenia*).

Toutes les fois qu'il existe ainsi des rangées régulières de trémas, on peut considérer le sac branchial comme formé d'une série de *bandes méridiennes* (fig. 1584, *ms*), reliées entre elles par des *bandes transversales* (*vp*) ; les unes et les autres sont creuses, et leurs cavités communiquent entre elles, de manière que le sac branchial est, en somme, parcouru par un réseau vasculaire à mailles rectangulaires dont chaque maille circonscrit un tréma. On peut donner aux vaisseaux longitudinaux le nom de *vaisseaux méridiens* ; aux autres le nom de *vaisseaux transversaux* ou de *parallèles*. Mais dans les MOLGULIDÆ, les *Corella*, *Chelyosoma*, *Corynascidia*, les bandes transversales s'infléchissent et troublent ainsi l'arrangement des trémas qui se disposent sans ordre (*Ascopera*) ou bien se contournent en décrivant des spirales à tours plus ou moins nombreux (fig. 1586, n° 2); de petits ponts tantôt irrégulièrement placés, tantôt disposés en rayons comme les fils d'une toile d'Épéire, sont jetés à travers les fentes spirales et les décomposent en trémas secondaires. Cette disposition atteint son maximum de complication et de régularité chez les *Eugyra*. En dehors des stigmates, chez quelques espèces de *Ciona* et d'*Ascidia*, le sac branchial communique avec la cavité péribranchiale par une ou deux paires d'orifices situés dans la région dorsale postérieure et qui ont la forme de fentes allongées, garnies de cils plus fins que ceux des trémas.

Lorsque les bandes méridiennes et transverses sont régulièrement disposées, il se développe fréquemment à leur intersection des papilles creuses, en communication avec les vaisseaux et qui font saillie dans la cavité branchiale; elles soutiennent souvent une membrane qui tout le long de chaque parallèle, fait saillie dans la cavité branchiale et constitue une *côte transversale* (*Ecteinascidia*, DISTOMIDÆ, *Microcosmus*). Entre ces côtes transversales, il peut exister (BOTRYLLIDÆ) des *côtes transversales intermédiaires* qui passent au devant des trémas sans interrompre leur continuité, et se distinguent ainsi des vraies côtes; ces dernières portent seules des languettes de Lister. Chez certaines *Ascidiella*, le *Perophora banyulensis*, les *Tylobranchion*, on observe d'autres papilles qui sont le point de départ d'une importante modification de la branchie. Ces papilles, après avoir grandi un certain temps, se divisent à leur extrémité libre; elles peuvent en rester là de leur développement; mais chez la presque totalité des Ascidies supérieures jusqu'aux CIONIDÆ inclusivement, après avoir atteint chez les jeunes individus ce degré de développement, deux des divisions de la papille s'orientent dans le sens longitudinal, rencontrent les divisions correspondantes des papilles voisines appartenant au même méridien, et se soudent à elles; il se constitue ainsi des tubes longitudinaux par lesquels les vaisseaux transversaux entrent en communication et dont la cavité constitue autant de *sinus anastomotiques longitudinaux* (fig. 1584, *mp*). Les tubes eux-mêmes (*longitudinal bars* de Herdman) ont été désignés sous les noms de *côtes méridiennes, cordons longitudinaux, cordons méridiens*; ces noms pouvant prêter à quelque confusion, nous employerons simplement celui de *méridiens principaux*. Les méridiens principaux portent souvent à leur surface, au niveau des bandes transversales, des papilles saillantes (*pp*) qui représentent les ramifications de la papille initiale non employées à la formation du méridien, ce sont les *papilles secondaires* (*Ciona*). Les Ascidies, dont le sac branchial ne présente pas de méridiens principaux, ont été appelées *aplousobranches* [1] (DISTOMIDÆ, HYPOGONA, DOLIOLIDÆ); celles qui en présentent, mais sans autre complication, sont dites *phlébobranches* (ASCIDIIDÆ, CIONIDÆ).

Chez quelques phlébobranches (*Rhopalona*, diverses *Ascidia*) les bandes longitudinales s'insèrent sur les bandes transversales suivant des lignes sinueuses dont les sommets sont plus espacés que les méridiens principaux; il en résulte que la paroi du sac branchial présente, dans l'intervalle des bandes transversales, des séries régulières de saillies et d'enfoncements; une branchie ainsi construite est dite

---

[1] F. LAHILLE, *Étude systématique des Tuniciers*, Assoc. française pour l'Avancement des Sciences, 1887, p. 667, et *Recherches sur les Tuniciers*, 1890.

gaufrée. Le gaufrage a évidemment pour conséquence un accroissement de la surface de l'organe respiratoire. Cet organe devait d'ailleurs être déjà très perfectionné chez les ancêtres des premiers Tuniciers fixés, sans quoi l'immobilisation de l'animal lui aurait été fatale, le sac branchial étant incapable de suffire au double rôle qu'il devait remplir désormais : l'attraction de matières alimentaires et celle de l'eau respirable. Aussi trouve-t-on le maximum de complication de la branchie chez les PLEUROGONA.

Ici l'organe est pourvu, comme chez les Phlébobranches, de nombreux méridiens principaux, mais en outre sur toute leur longueur, de la zone péribranchiale jusqu'à l'orifice œsophagien, ses parois présentent de gros plis saillants dans la cavité branchiale et qui sont dirigés vers la face dorsale (fig. 1585, pl_1, p_2l, pl_3). Ces plis partent de la gouttière péri-coronale, courent parallèlement aux méridiens et se redressent en arrière, pour venir se terminer au pourtour de l'orifice œsophagien ; ils ne sont généralement pas contigus à leur base ; sur la surface externe de la branchie, les deux bords d'un même pli sont reliés par des ligaments transversaux, creux, équidistants, qui se prolongent sur tout le pourtour de la branchie, en rapprochant les bords des plis quand ils passent de l'un à l'autre. Sur la paroi latérale des plis, les méridiens principaux sont plus rapprochés, en général, que dans leurs intervalles, et ils se rapprochent surtout au voisinage de leur bord libre ou interne. Les Ascidies pourvues de telles branchies ont été dénommées *stolidobranches* ; comme ce sont exactement les Ascidies pleurogones, il est à présumer que c'est là la disposition primitive dont l'état phlébobranche et l'état aplousobranche ne sont que des simplifications. Le nombre des plis branchiaux est assez constant, dans un

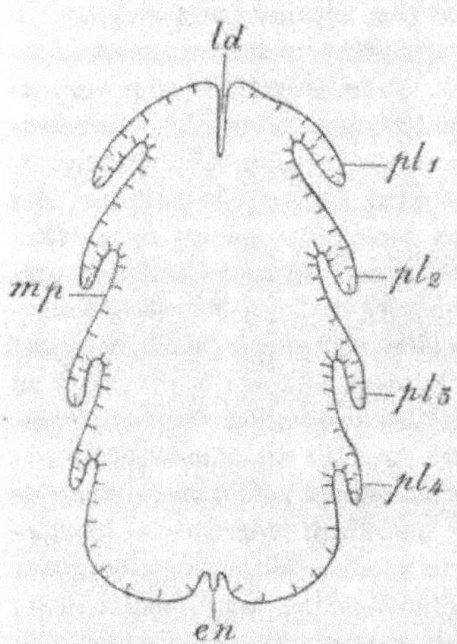

Fig. —1585. Schéma de la section transversale d'une branchie de *Styela* (type stolidobranche). — *ld*, languette dorsale ; pl_1, pl_2, pl_3, pl_4, coupe des plis longitudinaux partant des méridiens principaux, représentés théoriquement par de petites lignes normales à la paroi branchiale ; *mp*, intervalles entre les plis ; *en*, endostyle (d'après Herdmann).

même genre tout au moins. Il est assez grand chez les CYNTHIIDÆ : les *Boltenia* ont de 9 à 6 plis branchiaux de chaque côté, les *Culeolus* 6, le *Microcosmus Julini* 14, les *Cynthia* 12 (*C. grandis*), 11 (*C. complanata*), 8 (*C. pallida*), 7 (*C. singularis*, *C. papeetensis*) et généralement 6 ; c'est aussi le nombre dominant chez les *Microcosmus* ; ce nombre paraît se fixer à 7 chez les MOLGULIDÆ ; il peut tomber cependant à 6 ou même à 5 (*M. cristallina*) ; il descend à 4 (*Polycarpa*, *Styela*) et au-dessous chez les STYELIDÆ (il n'y a même qu'une indication de pli sur un seul côté de la branchie chez la *Styelopsis grossularia*) et à 3 chez les BOTRYLLIDÆ. Ici les plis sont déjà réduits à de simples *côtes longitudinales*, qu'on distinguera toujours facilement sur une coupe transversale des méridiens principaux. Ceux-ci sont en effet, comme l'indique leur mode de formation, indépendants de la paroi branchiale à laquelle ils ne sont reliés qu'au niveau des bandes transverses par de courts tubes, normaux à la paroi; au contraire, les côtes des BOTRYLLIDÆ font partie intégrante de cette paroi, intéressée dans toute son épaisseur à leur formation. Ces plis sont à l'état rudimentaire ou même complètement effacés (*Goodsiria cocci-nea*) chez les POLYSTYELINÆ qui conduisent ainsi vers les mésogones phlébobranches.

En revanche, les plis branchiaux des *Molgula* et *Ctenicella* présentent une complication particulière, ils sont à des intervalles réguliers, maintenus adhérents à la surface de la branchie (fig 1586), de sorte que chaque pli est remplacé par une série longitudinale de sacs *saillants dans la cavité branchiale*, dont la base est quadrilatère et le sommet souvent divisé. Sur ces sacs, aussi nommés *infundibulum*, les trémas affectent dans leur ensemble une disposition hélicoïde, tandis qu'ils sont spiraux dans l'intervalle des plis (fig. 1586, n° 2). Ces infundibulum sont simples et très courts, presque rudimentaires chez les *Eugyra*.

Chez les *Culcolus*, *Fungulus* et *Bathyoncus*, le sac branchial subit une curieuse régression : toute la membrane portant les trémas a disparu; les méridiens principaux et les côtes transversales subsistent seuls, formant de grandes mailles rectangulaires dont la signification est toute différente de celle des trémas. Chez les Ascidies stolidobranches et phlébobranches les rapports des sinus transversaux avec les sinus longitudinaux permettent souvent de distinguer plusieurs ordres parmi les premiers. Chez les *Ciona*[1],

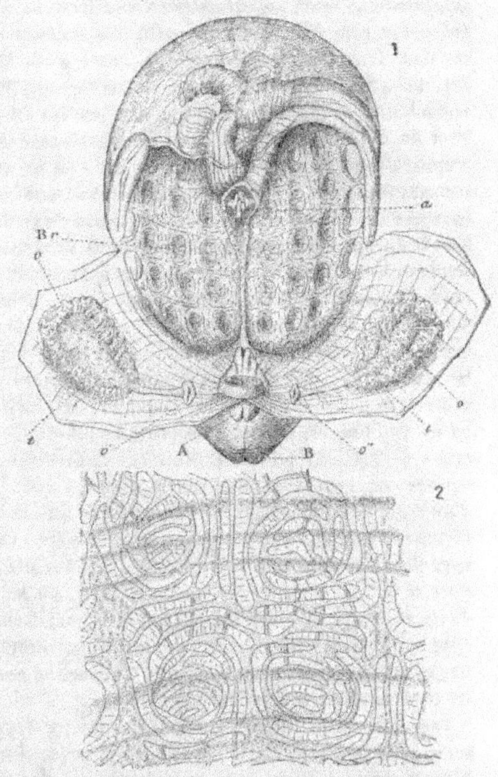

Fig. 1586. — *Molgula* (*Anurella*) *roscovita* dont le manteau a été ouvert du côté dorsal, pour montrer les glandes génitales et la branchie; l'animal est représenté les siphons en bas, en vue de sa comparaison avec un Mollusque lamellibranche. — *a*, anus; *o*, ovaire; *t*, testicule; *o'*, orifice de l'oviducte; *B*, bouche; *A*, orifice efférent ou cloacal; *Br*, branchie stolido-branche, mais dont les plis sont remplacés par des séries de culs-de-sac, percés de trémas et saillants dans la cavité branchiale (grossie 2 fois environ). — 2. Fragment de la branchie de la *Molgula echinosiphonica* montrant la complication des fentes ciliées et quatre des culs-de-sac sur lesquels ces fentes sont disposées. (D'après de Lacaze-Duthiers.)

[1] L. ROULE, *Recherches sur les Ascidies simples des côtes de Provence*, Annales du Muséum d'histoire naturelle de Marseille, t. II, 1884; — *Révision des Phallusiadées des côtes de Provence*, Recueil zoologique suisse, t. III, 1886; — *Recherches sur les Ascidies simples* (suite); Annales des Sciences naturelles, 1885.

par exemple, on distingue trois ordres de sinus transversaux, alternant régulièrement. Les sinus de premier ordre font saillie sur les deux faces de la branchie
et présentent seuls ce caractère; d'une part, ils communiquent avec les sinus des
méridiens principaux; d'autre part, ils donnent naissance aux branches qui se
rendent dans les parois du corps, après avoir traversé la cavité péribranchiale
(fig. 1577, *vp*, p. 2194); seuls, ils interrompent le cours des sinus longitudinaux
secondaires et marquent ainsi les limites des trémas. Les sinus transversaux de
2ᵉ et de 3ᵉ ordres sont, au contraire, posés sur la paroi interne de la branchie et
n'apparaissent en rien sur sa face externe où les méridiens secondaires, comme les
trémas, vont sans s'interrompre d'un sinus transversal de premier ordre au suivant;
les sinus de second ordre, intercalés entre ceux de premier ordre, communiquent
aussi cependant avec ceux des méridiens principaux, tandis que les sinus de troisième ordre, intercalés entre ceux de premier et de deuxième ordre, ne communiquent plus avec les méridiens principaux; ils mettent simplement en rapport les
sinus longitudinaux des méridiens secondaires. On retrouve une complication analogue chez l'*Ascidia aspera*, mais, en général, les sinus de 3ᵉ ordre font défaut chez
les ASCIDIIDÆ, où les sinus de premier ordre sont séparés par trois sinus de deuxième
ordre. Les trois ordres de sinus existent aussi chez les CYNTHIIDÆ, mais il n'y a pas
ici de papilles branchiales; de plus, au niveau de chaque pli, les sinus de premier
ordre se divisent en deux branches dont l'une contourne le pli en suivant sa
surface concave, tandis que l'autre s'engage dans le ligament, et passe directement
d'un bord à l'autre du pli. Si l'on suppose que la branche qui contourne le pli se
raccourcisse peu à peu et vienne se confondre avec la branche directe, elle entraî-
nera dans sa rétraction, la surface du pli, et la décomposera en poches successives;
c'est ce qui est réalisé chez les MOLGULIDÆ, où les sinus de premier ordre cessent
d'être continus, et s'interrompent plus ou moins sur la surface des plis. D'ordinaire,
chez les PHALLUSIIDÆ et les CYNTHIIDÆ, les sinus de premier ordre sont alternativement plus larges et plus étroits. On observe aussi des sinus intermédiaires chez
les DISTOMIDÆ et notamment les *Distaplia*.

Toute la paroi interne de la branchie, y compris le pourtour des méridiens
principaux, est recouverte d'une simple assise d'épithélium pavimenteux; cet épithélium devient vibratile le long des bords des trémas, et les cils portés par un
bord battent en sens inverse des cils portés par l'autre, de manière à produire une
sorte de tourbillon; il n'y a pas de cils sur les cellules qui occupent les angles
supérieur et inférieur des trémas; ces cellules sont cylindriques, un peu plus hautes
et plus granuleuses que les autres. La surface externe de la branchie est aussi
revêtue par un épithélium pavimenteux; mais il n'y a pas d'épithélium dans la
cavité des sinus, qui sont creusés à même le tissu conjonctif. Ce dernier contient
souvent des fibres musculaires dirigées comme les sinus et qui sont rarement
associées en faisceaux.

La présence ou l'absence des fibres musculaires en certains points de la branchie
peut servir de caractère distinctif pour certains groupes. C'est ainsi que chez les
Leptoclinum et *Diplosomoïdes*, il existe des muscles dans les parois des sinus longitudinaux et dans celles des sinus transverses; ces derniers seuls ont des parois
musculaires chez les *Didemnum*, *Diplosoma*, *Ciona*; encore, chez ces dernières, les
fibres musculaires, limitées à la région dorsale de la branchie, ne sont-elles dévelop-

pées que de deux en deux sinus de premier ordre. Là où manquent les fibres
musculaires branchiales, elles sont suppléées par celles de la paroi du corps.

Chez les formes pélagiques, l'appareil branchial présente toujours une réduction
manifeste, liée sans doute à la locomotion de l'animal, mais dont le mode de réalisation est assez différent suivant que l'on considère les Pyrosomes, les Thalies ou
les Appendiculaires. Chez les Pyrosomes, c'est l'ascidiodème qui est doué de
locomotion. Les ascidiozoïdes sont fixes par rapport à lui, et se trouvent dans des
conditions, en somme, peu différentes de celles qu'ils trouveraient dans un ascidiodème fixé sur une algue ballottée par les vagues. La branchie est restée à peu
près ce qu'elle était chez les Ascidies fixées; seulement, le courant de liquide qui
traverse la cavité péribranchiale parallèlement à l'axe longitudinal de chaque
ascidiozoïde, a déterminé l'orientation des trémas perpendiculairement à cet axe
(fig. 1587); la branchie est donc traversée par une série de fentes dorso-ventrales,

parallèles entre elles, qui occupent toute sa largeur. Des
méridiens principaux existent
encore; ils parcourent la branchie longitudinalement, et sont
par suite normaux aux trémas.

Dans l'ordre des Thalies,
c'est l'ascidiozoïde lui-même
qui se meut, et sa locomotion
est obtenue par une chasse
d'eau qui entre par l'orifice
afférent largement ouvert, et,
au moment où celui-ci se
ferme, est refoulée par la contraction des parois du corps,

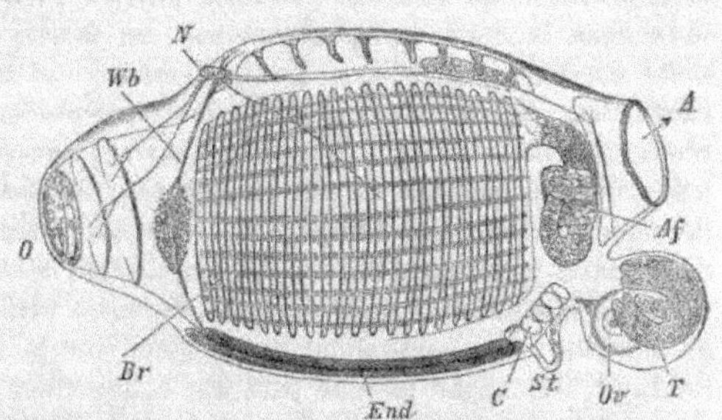

Fig. 1587. — Un ascidiozoïde de *Pyrosoma*. — *O*, orifice afférent;
Wb, arc cilié; *N*, ganglion nerveux; *A*, orifice efférent; *Af*,
anus; *T*, testicule; *Ov*, ovaire; *St*, stolon prolifère; *C*, cœur;
End, endostyle; *Br*, branchie avec trémas transversaux et méridiens principaux (d'après Keferstein, grossi environ 6 fois).

au travers de l'orifice efférent qui lui est exactement opposé. Si la branchie se
développe rapidement, la pression due au courant aura pour effet d'appliquer ses
parois contre les parois de la cavité péribranchiale et de refouler en arrière le
fond du sac auquel se limitera la surface respiratoire; c'est ce qu'on observe
chez les DOLIOLIDÆ. Si le développement de la branchie est plus tardif, le courant
distendra l'unique paire de fentes branchiales qu'elle présente d'abord et fera
par cette distension disparaître les parois latérales de la branchie; c'est ce qui
est réalisé chez les SALPIDÆ. Les Appendiculaires, en leur qualité d'organismes
demeurés libres, n'ont fait que conserver une disposition primitive, antérieure à la
fixation qui était nécessairement compatible avec leur genre de vie, puisque c'était
un genre de vie ancestral.

La branchie des DOLIOLIDÆ présente d'intéressantes gradations. Les trémas peuvent
occuper encore une grande partie de la longueur du sac (*Doliolum denticulatum*) ou se
confiner dans la région postérieure (*D. Mülleri*). La branchie apparaît alors comme
une membrane tendue entre le pharynx proprement dit et la cavité cloacale. Cette
membrane a une surface concave en avant, comme celle d'une voile fortement gonflée
chez les *Dolchinia*, les *Doliolum Ehrenbergi* et *Gegenbauri*, où l'on peut, en conséquence,

distinguer une branchie dorsale et une branchie ventrale (fig. 1628, p. 2322).
Cette membrane s'aplanit chez les *Anchinia*, où les trémas allongés longitudinalement forment de chaque côté une seule rangée dans laquelle on reconnaît un
groupe supérieur et un groupe inférieur, correspondant aux deux branchies des
Doliolina. Les trémas du groupe supérieur sont plus longs que ceux du groupe
inférieur. Comme on pouvait s'y attendre, d'après l'interprétation donnée ci-dessus
de la branchie des Doliolidæ, l'endostyle s'étend sur toute la longueur de la cavité
pharyngienne, et il paraît ainsi presque normal à la membrane qui porte les trémas.

D'après cette même interprétation, la branchie des Salpidæ est réduite à l'endostyle (p. 2204) et à la région médiane dorsale du sac branchial (fig. 1579, *Br*, p. 2198).
La région dorsale de la branchie qui persiste seule en face de la région endostylaire
présente une structure toute spéciale. Elle constitue une longue bande qui s'étend
obliquement de haut en bas et d'avant en arrière, depuis la région du pharynx
correspondant au ganglion nerveux jusqu'à l'entrée de l'œsophage, et qui est
libre dans la cavité péripharyngienne, en dehors de ces deux points d'attache.
Cette bande, qu'on désigne habituellement sous le nom de *branchie*, sera plus
exactement désignée sous celui de *tube épibranchial*; c'est effectivement un tube
creux, présentant du côté dorsal une surface convexe, du côté ventral une gouttière médiane profonde et, sur chaque côté, au-dessous du toit dorsal, une gouttière longitudinale très marquée. Les deux gouttières latérales représentent le fond
de la cavité péribranchiale; au-dessous de leur lèvre inférieure sont creusées des
fossettes équidistantes, ampulliformes, inclinées vers l'intérieur et le bas de la cavité
de l'organe; ces excavations sont ciliées sur la moitié inférieure de leur paroi
interne [1]. De chaque fossette part une bande ciliée qui descend sur la paroi inférieure du tube épibranchial jusqu'à sa gouttière médiane et qui est simplement
une région épaissie de l'épithélium du tube; ces bandes font paraître à l'œil nu
le tube épibranchial comme strié. En avant, la gouttière médiane du tube épibranchial se continue latéralement de chaque côté avec un sillon gracieusement
contourné qui se dirige vers le bas et dont la lèvre postérieure n'est autre chose
que le prolongement de la lèvre du côté correspondant de l'endostyle; les deux
sillons antérieurs représentent ici la gouttière péricoronale des Ascidies, et aboutissent au cul-de-sac qui termine antérieurement l'endostyle. A l'extrémité postérieure du tube épibranchial, les deux dernières bandes ciliées se soudent entre
elles pour former une bande vibratile, unique, occupant la lèvre gauche du *sillon
postérieur*, qui n'est lui-même qu'une continuation des replis marginaux de l'endostyle. L'endostyle se continue en arrière au delà de ce sillon postérieur, mais à
partir de ce point, ses deux lèvres, jusque-là simplement contiguës perdent leurs
bandes glandulaires, et se soudent pour former un tube qui se prolonge en un *cul-
de-sac* postérieur plus ou moins long (p. 2338).

Il n'y a plus de rapport évident entre la disposition qu'on observe chez les Appendiculaires et celle que présentent les Tuniciers adultes. La cavité pharyngienne com-

---

[1] Labille les considère comme des trémas incomplètement développés, d'où le nom
d'Hémitrèmes qu'il donne aux Salpes et aux *Octacnemus* dont la branchie ne porte que des
fossettes; mais il est difficile de concilier cette opinion avec le fait qu'il se produit chez
les Salpes deux énormes fentes branchiales, à la place même où apparaissent les trémas
chez les autres Tuniciers.

munique directement avec l'extérieur par deux orifices situés dans sa région postérieure (fig. 1566, *Sp*, p. 2180; fig. 1576, *l*, p. 2189) et d'où partent deux canaux dont
les orifices extérieurs sont les fentes branchiales. Il n'y a pas de cavité péribranchiale, à moins qu'on ne la considère comme représentée par ces canaux latéraux.
Toute la surface intérieure du sac pharyngien est ciliée et les cils les plus longs
se trouvent à la limite de la bande péribranchiale, le long de la ligne médiane
dorsale et autour des orifices stigmatiques. Les deux canaux qui font communiquer
la région pharyngienne du tube digestif avec l'extérieur portent le nom de *spiracles*.
Le plus souvent courts, cylindriques ou infundibuliformes, ils se renflent chez les
grosses *Oikopleura* et les *Megalocercus* en une sorte de sac dont les parois minces
et couvertes d'un épithélium aplati, présentent cependant une sorte de bague glandulaire; deux traînées de cellules glandulaires existent aussi dans les spiracles de
l'*Oikopleura cophocerca*; ces mêmes conduits portent sur leur paroi deux groupes
de cellules sensitives chez les *Stegosoma*. L'orifice externe des spiracles n'est cilié
que chez les *Megalocercus*; l'orifice interne l'est, au contraire, presque toujours, sauf,
par compensation, chez ces mêmes *Megalocercus*. Les battements de leurs cils sont
soumis à l'action de la volonté, de manière que l'animal peut intervertir le sens du
courant qu'ils déterminent. De l'extrémité antérieure de l'endostyle partent deux
arcs ciliés (*k*) qui se dirigent en haut et en arrière, l'un à droite, l'autre à gauche, et
se rejoignent avant d'arriver à l'œsophage. Le nombre des rangées cellulaires qui
constitue chacun de ces arcs peut être assez grand (*Stegosoma*, grandes *Oikopleura*),
tomber à deux (*Fritillaria furcata*) ou même se réduire à l'unité. De l'extrémité
postérieure de l'endostyle part une autre bande ciliée qui remonte vers la paroi
dorsale du pharynx jusqu'à l'entrée de l'œsophage, et correspond au sillon postérieur des Ascidies; elle est portée chez les *Megalocercus* par une bandelette saillante,
pectinée; elle est remplacée par trois autres chez l'*Appendicularia sicula*; elle
manque chez les *Fritillaria formica* et *urticans*, ainsi que chez les *Kowalevskia*. La
cavité pharyngienne des *Kowalevskia*, en dehors des particularités déjà signalées,
diffère d'ailleurs de celle de toutes les autres Appendiculaires parce qu'il se développe, sur sa paroi interne, quatre rangées symétriques deux à deux de saillies
ciliées, d'abord parallèles, mais qui en arrière de la bouche s'unissent en fer à
cheval, chacune avec sa symétrique; les saillies de la région moyenne du pharynx
sont les plus développées. Les spiracles très allongés des *Kowalevskia* sont placés
entre les deux rangées de saillies d'un même côté, et ces saillies s'inclinent l'une
vers l'autre par-dessus le spiracule, de sorte qu'elles donnent l'illusion d'une rangée
de trémas de chaque côté. Ces saillies sont pleines, et il est difficile de voir entre
elles et des trémas aucune parenté.

Tube digestif. — La région qui entoure l'orifice de l'œsophage dans la branchie
présente une configuration spéciale dans chaque genre, parfois même chaque espèce
et qui doit trouver place dans leur caractéristique; c'est ce qu'on nomme l'*aire
œsophagienne*.

D'une manière générale, chez les CYNTHIIDÆ, MOLGULIDÆ (fig. 1563, p. 2174),
STYELIDÆ, BOTRYLLIDÆ, PHALLUSIIDÆ (fig. 1577, p. 2193), le tube digestif, situé du
côté gauche de la branchie, décrit une anse dont la branche ouverte dans le sac
branchial peut être dite *branche ascendante*, l'autre *branche descendante*; rarement
(*Corellina*) l'anse intestinale est à droite. D'habitude la branche ascendante est régu-

lièrement concave, soit vers la face dorsale (Bolteniinæ), soit vers l'extrémité supérieure (Phallusiidæ), et la branche descendante, d'abord convexe dans la même direction, devient ensuite concave, décrivant ainsi une sorte d' ∽ (fig. 1563, nᵒˢ 4 et 5; p. 2174); mais il n'en est pas toujours ainsi. La branche ascendante est courte et demeure régulièrement convexe chez les *Culeolus*; sa double courbure commence à s'accuser chez les *Boltenia*, et elle est très nette chez les *Fungulus*; les deux branches de l'anse forment ensemble une large boucle chez les Cynthiidæ; au contraire, elles s'allongent beaucoup, s'accolent presque l'une à l'autre et décrivent ensemble chez les Molgulidæ une courbe plus ou moins étendue (fig. 1662, nᵒ 2, p. 2173), concave vers les siphons, et dans la concavité de laquelle se trouvent logées les glandes génitales gauches, tandis que chez les Eugyrinæ ces organes écartent l'une de l'autre les deux branches intestinales, accolées chez les Molgulinæ.

Chez les *Fungulus* le tube digestif flotte librement dans la cavité péribranchiale et ne présente sur son trajet aucune indication extérieure de différenciation; chez les autres Cynthiidæ, les Molgulidæ, Styelidæ, Ascidiinæ, le tube digestif est fixé à la paroi de la cavité péribranchiale soit par un mésentère (*Polycarpa*), soit directement et chez les Ascidiinæ il cesse même de faire saillie sur la paroi de la cavité, et semble engagé dans son épaisseur.

A partir des Cionidæ (fig. 1563, nᵒ 5, p. 2174; fig. 1564, p. 2176; fig. 1565, p. 2178), l'estomac et l'intestin descendent au-dessous de la branchie; seul le rectum remonte, pour venir s'appliquer contre elle; il se constitue ainsi, au-dessous de la branchie, une région du corps qu'on peut appeler l'*abdomen*. Dans cette région l'intestin est en rapport avec une cavité dite *périviscérale*, bien distincte du cœlome et dont l'origine déjà indiquée p. 2193, sera décrite p. 2270 à propos des *tubes épicardiques*[1]. L'intestin qui fait suite à l'estomac, s'étend plus ou moins loin avant de reprendre une marche ascendante; il peut alors remonter parallèlement à sa direction primitive, ou bien se recourber d'abord du côté ventral, de manière à être obligé de croiser l'œsophage pour venir se terminer près de l'orifice afférent (fig. 1565, p. 2178, et 1580, p. 2199).

Le transfert de l'orifice afférent à l'extrémité postérieure du corps n'implique pas chez les Tuniciers une disposition corrélative, constante, du tube digestif. Celui des *Pyrosoma* est, tout entier, situé en arrière de la branchie et se recourbe de manière à décrire un cercle complet (fig. 1587, *Af*, p. 2211). Il en est de même de celui des *Doliolum* (fig. 1575, *D*; p. 2187) qui commence presque au centre de la membrane branchiale et se recourbe presque dans le plan de symétrie, en S retourné, l'estomac ovoïde, occupant à peu près la région du point d'inflexion de l'S. Chez les Salpidæ on observe, par contre, deux types assez différents : le type *orthoentéré*, propre aux oozoïdes du genre *Cyclosalpa*, et le type *carioentéré*, commun à toutes les autres formes. Chez les *Cyclosalpa* solitaires (*C. pinnata*, *C. Chamissonis*, *C. dolichosoma*), un court œsophage conduit dans un estomac muni de deux cæcums et suivi d'un intestin qui remonte verticalement et se recourbe en avant, pour se continuer en ligne droite du côté dorsal, au-dessus de la branchie et s'ouvrir, près de l'origine de celle-ci, dans la cavité dorsale. Dans la forme agrégée

[1] A. H. L. Newstead, *On the perivisceral cavity of Ciona*; Q. J. of microscopical Science, 3ᵉ série, t. XXXV, 1894.

de la *C. pinnata*, l'intestin se recourbe, au contraire, du côté ventral, et, après un trajet rectiligne, s'ouvre dans la cavité péribranchiale, à peu près vers le milieu de sa longueur, un peu à gauche. Dans la forme agrégée des autres *Cyclosalpa* (*C. affinis*, *C. Chamissonis*) le tube digestif, tout à fait indépendant du testicule, décrit au contraire un cercle complet d'assez grand diamètre, l'œsophage se dirigeant d'abord en arrière; les jeunes blastozoïdes de *C. pinnata* présentent la même disposition qui était probablement primitive et conduit un type carioentéré. Dans ce dernier type, le tube digestif, après s'être dirigé en arrière et s'être courbé vers le bas (fig. 1573, p. 2185), décrit une boucle, de telle façon que l'intestin croise l'œsophage à gauche, et remonte vers la face dorsale pour s'ouvrir dans la cavité cloacale, près de l'extrémité postérieure de la branchie. La courbe ainsi formée est tellement serrée que l'estomac, les deux cæcums et l'intestin semblent ne former qu'une seule masse dite *nucleus* (fig. 1571 et 1574, *Nu*, p. 2185), à laquelle vient se joindre le testicule chez les blastozoïdes. Les deux cæcums sont ventraux, contournés sur eux-mêmes et parfois digités. Les deux branches œsophagienne et rectale du tube digestif sont séparées par un repli de la lame droite du tube épibranchial.

Chez les Appendiculaires (fig. 1566, p. 2180 et 1576, p. 2189) l'œsophage se dirige vers la face ventrale pour s'ouvrir dans l'estomac divisé en un lobe droit et un lobe gauche. Du lobe gauche part l'intestin dirigé en avant, et formant un court rectum qui aboutit à un anus placé vers le milieu de la face ventrale du corps.

L'œsophage est généralement assez allongé chez les Cynthiidæ, Ascidiidæ, Cionidæ, plus court chez les Molgulidæ, et marqué à son intérieur de gouttières qui décrivent d'ordinaire (*Ciona*) un fragment de tour d'hélice, de l'orifice œsophagien à l'orifice stomacal, indiquant ainsi une torsion de l'œsophage. La gouttière qui correspond au raphé dorsal est plus prononcée que les autres, et c'est dans sa concavité que passe le cordon alimentaire pour arriver à l'estomac.

L'estomac est un sac ovoïde plus ou moins large, plus ou moins allongé. Chez les Cynthiidæ, Styelidæ, Ascidiidæ, Cionidæ, sa paroi interne est marquée de plis saillants méridiens, dont la hauteur varie suivant une loi déterminée, de telle sorte que chez les *Cynthia*, par exemple, on peut en distinguer de trois ou quatre ordres disposés avec régularité; ils se prolongent quelquefois dans l'intérieur de l'intestin. Toute l'étendue de la paroi stomacale présente le même aspect chez les Styelidæ (*Polycarpa*, *Styela*) et Cionidæ; les plis sont jaunes-verdâtres, et se marquent seulement au dehors par une alternance régulière de bandes claires ou foncées. Cette même striation est visible sur la partie antérieure de l'estomac des *Cynthia*; mais la partie postérieure de la région libre de cet organe, chez les espèces de ce genre, et toute sa face externe chez les *Microcosmus*, présentent une couleur brune foncée, corrélative de l'existence d'un foie. Dans cette région hépatique, le fond des sillons qui séparent les lamelles se creuse, en effet, de nombreux culs-de-sac, qui font saillie à la surface externe de l'estomac où ils sont reconnaissables à la loupe comme des granulations saillantes. En même temps, la paroi stomacale se plisse, et les lobules étant de grandeur inégale, leur ensemble prend l'aspect d'une masse lobée ou découpée. Cette disposition s'exagère beaucoup chez les Molgulidæ, où une grande partie de la surface de l'estomac, colorée en bistre et remarquablement anfractueuse, semble constituer une glande hépatique nettement différenciée (fig. 1586, p. 2209).

En général, chez les Ascidies composées la règle est que le rectum remonte parallèlement à l'intestin, mais de manière à venir se placer à sa gauche, comme si c'était là un reste de la disposition primitive, commune aux Ascidies pleurogones et aux ASCIDIIDÆ; il se produit cependant chez les POLYCLININÆ, à l'exception des *Aplidiopsis*, une torsion telle que la portion descendante de l'intestin croise la partie ascendante, et que sur l'animal vu du côté droit, l'estomac masque le rectum. Le tube digestif présente d'ailleurs ici un degré de différenciation plus élevé que chez les Ascidies simples et qui implique que les Synascidies, malgré la simplicité de leur branchie, ne sont nullement des formes primitives. Le tube digestif est, en effet, presque constamment divisé par des étranglements en cinq régions de forme très variable : l'œsophage, l'estomac, le *post-estomac*, l'intestin moyen et le *rectum* (fig. 1588). On retrouve la même division chez les *Perophora* (fig. 1568, p. 2184) et les *Perophoropsis*.

L'estomac (*e*), de forme ordinairement sphéroïdale, est de beaucoup la plus volumineuse de ces régions; il présente une variété d'aspect utilisable dans la caractéristique des espèces, celles d'un même genre pouvant d'ailleurs différer sous ce rapport. Sans que sa structure histologique soit sensiblement modifiée, l'estomac peut, en effet, présenter des boursouflures de ses parois qui se disposent régulièrement suivant des méridiens dont une même boursouflure occupe

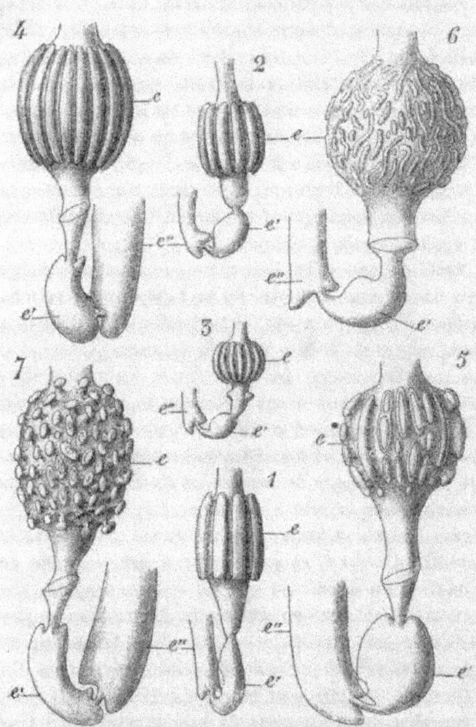

Fig. 1588. — Région moyenne de l'appareil digestif de diverses Ascidies composés. — *e*, estomac; *e'*, post-estomac; *e"*, intestin moyen. — 1, *Morchelliopsis pleyberianus*; 2, *Aplidium zostericola*; 3, *Circinalium concrescens*; 4, *Amaroucium Nordmanni*; dans ces quatre formes l'estomac est *cannelé*; 5, *Parascidia areolata*; 6, *Amaroucium proliferum*. Dans ces deux formes l'estomac est *pseudo-aréolé*; 7, *Morchellium argus*, à estomac aréolé (d'après Lahille).

sans interruption toute la longueur (*estomac cannelé*, n° 1 à 4), s'interrompent, après un certain trajet (n° 3) se contournent, d'une façon plus ou moins bizarre (*estomac pseudo-aréolé*, n° 6), constituent des tubercules pédiculés épais (*estomac aréolé*, n° 7), ou bien enfin se disposent transversalement (*estomac plissé*). L'estomac est cannelé chez les *Distoma cristallinum, Diazona, Rhopalona, Ecteinascidia, Clavellina, Polyclinoïdes, Circinalium, Amaroucium Nordmanni, Aplidium, Morchelliopsis*; pseudo-aréolé chez les *Parascidia*, l'*Amaroucium proliferum*; réticulé chez le *Distoma adriaticum*; aréolé chez le *Morchellium argus*; plissé chez les *Atopogaster*. Les estomacs lisses sont d'ailleurs les plus fréquents (*Cystodites, Distaplia, Distoma mucosum, D. plumbeum, D. Costæ, D. rubrum, Glossophorum, Polyclinum, Aplidiopsis*, DIDEMNIDÆ).

Le post-estomac ne présente guère que des modifications de forme générale; toutefois il commence à se subdiviser en deux parties distinctes chez les *Cystodites*

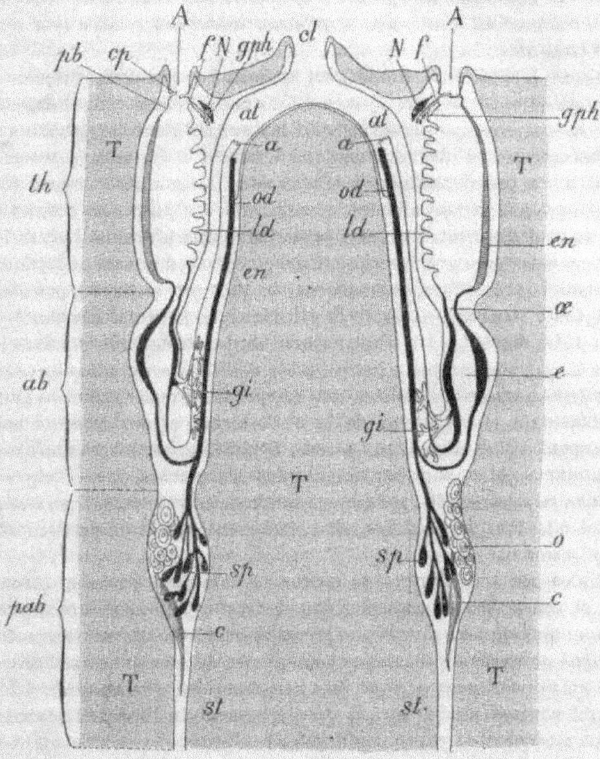

Fig. 1589. — Diagramme d'une coupe transversale d'un démule de POLYCLINIDE. — *A*, orifices afférents; *f*, organe dorsal; *N*, ganglion nerveux; *gph*, glande hyponeurale; *cl*, cloaque commun; *at*, atrium; *a*, anus; *od*, canal déférent; *ld*, languettes dorsales ou de Lister; *gi*, glande pylorique ou organe réfringent; *sp*, testicules; *c*, cœur; *o*, ovaire; *e*, estomac; *œ*, œsophage; *en*, endostyle; *th*, thorax; *ab*, abdomen; *pab*, post-abdomen; *T*, tunique commune; *st*, stolon génitalifère (d'après Herdmann).

et cette division devient générale chez les *Amaroucium* et chez les APLIDIINÆ. Chez les *Didemnum*, l'intestin moyen présente parfois des bosselures dues à ce que certains groupes de cellules du tube digestif se disposent en éventail. Le rectum peut, à son tour, présenter un renflement ampullaire soit à son extrémité inférieure (*Diplosomoïdes Lacazii*), soit à toutes les deux (*Aplidiopsis*); il forme un cæcum à son point de jonction avec l'intestin chez les *Glossophorum*; le cæcum est même double chez les *Circinalium* et les *Morchelliopsis*. Ces dispositions sont exceptionnelles, et le rectum, généralement cylindrique, se termine dans la cavité cloacale le plus habituellement par une ouverture circulaire (fig. 1589); toutefois l'orifice anal est compris entre deux lobes opposés, formant oreillettes chez les *Glossophorum*, les *Diplosoma* et les *Distaplia*; une sorte de sphincter se développe chez ces dernières au-dessous des oreillettes. Par une exception jusqu'ici unique, chez les *Styelopsis*, immédiatement au-dessus du sphincter cloacal il existe un *cercle tentaculaire circumcloacal*, composé de trente-cinq à quarante tentacules reliés à leur base par un léger repli circulaire.

Histologie. — L'épithélium œsophagien est constitué par deux sortes de cellules : les *cellules ciliées* et les *cellules à mucus*. Tous ces éléments sont allongés, mais les cellules à mucus sont plus courtes que les autres, dont les plateaux ciliés se rejoignent au-dessus d'elles de manière à former à l'œsophage un revêtement continu; il n'y a pas de cellules à mucus dans la gouttière dorsale où les cils sont plus longs que partout ailleurs; en revanche, il n'y a pas de cellules ciliées au voisinage du prolongement du raphé postérieur de la branchie. L'épithélium œsophagien repose sur une couche conjonctive, creusée de grandes lacunes et totalement dépourvue de fibres musculaires; le tout est recouvert par l'épithélium péritonéal. Cette structure demeure la structure fondamentale de toutes les autres parties du tube digestif, où il n'apparaît de fibres musculaires que dans les parois du rectum et, par une exception remarquable, dans la paroi stomacale des *Polycarpa*.

Dans l'estomac, les cellules ciliées sont remplacées par des cellules à granulations jaunes, présentant les réactions de la cholestérine et des acides biliaires. Ces cellules forment à elles seules, par places, l'épithélium stomacal, sans mélange de cellules à mucus; elles sont seulement plus abondantes que celles-ci dans les régions dites hépatiques. Il existe assez souvent, du côté dorsal, un sillon plus ou moins profond, dont les cellules sont fortement ciliées (*Styelopsis*, *Rhopalona*, *Diazona*, *Clavellina*).

Les cellules non productrices de mucus redeviennent ciliées et incolores dans l'intestin, et conservent ce caractère dans le rectum, où elles sont seulement plus courtes et où les cellules à mucus sont moins abondantes. En revanche, celles-ci sont fréquemment groupées en masses ovoïdes, entre lesquelles les cellules ciliées se disposent en éventail pour occuper tout l'espace qu'elles laissent libre. L'aspect de l'intestin est souvent modifié par le développement de l'appareil génital ou d'une partie tout au moins de cet appareil dans les lacunes des feuillets péri-viscéraux qui l'enveloppent (*Microcosmus*, Phallusidæ, Cionidæ). Chez certaines *Styela*, la *Polycarpa varians*, la *Ciona intestinalis* et quelques autres espèces, une côte saillante sur la paroi interne de l'intestin parcourt longitudinalement une partie de sa longueur ou toute son étendue (*Styela tuberosa*). Cette côte, comparable au *typhlosolis* de tant d'Oligochètes (p. 1674, fig. 1171, et p. 1681), contient de volumineux sinus sanguins, dans lesquels peuvent se développer, chez les *Ciona*, des éléments génitaux.

La structure du tube digestif se modifie chez les Salpes dont l'estomac présente non seulement une gouttière dorsale ciliée, mais est encore revêtu, sur la plus grande partie de sa surface, d'un épithélium uniquement formé de cellules vibratiles. Du côté ventral et au voisinage des orifices, les cellules épithéliales sont dépourvues de cils, mais plus hautes que dans les autres régions. Les cellules à mucus sont exclusivement localisées dans les deux cæcums, où elles sont séparées par des cellules cylindriques, dépourvues de cils.

Organe réfringent. — Chez la plupart des Tuniciers, aussi bien fixés que pélagiques (*Pyrosoma*, *Doliolum*, *Salpa*), de fins tubules incolores et fortement réfringents se ramifient dichotomiquement sur l'estomac et une partie de l'intestin, et très souvent sur le rectum (*Ciona*, Ascidies composées), partant de un ou deux troncs qui s'ouvrent dans l'estomac, le plus souvent à son extrémité antérieure, quelquefois près du début de l'intestin (fig. 1589, *gi*, p. 2217). Les tubules se terminent par de petits renflements ampullaires chez les *Botryllus*, *Ascidia*, *Clavellina*, *Perophora*, *Diazona*, *Distaplia* et diverses Ascidies composées; ils s'anastomosent entre eux chez les *Pyrosoma* et certaines espèces de *Salpa* et d'*Ascidia*; chez d'autres *Salpa*, les ampoules font défaut et les tubes s'anastomosent en réseau. La paroi de ces tubes est simplement formée d'une membrane basale sur laquelle repose un épithélium de cellules cubiques ou cylindriques, mais de faible hauteur. Ces cellules basses n'ont pas les caractères des cellules glandulaires; elles sont vibratiles chez les *Perophora* (Chandelon); les tubes, d'autre part, ne contiennent jamais aucune concrétion. Il est donc difficile d'attribuer à cet organe soit une fonction digestive, soit une fonction rénale. Peut-être faut-il voir en lui une sorte d'appareil chylifère (Huxley, Pizon). En présence de cette indétermination, il convient de laisser à ces tubules le nom d'*organe réfringent*.

Appareil circulatoire. — Il a été précédemment indiqué (p. 2172) que les Appendiculaires devaient être considérées comme des formes progénétiques de Tuniciers, représentant un état larvaire permanent. On retrouve effectivement chez ces êtres, des états différents de l'appareil circulatoire qui conduisent graduellement aux dispositions que l'on observe chez les Tuniciers normaux. On peut donner, chez ces derniers, le nom d'*appareil cardiaque* à un ensemble constitué par le *cœur* et par une sorte de sac dans lequel il est toujours contenu et qu'on appelle le *péricarde*. Les *Kowalevskia* manquent de tout appareil cardiaque; cet appareil est situé sur la face ventrale, chez les Fritillariinæ, auprès de l'œsophage et de la région antérieure de l'estomac (fig. 1566, *C*, p. 2180); chez les Appendiculariinæ (*Appendicularia* et *Stegosoma*), il est suspendu parmi les anses du tube digestif, et s'avance jusque dans la région des organes génitaux. Sa forme est celle d'un demi-cylindre à face dorsale aplatie, à face ventrale convexe; la face dorsale aplatie constitue le *cœur* proprement dit; la face ventrale convexe délimite le péricarde; l'espace compris entre le cœur et le péricarde, espace clos de toutes parts, est l'*espace péricardique*, tandis que la *cavité du cœur* est simplement représentée par la région de la cavité générale correspondant à la face aplatie de l'organe. Chez les *Fritillaria* la cavité cardiaque est ainsi simplement représentée par une gouttière peu profonde que limitent mal, du côté dorsal, l'œsophage et l'estomac; cette gouttière est en large communication en avant et en arrière avec la cavité générale. La gouttière cardiaque s'approfondit chez les plus grosses Appendiculariidæ, sans que cependant ses deux bords se rejoignent jamais; le tube digestif seul forme à la gouttière un plafond incomplet.

Cet état de l'appareil cardiaque est à peine dépassé chez les Didemnidæ, les Pyrosomidæ, les Salpidæ; les lèvres de la gouttière cardiaque se rapprochent ici sans se confondre. Cette disposition est en rapport avec la précocité et les conditions particulières de la gemmation dans ces trois familles (p. 2307, et 2310). Chez les *Rhopalona*, *Diazona*, *Clavellina*, les deux lèvres de la gouttière cardiaque sont recouvertes par la face inférieure des tubes épicardiques; enfin chez les Ascidies les moins dégradées il existe un véritable tube cardiaque enfermé dans une poche péricardique complétement close. Ce tube peut être d'ailleurs rectiligne, courbe ou coudé en V, suivant la place que lui laissent les viscères. Le péricarde suit de loin ses modifications de forme.

La position du cœur est extrêmement variable. En général, il est en rapport avec l'estomac chez les PLEUROGONA et les HEMIGONA (fig. 1577, *C*; p. 2193); avec les glandes génitales, chez les HYPOGONA; dans les formes où il existe un abdomen, il est toujours situé dans cette région du corps. Mais ces règles mêmes peuvent être appliquées de diverses manières. Chez les CYNTHIIDÆ, STYELIDÆ, BOTRYLLIDÆ, la plupart des ASCIDIIDÆ, les DISTOMIDÆ, le cœur est situé à gauche; il est en rapport chez les CYNTHIIDÆ soit avec la première région de l'intestin, soit avec l'estomac; il forme chez les *Botryllus*, avec les glandes génitales, une petite masse située immédiatement en arrière du sac branchial. Chez les *Ascidia* et les *Clavellina*, il se trouve le long du bord postérieur de l'estomac; il remonte plus en avant chez les *Ciona*, en raison des modifications subies par les relations du tube digestif; tandis que chez les MOLGULIDÆ, il passe à droite et adhère à la surface du manteau immédiatement en avant de l'organe rénal; c'est aussi à droite, en rapport avec l'endostyle, qu'on le trouve chez les *Culeolus*. Il est enfin transposé à droite, comme les autres viscères, chez les *Corella*.

On sait déjà que chez les POLYCLYNIDÆ le cœur forme avec les glandes génitales une masse qui s'étend en arrière de l'intestin et constitue le post-abdomen (fig. 1589, p. 2217); chez les DIDEMNIDÆ, il est ramené en avant avec ces glandes, et passe aussi sur le côté droit de l'abdomen. Le cœur des *Pyrosoma* et des *Doliolum* (fig. 1575, *C*, p. 2187; fig. 1578, *C*, p. 2198) est près de l'estomac, vers l'extrémité postérieure de la face ventrale du sac branchial; celui des *Salpa* se trouve sur la face ventrale en avant du nucleus, et s'étend de l'extrémité du cul-de-sac postérieur de l'endostyle jusqu'à l'estomac (fig. 1572 et 1573, *C*, p. 2189; fig. 1579, *C*, p. 2198).

La paroi du cœur des Copélates est formée de cellules épithélio-musculaires qui produisent des fibrilles contractiles, parallèles, sur leur face tournée vers la cavité cardiaque. Ces fibrilles sont orientées obliquement, de droite à gauche chez les FRITILLARIINÆ; elles se disposent longitudinalement chez les APPENDICULARIINÆ, et dans la première tribu, des corpuscules semblables à des noyaux de cellules sont disposés en deux rangées parallèles, de chaque côté du cœur; ces corpuscules ne seraient, suivant Ray Lankester, que des formations secondaires de nature indéterminée. Les cellules qui forment la paroi péricardique sont extrêmement minces et dépourvues de fibrilles; elles sont immédiatement en contact avec la substance gélatineuse de la paroi du corps. Au péricarde des *Fritillaria* sont annexées deux grosses *cellules terminales*, l'une droite, l'autre gauche, pourvues d'un gros noyau vésiculaire; ce sont probablement des éléments glandulaires. Des éléments analogues, mais plus petits, sont aussi disséminés dans la paroi péricardique de l'*Oikopleura cophocerca*.

La structure de l'appareil cardiaque des Salpes est à peine plus complexe. Le péricarde est constitué par des cellules polygonales, à parois épaisses et transparentes, à protoplasme homogène, à noyaux volumineux, clairs et granuleux, fréquemment en voie de division. La paroi du tube contractile est formée d'une seule assise de cellules épithélio-musculaires, fusiformes, très longues et très étroites, ne présentant de fibrilles contractiles que sur leur face en contact avec le liquide sanguin. Les fibrilles contractiles sont striées très nettement; elles ne se continuent pas d'une cellule à l'autre. Des cellules endothéliales, fusiformes ou étoilées sont éparses sur la paroi interne du cœur. Il est possible que, dans certains cas (*Ciona intestinalis*), l'endothélium interne du cœur devienne continu, qu'il se constitue un endothélium externe et que le péricarde lui-même acquière un endothélium soit interne, soit externe, d'origine mésodermique; mais ces divers points sont à élucider.

La circulation des Tuniciers présente une particularité unique dans le règne animal et générale chez eux. Le cœur, de forme tubulaire, en communication à ses deux extrémités avec les lacunes de la branchie, de la paroi du corps et des viscères, est animé d'un mouvement péristaltique qui se produit pendant un certain temps dans un sens, et, après s'être momentanément arrêté, reprend en sens inverse. Les vaisseaux qui partent des deux extrémités du cœur sont donc alternativement efférents et afférents, veines et artères. Chez l'*Ascidia virginea*, on compte, par exemple, de trente-cinq à quarante contractions dans un sens, et cela prend une durée d'une minute et demie à deux minutes; puis il se produit une pause de sept ou huit secondes, et les contractions recommencent en sens inverse. Le nombre et la durée des contractions dans un sens est toujours différent du nombre et de la durée des contractions en sens inverse, et chacun de ces nombres est d'ailleurs variable chez un même individu. Ainsi dans une *Ciona intestinalis*, à 88 pulsations dans le sens ventro-dorsal peuvent succéder 35 pulsations en sens inverse, puis 73 dans le sens primitif, 38 en sens contraire, etc. La disproportion entre les deux courants inverses tend à s'atténuer quand l'animal vieillit ou qu'il s'affaiblit. Il n'est pas absolument certain que les mouvements de la gouttière cardiaque des Appendiculaires soient réversibles. Les mouvements de la membrane contractile creusée en gouttière sont ici extrêmement rapides; ils peuvent s'élever à 250 par minute (*Fritillaria furcata*), de sorte que la membrane a l'aspect d'une membrane ondulante.

Le renversement du courant sanguin chez les Tuniciers paraît tenir : 1° à la différence de calibre du canal dorsal et du canal ventral qui mettent en communication l'ensemble des lacunes de la branchie et l'ensemble des lacunes des viscères; 2° à l'absence dans le cœur de toute valvule imposant au sang un trajet déterminé[1]. Chez les Tuniciers le volume des lacunes branchiales est plus grand que celui des lacunes viscérales; le courant ventral, sur le trajet duquel est intercalé le cœur, est notablement plus actif que le courant dorsal. Supposons qu'à un instant quelconque les parois des lacunes branchiales soient moins distendues par le sang que celles des lacunes viscérales : le courant sanguin se dirigera vers la branchie, qui recevra du sinus ventral plus de sang qu'elle ne pourra en rendre par le sinus dorsal. Les parois des lacunes branchiales seront, par conséquent, de plus en plus distendues, et bientôt les contractions du cœur seront impuissantes à les distendre davantage; elles opposeront à l'afflux du sang une résistance invincible; mais à ce

---

[1] F. LAHILLE, *Recherches sur les Tuniciers*, p. 292.

moment les parois des lacunes viscérales seront arrivées à leur minimum de distension ; l'élasticité des parois branchiales chassera vers elles le sang, qui, après un moment d'arrêt, refluera peu à peu vers les lacunes branchiales, et provoquera par son mouvement de retour des contractions péristaltiques du cœur inverses des précédentes. Comme le volume des lacunes viscérales est moindre que celui des lacunes branchiales, la limite de résistance de leurs parois sera plus vite atteinte ; il faudra donc moins de contraction pour la réaliser que pour atteindre la limite de résistance de la branchie ; de là l'inégalité des deux périodes des battements du cœur. La grandeur de cette inégalité variera naturellement avec l'état relatif des deux catégories de lacunes, et il est facile d'imaginer des expériences de vérification de la théorie.

L'extrême simplicité de l'appareil cardiaque des COPELATA implique qu'il n'y a pas, chez ces animaux, de vaisseaux différenciés. Tous les autres Tuniciers possèdent un appareil circulatoire constitué par un système de canaux creusés dans le tissu conjonctif et n'ayant tout au plus, comme paroi propre, qu'un mince endothélium appliqué sur le tissu conjonctif dans lequel le canal est creusé. Ces canaux sont plutôt des lacunes que des vaisseaux ; toutefois les lacunes sont ici nettement endiguées et figurent par places un réseau qu'on pourrait qualifier de capillaire. Les canaux circulatoires présentent dans leur ensemble les dispositions suivantes (fig. 1577, p. 2193) : un gros sinus naît de chaque extrémité du cœur. Celui qui naît de l'extrémité tournée vers l'endostyle et qu'on nomme le *sinus branchio-cardiaque* (*vd*), après avoir fourni des branches au test (*sinus tunico-cardiaque, vt*), court au-dessous de l'endostyle qu'il accompagne dans toute sa longueur et émet des branches latérales qui se jettent dans les sinus transverses du sac branchial (p. 2203 et 2206). Le tronc qui naît du côté opposé donne au test une première branche qui remonte sur la face ventrale, de manière à venir rejoindre la branche fournie par l'autre tronc ; les deux branches traversant le manteau près de l'extrémité postérieure de la face ventrale, entrent ensemble dans le test, y cheminent parallèlement, se ramifient en même temps et leurs derniers ramuscules souvent étroitement accolés, débouchent dans les renflements terminaux (*rt*) par l'intermédiaire desquels ils communiquent. Le *tronc cardio-viscéral* donne ensuite des branches au manteau et se résout finalement en une riche arborescence vasculaire dont les rameaux se distribuent à l'estomac, à l'intestin et aux glandes génitales. Le sang qui a circulé dans les organes est recueilli par plusieurs *sinus viscéraux-branchiaux* qui s'ouvrent dans un *sinus dorsal* volumineux, courant le long de la ligne médiane dorsale du sac branchial et dans lequel viennent déboucher les vaisseaux transversaux. En outre, un certain nombre de canaux (*vp*) directement issus des sinus branchiaux transverses de premier ordre traversent la cavité péribranchiale pour se rendre dans le manteau.

Lorsque le cœur se contracte de son extrémité ventrale vers son extrémité dorsale, il se remplit de sang oxygéné, versé par les *sinus branchiaux* dans le *sinus sous-endostylaire* ; par les *vaisseaux cardio-viscéraux*, il envoie le sang dans le manteau et les viscères, et finalement les *vaisseaux viscéraux branchiaux* ramènent ce sang aux branchies. Lorsque le cœur se contracte de son extrémité dorsale vers son extrémité ventrale, il ne reçoit que du sang puisé dans les viscères et le manteau ; il en renvoie une petite partie dans le manteau et la plus grande partie dans le sac branchial. Comme les sinus viscéraux communiquent avec les sinus branchiaux par le système des sinus viscéro-branchiaux, le sang qui traverse le cœur est d'ailleurs partiellement aussi puisé, d'une façon indirecte, dans le sac branchial et, par conséquent, oxygéné.

Le sang des Tuniciers est un liquide clair dans lequel flottent de gros corpuscules arrondis, nucléés, les uns incolores, les autres colorés de pigment jaune, rouge, brun ou même bleu. Les corpuscules colorés représentent un état de dégénérescence des corpuscules incolores. Ces derniers sont sans cesse animés de mouvements amiboïdes; ils émettent des pseudopodes nombreux, assez courts et pointus, par lesquels ils peuvent s'agglutiner entre eux ou se fixer momentanément sur les parois des sinus qui les contiennent : ils sont susceptibles de se multiplier par division. Le sang change quelquefois de couleur après la mort; il devient bleuverdâtre ou même presque noir chez la *Phallusia mamillata*, la *Clavellina nana*, les *Perophoropsis*, le *Glossophorum humile*, etc.

Dans la cavité péricardique flottent des éléments qui paraissent avoir été détachés de l'endothélium interne et qui s'agglutinent parfois en un corps compact, ayant une apparence glandulaire (*Ciona*).

Appareil hyponeural : tubercule dorsal, entonnoir cilié , tube dorsal et glande hyponeurale. — Tous les Tuniciers présentent du côté dorsal, en rapport intime avec le ganglion nerveux, un appareil dont la constance implique une réelle importance morphologique et qui a été considéré comme représentant, chez ces animaux, l'*hypophyse* ou *corps pituitaire* des Vertébrés [1]. Cet appareil comprend quatre parties (fig. 1577, *f, gph*. p. 2193 et fig. 1593, n° 2, p. 2234) : 1° le *tubercule dorsal*, qui est simplement un orifice à lèvres diversement contournées; 2° l'*entonnoir cilié*, qui fait suite au tubercule dorsal et s'ouvre par son intermédiaire, dans la cavité branchiale; 3° le *tube hyponeural*, qui fait suite à l'entonnoir cilié; 4° la *glande hyponeurale* dont le tube hyponeural paraît n'être que le canal excréteur. Ces parties sont développées au maximum chez les PLEUROGONA; elles s'atrophient peu à peu chez les HEMIGONA, et sont plus ou moins rudimentaires chez les HYPOGONA.

La disposition des parties qui entourent l'orifice de l'appareil ou *tubercule dorsal* est très singulière. Cet orifice est situé dans une aire dépendant de la zone péribranchiale et résultant de la courbure en arrière des bandes péripharyngiennes avant qu'elles rejoignent la lame dorsale. Cette aire triangulaire est l'*aire pérituberculaire*. L'ouverture de la glande est, en général, une fente en forme de fer à cheval ou de C couché, à concavité antérieure (*Ascidia producta*); elle est comprise entre deux lèvres saillantes qui suivent exactement son contour. Mais en partant de cette forme de C, à branches souvent rapprochées et infléchies (*Ciona intestinalis, Cynthia formosa*), ce contour est extrêmement varié. Les deux crochets du C que l'on appelle les *cornes* peuvent s'enrouler en spirale soit en dehors (*Ascopera gigantea*), soit en dedans (*Ascidiella cristata, Cynthia pantex, C. hispida, Corella japonica, Ciona intestinalis*), soit l'une en dehors, l'autre en dedans (*Culeolus Moseleyi, Cynthia fissa, Ascidia Challengeri, Microcosmus vulgaris*), affecter la forme d'une S (*Styela flava, Polycarpa tinctor*) ou bien se développer en nombreuses et irrégulières sinuosités (*Cynthia complanata, Ascidia translucida*), se ramifier (*Boltenia pachydermatina, Ascidia pyriformis*) ou même se subdiviser en plusieurs orifices

---

[1] JULIN, *Études sur l'hypophyse des Ascidies et les organes qui l'avoisinent*, Archives de Biologie, t. II, 1884.

(*Cynthia irregularis, Ascidia elongata*). Il peut arriver aussi que l'orientation de
l'orifice change, le C se redressant de manière à présenter son dos latéralement
(*Styelopsis, Diazona, Rhopalona*), ce qui peut coïncider avec un enroulement plus
ou moins grand des cornes (*Molgula horrida, Culeolus Murrayi, Cynthia cerebriformis*).
D'autres fois, au contraire, même dans des formes élevées, l'orifice se simplifie
et devient purement et simplement circulaire (*Molgula pyriformis, Bathyoncus mirabilis, Eugyra kerguelenensis*), ou en forme de fente soit arquée (*Polycarpa plicata,
P. varians*), soit droite (*Polycarpa pilella*). Ces diverses formes n'ont aucune espèce
de valeur générique; elles présentent souvent des variations tout à fait individuelles (*Ascidia virginea, Ascidiella aspersa, Styela grossularia*); d'ordinaire, elles
fournissent cependant d'assez bons caractères spécifiques. Les complications du
tubercule dorsal, sa position au voisinage du ganglion nerveux et de l'entrée de
la branchie l'ont fait longtemps considérer comme un organe d'olfaction; mais sa
pauvreté en nerfs rend cette interprétation douteuse. Le tubercule dorsal, bien
que toujours présent, se simplifie d'ailleurs beaucoup chez les DISTOMIDÆ et les
HYPOGONA (fig. 1589, *f*; p. 2217), où l'orifice est toujours simple et ordinairement
circulaire (*Distaplia, Glossophorum, Morchellium, Didemnum*); il est très réduit et
parfois nul chez les BOTRYLLIDÆ adultes. L'orifice demeure également simple chez
les Tuniciers pélagiques (fig. 1593, p. 2234).

L'*entonnoir vibratile* est toujours bien développé, même chez les HYPOGONA (*Glossophorum, Morchellium, Amaroucium, Didemnum*, etc.). Au voisinage de l'orifice, ses
éléments épithéliaux sont d'abord aplatis, comme ceux de la zone péribranchiale;
mais peu à peu ils s'élèvent, deviennent aussi hauts que larges, puis cylindriques et
longuement ciliés; c'est le caractère qu'ils présentent sur la presque totalité de l'organe. Cet épithélium repose sur un tissu conjonctif, continu avec celui du manteau.

A l'entonnoir vibratile fait suite le *canal hyponeural*; rarement absent (*Distoma,
Amaroecium*), parfois dilaté en deux poches latérales (*Molgula ampulloïdes*); il aboutit
chez les PLEUROGONA et la plupart des MESOGONA (*Clavellina, Diazona*, etc.) à une
glande en grappe, la *glande hyponeurale* (*glande olfactive*, Lacaze-Duthiers; *glande
hypophysaire*, Julin; *glande neurale*, Herdmann). L'épithélium de cette glande, comme
celui du canal, est formé de très petites cellules cubiques, qui se détachent facilement et tombent dans la cavité du lobule où leur protoplasme se creuse de vacuoles
et envoie en tous sens des prolongements amiboïdes. La glande elle-même peut
être considérée comme résultant de la ramification du canal hyponeural dont tous
les ramuscules nés de sa moitié ou de ses trois quarts postérieurs se terminent en
cæcum. La glande est plongée dans un tissu conjonctif, contenant de nombreux
sinus sanguins. Quelquefois (*Ascidia Marioni, Phallusia mammillata*) un certain
nombre de canalicules excréteurs de la glande, au lieu de s'ouvrir dans le canal
hyponeural, vont s'ouvrir, par de petits pavillons vibratiles, non plus même dans la
cavité branchiale, mais dans la cavité péribranchiale. Cette disposition est souvent
corrélative d'une atrophie partielle de la glande, suppléée dans sa fonction par les
canaux excréteurs secondaires, dont l'épithélium devient apte à se désquamer comme
celui de la glande proprement dite. Dans la partie de son trajet où il est en contact
avec le ganglion nerveux, le tube hyponeural semble perdre sa paroi propre, remplacée par la face inférieure du ganglion lui-même. Chez la *Styelopsis grossularia*,
l'entonnoir et le canal sont appliqués contre la face droite du ganglion et le canal

est presque dorsal; il se prolonge bien au delà du ganglion et constitue un cordon cellulaire qui vient s'appliquer contre le côté droit du nerf viscéral. Cette disposition tire une importance particulière du mode de développement du canal dorsal et une confirmation de son exactitude (p. 2270 et 2291).

Par une exception remarquable, les rapports de l'appareil hyponeural avec le ganglion nerveux se modifient chez les BOTRYLLINÆ. L'entonnoir vibratile se continue ici par un tube qui passe sur la *face dorsale* du ganglion nerveux, et se termine par un renflement dont la cavité s'oblitère par la prolifération et la chute à son intérieur de ses cellules pariétales. On observe aussi quelques modifications individuelles dans la position relative du ganglion nerveux et de l'organe dorsal chez la *Molgula ampulloïdes* et la *Ciona intestinalis*.

La *glande hyponeurale* tend manifestement à avorter chez les formes bourgeonnantes. Le tube hyponeural subsiste en général et peut même s'étendre bien au delà du ganglion nerveux (*Glossophorum*, *Didemnum cereum*, etc.), mais il peut aussi manquer et la glande s'ouvre alors directement dans l'entonnoir cilié (*Distoma*, *Amaroucium* adulte). En tout cas, elle ne présente plus de canalicules excréteurs ramifiés, et consiste tantôt en un vaste sac post-neural, communiquant avec l'entonnoir cilié par un long canal excréteur (*Distaplia*), tantôt en une poche plus ou moins volumineuse ou un simple amas cellulaire (fig. 1593, *gn*; p. 2234) développé sur le trajet du canal et sur sa face inférieure (*Glossophorum*, *Morchellium*, *Didemnum*, *Pyrosoma*). Cette poche est sessile sur l'entonnoir chez les *Amaroucium*, et ses parois sont constituées par des cellules vacuolisées, rappelant celles de la corde dorsale et paraissant, comme elles, en dégénérescence. Chez les *Doliolum*, la glande paraît représentée par un processus en forme de verrue de la face antéro-ventrale du ganglion nerveux, processus qui est relié par un petit tube avec l'entonnoir cilié normalement développé. Nous avons déjà vu quels rapports étroits contractait le tube hyponeural avec le ganglion nerveux; aussi de nombreux auteurs considèrent-ils encore le tube hyponeural comme procédant directement du tube neural de la larve, le tubercule cloacal comme le reste de l'orifice antérieur du tube neural et le ganglion comme une prolifération de sa paroi; on verra p. 2291 que ces interprétations exigent aujourd'hui un nouvel examen.

L'entonnoir cilié reçoit chez les Salpes deux gros nerfs (blastozoïde des *Cyclosalpa*), ou même deux paires de nerfs (oozoïde de *S. cordiformis*) qui se résolvent à sa surface en un riche plexus; c'est là un argument en faveur de la nature sensitive de cet organe. Chez l'oozoïde de la *Salpa africana*, à la région antéro-ventrale du cæcum se trouve une saillie cellulaire, aussi présente chez les *S. runcinata*, d'où part chez la première espèce un cordon cellulaire qui arrive jusqu'à la paroi du pharynx et se dirige, sous la forme d'un fin canal contenu dans cette paroi, vers l'entonnoir vibratile qu'il atteint probablement; ce cordon représente ainsi le cordon indiqué déjà chez les *Doliolum*. Le pavillon s'ouvre directement, en arrière, chez les Salpes, comme chez les *Distaplia* et les *Amaroucium*, dans un sac aplati latéralement, à parois minces, tapissé latéralement d'un épithélium pavimenteux et dont les deux faces se rejoignent à angle aigu, de manière à former sur tout le pourtour de l'organe une gouttière médiane. Le fond de cette gouttière est occupé par deux arcades cellulaires, convexes l'une vers l'autre et formées par de volumineuses cellules prismatiques, présentant une moitié périphérique, claire, fibrillaire et une moitié profonde, sombre, contenant le noyau. La moitié claire est terminée par un plateau portant un faisceau de cils soyeux, aussi longs que les cellules.

L'appareil hyponeural est représenté chez les Appendiculaires (fig. 1591, *Rg*, p. 2231) par un entonnoir cilié intérieurement, quelquefois légèrement courbé, prolongé en arrière par un cordon cellulaire plein (*Oikopleura cophocerca*), qui peut s'enrouler en un tour d'hélice (*Stegosoma*). Cet entonnoir est toujours situé au-dessus et à droite du ganglion cérébral.

Néphridies des Salpes. — Au voisinage du ganglion cérébroïde on observe chez la *Salpa pinnata* des formations remarquables qui ont été rattachées à la glande hyponeurale, mais que leurs connexions avec la chambre péribranchiale autorisent plutôt à rapprocher des néphridies de l'*Amphioxus*, dont la position est tout à fait analogue. Ces organes consistent en une paire de tubes pelotonnés qui partent du fond de la cavité péribranchiale et vont s'ouvrir chacun dans une poche dis-coïdale, adhérente à la face inférieure du ganglion. Chaque disque est séparé de la masse cérébrale par deux amas de cellules semblables aux cellules ganglionnaires proprement dites. On observe des faits et des dispositions analogues chez les oozoïdes des diverses espèces; ces formations atteignent leur maximum de déve-loppement chez la S. *runcinata-fusiformis*, tandis que les masses de cellules sous-ganglionnaires font défaut chez la S. *cylindrica*. Les blastozoïdes présentent, au contraire, des variations assez étendues. La *Cyclosalpa Chamissonis* et la S. *africana-maxima* ressemblent à la *C. pinnata*; toutes les parties sont seulement plus dévelop-pées chez la seconde espèce. Il n'y a qu'une seule masse de cellules sous-ganglion-naires de chaque côté chez la *Pegea scutigera-confœderata* et la *P. bicaudata*; le tube droit est réduit à un entonnoir vibratile chez la S. *cylindrica*, et le gauche n'arrive pas à la surface du cerveau. Les disques seuls subsistent chez les blastozoïdes de la *Thalia democratica*, et chez la *Iasis costata-Tilseii*, la paroi de la chambre péri-branchiale demeurant adhérente au ganglion, la région correspondante de cette chambre constitue une fossette impaire dont l'épithélium prend l'aspect caracté-ristique de celui des disques creux.

Cellules excrétrices; rein des Molgulidæ. — Chez beaucoup d'Ascidiidæ on observe autour de l'intestin et dans l'épaisseur du manteau un véritable appareil excréteur constitué par un grand nombre d'énormes cellules claires, sphériques, agglomérées en masses au sein desquelles se ramifient des canaux sanguins. Des produits d'excrétion se déposent dans ces cellules, sous forme de sphérules formées de couches concentriques, quelquefois revêtues d'une couche de couleur variant du jaune au brun et le plus souvent couvertes d'un dépôt assez épais de carbonate de chaux blanc. Ces concrétions contiennent une assez forte proportion d'acide urique; elles se retrouvent à l'intérieur d'un organe d'excrétion propre aux Molgulidæ, qui a été désigné sous les noms de *rein* et d'*organe de Bojanus*, mais qui n'est sans doute qu'une exagération des différenciations glandulaires que nous venons de décrire. Cet organe est une sorte de sac cylindroïde, situé sur la face interne du manteau, en arrière de la masse génitale droite et séparé de la cavité péribranchiale par la couche épithéliale qui lui forme un revêtement continu (fig. 1561, n° 1, *r*; p. 2173); il ne possède aucun orifice et ne paraît avoir aucun rapport avec les organes d'origine néphridienne. Le nom de *Lithonephria* a été donné à des *Molgula* dont les concrétions étaient remplacées par une sorte de calcul qui envahit toute la cavité de l'organe.

Autour de la dilatation du canal déférent des *Ciona*, de nombreuses cellules rouges sont superposées à des lacunes serrées et séparées seulement de la cavité péribranchiale par une très mince couche épithéliale.

Organes lumineux. — Les Pyrosomes et les Salpes possèdent des organes producteurs de lumière, dont l'éclat a valu aux premiers de ces animaux le nom qu'ils portent. Ces organes ont chez les Pyrosomes la forme de deux longs cylindres situés de chaque côté du pharynx, près de la bouche. L'oozoïde de la *Cyclosalpa pinnata* en présente cinq paires; les blastozoïdes n'en possèdent ordinairement qu'une paire située dans les espaces intermusculaires, sur les côtés de la face dorsale. Ces organes ont, chez les Salpes comme chez les Pyrosomes, l'aspect de cordons longitudinaux; mais ce sont en réalité des sinus spéciaux, remplis de corpuscules sanguins, turgescents, irréguliers, granuleux, manifestement en dégénérescence. Chez les Pyrosomes la lumière très brillante produite par ces organes s'avive par l'excitation; les ascidiozoïdes deviennent successivement lumineux à partir de celui qu'on excite, comme s'il leur transmettait l'excitation qu'il a subie.

Organes des sens. — Les Tuniciers fixés n'ont pour tout organe des sens, à l'état adulte, que les lobes périsiphonaux, qui jouent probablement le rôle d'organes tactiles, et des *ocelles*, taches pigmentaires de couleur rouge, alternant avec les lobes du bord libre du siphon branchial. Ces ocelles sont de simples amas pigmentaires, contenus à l'intérieur d'une cellule épidermique; ils reçoivent chacun un nerf. L'orifice branchial présente d'ailleurs presque partout des terminaisons nerveuses qui lui assurent une grande sensibilité et qui sont assez souvent surmontées de soies tactiles.

Les formes pélagiques sont mieux pourvues. Les blastozoïdes des Salpes possèdent au voisinage de la bouche une paire de tentacules sensoriels exodermiques. Des tentacules de structure analogue se retrouvent à l'extrémité postérieure du corps des Pyrosomes [1]. Chez les *Pyrosoma*, on observe un œil impair formé par un prolongement couvert de pigment du ganglion nerveux, prolongement qui contient un corps réfringent. Il existe des organes analogues en avant du ganglion des Salpes. Les yeux des oozoïdes des Salpes [2] présentent une forme et une structure à peu près constantes. Ceux des blastozoïdes reproduisent bien à un certain moment les traits des yeux de l'oozoïde, mais ils dépassent toujours cet état et prennent alors une forme et une structure qui sont caractéristiques pour chaque espèce. On peut prendre pour point de départ, la structure de l'œil chez l'oozoïde de la *Cyclosalpa pinnata*.

Sur la branche dorsale du ganglion de cette espèce se trouve une saillie en fer à cheval, à ouverture antérieure, dont les branches s'élèvent au-dessus du ganglion chez la *Iasis zonaria*. Cette saillie présente la même constitution que le ganglion lui-même; elle est formée d'une masse interne de substance réticulée et d'un revêtement de cellules ganglionnaires; ces deux régions sont respectivement continues avec les régions correspondantes du ganglion. L'exoderme passe au-dessus de cette

[1] Salensky, *Beiträge zur Embryonalentwickelung der Pyrosoma*, Zoolog. Jahrbucher, Bd IV, 1891.
[2] Metcalf, *The anatomy and development of the eyes and subneural gland in Salpa*; John Hopkins University Memoirs, 1893, et Zoologische Anzeiger, 1893.

saillie en fer à cheval, sans se mouler sur elle (fig. 1590) et de manière à laisser au-
dessous de lui un espace sanguin (*co*) dont le fond est constitué par le ganglion cérébral,
et qui est une sorte de *chambre optique*; la membrane qui revêt extérieurement le ganglion et qui se relie à l'exoderme, ferme, en arrière, cette chambre, en ne laissant
qu'un orifice de communication avec le sinus sanguin circumganglionnaire. Sur la
face antérieure de la courbure du fer à cheval et sur la face interne de ses deux
branches, les cellules sont modifiées de manière à constituer la rétine; les autres
cellules ne diffèrent pas des cellules ganglionnaires ordinaires.

La rétine (fig. 1590, n° 2) est formée de trois couches de cellules : 1° la couche
des *cellules en bâtonnet*; 2° la couche des *cellules intermédiaires*; 3° la couche des *cellules pigmentaires*. Les cellules en bâtonnet (*m*) sont allongées, cylindriques et leur
axe est parallèle au plan horizontal du corps de la Salpe. Dans chacune d'elles on
distingue deux régions : 1° une région externe à mince paroi, faiblement colorée par
l'hématoxyline, à protoplasme finement granuleux, contenant un gros noyau dans
lequel apparaissent nettement un réseau de chromatine et un gros nucléole; 2° une

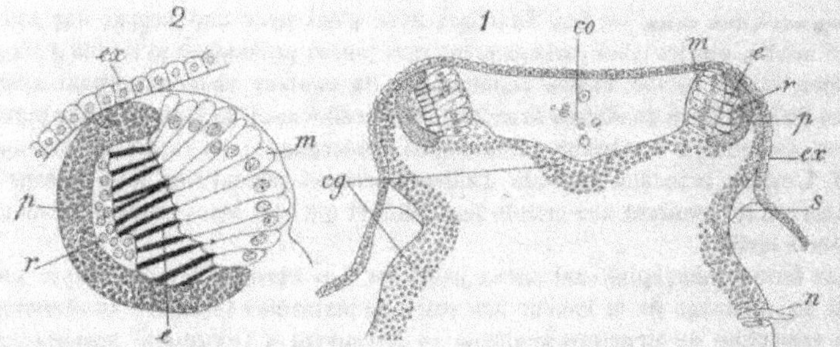

Fig. 1590. — Coupe à travers l'œil d'une Salpe. — 1. Section transversale à travers les branches antérieures de l'œil et le ganglion de la *Cyclosalpa pinnata*, forme solitaire. Grossi environ 100 fois. —
2. Partie droite de cette coupe plus grossie. — *co*, chambre optique; *m*, région à parois minces des cellules
en bâtonnet; *e*, région à paroi épaisse des mêmes; *r*, rétine; *p*, couche choroïdienne pigmentée; *ex* exoderme; *cg*, couche ganglionnaire du cerveau; *n*, nerf; *s*, membrane séparant la chambre optique de
l'espace péri-ganglionnaire (d'après Metcalf).

région interne à paroi très épaisse, vivement colorée par l'hématoxyline; cette
région repose sur la couche des cellules intermédiaires. Dans cette couche, les
cellules ne sont reconnaissables qu'à leur noyau semblable à celui des cellules en
bâtonnet; le nombre de ces noyaux semble correspondre à peu près à celui des
cellules en bâtonnet; il est probable que les cellules intermédiaires sont très irrégulières de forme, et c'est pourquoi, sur les coupes, leurs limites ne sont pas appa-
rentes. Enfin les cellules pigmentaires sont tellement remplies de granules colorés
qu'il n'est possible de déceler aucune structure dans la couche qu'elles constituent.
Au moins chez l'oozoïde de la *Salpa democratica-mucronata* la région externe, à
mince paroi, des cellules en bâtonnet est en connexion avec de fines fibres sortant
de la région dorsale du ganglion, mais prenant sans doute leur origine dans la
substance non cellulaire; il est probable d'ailleurs que les cellules ganglionnaires
dorsales envoient aussi des prolongements vers les cellules de la rétine. Il n'y a
jamais de cristallin, et l'œil ne peut, en conséquence, percevoir d'images; mais

chaque cellule en bâtonnet contient dans sa région à parois épaisses un corps arrondi, sans doute réfringent, fortement coloré par l'hématoxyline et analogue aux phæosphères (p. 1084) qui existent dans les cellules en bâtonnet des yeux des Pycnogonides (Morgan), des Scorpions (Lankester et Bourne), des Insectes (Platen) et même des Oiseaux. Le tissu rétinien est particulièrement développé à l'extrémité antérieure des branches du fer à cheval chez les *Salpa runcinata-fusiformis* et *africana-maxima*. Chez la *Thalia democratica-mucronata*, les cellules intermédiaires font défaut.

Chez les blastozoïdes de la *Cyclosalpa pinnata*, l'œil en fer à cheval de l'oozoïde est remplacé par un œil impair et deux paires de petits yeux latéraux. L'œil impair est situé, comme l'œil unique de l'oozoïde, sur la face dorsale du ganglion cérébroïde, mais il fait en avant une forte saillie, de sorte que son tiers postérieur repose seul sur cet organe. Il est composé d'une partie principale et d'une partie accessoire. La partie principale a, comme chez l'oozoïde, la forme d'un fer à cheval circonscrivant une chambre optique; mais ses branches sont dirigées en arrière et sont fortement élargies de leur origine à leur extrémité libre. La partie accessoire est située à l'intérieur même du fer à cheval; embrassée par ses diverses parties, elle ne leur est cependant reliée que par des cellules fusiformes, apparaissant au nombre de quatre ou cinq, sur chaque section longitudinale.

Sauf l'absence des cellules intermédiaires, les éléments histologiques des yeux des blastozoïdes sont les mêmes que ceux de l'oozoïde; leur arrangement est différent suivant les parties de l'œil que l'on considère. Sur les branches du fer à cheval, les cellules en bâtonnet sont dorsales et les cellules pigmentées ventrales; c'est l'inverse sur la région transversale, où le pigment est sur la face dorsale et postérieure, les bâtonnets sur la face ventrale et antérieure, comme si l'œil avait subi une torsion aux angles latéraux antérieurs du fer à cheval. Sur la région accessoire, les bâtonnets se trouvent dirigés en avant, et le pigment couvre la face antérieure. L'œil reçoit deux nerfs optiques qui naissent de la substance réticulée du ganglion et qui l'abordent par sa surface couverte par les cellules en bâtonnet, comme chez les Vertébrés; les fibres semblent en rapport avec l'extrémité libre et claire de ces cellules.

Des deux paires d'yeux latéraux du blastozoïde l'une est placée sur la face postérieure du ganglion, l'autre juste au-dessous de l'extrémité postérieure des branches de l'œil impair. Ces yeux sont uniquement formés d'un groupe hémisphérique de cellules en bâtonnet; quelques-unes des cellules ganglionnaires centrales qui les avoisinent contiennent seules des traces de pigment. Dans les yeux de la première paire, l'extrémité épaissie des cellules est tournée vers le centre du ganglion; c'est l'inverse pour les yeux de la seconde paire, dont les cellules à bâtonnet ont leur région nucléaire tournée vers le centre du ganglion et leur région à paroi épaissie appliquée contre le pigment du grand œil dorsal. L'appareil visuel des blastozoïdes des *Cyclosalpa Chamissonis* est un peu plus primitif que celui des *C. pinnata*; les deux parties de l'œil sont moins nettement séparées et la rotation de l'organe ne s'achève pas complètement. Chez les blastozoïdes de la *S. cylindrica*, les deux nerfs optiques du gros œil impair sont confondus en un seul, ainsi que les deux petits yeux dorsaux. Chez les blastozoïdes de la *S. runcinata-fusiformis*, de la *Iasis hexagona* et de la *S. africana- maxima*, l'œil impair est ovoïde, allongé chez les deux premières espèces, globuleux chez la troisième. Son extrémité pointue est dirigée en avant, et son grand axe est incliné à droite ou à gauche de 22° sur la ligne médiane chez la *S. runcinata*; la disposition histologique qu'ils présentent ne diffère pas de celles qu'on trouve chez la *C. pinnata*; toutefois chacune des cellules intermédiaires envoie un ou deux prolongements vers les cellules en bâtonnet et une membrane sépare la couche intermédiaire de la couche pigmentaire, disposition qu'on retrouve chez l'oozoïde des *Salpa cylindrica* et *Iasis cordiformis*, chez l'oozoïde et les blastozoïdes de la *Iasis hexagona*. Les cellules en bâtonnet sont irrégulièrement disposées et l'épaississement de leurs parois est inégal chez cette dernière espèce. L'appareil visuel est plus rudimentaire encore chez les blastozoïdes de la *Salpa costata-Tillenii*; les deux parties de l'œil impair ne sont guère indiquées que par l'arrangement de leur couche pigmentaire et les cellules en bâtonnet sont remplacées par un amas de cellules polyédriques à parois épaissies; une masse de cellules polyédriques analogues, situées sur la face postérieure du ganglion semblent représenter la paire de petits yeux postérieurs des blastozoïdes de *C. pinnata*. Du côté opposé du ganglion, au-dessous de l'œil dorsal, un autre amas de semblables cellules, accompagné d'une couche pigmentaire, représente la paire dorsale de petits yeux.

Chez les blastozoïdes des *Pegea scutigera-confœderata* et *bicaudata*, l'œil dorsal est formé de deux parties bien distinctes, l'une antérieure, à pigment dorsal et cellules en bâtonnet ventrales, l'autre postérieure où l'arrangement est inverse; les cellules en bâtonnet sont rudimentaires et polyédriques comme celles de la *Iasis costata-Tilesii*. Il n'y a pas de cellules intermédiaires. Le nerf optique issu de la face dorsale du ganglion pénètre dans l'œil entre la couche de pigment de la région postérieure et la couche de cellules en bâtonnet de la région antérieure, c'est-à-dire vers le milieu de sa face ventrale, comme dans les très jeunes yeux de *Cyclosalpa pinnata*. Deux masses de cellules polyédriques se trouvent aussi l'un à droite, l'autre à gauche, un peu au-dessus du centre des faces latérales du ganglion. Toutes ces cellules polyédriques diffèrent des cellules nerveuses de même grandeur : 1° par leur épaisse paroi; 2° parce que la chromatine de leur noyau est distribuée en nombreux granules, au lieu de former un gros nucléole, comme dans les vraies cellules ganglionnaires de même taille. Ces deux caractères permettront de reconnaître toujours, même en l'absence de pigment, les éléments représentant des yeux dégénérés.

Chez la *Thalia democratica-mucronata* l'œil médian passe sur la face antéro-ventrale du ganglion, ce qui est dû à une courbure du ganglion tout entier. L'œil est divisé en trois portions, une antérieure et deux postérieures; dans la portion antérieure, les cellules en bâtonnet sont appliquées contre le ganglion, par conséquent dorsales, et les cellules pigmentées contre l'exoderme, par conséquent ventrales; dans les deux portions postérieures, les cellules en bâtonnet sont ventrales, mais un peu différemment orientées dans chacune d'elles; elles correspondent aux branches postérieures de l'œil de la *C. pinnata*. Chez la *Iasis cordiformis-zonaria*, l'œil est ovale, à grand axe légèrement oblique par rapport à l'axe longitudinal du corps. Les cellules en bâtonnet sont disposées sur tout son pourtour, de manière que leurs parties épaisses occupent la région centrale de l'organe qui présente ainsi, sous une forme condensée, les deux régions de l'œil des autres espèces. Le pigment est dorsal et antérieur; il correspond donc simplement au pigment de la portion apicale typique. Les fibres nerveuses entrent dans l'œil par sa région postérieure.

On peut d'après ce qui précède conclure que les *Salpa runcinata* et *africana* forment une sorte de point central autour duquel rayonnent la *S. cylindrica*, les *Iasis cordiformis, costata, hexagona* et duquel s'isolent d'une part les *Pegea bicaudata* et *scutigera*; d'autre part la *S. democratica*; les *Cyclosalpa* représentent une forme perfectionnée de ce grand groupe.

Chez quelques espèces de *Doliolum* et chez les *Appendicularia* au ganglion principal est très étroitement attaché un otocyste sphérique, contenant un otolithe (fig. 1591, *Ot*). L'otocyste est constitué par une seule assise de cellules épithéliales aplaties, portant de fins cils auditifs.

Dans la région antérieure du tronc et sur la queue, les Appendiculaires présentent aussi quatre sortes de cellules sensitives : 1° des cellules multi-ciliées; 2° des cellules à flamme vibrante; 3° des cellules portant un faisceau de soies raides; 4° des cellules à bâtonnet. Les premières forment, chez les *Fritillaria*, le bord de la queue; leurs cils sont immobiles chez les *Kowalevskia*, et on en retrouve à l'extrémité de la queue de l'*Appendicularia sicula*. Les cellules à flamme vibrante, reliées chacune à un filet nerveux, sont nombreuses de chaque côté de la bouche, où elles sont symétriquement disposées, parfois en lignes régulières (*Fritillaria formica*); deux groupes de ces cellules sont à l'entrée de chaque spiracule chez les *Stegosoma*. Deux cellules à faisceau de soies raides se trouvent à la face intérieure de la lèvre médiane dorsale de la *Fritillaria formica*; enfin l'*Oïkopleura velifera* présente à la base de la queue, une cellule à bâtonnet, innervée par une branche du nerf récurrent.

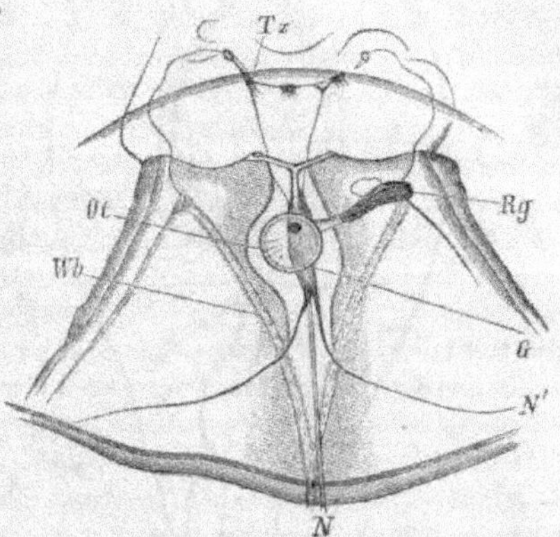

Fig. 1591. — Système nerveux de la *Fritillaria furcata*. — *G*, ganglion; *N*, nerf longitudinal; *N*, nerfs latéraux; *Ot*, otocyste; *Rg*, organe hyponeural; *Tz*, cellules tactiles avec leurs nerfs; *Wb*, arc cilié.

Système nerveux. — Le système nerveux des Tuniciers adultes n'est qu'une réduction du système nerveux très précoce et relativement plus développé de la larve de ces animaux (p. 2274). C'est donc chez les formes larvaires permanentes, telles que les Appendiculaires, que l'on doit trouver l'état le plus rapproché de l'état primitif; le système nerveux est, en effet, représenté chez les *Appendicularia* par un ganglion très grand, placé à la face dorsale de la région antérieure du pharynx. Ce ganglion est prolongé en arrière par un gros nerf qui longe l'œsophage et l'estomac pour atteindre la base de la queue, dans laquelle il s'engage et qu'il parcourt dans toute sa longueur en passant à gauche de l'urocorde (fig. 1376, *n*; p. 2189). Ce tronc nerveux est creux; de distance en distance, il présente des amas de cellules ganglionnaires, desquels naissent des nerfs, et dont le premier est plus volumineux que les autres; en outre, entre ces ganglions, sont disséminées, sur le cordon, de petites cellules ganglionnaires isolées. Le ganglion antérieur ou ganglion cérébral présente habituellement des sillons transversaux qui le divisent incomplètement en ganglions secondaires. Il n'existe qu'un seul sillon chez les *Megalocercus*, deux chez les *Oikopleura*, qui ont ainsi trois ganglions cérébraux. Le premier donne naissance à trois paires de nerfs, le second porte l'otocyste, le troisième fournit deux paires de nerfs et le grand nerf caudal. Le nombre des ganglions portés par ce dernier varie avec les espèces, et même d'un individu à l'autre. Les grandes *Oikopleura* et *Stegosoma* en ont jusqu'à quarante; les *Fritillaria* huit ou neuf; l'*Appendicularia sicula*, huit seulement. Le nombre de ces ganglions ne présente pas de rapport absolument déterminé avec celui des cellules musculaires. Le premier ganglion est formé d'un grand nombre de cellules; tous les autres n'en présentent qu'un petit nombre, parfois une seule; ces cellules sont habituellement toutes semblables; il arrive aussi cependant (*Oikopleura*) qu'il y en ait de grandes et de petites, symétriquement disposées. Les plus petites sont bipolaires; les prolongements des plus grandes peuvent être quelquefois suivis jusqu'aux fibres musculaires.

Les nerfs cérébraux antérieurs, pairs se rendent à l'entrée du pharynx; ils se résolvent, du côté ventral, en fines fibrilles qui aboutissent à des cellules sensitives, et fournissent également des branches latérales et des branches dorsales; ceux de la paire postérieure vont aux fentes branchiales. Entre ces deux paires nerveuses on en observe, en général, plusieurs paires de plus petites qui se rendent la plupart à des cellules sensitives; ces nerfs sup-

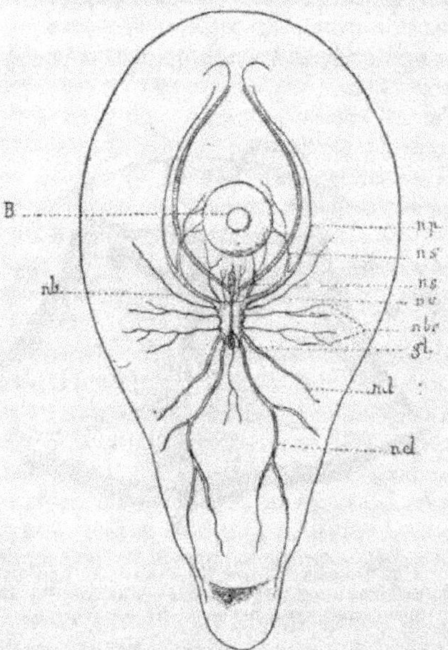

Fig. 1592. — Système nerveux d'un individu adulte de *Botryllus Schlosseri*, vu par sa face dorsale. — *B*, ouverture branchiale; *np*, nerfs péricoronaux; *ns* et *ns'*, nerfs siphonaux antérieurs; *nv*, nerfs antérieurs situés de chaque côté du pavillon vibratile; *nbr*, nerfs branchiaux; *nel*, nerfs siphonaux postérieurs; *nd*, nerfs viscéraux; *gl*, glande de l'organe vibratile dont le conduit se continue au-dessus du ganglion (d'après Pzon.)

plémentaires se réduisent chez les *Oikopleura* à trois paires réparties entre le premier et troisième ganglions cérébraux, comme on l'a vu tout à l'heure. Les nerfs qui naissent des amas ganglionnaires et ceux qui naissent du tronc fibreux caudal sont les uns sensitifs, les autres moteurs; ceux qui naissent du tronc fibreux ne sont pas toujours symétriques; ils se montrent d'ordinaire entre les ganglions, mais peuvent aussi les traverser. Parmi ces derniers il faut citer deux nerfs qui naissent du premier ganglion caudal et longent l'un le bord dorsal, l'autre le bord ventral de la queue; il y a peut-être en outre, chez les *Kowalevskia*, un nerf médian.

Le nombre des nerfs moteurs n'est pas encore définitivement fixé. Fol, à l'avis duquel se range à peu près Seeliger, en décrit trois paires chez l'*Oikopleura dioïca*, sept chez l'*O. cophocerca*, et il y ajoute un grand nombre de nerfs asymétriques. Langerhans admet huit paires naissant toutes du tronc fibreux (*O. velifera, Fritillaria formica*), Lankester sept paires (*F. furcata*), qu'il fait naitre des ganglions au niveau des cellules musculaires. Avant d'entrer dans les muscles, ces nerfs se dichotomisent, et leurs derniers rameaux se terminent par une extrémité pourvue ou non d'un corpuscule réfringent.

Les CYNTHIIDÆ étant plus rapprochées des formes primitives que les autres Ascidies, le centre nerveux y conserve encore quelque chose de son état primitif. Chez la *Cynthia papillosa* c'est une sorte de cordon allongé, assez semblable à un nerf, placé entre les deux siphons. Le cordon est plus ramassé, en général, chez les autres formes de la famille, et il est cylindrique chez la *Styelopsis grossularia*. Partout ailleurs (fig. 1564, *G*, p. 2176; fig. 1577, *N*, p. 2193; fig. 1589, *N*, p. 2217) il se transforme en un ganglion oblong, d'habitude légèrement rétréci vers son milieu, situé dans l'épaisseur du derme, au-dessous de la couche musculaire et immédiatement au-dessus de la glande hyponeurale. Ce ganglion, sauf quelques rares exceptions (*Ascidia compressa, A. fusiformis*), est plus près du siphon branchial que du siphon atrial. On doit considérer comme un reste de la portion terminale du cylindre nerveux primitif de la larve un nerf médian postérieur, naissant de la face inférieure du ganglion et qui s'engage dans le plancher du raphé dorsal. L'importance morphologique de ce cordon, où des cellules nerveuses sont associées à des fibres, et où l'élément cellulaire existe parfois seul (*Molgula ampulloïdes*), est attestée par le grand nombre de types variés où il a été retrouvé (*Cynthia papillosa, Molgula ampulloïdes, Styelopsis grossularia, Polycarpa varians, Styela plicata, Ascidia mentula, Phallusia mamillata, Ciona intestinalis, Rhopalona neapolitana*). De chacune des extrémités antérieure et postérieure du ganglion nait une paire de nerfs. La première paire de nerfs se dirige en avant, les autres en arrière. Ces nerfs se rendent au voisinage des deux orifices et fournissent des rameaux aux tentacules, aux ocelles et aux lobes des siphons; ils ne forment jamais avec les nerfs symétriques de collier autour des orifices, et ne gardent même pas toujours leur symétrie. Leur trajet est d'ordinaire assez court; ils se dissocient rapidement en une infinité de fibrilles qui se perdent dans le tissu conjonctif des faisceaux musculaires.

De la région antérieure du ganglion des BOTRYLLIDÆ partent quatre paires de nerfs (fig. 1592) : 1° les *nerfs siphonaux antérieurs* (*ns'*) ; 2° les *nerfs péricoronaux* (*np*), qui, après avoir contourné la base du siphon branchial, fournissent probablement des nerfs à l'endostyle; 3° deux petits nerfs (*nv*) placés entre les troncs de la première paire et qui longent l'organe vibratile; 4° deux autres petits nerfs (*ns'*) qui partent de la base des nerfs péricoronaux et se rendent à la région de la branchie comprise entre le sillon péricoronal et la première rangée de fentes branchiales; des faces latérales se détachent ensuite deux paires de *nerfs branchiaux* (*nbr*) et du bord postérieur également deux paires de nerfs (*nd*) qui se rendent au tube digestif et au siphon postérieur. Il existe donc, en tout, huit paires nerveuses. Les mêmes nerfs plus ou moins confondus à leur base, se retrouvent chez les *Pyrosoma* (fig. 1593, n° 1). Le nombre des paires nerveuses se réduit à six chez les *Aplidium*, à cinq chez les *Didemnum*, à quatre chez le *Glossophorum* et *Distaplia*.

Le ganglion des Salpes est pyriforme; du milieu de son bord antérieur émerge un gros cordon qui n'est autre chose que le *nerf optique*; il se bifurque bientôt, chacune de ses branches se rendant à un œil. Huit à neuf paires de nerfs naissent de ce ganglion; il n'y a pas de nerf médian correspondant à celui des Appendiculaires et des Ascidiacés. Les deux paires de nerfs antérieurs vont tout droit à la lèvre et s'y étalent en un plexus à mailles de plus en plus serrées à mesure qu'on se rapproche du bord de la lèvre; les nœuds du plexus sont ordinairement occupés par une cellule ganglionnaire; des mailles les plus étroites partent des filaments nerveux aboutissant à des cellules exodermiques, deux fois plus grosses que leurs voisines et surmontées d'un cil rigide. Ce sont probablement des cellules sensitives

La structure du ganglion nerveux est très uniforme. Il est enveloppé d'une feutrage de tissu conjonctif; sa périphérie est constituée par des cellules pyriformes ou globulaires (fig. 1593, n° 2), toutes unipolaires chez les Ascidies, multipolaires

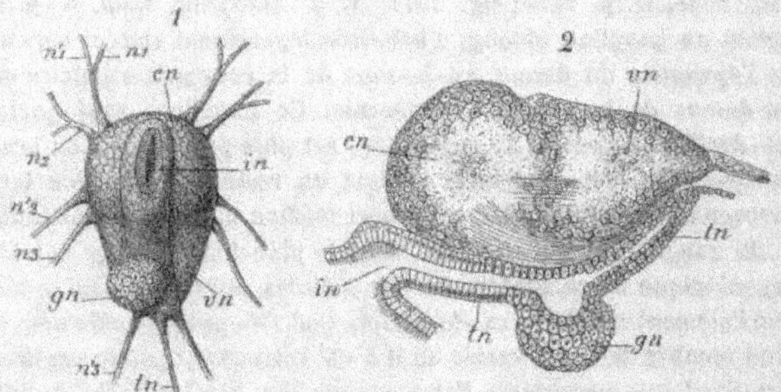

Fig. 1593. — 1. Centre nerveux du *Pyrosoma elegans*, vu en dessous. — *tn*, partie atrophiée du tube hyponeural; *gn*, glande hyponeurale; n_1 à n_3, nerfs. — 2. Coupe longitudinale du centre nerveux et de l'appareil hyponeural du *Pyrosoma elegans*. — *vn*, ganglion postérieur; *tn*, tube hyponeural; *gn*, glande hyponeurale; *in*, pavillon vibratile; *cn*, ganglion antérieur (gr. = 220).

chez les Salpes; tandis que la région centrale est constituée par un lacis de fibrilles entremêlées de petites cellules nerveuses. C'est de ce lacis que naissent les troncs nerveux. Parmi les fibres, les unes se rendent directement des cellules aux troncs nerveux; d'autres traversent le ganglion allant d'un tronc au tronc symétrique, sans s'interrompre.

Organes génitaux et endocarpes. — Les Tuniciers sont hermaphrodites, mais le plus souvent les éléments des deux sexes n'arrivent pas en même temps à maturité, de sorte qu'il ne peut y avoir autofécondation. Les *Colella* et les *Distaplia magnilarva* sont cependant fréquemment unisexuées; tous les ascidiozoïdes d'un ascidiodème sont alors de même sexe, et leur sexualité se conserve à travers plusieurs générations blastogénétiques. D'autre part, chez les Ascidies composées, les Pyrosomes et les Thaliacés, la question de la sexualité se complique de phénomènes spéciaux qui ne pourront être bien compris qu'après l'étude du bourgeonnement chez ces animaux.

Les éléments génitaux se développent toujours dans les lacunes ou sinus du tissu conjonctif; ils ne sont autre chose que des éléments mésodermiques analogues à ceux de l'endothélium et aux corpuscules sanguins, et ils se détachent même par-

fois de l'endothélium. En un même point ne se développent, en général, que des
éléments d'un seul sexe. Autour des amas génitaux, le tissu conjonctif se feutre,
et il se constitue ainsi une glande génitale, souvent pourvue d'un canal excréteur
qui lui est propre.

Les glandes génitales, fondamentalement identiques, présentent cependant trois
types différents de localisation qui permettent de répartir les Ascidies en trois
groupes entre lesquels il peut d'ailleurs exister des passages : les PLEUROGONA, les
HEMIGONA et les HYPOGONA.

Dans le premier type, qui se rapproche le plus de ce que l'on voit chez l'*Amphioxus*
et de ce qui existe habituellement chez les Néphridies segmentés, les organes génitaux se développent tout à fait indépendamment du
tube digestif, dans l'épaisseur de la paroi du corps
qu'ils envahissent parfois presque entièrement ; on
les retrouve des deux côtés de l'animal avec des restes
manifestes de métamérie (fig. 1586, n° 1, *o*; p. 2209).
De chaque côté, il existe d'habitude plusieurs glandes
de chaque sexe, pourvues chacune d'un canal excréteur particulier. Les Ascidies pleurogones sont toutes
stolidobranches ; on a déjà vu, p. 2172, les raisons
qui conduisent à les considérer comme primitives ;
ce sont les CYNTHIIDÆ, les STYELIDÆ, les MOLGULIDÆ
et les BOTRYLLIDÆ.

Chez les HEMIGONA, la formation des éléments génitaux est localisée au voisinage de l'intestin et dans
la région circonscrite par l'anse intestinale ; en général, les acini testiculaires se développent dans la
première région, les acini ovariens dans la seconde ;
mais les deux sortes d'éléments peuvent se localiser
autour de l'intestin (*Rhopalona*). Dans tous les cas, il
n'existe plus ici que deux glandes génitales impaires,
l'une mâle, l'autre femelle, munies chacune de leur
canal excréteur.

Lorsque le tube digestif se détache de la paroi du
corps pour se placer au-dessous de la branchie, les

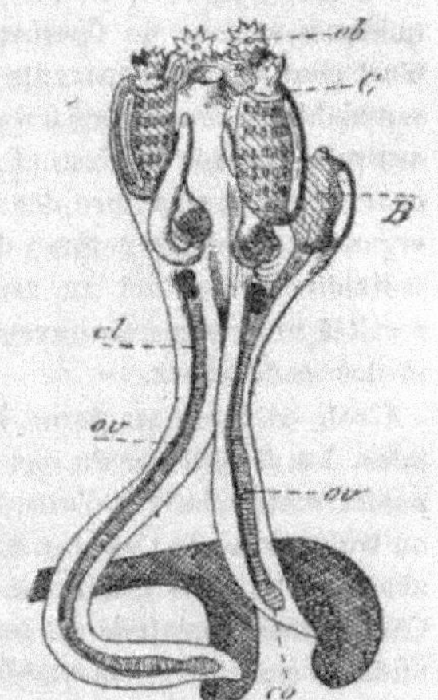

Fig. 1594. — Jeune colonie de *Circinalium concrescens*, montrant la
concrescence et la blastogénèse
épicardique. — *ob*, orifices buccaux ;
C, cloaque commun ; *el*, sac épicardique cloisonnant le stolon ; *ov*,
ovaire ; *co*, cœur ; *B*, bourgeon
assez développé (d'après A. Giard).

glandes génitales, désormais serrées autour de lui, l'accompagnent naturellement
(CIONIDÆ, DISTOMIDÆ), et l'ovaire peut sembler alors libre dans la cavité périviscérale (*Ciona*). On arrive ainsi à la disposition propre aux HYPOGONA, dont la réalisation normale s'observe dans le post-abdomen des POLYCLINIDÆ (fig. 1594, *ov*). On a
vu, p. 2175, comment les particularités caractéristiques des DIDEMNIDÆ dérivent de
celles que présentent les POLYCLINIDÆ. Les Ascidies mésogones sont phlébobranches
(ASCIDIIDÆ, CIONIDÆ) ou aplousobranches (DISTOMIDÆ) ; toutes les Hypogones sont
aplousobranches. Au point de vue de la branchie, les Mésogones apparaissent
donc encore comme un groupe de transition.

Chez les PLEUROGONA, comme il convient à des formes primitives, les glandes
génitales, tout en demeurant dans les parois dermiques, présentent une variété très
grande de disposition et souvent plusieurs dispositions fort différentes, en appa-

rence, se rencontrent dans le même genre. C'est surtout dans les familles des Cynthiidæ et des Styelidæ que l'on observe de nombreuses gradations.

Dans ces deux familles on remarque à la surface interne du test, des saillies
spéciales, les *endocarpes*, constituées chacune par un ensemble de sinus bourrés de
cellules conjonctives et qui pourraient être pris, au premier abord, pour des glandes
génitales en voie de développement. Ces endocarpes sont transparents chez les
Cynthia et les *Styela*, de couleur blanche chez les *Polycarpa*. On les observe surtout
dans les genres où la paroi du corps est fortement musclée (*Cynthia, Polycarpa,
Culeolus, Styela*). Leur ressemblance avec les jeunes glandes génitales est telle qu'il
est permis de considérer ces dernières comme résultant d'une évolution particulière des éléments contenus dans les endocarpes. Les endocarpes font défaut chez
quelques espèces de *Cynthia* (*C. dura*) et chez les *Microcosmus* : mais cette absence
n'est peut-être qu'apparente chez ce dernier genre. En effet, les glandes génitales,
semblables à leur début à des endocarpes, gardent ici, à leur maturité, une région
centrale, creusée de sinus et remplie de cellules granuleuses. Cette région conserve
exactement la structure des endocarpes. La même structure se retrouve dans des
organes considérés comme des glandes génitales rudimentaires que la plupart des
individus présentent au voisinage des lignes médianes dorsale et ventrale; ce
serait là un argument nouveau en faveur de l'homologie des glandes génitales vraies
et des endocarpes.

C'est, en tout cas, parmi les endocarpes que se développent les glandes génitales. La disposition de ces glandes chez les *Culeolus*, les *Styela plicata* et *canopoïdes* semble dériver d'une disposition métamérique. Au voisinage de l'endostyle,
on trouve chez le *Culeolus Murrayi*, une douzaine de masses génitales, réparties de
chaque côté, mais généralement plus nombreuses du côté droit que du côté gauche.
Chaque masse génitale est formée d'un testicule arrondi, pourvu d'un délicat spermiducte ondulé; les spermiductes s'unissent de proche en proche pour constituer,
de chaque côté, un canal déférent qui s'ouvre dans la cavité péribranchiale, au voisinage de l'orifice atrial. Autour des spermiductes et des testicules eux-mêmes sont
les œufs que conduit au dehors un oviducte longeant le canal déférent du côté correspondant. Le nombre des masses génitales tombe à trois de chaque côté chez le
C. recumbens, mais chaque masse a son canal déférent et son oviducte distincts; il
n'y a plus qu'une masse génitale de chaque côté chez le *C. perlucidus* et les *Fungulus*. On observe des gradations analogues chez les *Styela*. La *S. plicata* présente
de chaque côté cinq ou six groupes génitaux presque métamériques. Chaque
groupe comprend un long ovaire tubulaire, terminé d'une part en cul-de-sac, prolongé d'autre part en un tube rétréci qui est l'oviducte; tous les oviductes convergent dans la direction de l'orifice cloacal. Chaque ovaire est entouré d'un grand
nombre de follicules testiculaires isolés qui peuvent même se développer dans la
couche dermique adjacente; chaque testicule est pourvu d'un canal déférent, cilié
à l'intérieur et s'ouvrant à la surface interne de la cavité péribranchiale par une
sorte de pavillon vibratile. Les organes génitaux de la *S. canopoïdes* sont construits
de la même façon, mais on n'en compte que deux de chaque côté. Chez la plupart
des autres espèces il n'existe de chaque côté, ou même d'un seul côté, qu'un ovaire
cylindroïde, entouré de testicules dont les spermiductes se réunissent, comme chez
le *Culeolus Murrayi*, en un canal déférent, accompagnant l'oviducte. Une disposition

très analogue est réalisée chez les *Pelonaïa*; seulement les testicules sont placés à angle droit de chaque côté d'un tube ovarien, recourbé en anse. Au contraire, chez la *Styela glomerata*, les ovaires et les testicules sont complètement dissociés et forment sur la face interne du derme de petits lobules épars, ayant chacun son canal excréteur. Cette disposition peut être considérée comme générale chez les *Polycarpa*. Toutefois chez quelques espèces (*P. varians*) il ne semble pas exister d'oviducte permanent, et les œufs sont probablement émis par simple déhiscence des ovaires; chez d'autres, les vésicules testiculaires se groupent autour des ovaires, comme chez diverses *Styela*, et leurs spermiductes se réunissent de même en un canal déférent unique qui s'ouvre à côté de l'oviducte correspondant.

Les glandes génitales du côté gauche ont disparu chez les *Styelopsis*; du côté droit, dans l'épaisseur de la charpente conjonctive musculaire, on trouve un ovaire accompagné d'un certain nombre de masses testiculaires, ayant chacune son canal excréteur distinct. L'ovaire s'ouvre à la région postérieure du corps, dans une partie de la cavité péribranchiale, différenciée en chambre incubatrice. Les orifices des canaux déférents sont ciliés et placés au-dessus de la région profonde de l'ovaire; les canaux excréteurs rampent sous cet organe, et leurs ramifications se contournent pour aboutir aux capsules spermatiques, placées à la surface externe de l'ovaire.

Chez les *Cynthia*, les éléments mâles et femelles ne sont plus produits par des glandes séparées; les glandes génitales sont elles-mêmes hermaphrodites, mais présentent dans leur disposition des gradations exactement correspondantes à celles des genres précédents. De nombreuses glandes génitales, indépendantes, pourvues chacune de quatre à six canaux excréteurs, se montrent à la face intérieure du test de la *C. corallina*; des mamelons génitaux, portant chacun de petits pores, sont insérés sur une glande en forme de lame continue chez la *C. dura*; chez la *C. pantex*, les lobes génitaux se rapprochent et communiquent tous entre eux, formant ainsi, de chaque côté, une masse génitale lobée, pourvue d'un canal déférent et d'un oviducte accolés. Les deux masses génitales sont enfin tout à fait condensées chez la *C. papillosa*, et forment, de chaque côté, une bande saillante, épaisse, recourbée sur elle-même en boucle. Du côté gauche, les glandes génitales se localisent déjà à l'intérieur de l'anse intestinale, comme chez les MESOGONA.

Il n'y a également, en apparence, chez les *Microcosmus* qu'une seule glande génitale de chaque côté; mais cette glande résulte, en réalité, de l'union d'un plus ou moins grand nombre de glandules. Ces glandules sont séparés, et on en compte trois ou quatre de chaque côté, chez les jeunes individus. Chez les adultes les glandules mâles et femelles, placées côte à côte et répandues sur toute la surface interne du derme, confluent de chaque côté en une masse lobée dont le lobe postérieur porte un orifice servant seulement à l'émission des œufs; les testicules auraient encore chacun un orifice distinct.

La réunion des glandules mâles de chaque côté en une seule glande et des glandules femelles en un seul ovaire étroitement accolé au testicule, est générale chez les MOLGULIDÆ; la glande mâle et la glande femelle ont chacune un canal excréteur très distinct, mais les deux canaux sont aussi étroitement accolés (fig. 1586, nº 1, *o, t*; p. 2209). La masse génitale droite est placée en avant du cœur; la masse gauche en avant de l'anse intestinale, qui peut du reste l'embrasser lorsqu'elle est assez longue pour se recourber en avant. La masse droite avorte chez les

Eugyra, et *Eugyriopsis*, qui tendent ainsi vers le groupe des Mesogona; la masse gauche fait, au contraire, défaut chez les *Gamaster*.

Comme les Molgulidæ, les Botryllidæ ont deux groupes pariétaux, symétriques de glandes génitales; chaque groupe est constitué par un ovaire et trois ou quatre lobes testiculaires, suspendus à un canal déférent commun, très court. Pour des raisons qui apparaîtront plus tard (p. 2303), il n'y a pas d'oviducte.

L'ovaire et le testicule des Ascidiidæ entrent en connexion constante avec le tube digestif; ils sont généralement appliqués contre la paroi postérieure de l'estomac, ou la région antérieure de l'intestin (*Corella*), et sont souvent circonscrits par l'anse intestinale. Chez les *Ascidia*, par exemple, ils ne forment qu'une seule masse racémeuse, située du côté gauche du cœur, dans l'espace circonscrit par l'anse intestinale et s'étendant quelquefois sur la paroi de l'intestin et de l'estomac. L'ovaire est habituellement formé de branches rayonnant de l'extrémité inférieure de l'oviducte. Celui-ci longe le bord postérieur de l'intestin, le bord dorsal du rectum, et vient s'ouvrir dans la cavité atriale, tout près de l'anus. Le testicule se compose de délicats tubes blancs qui se ramifient dichotomiquement sur l'ovaire, l'estomac et l'intestin, et présentent, en général, à leur extrémité, un renflement allongé ou pyriforme. Le canal déférent suit l'oviducte dans tout son trajet. Il en est de même chez les *Perophora*, où un ovaire unique est entouré de quatre à huit testicules sphéroïdaux dont les spermiductes se réunissent en un canal déférent commun.

Les deux glandes génitale des *Rhopalona* se développent encore comme celles des Ascidiidæ dans le voisinage de l'intestin; on ne peut établir de séparation entre l'ovaire et le testicule; leurs lobules sont intimement mêlés; toutefois, d'une manière générale, les follicules ovariens occupent la région centrale de la masse génitale. La séparation des deux glandes est à peu près complète chez les autres Cionidæ; l'une et l'autre sont d'ailleurs, ainsi que chez les *Rhopalona*, situées dans l'abdomen dont la cavité périviscérale est encore peu développée dans ce dernier genre. Le testicule et l'ovaire des *Ciona* sont contigus, mais présentent cependant des rapports différents. Tandis que les spermatozoïdes se développent dans les lacunes du tissu conjonctif péri-intestinal, de telle façon que le testicule mûr change complètement l'aspect de la paroi intestinale et en est inséparable, l'ovaire est un organe indépendant dans la cavité épicardique, constitué par une trame conjonctive, reliée seulement aux autres organes par quelques lames mésentériques. Les lacunes, dans lesquelles tombent les œufs, communiquent ensemble et l'une d'elles est en continuité avec l'oviducte. Un réseau de canalicules d'où se dégage, à la surface de l'intestin, un certain nombre de branches convergeant vers un canal déférent unique, conduit au dehors les spermatozoïdes. L'oviducte est accolé au canal déférent, et tous deux, après avoir pénétré dans la cavité péribranchiale, s'accolent au sinus dorsal pour se terminer dans la région du ganglion. Le canal déférent de la *Ciona intestinalis* se renfle, avant de se terminer, en une ampoule qui oblitère l'oviducte et s'ouvre au dehors, à travers la paroi de celui-ci, par plusieurs petits tubes. Les œufs ne peuvent ainsi être pondus qu'après l'émission du sperme.

Les glandes génitales des Distomidæ présentent des dispositions assez caractéristiques. L'ovaire et le testicule ont leurs canaux excréteurs distincts, mais plus ou moins accolés, comme dans les familles précédentes. L'ovaire est constitué par une masse d'œufs de différentes grandeurs, et le testicule par de nombreux lobules disposés en grappe. On compte environ neuf lobules chez les *Cystodites*, une vingtaine chez les *Distaplia*, une trentaine chez le *Distoma plumbeum*. Chez les *Clavellina* (fig. 1564, *GD, Gg*; p. 2176), les branches terminales de la grappe testiculaire sont disposées par couples. L'ovaire est constitué chez les *Cystodites* par un cordon d'œufs unisériés et dont les plus gros occupent l'extrémité libre de l'organe.

Chez les HYPOGONA typiques (POLYCLINIDÆ, fig. 1589, p. 2217) une région particulière du corps, le *post-abdomen*, contient, avec le cœur, les glandes génitales et le stolon bourgeonnant. Le testicule et l'ovaire paraissent, au premier abord, sous l'aspect de deux longues bandes accolées; la bande testiculaire est, en réalité, constituée par de nombreux follicules sphéroïdaux, presque sessiles sur un long canal déférent rectiligne qui monte le long de l'estomac et vient se terminer au milieu du cloaque (*Circinalium*); l'ovaire peut aussi être divisé en deux compartiments par une cloison longitudinale (*Circinalium*) ou en logettes par des cloisons transverses. Les *Glossophorum* présentent des dispositions un peu différentes; le testicule est une grappe composée d'une vingtaine de follicules; cette grappe est déprimée dans son milieu et du côté dorsal par les follicules ovariens; le canal déférent et l'oviducte décrivent un demi-tour au niveau de l'intestin moyen, et ils remontent ensuite dorsalement le long du côté gauche du rectum. Presque toujours l'oviducte se renfle sur une partie de son trajet, pour constituer une poche incubatrice.

Chez les DIDEMNIDÆ il n'y a plus de post-abdomen. Les *Diplosomoides* présentent encore une grappe testiculaire à nombreux follicules, mais ces follicules résultent de la bipartition d'un testicule primitif unique et de la subdivision des deux organes ainsi formés. Cette subdivision ne se produit pas chez les *Diplosoma*, qui n'ont jamais de la sorte que deux testicules; enfin la glande mâle, conservant son état primitif, demeure simple chez les autres DIDEMNIDÆ. Le spermiducte est toujours bien développé, mais il présente ici une disposition remarquable, déjà amorcée chez les *Glossophorum*; sauf chez les *Diplosoma* et *Diplosomoides*, il s'enroule autour du testicule; la même disposition se retrouve chez quelques *Doliolum*. Le nombre des tours de spires est caractéristique des espèces; on compte, par exemple, deux tours chez le *Leptoclinum Lacazi*, sept chez le *L. gelatinosum*, huit chez le *Didemnum niveum*, dix chez le *Leptoclinum perspicuum*, douze chez le *L. maculatum* et le plus grand nombre des *Didemnum*. Cette particularité suppose que les DIDEMNIDÆ, dont la glande mâle est actuellement située dans l'anse intestinale, descendent de formes où le canal déférent était primitivement droit et très long, où les glandes génitales avaient par conséquent une disposition analogue à celle qu'on observe chez les POLYCLINIDÆ. Ils se rattachent ainsi naturellement aux HYPOGONA. Chez les *Diplosoma* et *Diplosomoides* où le spermiducte reprend une forme rectiligne, il présente à chacune de ses extrémités un renflement ampullaire; un renflement analogue existe à l'extrémité supérieure du spermiducte du *Glossophorum sabulosum*. L'ovaire dépourvu d'oviducte, de même que chez les *Didemnum*, forme ici une bandelette composée d'œufs unisériés, dont les plus gros sont les plus rapprochés de l'extrémité libre de la bandelette.

Le développement du testicule des PYROSOMIDÆ ressemble à celui du testicule des *Diplosomoides*. Unique au début, sphéroïdal et prolongé par une traînée de cellules qui se dirigent vers le cloaque et formeront le spermiducte, il subit ensuite de multiples divisions longitudinales qui aboutissent à la formation des nombreux follicules testiculaires, disposés en couronne, de l'adulte. Le testicule des Salpidæ est formé par de nombreux canalicules séminifères ramifiés, placés entre les lobes des cæcums gastriques ; ils aboutissent à un spermiducte qui vient déboucher près de l'anus dans la cavité cloacale. L'ovaire des Pyrosomes et des Salpes sera décrit en même temps que leur bourgeonnement, p. 2346 et p. 2327, auquel sa constitution est liée d'une manière intime.

Enfin les glandes génitales des Appendiculaires occupent la région postérieure du corps, et sont dépourvues de canal excréteur. Quelques espèces sont unisexuées, et le mâle de l'*Oikopleura dioica* est même de moitié plus petit que la femelle ; mais le plus souvent les deux sortes de glandes sexuelles se développent successivement ou coexistent sur le même individu (fig. 1576, p. 2189). La glande mâle arrive toujours à maturité avant la glande femelle (*protandrie*) ; toutefois elle ne précède la glande femelle que de quelques minutes chez les *Kowalevskia*, et les œufs se rencontrent souvent avec les spermatozoïdes mûrs chez la *Fritillaria furcata*. Les glandes génitales peuvent être impaires (*Kowalevskia*, la plupart des *Fritillaria*), ou bien l'ovaire est impair et les testicules pairs (beaucoup d'*Oikopleura*, *Stegosoma*, *Appendicularia sicula*), ou bien enfin les deux glandes sont paires et symétriques (*Fritillaria urticans*, *Oikopleura rufescens*). Elles se développent, en général, aux dépens d'une même masse pluricellulaire qui produit d'abord des prolongements périphériques, au moyen desquels elle se fixe aux parois du corps ; les deux glandes se différencient ensuite l'une de l'autre. Le testicule mûr consiste en un ou deux boyaux très développés dont la position est caractéristique des genres (p. 2333). Un des filaments qui unissent les boyaux aux parois du corps ou à l'intestin paraît susceptible de jouer le rôle de canal déférent chez les *Stegosoma* et beaucoup d'*Oikopleura*. En général, les spermatozoïdes sont émis par simple déhiscence de la paroi testiculaire ; ils peuvent alors se répandre dans toutes les parties du corps. La paroi testiculaire elle-même est constituée par une simple couche d'épithélium plat et résistant.

L'ovaire est toujours très développé ; ses variations de forme et de disposition sont, comme celles du testicule, indiquées dans les caractéristiques génériques. Dans le rudiment de l'ovaire se différencient d'abord une couche externe de cellules cubiques et une masse interne, formée d'un petit nombre de cellules, les ooblastes. Les cellules cubiques constituent peu à peu une mince *membrane ovarique*, tandis que s'effacent les limites des ooblastes. Chaque noyau, devenu libre, produit successivement un certain nombre de bourgeons contenant un ou deux grains de chromatine ; ces *nucléogemmes* émigrent vers la périphérie de la masse finement granuleuse qui contient les noyaux et viennent soulever la membrane ovarique. Chaque nucléogemme s'entoure de protoplasme et se transforme en œuf ; la portion de la paroi de la membrane ovarique soulevée par l'œuf lui forme un *follicule* quand il s'est complètement isolé. Les œufs mêmes sont expulsés par déhiscence de la paroi du corps ; ils sont, à la ponte, dépourvus de follicule.

Fréquemment, à mesure que les organes génitaux se développent, l'animal subit une régression. Cette régression commence chez les *Stegosoma* avant la maturité des spermatozoïdes, et porte sur toute la région antérieure du corps, à l'exception de l'endostyle ; habituellement la résorption ne commence qu'après l'invasion des spermatozoïdes et frappe tous les organes, sauf la queue et l'ovaire; elle est si rapide chez l'*Oikopleura rufescens* que la ponte n'a lieu qu'après la mort de l'animal.

Il est impossible de se rendre un compte exact du mode de développement de l'œuf et du spermatozoïde des autres formes de Tuniciers, si l'on n'a pas suivi pas à pas le développement des organes génitaux.

Développement des organes génitaux. — On peut prendre chez les *Styelopsis* le type du développement des organes génitaux des PLEUROGONA, à la condition d'admettre que ce qui ne se produit ici que dans la paroi droite du corps, se produit ailleurs dans les deux parois [1]. La masse génitale consiste d'abord en un petit amas de cellules, plein et de forme irrégulière, situé un peu en arrière du milieu du corps de la jeune Ascidie, à droite de l'endostyle, en dehors du cœur, contre l'épithélium péribranchial, dans l'épaisseur du manteau. De très bonne heure on distingue dans cet amas une assise périphérique, continue et une masse centrale, à gros noyaux disséminés, sans limites cellulaires nettement reconnaissables. Tous ces éléments sont en voie de multiplication mitosique, et leur multiplication la plus active siège vers la région moyenne de l'amas, région où apparaît bientôt une fente, tandis que l'amas s'allonge lui-même en cordon. La fente, du côté de l'exoderme, n'est limitée que par l'assise périphérique, dont les cellules se sont aplaties, tandis que du côté de l'épithélium péribranchial, elle est séparée de cette assise par deux autres assises d'assez grosses cellules sphéroïdales, toutes semblables entre elles. De la fente aux deux extrémités du cordon, des cellules analogues se différencient de proche en proche aux dépens du syncytium. Les cellules de l'assise externe sont destinées à constituer le *testicule*, les autres l'*ovaire*. Bientôt, en effet, des cellules de l'assise périphérique s'insinuent entre les deux assises de cellules sexuelles, et constituent une membrane de séparation, de chaque côté de laquelle les cellules sexuelles se disposent en deux séries linéaires. Les deux séries mâles et les deux séries femelles sont finalement enveloppées d'un tube épithélial distinct; le tube mâle est placé au-dessous du tube femelle, un peu plus large que lui. Ce dernier s'allonge par la multiplication des éléments de son assise périphérique; lorsque son extrémité inférieure a atteint le fond du sac branchial, son bord latéral gauche se soude en un point avec l'épithélium péribranchial; en ce point se forme l'orifice ovarien. Un peu auparavant les cellules sexuelles femelles forment par leur division deux bandes d'épithélium germinatif aux dépens desquelles se produisent les ovules et leur follicule.

Le tube mâle, en s'allongeant comme le tube femelle, prend d'abord un aspect moniliforme; puis deux étranglements plus prononcés séparent incomplètement sa région moyenne des deux régions terminales. Cette région moyenne présente déjà des renflements latéraux qui sont les ébauches des futures vésicules testiculaires. Plus tard, par la formation d'étranglements nouveaux, le tube testiculaire se trouve divisé en six lobes placés bout à bout et que réunissent d'étroits canaux épithéliaux. Il semble qu'il y ait encore là une disposition métamérique. Chaque lobe comprend d'ailleurs de dix à vingt ampoules spermatiques, respectivement

---

[1] CH. JULIN, *Structure et développement des glandes génitales: ovogénèse, spermatogenèse et fécondation chez la Styelopsis grossularia*, Bulletin scientifique de la France et de la Belgique; 30 juin 1893.

réunies par un court canal excréteur au canal excréteur principal, surtout développé aux dépens de la face profonde du tube épithélial primitif. Chaque ampoule parait dériver de l'une des grosses cellules sexuelles mâles primitives. Plus tard la paroi épithéliale profonde du conduit excréteur principal de chaque lobe testiculaire se soude en un point de son étendue avec l'épithélium péribranchial, et un orifice se produit en ce point. Autour de l'orifice et dans le canal qui lui correspond, l'épithélium devient enfin vibratile. Pendant ce temps les cellules primordiales mâles ont subi des transformations qui préparent la formation des spermatozoïdes. On peut donner le nom d'*ovogonies primordiales* et celui de *spermatogonies primordiales* aux grosses cellules qui dans les très jeunes glandes sexuelles de *Styelopsis*, se disposent en deux files.

Chez les HEMIGONA, l'ovaire et le testicule naissent d'une même ébauche impaire et médiane, située du côté dorsal de l'anse intestinale (*Perophora*), au niveau des premières ramifications de l'organe réfringent. Cette ébauche est formée de cellules mésodermiques non différenciées; elle est suspendue à un cordon formé d'une seule file de cellules, le *cordon génital*, qui arrive jusqu'à l'épithélium cloacal. Bientôt une cavité apparaît dans la masse cellulaire qu'une constriction transversale divise en deux diverticules, dont l'un, plus interne et ventral, est le rudiment du testicule, l'autre, celui de l'ovaire. Le diverticule mâle évolue le premier; il se décompose en une partie renflée qui devient le testicule et un col qui devient le canal déférent. La paroi de la vésicule testiculaire ne tarde pas à se décomposer en deux assises cellulaires : une externe, constituée par un épithélium aplati; l'autre interne, formée par les futurs spermatocytes. Le canal déférent s'ouvre d'abord dans la vésicule femelle. Celle-ci s'allonge longitudinalement; sur les parois de son cul-de-sac terminal, se différencient des cellules ovulaires, tandis que le reste de la vésicule devient l'oviducte. Le cordon génital contribue aussi, sans doute dans une certaine mesure, à la formation de l'oviducte, mais il fonctionne surtout comme une sorte de *gubernaculum* qui se raccourcit à mesure que l'oviducte se développe; il rapproche de plus en plus l'extrémité de celui-ci de la cavité cloacale, et peu à peu se résorbe complètement. L'extrémité du canal déférent se rapproche aussi de plus en plus de cette cavité et finit par s'y ouvrir d'une manière indépendante. Les glandes génitales se divisent ensuite en lobes dont le nombre augmente graduellement. Les cellules ovulaires se caractérisent graduellement parmi les cellules indifférentes qui leur constituent un *follicule*. A mesure qu'ils grossissent, les œufs entourés de leur follicule font saillie dans le stroma environnant, et constituent une sorte de grappe dont les grains ne sont réunis à l'épithélium ovarique que par un mince prolongement du follicule.

Chez la plupart des oozoïdes des Ascidies composées, les organes génitaux ont passé inaperçus; leur existence a cependant été constatée chez des larves de *Botryllus* fixées depuis quelque temps et dont la queue était presque complètement résorbée. Ces larves portaient deux petits amas symétriques de cellules non différenciées, parmi lesquelles s'accusaient déjà cependant quelques jeunes ovules. L'oozoïde des *Botryllus* n'ayant qu'une très courte existence, les glandes n'arrivent pas à maturité à son intérieur et leurs éléments sont transmis à une succession de blastozoïdes pour mûrir à leur intérieur (p. 2302); ces éléments génitaux, issus de l'oozoïde, s'ajoutent à ceux qui se forment dans chaque blastozoïde et dont une partie émigre de même. Ce processus paraît très répandu chez les Ascidies composées et est le point de départ de ce qu'on appelle la *génération alternante* des Salpes (p. 2253).

Dans les blastozoïdes tout au moins, les futurs éléments génitaux se forment de très bonne heure aux dépens d'éléments du mésoderme. Celui-ci est d'abord représenté par une bande de cellules situées entre le tube hyponeural et l'exoderme un peu épaissi de cette région, auquel elles sont étroitement unies. De ce mésoderme issu lui-même de l'exoderme se détachent des cellules migratrices, souvent munies de deux prolongements opposés qui s'accumulent d'abord en deux petites masses latérales pour constituer les glandes génitales, puis se répandent entre les deux feuillets du bourgeon et forment plus tard les fibres musculaires. De toute la surface de l'exoderme se détachent aussi de petites cellules qui émigrent dans la tunique et contribuent à son développement. Les éléments génitaux sont ici indirectement issus de l'exoderme puisque le mésoderme en provient, et on comprend que les cellules tunicières se détachent directement aussi de l'exoderme au lieu de provenir du mésoderme, comme chez les PHALLUSIIDÆ.

Les vésicules rénales ne sont également au début que des amas de cellules mésodermiques, au sein desquels se creuse bientôt un espace rempli par un liquide hyalin. Dans ce liquide apparaissent plus tard des concrétions.

Développement de l'œuf. — Revenons aux ovogonies primordiales de *Styelopsis* définies dans le paragraphe précédent. Chacune d'elles contient un noyau limité par une membrane achromatique à laquelle se rattache un fin réseau, sur lequel sont distribués les chromosomes. Au moment de la mitose, la plaque nucléaire comprise entre deux centrosomes contient quatre chromosomes primaires qui se divisent suivant les règles ordinaires. A mesure qu'ils se multiplient les éléments résultant de cette division se différencient en deux sortes d'éléments : 1° des éléments qui demeurent adhérents à l'épithélium germinatif et continuent à se diviser ; 2° des éléments qui abandonnent l'épithélium et se massent dans la région centrale de l'ovaire. Ces derniers sont, en général, groupés quatre par quatre ; l'un d'entre eux seulement se développe en ovule ; les trois autres sont l'origine du follicule de l'œuf. La formation de ces trois sortes d'éléments a lieu d'une façon remarquablement régulière. Appelons A une ovogonie primordiale ou une cellule quelconque faisant partie de l'épithélium germinatif ; par une première division, A donne naissance à deux éléments semblables a_1, a_2 ; a_1, par une deuxième division, fournit deux éléments dont l'un O deviendra ovule, l'autre f_1 l'une des cellules folliculaires ; la division de a_2 fournira de même deux cellules ; l'une, A_1, sera mise en réserve dans l'épithélium folliculaire ; l'autre, b, va se diviser à son tour et fournira deux cellules folliculaires f_2 et f_4. Les cellules f_1, sœur de O, f_2 et f_3, filles de sa cousine b, s'associent avec O pour former l'ovule et son follicule ; A_1 recommence pour son compte la même série de divisions et de différenciations que A. Les ovogonies primordiales sont d'abord distantes les unes des autres ; les amas cellulaires résultant de leurs premières divisions sont encore nettement séparés ; au bout de la sixième division, tous les éléments sont contigus. Les ovules et les éléments folliculaires cessant, pour un temps, de se diviser après leur différenciation, au moment où cette sixième division vient de s'accomplir, les descendants de A, au nombre de douze, comprennent trois ovules d'âge différent, sept cellules folliculaires et deux ovogonies non différenciées et prêtes à se diviser. L'ovule qui vient de se différencier est un corps sphéroïdal, formé d'un gros noyau enveloppé d'une mince couche de protoplasme. De petits chromosomes et un nucléole sont disséminés sur le réseau achromatique du noyau. Le centrosome qui a présidé à sa formation est résorbé dans son protoplasma; il ne s'en produit pas de nouveau dans le noyau au cours de ses modifications.

L'ovule doit encore subir, avant d'être apte à la fécondation, diverses transformations qui se répartissent en deux temps : 1° un temps d'*accroissement de la vésicule germinative* et de *développement du follicule*; 2° un temps de *réduction de la chromatine* de la vésicule germinative, correspondant à l'expulsion des globules polaires. Durant le premier temps, la membrane nucléaire achromatique demeure en continuité avec le réseau achromatique de la vésicule germinative; le nucléole, très excentriquement placé dans l'espace nucléaire, s'accroit progressivement; la chromatine d'abord disséminée, sous la forme de microsomes, le long des travées du réseau achromatique, vient peu à peu s'appliquer contre la face interne de la membrane nucléaire, où ses microsomes se réunissent en un cordon chromatique unique et continu. Ce cordon présente bientôt quatre ondulations doubles dont les sommets sont alternativement appliqués contre la membrane nucléaire et dirigés vers l'intérieur du noyau. Le cordon se rompt en ses points de contact avec la membrane nucléaire, et il se produit ainsi quatre chromosomes distincts, en forme d'anses, dirigeant leur sommet vers le centre du noyau. Le nombre de ces chromosomes varie d'une espèce à l'autre; il est de huit chez le *Didemnum niveum*. Les mailles du réseau achromatique se resserrent alors dans la région centrale de la vésicule germinative, de sorte que le contenu de celle-ci se divise en deux zones concentriques, à la limite desquelles se trouvent d'une part les sommets des chromosomes dont les extrémités continuent à reposer sur la membrane nucléaire; d'autre part le nucléole entouré lui-même d'une membrane achromatique et caractérisant un pôle vers lequel tous les chromosomes semblent s'orienter. Les trabécules de la zone centrale s'insèrent les uns sur ceux de la zone périphérique, les autres sur la convexité des chromosomes. On peut alors constater que dans les chromosomes, la chromatine jusque-là uniformément répartie s'est de nouveau condensée en microsomes. Les chromosomes s'engagent ensuite peu à peu à l'intérieur de la zone centrale, et ils y pénètrent entièrement en se plaçant d'abord de telle façon que leurs pieds, encore unis à la membrane nucléaire par un fin filament achromatique, reposent sur la limite des deux zones, tandis que leurs sommets sont orientés vers le nucléole. Pendant ce temps l'ovule s'est accru; il arrive à faire saillie sur la surface profonde de l'ovaire, en se coiffant de la membrane limitante de l'ovaire et même de l'épithélium péribranchial; d'ovoïde à grand axe orienté suivant l'axe de l'ovaire, il est devenu presque sphéroïdal; sa vésicule germinative s'est accrue et la zone centrale du contenu a aussi proportionnellement augmenté de volume, entrainant avec elle le nucléole. En outre le réseau achromatique du vitellus s'est resserré autour de la vésicule germinative de manière à lui former une seconde enveloppe. En réalité, les deux enveloppes ne sont qu'un très fin treillis de filaments achromatiques dont les angles, occupés chacun par un microsome achromatique, sont unis entre eux par un délicat trabécule.

Dans les chromosomes le nombre des microsomes chromatiques augmente et chacun des trabécules de filaments achromatiques de la zone centrale semble s'insérer sur un de ces microsomes, de telle sorte que les quatre chromosomes primaires, entièrement logés dans la zone centrale et orientés vers le pôle profond du nucléole, semblent rattachés par les filaments achromatiques de la zone centrale, d'une part à la paroi propre de l'hémisphère profond du nucléole, et, d'autre part, au réticule interne de l'enveloppe nucléaire par l'intermédiaire de la zone périphérique de la charpente achromatique. Grâce à l'action de ces filaments les quatre chromosomes se dédoublent longitudinalement; leurs deux moitiés s'éloignent l'une de l'autre, en demeurant unies par leurs extrémités et sans cesser de tourner leurs sommets vers le nucléole.

Pendant que ces phénomènes s'accomplissent, l'orientation particulière des filaments achromatiques donne à la zone centrale de la vésicule germinative une texture toute particulière. Lorsqu'ils sont accomplis, cette texture s'efface; tandis que la zone centrale prend un aspect simplement granulé, la zone périphérique devient de plus en plus filamenteuse et semble acquérir les propriétés qui disparaissent de l'autre. Bientôt les deux anses chromatiques se tordent l'un autour de l'autre et prennent un aspect moniliforme, chaque renflement correspondant à un microsome. Les renflements des deux anses se juxtaposent et se fusionnent deux à deux; finalement le chromosome reprend l'aspect d'une anse au sommet de laquelle se rassemblent en un grain unique presque tous les microsomes chromatiques; ces anses ont maintenant leur sommet dirigé vers la périphérie de la zone centrale; leurs extrémités vers le nucléole, autour duquel elles forment une couronne; elles semblent par conséquent s'être retournées. Ces phénomènes s'accomplissent sans qu'aucun centrosome se montre dans l'œuf.

A partir du moment où se produit la division longitudinale des chromosomes, les trois cellules folliculaires, moulées à la surface de l'ovule, se multiplient par division mitosique, et forment à l'ovule un *follicule primaire* continu, de cellules cubiques. Ces cellules subissent une nouvelle division mitosique, à fuseau légèrement oblique par rapport à la direction tangentielle, et forment ainsi deux assises de cellules alternes que sépare une fine membrane anhiste; les cellules profondes sont les *cellules de la testa* ou *kalymmocytes* qui pénétrent plus ou moins dans le protoplasme de l'ovule, appliquent ainsi la membrane anhiste à sa surface et entrent plus tard en dégénérescence; les cellules cubiques de l'assise externe constituent le *follicule secondaire*. Ces cellules se divisent encore une fois pour constituer deux assises : l'*assise externe* et l'*assise interne* du *follicule secondaire*. Toutes les enveloppes de l'ovule dérivent donc du follicule. L'ovule tombe alors dans la cavité de l'ovaire où il continue son évolution. Il abandonne dans l'épithélium ovarique sa membrane limitante et l'assise externe de son follicule secondaire qui sont détruits par les phagocytes du mésenchyme ovarique. Un liquide provenant du protoplasme de l'ovule s'infiltre entre les deux treillis constituant la membrane de la vésicule germinative, les écarte l'un de l'autre, rompt les fins trabécules achromatiques qui les unissaient, et le treillis externe disparaît bientôt; le treillis interne se bosselle, se ratatine et disparaît, absorbé par le protoplasme vitellin qui envahit même la zone périphérique, atteint la zone centrale de la vésicule germinative où sont rassemblés les chromosomes, et finit par digérer le nucléole lui-même qui jusque-là semblait avoir présidé aux phénomènes de transformation des chromosomes [1]. Pendant ce temps les huit chromosomes, dont la chromatine demeure rassemblée en un grain unique, prennent chacun la forme d'un court bâtonnet droit ou recourbé en V. Le vitellus s'est rapidement accru par une augmentation brusque de volume des granulations vitellines qui se transforment en sphères vitellines contenues dans le réseau protoplasmique et ne laissant de libre que le voisinage de la région nucléaire.

La formation des globules polaires s'accomplit sans l'intervention des centrosomes; le premier contient quatre chromosomes, le second deux; il reste donc deux chromosomes dans l'œuf prêt pour la fécondation.

Il est possible que le développement de l'œuf et de son follicule ne soit pas toujours strictement identique à celui qui est réalisé chez les *Styelopsis* et qu'il se modifie chez les BOTRYLLIDÆ, par exemple, où les glandes génitales semblent se constituer directement par l'accumulation de cellules migratrices provenant d'une bande mésodermique spéciale, et chez les formes où d'anciennes recherches ont donné pour origine aux ovules des cellules endothéliales recouvrant le tissu conjonctif de certaines lacunes (CYNTHIIDÆ, MOLGULIDÆ, ASCIDIIDÆ). Quoi qu'il en soit, comme cela a lieu chez un très grand nombre d'animaux, l'ovaire contient toujours, à côté des éléments qui se transforment en ovules, d'autres éléments qui absorbent vivement les matières colorantes, sont d'abord identiques aux futurs ovules, mais ne grossissent que fort peu, viennent adhérer à la surface de l'œuf (fig. 1595, *A*), s'y multiplient activement et forment ainsi un *follicule* primitif. Le follicule primaire n'est d'abord constitué que par une seule assise de cellules; mais ces cellules se multiplient : un certain nombre d'entre elles passent entre le follicule primaire et le vitellus, dans lequel elles peuvent même s'engager (*Clavellina*, etc.) et donnent, comme chez ceux de la *Styelopsis*, naissance aux *cellules de la testa*. Ces cellules, d'abord éparses (fig. 1595, *B*, *f*), finissent, en général, par former à l'œuf une seconde enveloppe continue, mais conservent à un assez haut degré leur individualité et sont susceptibles de jouer des rôles très variés [2]. Chez la plupart des Ascidies composées dont l'œuf se développe dans l'organisme maternel, les choses en restent à peu près là. Les cellules du follicule primaire, d'abord cylindriques, peuvent alors s'aplatir, perdre leurs limites, et le follicule se transforme en une mince membrane nucléée (*Didemnum*, *Diplosoma*). Souvent alors une substance gélatineuse se développe entre les kalymmocytes, et les dissocie de manière que la seconde enveloppe cesse elle-même d'être continue. L'œuf mûr fait d'ailleurs hernie dans la cavité péribranchiale (BOTRYLLIDÆ) ou dans le cloaque commun (*Diplosoma*), en se recouvrant du tégument maternel, y compris la tunique dans ce dernier genre. Quand il devient libre, il entraîne cette dernière enveloppe appartenant à la mère. Il est probable que ce sont des traces de ces enveloppes et, notamment, du follicule primaire ou même du faux épithélium produit par les kalym-

---

[1] M. Julin admet même qu'il a présidé à la nutrition de l'ovule et la compare au *micronucléus* des Infusoires; mais il n'y a là encore qu'une hypothèse.

[2] La pénétration fréquente des kalymmocytes dans le vitellus a conduit un grand nombre d'observateurs à croire qu'ils se formaient à l'intérieur de l'œuf (Küpffer, Metschnikoff, Roule, Sabatier, Fol, Semper, Mac Murrich, Davidoff, Pizon); les recherches les plus récentes concordent avec le résultat que nous adoptons ici avec Kowalevsky, Ganin, Ussow, Giard, Maurice, Ed. Van Beneden et Julin, Salensky, Brooks, etc.

mocytes à la surface de la tunique de l'embryon, qui ont fait croire que cette tunique était comprise entre deux épithéliums exodermiques (p. 2191).

Lorsque l'œuf est pondu, qu'il reste dans la cavité péribranchiale ou qu'il soit rejeté au dehors, les cellules du follicule se comportent un peu différemment (Ascidies simples, *Perophora, Clavellina, Parascidia*). Les cellules du follicule primaire deviennent de plus en plus hautes, prennent par pression réciproque une forme cubique et se multiplient rapidement pour suivre l'accroissement de l'œuf; comme dans le cas précédent, de nombreuses cellules se détachent du follicule, s'interposent entre sa paroi interne et la paroi externe du vitellus et y forment bientôt une enveloppe continue : le *follicule interne*. C'est au-dessous seulement de ce follicule interne que se constituent les kalymmocytes. Il est probable qu'au moment de la ponte, l'œuf se débarrasse du follicule externe, et n'emporte avec lui que le follicule interne. Une fois que celui-ci s'est caractérisé, les kalymmocytes, s'accumulent autour du vitellus de l'œuf et forment une enveloppe d'abord régulière, mais dont

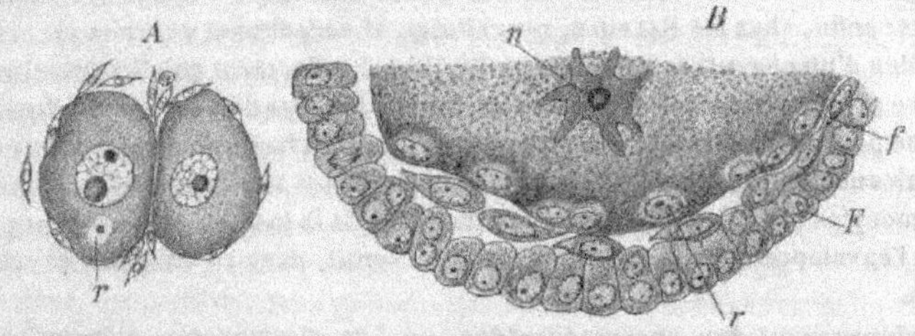

Fig. 1595. — Formation du follicule autour de l'œuf du *Botryllus violaceus*. — *A*, deux jeunes ovules sur lesquels viennent s'accoler des cellules folliculaires; — *B*, fragment de la surface d'un œuf plus avancé, *F*, follicule primitif déjà formé; *f*, cellules de la testa ou kalymmocytes; *r*, cellules de la testa qui ont pénétré dans le vitellus (d'après Pizon).

les éléments ne tardent pas à se dissocier pour disparaitre plus ou moins vite. Avant leur disparition, il se forme souvent (*Ascidia, Phallusia*) entre eux et le vitellus une couche gélatineuse dans laquelle ils paraissent bientôt disséminés. C'est ce qui a fait croire qu'ils contribuaient à former la tunique, dont cette couche paraissait être la première indication. Cependant, entre les cellules du follicule et celles de la testa s'est constituée une membrane anhiste qu'on appelle le *chorion*. Entre les grandes cellules folliculaires et la membrane basale se trouvent d'habitude une assise de cellules plates qui proviennent sans doute de la division des cellules folliculaires primitives et qui disparaissent souvent avant la ponte. Bientôt dans le protoplasme des cellules folliculaires, apparaissent de nombreuses vacuoles qui leur donnent un aspect mousseux; en même temps, ces cellules grandissent beaucoup et forment autour de l'œuf de longues spapilles aillantes qui facilitent sa flottaison dans l'eau ambiante. Les différenciations qui se produisent dans ces enveloppes fondamentales peuvent porter finalement à sept le nombre des couches dans les cas les plus compliqués (*Ascidia aspersa, A. canina, Phallusia mamillata*), savoir [1] : 1° l'*enveloppe folliculaire externe*; 2° la couche des *cellules spumeuses*; 3° le *chorion*;

[1] A. Chabry, *Embryologie normale et tératologique des Ascidies*, Journal d'Anatomie et de Physiologie, 1887.

4° une *couche gélatineuse*, molle, plus ou moins épaisse; 5° une *membrane hyaline* ou *membrane de la testa*; 6° la couche jaune des *cellules de la testa*; 7° une couche fluide périvitelline qui éloigne plus ou moins le vitellus des cellules de la *testa*.

Le rôle des kalymmocytes n'est pas toujours terminé au moment de la maturation de l'œuf. Chez les *Didemnum*, ils émettent des pseudopodes qui pénètrent dans la couche superficielle du vitellus et semblent le digérer; si bien qu'à ce moment le réseau hyaloplasmique abandonne la couche périphérique du vitellus, qui se trouve ainsi différencié en deux couches concentriques, dont l'extérieure ne joue plus que le rôle d'une enveloppe gélatineuse contenant tous les kalymmocytes. On les retrouve encore au cours de la segmentation entre les blastomères dont ils contribuent à fixer les limites (*Diplosoma*); ils peuvent aussi pénétrer profondément entre ces derniers, qui finissent par les absorber et qu'ils contribuent par conséquent à nourrir; ce phénomène se produit seulement durant les premières phases de la segmentation chez les *Distaplia*; il se continue chez les *Pyrosoma* jusqu'au moment où la division des blastomères les a réduites à des dimensions analogues à celles des cellules folliculaires; enfin, chez les Salpidæ, ces cellules, abondamment nourries par suite de la formation d'un *placenta* (p. 2337), se multiplient si activement qu'elles constituent une ébauche presque complète de l'embryon; les blastomères doivent ensuite digérer cette ébauche pour former l'embryon proprement dit. Il est facile de comprendre comment s'enchaînent ces processus. Chez les *Distaplia* et les *Diplosoma*, tout au moins, les kalymmocytes prennent déjà part à la formation de la tunique, et sécrètent peut-être même l'enveloppe gélatineuse de l'œuf qui serait, dans ce cas, indépendante du vitellus.

Développement des spermatozoïdes. — Les spermogonies primordiales de la *Styelopsis grossularia* se divisent comme le font les ovogonies, mais il n'y a plus ici de différenciation d'éléments consécutive à la division. Les chromosomes de la plaque nucléaire sont au nombre de quatre, et la division suit les règles ordinaires. Lorsque les ampoules spermatiques sont nettement marquées, les cellules germinatives, encore isolées les unes des autres, s'accumulent à leur intérieur et se disposent en une seule assise de cellules polyédriques contenant chacune un gros noyau; les cellules d'une même ampoule semblent provenir de la division d'une même spermogonie primordiale. Ces cellules se divisent bientôt de manière à constituer deux assises. Celles qui constituent l'assise superficielle en contact avec la membrane d'enveloppe demeurent au repos. Celles de l'autre assise se divisent au contraire activement, et forment ainsi cinq ou six assises de cellules toutes semblables qui remplissent toute l'ampoule. Ce sont là des spermatocytes. A la fin de la sixième division toutes les cellules issues de la spermogonie primordiale s'étant également divisées, le nombre des spermogonies est de soixante-quatre; par suite du défaut de multiplication des ovules et des cellules folliculaires, ce nombre se réduit à douze dans la glande femelle. Les soixante-quatre éléments ainsi produits ne contiennent plus de centrosome [1]; ils ne grandissent guère que jusqu'au double de leur volume initial. Leur noyau est limité par une membrane nucléaire en continuité avec un réseau achromatique assez lâche et irrégulier, sur lequel sont distribués sans ordre des microsomes chromatiques; il existe un gros nucléole excentrique. Les

---

[1] Le centrosome paraît ici rentrer dans le noyau, au lieu d'être détruit par le protoplasme de l'élément (Julin).

microsomes chromatiques s'appliquent contre la membrane nucléaire et se soudent en un cordon chromatique continu qui bientôt se transforme en une masse étoilée [1], puis se divise en quatre chromosomes primaires, en forme d'arcs très courts, situés au centre du noyau, sans ordre apparent. Des filaments achromatiques réunissent ces chromosomes au nucléole. Les deux branches des anses ne tardent pas à se souder l'une à l'autre, de sorte que le chromosome prend l'aspect d'un petit clou. La membrane nucléaire disparait alors, et le nucléole se transforme en un centrosome qui bientôt se dédouble et dont les deux moitiés tendent à se placer sur un même axe. *Les chromosomes ne subissent pas de divisions longitudinales* ultérieures, mais ils se répartissent en deux groupes placés en regard l'un de l'autre, entre les deux centrosomes, et dans chacun desquels les deux chromosomes sont parallèles. L'élément ainsi composé peut recevoir le nom de *prospermatocyte*; il se divise alors en deux autres équivalents suivant un plan perpendiculaire à l'axe des centrosomes; *aussitôt* après, dans chacun des éléments ainsi produits, les centrosomes se dédoublent; par une rotation de 90° les deux chromosomes se placent en regard l'un de l'autre; l'élément se divise une fois de plus et il s'est ainsi constitué finalement, aux dépens du prospermatocyte, quatre *spermatocytes* ne contenant chacun qu'un chromosome entouré d'une gouttelette de suc nucléaire. Une membrane enveloppe bientôt la gouttelette et la sépare du reste du protoplasme. Alors apparait dans le suc un réticule achromatique; tandis que le chromosome se résout en nombreux microsomes, le centrosome a disparu. Le spermatocyte sphérique devient alors fusiforme et l'une de ses extrémités s'effile de plus en plus; son noyau se courbe en croissant, et subit des transformations chimiques qui aboutissent à l'expulsion d'un petit granule d'une substance spéciale qu'on peut nommer *paranucléine*, en même temps que le noyau chargé de chromatine semble tout à fait homogène. Par des procédés différents chaque spermatozoïde et chaque ovule sont arrivés à ne contenir qu'un quart de la chromatine des éléments sexués primordiaux. Dans l'ovule cette chromatine est contenue dans un nombre de chromosomes qui est la moitié de celui de la spermogonie primordiale; le nombre des chromosomes est au contraire réduit au quart dans le spermatozoïde par suite de l'absence de dédoublement préalable. Chaque chromosome du spermatozoïde n'en est pas moins l'équivalent de deux chromosomes de l'ovule; son dédoublement est, en effet, seulement retardé; il se produit lors de la pénétration du spermatozoïde dans l'ovule, pénétration après laquelle le noyau mâle et le noyau femelle acquièrent peu à peu la même constitution. Tout se passe comme s'il s'agissait simplement d'accélérer la formation des spermatozoïdes par rapport à celle de l'ovule, en transposant une des phases de l'évolution de ce dernier, la division longitudinale des chromosomes. Cette différence n'a d'ailleurs rien de général, car chez l'*Ascaris megalocephala* les chromosomes de la spermogonie se dédoublent longitudinalement tout comme ceux de l'ovule.

On a décrit un autre mode de développement des spermatozoïdes dans lequel les spermogonies se différencient en un spermatocyte revêtu des permatoblastes comme chez les Vers annelés et les Mollusques (*Ciona intestinalis*) [2].

---

[1] C'est le *corps ophiuriforme* observé également chez les Nématodes. — O. HERTWIG, *Vergleich der Ei-und Samenbildung bei Nematoden*, Archiv fur mikrosk. Anatomie, t. XXXVI, 1890.

[2] ROULE, *Recherches sur les Ascidies simples des côtes de Provence*, Annales du musée d'histoire naturelle de Marseille, 1884.

Les spermatozoïdes des Salpidæ possèdent une double queue.

Fécondation. — L'œuf des Ascidies simples n'est généralement fécondé qu'après la ponte, toutefois chez les *Molgula*, la fécondation a lieu dans la chambre cloacale, où le développement peut même commencer. La fécondation est interne chez les Ascidies composées qui sont presque toutes incubatrices. Émis dans la cavité cloacale, les spermatozoïdes sont transportés au hasard dans la cavité péribranchiale des individus voisins de celui qui a émis son sperme, et fécondent les œufs dans l'intérieur même de l'ovaire. Bien que les Tuniciers soient ordinairement hermaphrodites, comme ils sont généralement protandres, un individu ne peut généralement pas féconder ses propres œufs. Même lorsque les deux glandes arrivent presque simultanément à maturité (*Ciona intestinalia*), l'autofécondation est extrêmement rare.

Les phénomènes internes de la fécondation rentrent dans le cadre ordinaire.

Au moment de la fécondation, pas plus chez la *Phallusia mamillata* [1] que chez la *Styelopsis grossularia*, l'ovule ne contient de centrosome ni d'astrosphère. Ces parties sont apportées par le spermatozoïde et dérivent de sa pièce moyenne, c'est-à-dire de son corpuscule de paranucléine; il n'y a donc pas de quadrille des centres. Le spermatozoïde et l'ovule fournissent chacun à l'œuf un pronucleus à deux chromosomes chez les *Styelopsis*, à huit chez les *Phallusia*, séparés par une masse protoplasmique elliptique, claire, contenant un corps en forme d'haltère; le manche de l'haltère est perpendiculaire à la ligne passant par le centre des chromosomes (*Phallusia, Ciona, Styelopsis*); les parties renflées de l'haltère sont occupées chacune par un centrosome [2]; des fines radiations protoplasmiques partent des centrosomes et peuvent être observées même dans le manche de l'haltère. Dans le stade suivant l'haltère est remplacée dans la masse elliptique de protoplasme clair, par deux corps protoplasmiques radiés, plus clairs, contenant chacun un centrosome; les deux centrosomes sont réunis par un fuseau axial de filaments achromatiques, séparant les deux groupes de deux chromosomes; chacun des chromosomes est réuni aux deux centrosomes par des filaments achromatiques situés à la périphérie du fuseau axial.

Conditions du développement. — La plupart des Ascidies simples pondent des œufs qui se développent en liberté (*Molgula, Phallusia, Ciona*, etc.); il en est de même, parmi les formes pélagiques, des *Doliolum*. Les œufs des Ascidies simples sont maintenus flottants dans le liquide ambiant par leur volumineuse enveloppe folliculaire. Toutefois les larves des *Cynthia* et des *Lithonephria* se développent dans la cavité cloacale de la mère; il en est de même de celles des *Perophora*, des *Clavellina* et de toutes les Ascidies bourgeonnantes. Le follicule de l'œuf ne développe pas dans ces Tuniciers les papilles si singulières que présentent souvent les œufs mûrs d'Ascidies simples et le développement est, en général, plus ou moins accéléré; toutefois la larve urodèle nécessaire à la dissémination des ascidiodèmes n'est jamais supprimée par la gestation. Assez fréquemment une partie de la chambre cloacale est aménagée en chambre d'incubation; cette disposition, qui se manifeste déjà chez les *Amaroucium*, atteint son maximum de développement chez les *Corella*

---

[1] Hill, *Notes on fecondation in Phallusia mamillata*, Q. Journal of microscopical Science, 1895.

[2] Boveri, *Ueber das Verhalten des chromatischen Kernsubstanz bei der Bildung der Rechtungskörper und bei der Befruchtung*; Jenaische Zeitschrift, t. XXIV, 1890.

et les *Distaplia*, où les embryons se développent dans un diverticule spécial de la paroi du manteau (fig. 1580, p. 2199). L'œuf des *Didemnum* et des *Diplosoma*, entouré de la partie des téguments maternels (manteau et tunique) dont il s'est revêtu, se développe dans la cavité cloacale commune.

Dans la plupart de ces formes, l'œuf et l'embryon demeurent en complète liberté dans la chambre d'incubation; au contraire, chez un certain nombre de Polyclinidæ (*Amaroucium*, *Circinalium*, *Parascidia*) et chez les *Diplosoma*, l'œuf adhère aux parois de la chambre cloacale, et il se forme souvent alors (Polyclinidæ), dans la région d'adhérence, une sorte de placenta à la constitution duquel prennent part d'abord un épaississement des parois de la chambre cloacale de la mère, puis le follicule de l'œuf et un amas de cellules de la testa ou kalymmocytes [1]. C'est un acheminement vers ce qui se produit chez les Salpes, où un placenta nourricier volumineux se constitue, et donne au développement de ces animaux une allure toute particulière, tandis que dans un certain nombre d'espèces une enveloppe protectrice dite *amnios* se développe autour de l'embryon greffé dans la chambre cloacale de chaque blastozoïde. Mais ici le développement de ces parties est si étroitement combiné avec celui de l'embryon, qu'il est impossible de les exposer séparément (p. 2337).

Stades successifs du développement des Tuniciers; embryogénie normale de l'oozoïde; phénomènes de tachygénèse qu'elle comporte. — Blastogénèse normale; phénomènes d'accélération métagénésique. — Les considérations développées p. 2171, relativement à l'origine des Tuniciers, indiquent clairement que leur embryogénie doit comprendre trois stades successifs : 1° le développement de la larve nageuse; 2° sa fixation et la régression de ses organes de relation; 3° sa transformation en Ascidie par métamorphose rotative. Ces trois stades sont, en général, bien séparés chez les Pleurogona et les Hemigona, dont le mode de développement peut, en conséquence, être considéré comme représentant l'*embryogénie normale* ou *patrogonie* de la classe. Toutefois, même dans ces groupes, la tachygénèse intervient souvent très énergiquement et peut atteindre un degré très différent dans des genres voisins. C'est ainsi que dans la famille des Molgulidæ, et sans sortir du genre *Molgula*, certaines espèces (*M. echinosiphonica*, *M. socialis*, *M. ampulloïdes*) [2] présentent la larve nageuse habituelle, tandis que d'autres pour lesquelles la dénomination sous-générique d'*Anurella*, uniquement basée sur ce caractère, a été proposée, naissent sous une forme très rudimentaire (fig. 1617, n° 1; p. 2295), mais ne revêtent pas la forme de têtard pour arriver à leur forme définitive (*Anurella roscovita*, *A. oculata*, *A. solenota*, *A. simplex*, *A. Bleizi*). Dans les autres groupes, la tachygénèse est beaucoup moins prononcée, et l'on peut en suivre les étapes successives en passant par exemple des *Phallusia* ou des *Ciona* aux *Clavellina*, aux *Perophora* et aux Hypogona (p. 2175). En même temps que la métamorphose s'accélère, il semble que les organes de fixation se réduisent; on comprend donc que certaines formes de cet ordre, cessant de posséder des organes de fixation, aient pu demeurer pélagiques et donner ainsi naissance aux Thalides.

Chez les formes bourgeonnantes de Pleurogona et d'Hemigona et chez tous les

---

[1] Salensky, *Ueber die Tätigkeit der Kalymmocyten bei der Entwickelung der Ascidien*, Festschrift für Leuckart, 1892.
[2] H. de Lacaze-Duthiers, *Ascidies simples des côtes de France*, Archives de zoologie expérimentale, 1re série, t. VI, 1877.

Hypogona, la tachygénèse vient compliquer d'une autre façon les phénomènes embryogénique en accélérant graduellement la formation des bourgeons et en la rendant de plus en plus précoce[1]. La blastogénèse fait son apparition chez les Pleurogona dans la tribu des Polystyelinæ et dans la famille des Botryllidæ; elle se retrouve chez quelques Ascidiidæ (*Sluiteria, Peropharopsis, Perophora*) et Cionidæ (*Ecteinascidia, Diazona, Tylobranchium*), et devient générale dans les familles des Distomidæ et Clavellinidæ. Cette série de formes présente toutes les étapes

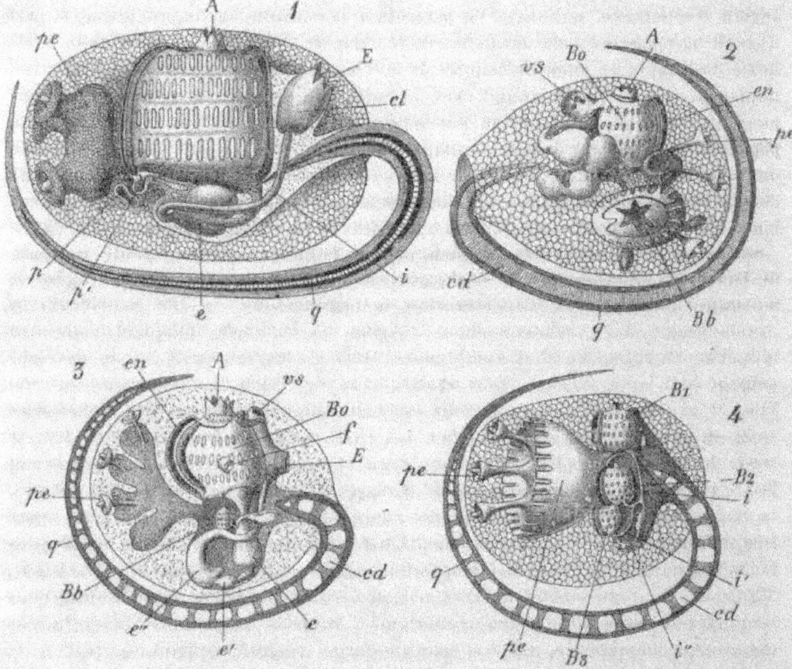

Fig. 1396. — 1, Larve de *Distaplia magnilarva*; — 2, Larve de *Diplosoma Listeri*; — 3, Larve de *Didemnum cereum*; — 4, Larve de *Diplosomoides Lacazii*. — Lettres communes : A, orifice afférent; E, orifice efférent; *en*, endostyle; *pe*, prolongements exodermiques; *q'*, queue; *e*, estomac; *i*, intestin. — Lettres particulières; *p,p'* propagules stériles des *Distaplia*; *Bo*, branchie de l'oozoïde; *Bb*, branchie du blastozoïde; *vs*, vésicule sensorielle des *Diplosoma* et des *Didemnum*; *f*, fossette latérale; *e,e',e''*, estomac, protestomac et intestin moyen des *Didemnum*; B_1 B_2 B_3 les trois sacs branchiaux; *i, i', i''*, les trois régions intestinales des larves des *Diplosomoides* (d'après Lahille, Gr = 55).

de la réalisation de plus en plus précoce de la blastogénèse. Chez les *Perophora* et *Clavellina*, par exemple, c'est seulement après que l'*oozoïde* ou ascidiozoïde produit par l'œuf, s'est complètement constitué, qu'il produit des stolons (fig. 1364, *Ff*,

---

[1] C'est le phénomène déjà décrit chez les Siphonophores (p. 670) auquel j'ai donné en 1881 le nom d'*accélération métagénésique*, mais qui rentre évidemment dans la tachygénèse, aucune différence ne pouvant être relevée entre ce qu'on appelle une *colonie* et un *organisme* ordinaire (*Les Colonies animales et la formation des organismes*, p. 397).

p. 2176), sur lesquels apparaissent ensuite les bourgeons qui doivent donner naissance aux ascidiozoïdes nés par voie agame ou *blastozoïdes*; le bourgeonnement est ici, comme cela paraît normal, nettement séparé du développement proprement dit. Déjà chez les DISTOMIDÆ, en général, la blastogénèse est plus ou moins précoce, mais n'apparaît qu'après la fin de la période larvaire; et c'est aussi ce qu'on voit chez les POLYCLINIDÆ. Toutefois, dans la famille des DISTOMIDÆ, de jeunes bourgeons se montrent chez la larve encore en forme de têtard des *Distaplia* (fig. 1596, *p*, *p'*). Outre l'oozoïde, le têtard du *Didemnum cereum* (fig. 1596, n° 3, *Bb*) contient déjà, avant l'éclosion, un blastozoïde plus petit et imparfait, mais dont le sac branchial est percé des trois rangées de trémas de l'adulte; celui des *Diplosomoïdes* en contient deux à des stades différents de développement (fig. 1596, n° 4, B_1, B_2, B_3); enfin chez les *Diplosoma*, l'oozoïde est accompagné d'un blastozoïde aussi grand et aussi complet que lui (fig. 1596, n° 2, *Bb*); la tachygénèse a été telle ici que les deux ascidiozoïdes se sont développés presque en même temps. Il est clair que, pour arriver à ce résultat, non seulement les processus de la métamorphose ont dû se combiner à ceux du développement de la larve, de manière à tendre vers le développement direct, mais encore les processus de la blastogénèse ont dû venir compliquer ce dernier mode de développement.

Dans les formes dont il vient d'être question, l'oozoïde, quelque précoce que soit son bourgeonnement, arrive toujours à maturité et prend part à la formation de l'ascidioderme. Il n'en est plus de même chez les BOTRYLLIDÆ et les PYROSOMIDÆ. Dans la première famille, l'oozoïde commence à bourgeonner avant d'avoir atteint tout son développement, et disparaît sans arriver à l'état adulte. Il en est de même du premier blastozoïde et des deux blastozoïdes de troisième génération qu'il produit; les blastozoïdes de quatrième génération arrivent seuls à l'état adulte, tandis que les autres se résorbent. Les phénomènes s'accélèrent davantage encore chez les PYROSOMIDÆ. Ici l'oozoïde ne sort pas de l'œuf, et sans atteindre à son complet développement produit, par une sorte de métamérisation, quatre blastozoïdes; puis il est résorbé en grande partie, tandis que les blastozoïdes se disposent en couronne et jettent ainsi les fondements du futur ascidioderme. Celui-ci résultera de leur bourgeonnement qui s'accomplit tout autrement que celui de l'oozoïde (p. 2317).

On a vu, p. 2184, quelles différences présentent l'oozoïde et les blastozoïdes des Salpes et comment, parmi les blastozoïdes, eux-mêmes différents de l'oozoïde des DOLIOLIDÆ, il s'accomplit une division du travail entraînant leur polymorphisme. Ce sont ces différences qui ont donné naissance à la *théorie des générations alternantes*. Au point de vue du bourgeonnement les DOLIOLIDÆ et les SALPIDÆ ne diffèrent cependant en rien des autres Tuniciers; le seul phénomène qui leur soit particulier et qu'on rencontre déjà chez les PYROSOMIDÆ, c'est la différence de forme entre l'oozoïde et les blastozoïdes, différence d'ordre tout à fait secondaire et dont l'explication ne nécessite l'intervention d'aucune théorie particulière. Le développement de l'oozoïde des espèces pélagiques présente d'ailleurs de remarquables particularités qui, jusqu'à plus ample informé, l'éloignent du mode de développement des espèces fixées. Le développement de l'oozoïde des *Pyrosoma* est tout à fait transformé par la présence d'un énorme vitellus; les *Doliolum* se développent presque exclusivement aux dépens de l'exoderme de leur larve et les Salpes sont au plus haut point intéressantes, en raison du rôle tout à fait exceptionnel que jouent dans ce développement les cellules folliculaires (p. 2248). Il y aura donc lieu d'étudier séparément le développement de l'oozoïde de ces formes. Au contraire, les processus du bourgeonnement se rapprochant beaucoup de ce qu'on voit chez les Polyclinidæ, il y aura intérêt à traiter dans un même chapitre comparatif l'histoire entière du bourgeonnement chez les Tuniciers.

Embryogénie normale ou patrogonique. — 1° *Segmentation.* — Les formes dont l'embryogénie parait la plus normale, parmi celles qui ont été étudiées jusqu'ici, sont les *Phallusia* [1], les *Ascidia*, les *Ascidiella* et les *Ciona*. L'embryogénie de la *Ciona intestinalis* est déjà un peu accélérée par rapport à celle des trois autres genres; mais les différences sont très faibles et elle a été étudiée avec tant de détail [2] qu'il y a tout intérêt à la prendre comme terme de comparaison, en indiquant chemin faisant les différences qu'elle peut présenter avec celle des autres genres.

Au moment où il vient d'être pondu, l'œuf des *Ciona* présente déjà deux hémisphères différenciés, l'un *dorsal* ou *entodermique*, plus riche en vitellus nutritif; l'autre *ventral*, où la trame du réseau protoplasmique est plus épaisse et les granules vitellins par conséquent moins abondants; c'est le *pôle exodermique*. Au pôle dorsal se forme le premier globule polaire; le fuseau aux deux extrémités duquel sont accumulés les chromosomes après leur division, est normal à la surface de l'œuf, et l'extrémité profonde de ce fuseau est entourée par une substance sans granules, fortement colorée en bleu par l'hématoxyline, et qui constitue le *centrosome* ou *archoplasme femelle*. Au bout d'un quart d'heure, il devient possible de constater l'action du spermatozoïde sur l'œuf. Au pôle ventral de l'œuf on aperçoit alors, tout près de sa surface, un espace sphérique entièrement dépourvu de granules et dont la région centrale est occupée par une substance qui se laisse, comme l'archoplasme femelle, mieux colorer que le reste du protoplasme; c'est le *centrosome* ou *archoplasme mâle*. Un tractus de protoplasme dépourvu de granules unit tout cet ensemble à la surface de l'œuf et marque sans doute la route suivie par le spermatozoïde. Tout autour du centrosome mâle, les filaments de l'hyaloplasme s'épaississent suivant des directions rectilignes, rayonnantes, par suite de l'afflux des matières nutritives vers le centrosome et constituent ainsi un aster qui s'étend sur la plus grande partie de l'hémisphère ventral. Sur le côté du centrosome on aperçoit le *pronucleus mâle* sous forme d'un petit corps ellipsoïdal dont le grand axe est disposé suivant les rayons de l'aster. Dans les œufs de cet âge, le second globule polaire est en voie de formation; il résulte d'une division normale à celle qui a donné lieu au premier globule, de sorte que le fuseau de division est disposé presque tangentiellement à la surface de l'œuf; mais il s'incline peu à peu, une de ses pointes pénétrant graduellement dans la substance de l'œuf tandis que l'autre demeure périphérique; le fuseau arrive ainsi à prendre une direction radiaire.

Au bout de vingt minutes le *pronucleus femelle* est nettement constitué, non loin du pôle dorsal de l'œuf, au contact du centrosome femelle, et le pronucleus mâle agrandi a cheminé vers le centre. L'aster femelle demeure beaucoup moins appa-

---

[1] Kowalevsky, *Entwickelungsgeschichte der einfachen Ascidien*, Mém. Acad., Pétersbourg, 1866, et *Weiten Studien über die Einwickelung der einfachen Ascidien*, Archiv f. mikrosk. Anatomie, t. VII, 1871.

[2] W. E. Castle, *The early development of Ciona intestinalis*, Bulletin of the Museum of Comparative Zoology, vol. XXVII, n° 7, January 1896.

rent que l'aster mâle, mais presque aussitôt d'autres changements importants se produisent. Le centrosome mâle s'est encore rapproché de son pronucleus et s'est divisé en deux centrosomes secondaires ou sphères d'attraction, autour de chacun desquels s'est formé un aster; bientôt le pronucleus mâle arrive à se placer entre les deux asters, de manière que son grand axe unisse leurs centres. Cependant l'aster femelle a commencé à entrer en dégénérescence, tandis que le pronucleus femelle s'est avancé à la rencontre du pronucleus mâle; tous deux sont maintenant chargés de grains de chromatine et à peu près d'égale grosseur. Cinq minutes après, c'est-à-dire au bout d'une demi-heure environ, les deux pronucleus sont en contact entre les deux sphères d'attraction mâles et il est à ce moment impossible de les distinguer l'un de l'autre; chacun d'eux possède encore sa membrane nucléaire. Bientôt cette membrane disparaît; les deux asters s'écartent l'un de l'autre, et il se forme entre eux un fuseau dont le plan équatorial est occupé par les chromosomes. Le centrosome femelle, déjà disparu, n'a pu prendre aucune part à la formation de ce fuseau [1]. La *Styelopsis grossularia* fournit des résultats analogues.

Le premier fuseau de segmentation est, comme toujours, parallèle à une tangente à l'œuf passant par le point de sortie des globules polaires et par conséquent le premier plan de clivage passe par ce dernier point; il divise l'œuf en deux blastomères égaux; mais le sillon de séparation progresse de manière à impliquer que l'œuf présente déjà une orientation déterminée par rapport à l'animal adulte. Non seulement, en effet, il s'enfonce plus lentement au pôle dorsal qu'au pôle ventral, en raison de l'abondance plus grande des granules vitellins dans l'hémisphère dorsal, mais encore dans l'hémisphère ventral, le sillon s'enfonce plus vite suivant l'une des moitiés du méridien qu'il dessine entre le pôle ventral et le pôle dorsal que suivant l'autre; le demi-méridien suivant lequel l'enfoncement est plus rapide correspond à l'extrémité postérieure de l'embryon [2]. Cette extrémité est moins riche en matières nutritives, ce qui correspond sans doute à la complication plus grande que devra prendre, dans un temps relativement court, la région antérieure. Il est évident qu'une orientation aussi précoce de l'œuf ne peut être que le résultat d'une longue hérédité et d'une intense accélération embryogénique, et confirme l'hypothèse que les Tuniciers sont des formes très modifiées et non des formes primitives. Après la production du premier sillon, le protoplasme qui avait pénétré à l'intérieur des

[1] Le premier fuseau de segmentation se forme de même indépendamment du centrosome femelle chez les Échinodermes (Wilson et Mathews, Boveri), les *Branchipus* (Brauër), le *Chætopterus* (Mead); il n'y a donc pas, comme le croyait Fol, *quadrille des centres*, c'est-à-dire formation de deux sphères d'attraction mâles et de deux sphères femelles, puis fusion des sphères mâles avec les sphères femelles. Les observations antérieures à Fol de Boveri sur les *Ascaris* et les *Sagitta*, celles de Vejdowsky sur les *Rhynchelmis* conduisent à penser que chez ces animaux tout se passe comme chez les *Ciona*. Chez le *Myzostoma* (Wheiler) et les animaux parthénogénétiques le premier fuseau est, au contraire, une dépendance exclusive du pronucleus femelle. Il n'est donc pas impossible que dans certains cas les deux archoplasmes prennent part à sa formation comme cela paraît avoir lieu chez la *Crepidula* (Conklin) et divers végétaux (Guignard); mais en tout cas le fait qu'habituellement l'un des archoplasmes intervient seul, exclut l'hypothèse que ces corps pourraient jouer un rôle quelconque dans les phénomènes d'hérédité où les deux parents interviennent également.

[2] C'est par un point de la face ventrale de ce méridien que paraît se faire l'entrée du spermatozoïde et peut-être ce fait est-il cause de l'accumulation du protoplasme dans cette région; cette circonstance aurait été ensuite mise à profit pour l'orientation des parties de l'embryon.

deux blastomères revient à leur surface et se rassemble sur leurs faces adjacentes, immédiatement au-dessous de l'équateur, en formant une tache claire. Cette tache marque la place où se formeront plus tard deux petites cellules qui fourniront un point de repère commode pour l'orientation de l'œuf dans les phases ultérieures [1]. Bientôt va se produire une nouvelle division par un plan perpendiculaire au premier, mais passant par le même axe de l'œuf qui sera ainsi divisé en quatre blastomères. En considérant l'œuf par le *pôle ventral* ou *pôle animal*, on peut désigner par la lettre A le blastomère antérieur gauche, par B le droit, par C le blastomère postérieur droit et par D le gauche [2] et convenir que tous les éléments descendant de l'un d'eux seront désignés par la même lettre que lui, affectée d'un exposant et d'un indice. L'exposant représente le nombre des divisions qui ont déterminé la formation de l'élément à partir de l'œuf qui correspond à l'exposant 1; l'indice représente le rang de chaque élément parmi ceux de sa génération, ce rang étant compté indépendamment pour chaque quadrant, du pôle ventral ou animal au pôle dorsal ou végétatif. Si deux éléments d'origine commune sont situés au même niveau, on donne le plus petit indice à celui qui est le plus rapproché du plan sagittal. Quand la segmentation est inégale on peut désigner les petits blastomères par une italique, les gros par une capitale.

Ceci posé, le stade huit (fig. 1597, n° 1) est obtenu par un plan équatorial qui détache des quatre quadrants, quatre petits blastomères dorsaux (a_2^4, b_2^4, c_2^4, d_2^4) et quatre gros blastomères ventraux (A_1^4, B_1^4, C_1^4, D_1^4). Constamment les blastomères diagonalement placés a_2^4 et B_1^4, c_2^4 et D_1^4 sont en contact, de telle façon qu'ils séparent l'un de l'autre, sur les côtés de l'œuf qui leur correspondent, les blastomères b_2^4 et C_1^4, d_2^4 et A_1^4. Cette disposition paraît très générale chez les Ascidies, car elle se retrouve chez les *Ascidiella* [3] et les *Clavellina*.

Le stade 16 (fig. 1597, n° 2) est réalisé par la division équatoriale, simultanée des huit blastomères d'exposant 4. Une demi-heure après qu'il s'est produit, on voit déjà des fuseaux de segmentation dans les blastomères ventraux préparant le passage au stade 24 (fig. 1597, n° 3). A ce stade, deux cellules (D_2^5, C_2^5) contiguës sur la ligne médiane, notablement plus petites que les autres, marquent l'extrémité postérieure de l'embryon. La segmentation se poursuit ainsi, avec une parfaite symétrie bilatérale [4]. La division plus rapide des cellules de l'hémisphère ventral s'accusant dès le stade 24, on peut placer à ce moment le début du phénomène de l'épibolie [5]. L'hémisphère ventral comprend alors seize cellules, le dorsal huit.

[1] Si l'on vient à séparer artificiellement ces deux blastomères l'un de l'autre, chacun d'eux produit un embryon tout entier, mais de moitié plus petit que les embryons normaux; les blastomères d'un certain nombre de stades suivants conservent la même faculté (Driesch, *Von der Entwickelung einzelner Ascidien Blastomeren*, Archiv für Entwickelungsmechanik, 1895).

[2] C. A. Kofoid, *On some laws of cleavage in Limax*, Proceed. american Acad. of Arts and Science, vol. XXIX, 1894.

[3] L. Chabry, *Embryologie normale et tératologique des Ascidies*, Journal de l'Anatomie et de la Physiologie de l'homme et des animaux, 1887.

[4] Cette symétrie de la segmentation qui se rencontre chez beaucoup d'Invertébrés, notamment des Annélides et des Mollusques, est, au contraire, assez rapidement altérée chez l'*Amphioxus* et les Vertébrés.

[5] Les choses se passent de la même façon chez les *Clavellina*, les *Ascidiella*, mais pour établir l'accord entre les observations relatives à ces Ascidies, il faut remarquer que Van Beneden et Julin ont pris la face dorsale de l'embryon des *Clavellina* pour sa

Ces dernières prennent une forme colonnaire par suite de la pression qu'exercent
sur elles les seize autres en voie d'épibolie; leurs noyaux sont superficiels, tandis

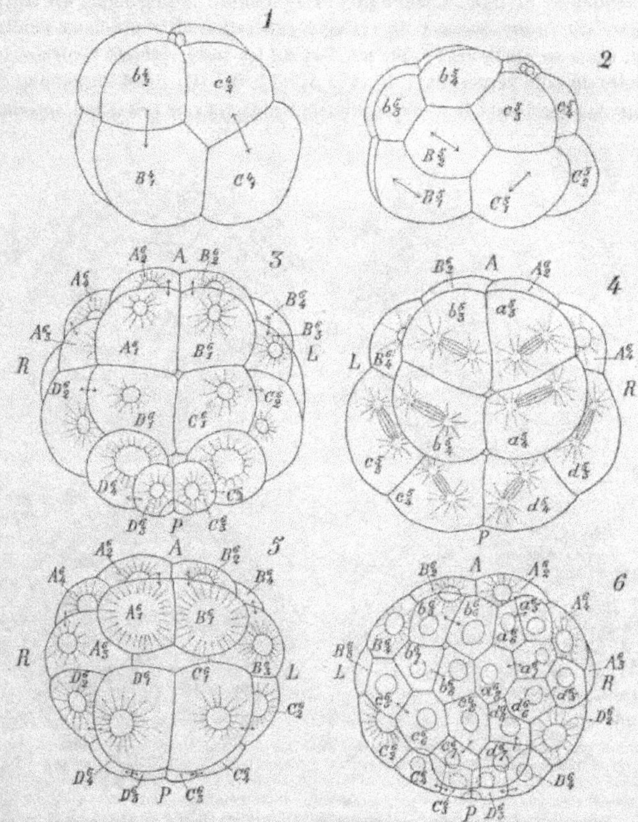

Fig. 1597. — Segmentation de l'œuf de la *Ciona intestinalis*. — N° 1, stade à huit cellules. — N° 2, stade
à 16 cellules. — N° 3, stade à 24 cellules, côté ventral. — N° 4, le même, côté dorsal. — N° 5, stade
à 32 cellules, côté ventral. — N° 6, le même, côté dorsal. — Dans ces figures et dans les suivantes,
les lettres *A, B, C, D* désignent la descendance des quatre gros blastomères, les lettres *a, b, c, d*, celle
des quatre petits blastomères du stade 8. L'*exposant* numérique supérieur indique le nombre des divisions
dont chaque blastomère est le résultat; l'*indice* inférieur, le rang de chaque blastomère parmi ceux qui
résultent du même nombre de divisions, en partant du plan équatorial et du plan de symétrie de l'œuf
(d'après Castle).

que leur extrémité profonde est chargée de granulations vitellines. Bientôt elles
se divisent à leur tour, réalisant le stade 32. Aussitôt quatorze des cellules ven-

face ventrale, tandis que Seeliger, qui a correctement nommé les deux faces, prenait
l'extrémité antérieure pour la postérieure. Chabry a adopté la même nomenclature que Van
Beneden et Julin. La *Clavellina Rissoana* passe d'ailleurs presque directement du stade 16
au stade 32.

trales se divisent simultanément, les petites cellules postérieures C_6^5 et D_6^5 demeurant indivises ; l'embryon est dès lors formé de quarante-six cellules. Mais les deux petites cellules se divisent à leur tour, et le nombre des éléments est ainsi porté à quarante-huit : seize dorsaux de sixième génération et trente-deux ventraux de septième. Dans ce stade (fig. 1598, n°s 7 et 8), les seize cellules ventrales les plus rapprochées du pôle ventral (A_1^7, A_2^7, A_3^7, A_5^7, A_7^7, D_1^7, D_2^7, D_3^7 et les cellules correspondantes des quadrants B et C) se divisent plus tôt que celles qui avoisinent les

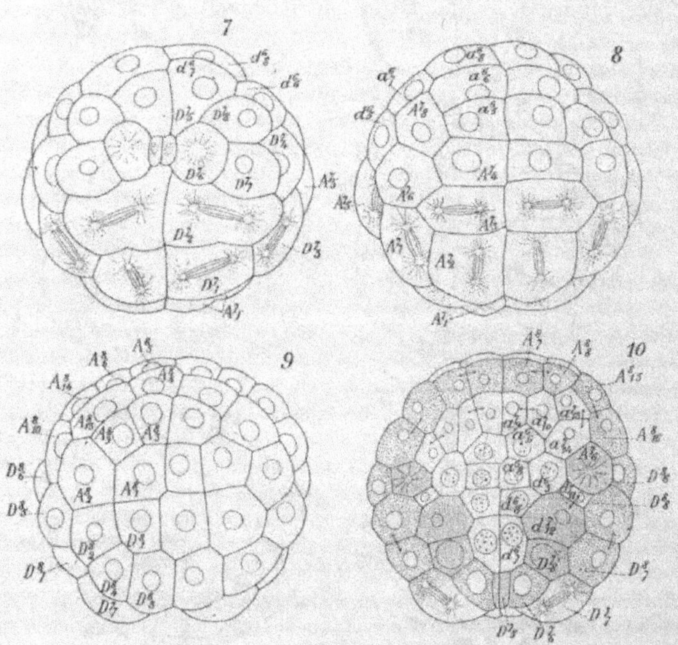

Fig. 1598. — Segmentation de la *Ciona intestinalis* (suite). — N° 7, stade à 48 blastomères, vu par l'extrémité postérieure. — N° 8, la même, extrémité postérieure. — N° 9, stade à 76 cellules, face ventrale. — N° 10, section horizontale à travers la région moyenne de cet embryon.

bords de l'hémisphère dorsal (A_4^7, A_6^7, A_8^7, D_4^7, D_8^7 et les cellules correspondantes des quadrants B et C).

Dès lors on peut distinguer dans l'embryon trois groupes de seize cellules chacun : 1° les *cellules dorsales* qui produiront l'entoderme, la corde et une partie du mésoderme ; 2° les *cellules ventrales équatoriales* qui fourniront le système nerveux et le reste du mésoderme ; 3° les *cellules ventrales polaires* qui formeront l'exoderme. Les cellules ventrales équatoriales forment entre les deux autres groupes de cellules, une bande interrompue de chaque côté par une cellule du groupe exodermique (A_7^7, B_7^7) qui entre directement en contact avec les cellules exodermiques. Les seize cellules ventrales polaires se dédoublent maintenant et le nombre des cellules est porté à soixante-quatre, savoir :

De 8ᵉ génération...................... 32 exodermiques
De 7ᵉ   —   .... 16 équatoriales
De 6ᵉ   —   .... 16 dorsales

Des seize cellules équatoriales, trois de chaque côté du plan médian (A_1^7, A_3^7, D_1^7 et leurs symétriques) présentent des signes de division prochaine; quatre d'entre

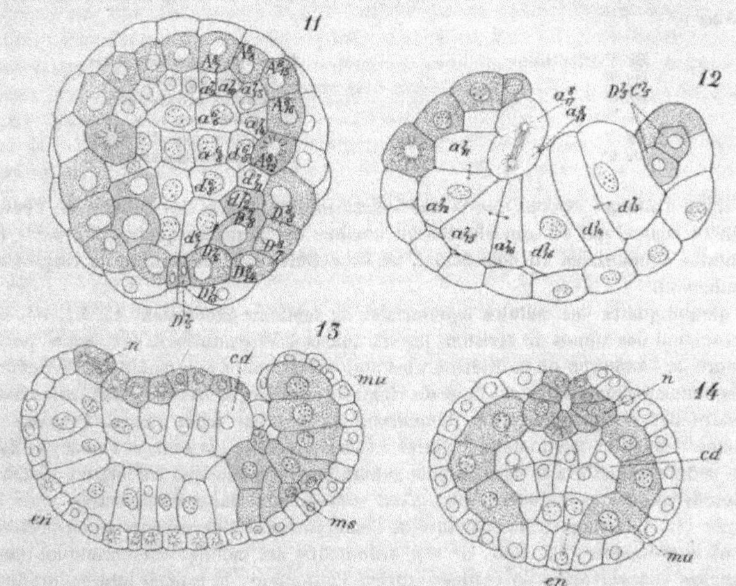

Fig. 1599. — Segmentation et gastrulation de la *Ciona intestinalis* (suite). — Nº 11, stade à 112 cellules, côté dorsal. — Nº 12, coupe sagittale d'un embryon dont la gastrulation est commencée. — Nº 13, coupe sagittale d'un embryon plus âgé, au moment de la clôture du blastopore; *n*, cellules nerveuses; *cd*, cellules de la corde; *mu*, cellules musculaires; *ms*, cellules mésodermiques; *en*, entoderme. — Nº 14, coupe transversale d'un embryon au point de séparation entre la région où le blastopore est fermé et la région plus antérieure où il est encore ouvert. — Dans toutes ces figures et dans le nº 10 de la figure 1598, les cellules à noyau marqué de grains sont les cellules entodermiques; les cellules à noyau sans granules sont celles de la corde; les cellules dont le corps est marqué de gros granules sont les cellules de l'anneau neuro-musculaire; les cellules finement granuleuses sont celles du mésenchyme; les cellules exodermiques facilement reconnaissables sont exclues de ces conventions (d'après Castle. Gr. = 400 du, environ).

elles formant le segment antérieur de la bande équatoriale (A_1^7, A_3^7, B_1^7, B_3^7) sont destinées à former la plus grande partie du système nerveux de la larve; les deux autres (D_1^7 et C_1^7) sont situées latéralement dans le quadrant postérieur. Des dix cellules restantes dont les noyaux sont encore au repos, huit (D_5^7, D_6^7, D_7^7, D_8^7 et leurs symétriques) forment la région postérieure de la couronne équatoriale, et deux A_6^7 et B_6^7 sont placées latéralement et entre les cellules en voie de mitose A_4^7 et D_1^7. B_4^7 et C_1^7. Des seize cellules de l'hémisphère dorsal, six, en contact avec la bande équatoriale a_6^6, a_7^6, d_6^6 et leurs symétriques dans les quadrants B et C sont en mitose.

Les quatre antérieures (a^6_7, a^3_8, b^6_7, b^6_8) sont le *rudiment antérieur de la corde*. Les deux autres cellules mitosiques (d^6_8, c^6_8) sont situées en arrière; chacune d'elles se divise en deux segments inégaux : le plus petit est le *rudiment postérieur* de la corde; le plus gros (d^7_{12}, c^7_{12}) sera l'origine du mésoderme. Les dix autres cellules dorsales sont groupées en une même calotte et constitueront exclusivement l'entoderme définitif de la larve.

Après que la division des douze cellules en voie de mitose dans le stade dont nous parlons, s'est accomplie, l'embryon se compose de soixante-seize cellules, à savoir :

De 8ᵉ génération............................	32	cellules exodermiques
De 8ᵉ —	12	cellules équatoriales
De 7ᵉ —	10	cellules équatoriales
De 7ᵉ —	10	cellules cordales
De 7ᵉ —	2	cellules mésodermiques
De 6ᵉ —	10	cellules entodermiques

Il est d'ailleurs évident que la multiplication plus rapide des cellules de l'hémisphère ventral qui se sont élevées au nombre de cinquante-quatre, a reporté les cellules équatoriales du côté dorsal, où les cellules sont au nombre de vingt-deux seulement.

Bientôt quatre des cellules équatoriales de septième génération (A^7_1, B^7_1, D^7_1, C^7_1) présentent des signes de division, les six autres sont groupées à l'extrémité postérieure de l'embryon où la division s'est toujours produite plus lentement; le nombre des cellules équatoriales est donc de vingt-six; mais ici la division étant horizontale, quatre des cellules nouvelles demeurent cachées par leurs sœurs. Presque en même temps, les trente-deux cellules exodermiques se divisent, et l'embryon dont les cellules équatoriales de troisième génération, de même que les cellules cordales, mésodermiques et entodermiques n'ont subi aucun changement, arrive ainsi au stade 112. A ce moment la structure de l'embryon et la différenciation qu'il présente sont intéressantes (fig. 1599, nᵒ 11). Autour des dix cellules entodermiques deux rangées concentriques de cellules attirent l'attention : la rangée interne produira la corde et le mésenchyme, c'est l'*anneau mésenchymo-cordal*; on doit en exclure les cellules C^7_1 D^7_4, qui suivront le sort des cellules de la rangée extérieure; en revanche les cellules c^7_{11}, d^7_{11}, qui en sont actuellement éloignées, les rejoindront plus tard et formeront la partie postérieure de la corde; cela porte à dix le nombre des cellules qui prendront part à la formation de ce dernier organe. Les cellules qui prendront part à la formation du mésenchyme sont aussi au nombre de dix (A^8_{11}, d^7_{12}, D^7_5, D^7_3 et leurs symétriques); elles sont, comme on voit, empruntées aux quatre quadrants.

Les cellules de l'assise extérieure forment l'*anneau neuro-musculaire* : cet anneau est interrompu en trois points par des cellules de l'anneau mésenchymo-cordal : les cellules symétriques A^8_{12}, B^8_{12} l'interrompent latéralement, les cellules C^7_1, D^7_1 en arrière. Le segment antérieur, formé de huit cellules, toutes dérivées des quadrants antérieurs sera incorporé intégralement dans le système nerveux; les deux segments latéraux, composés chacun de quatre cellules provenant des quadrants postérieurs prendront aussi part à la formation du système nerveux, mais fourniront, en outre, le système musculaire de la queue. Deux cellules seulement, parmi celles qui dérivent de la bande équatoriale, les cellules $D_{1.3}^8$, $C_{1.3}^8$, sont définitivement incorporées dans l'exoderme avec les 64 cellules du pôle ventral.

A ce moment quelques caractères morphologiques et histologiques distinguent les uns des autres les éléments de l'embryon. Toutes de sixième génération seulement, encore bourrées de granulations vitellines, les futures cellules entodermiques sont colonnaires ; elles ne laissent teindre à l'hématoxyline que leur gros noyau et une bande protoplasmique partant du noyau et suivant leur grand axe, bande qui contient sans doute un centrosome. Les cellules de la corde ne se teignent pas non plus, mais sont plus petites que les cellules entodermiques. Les cellules mésodermiques se colorent au contraire en bleu vif ; les cellules neuro-musculaires n'atteignent pas une coloration aussi foncée ; elles sont beaucoup moins granuleuses, et semblent plus près d'avoir épuisé leur provision de granules vitellins.

2° Gastrulation ; formation des feuillets. — Par la division des dix cellules entodermiques, celle des cellules mésodermiques C_7^4, D_7^4 et celle des cellules symétriques deux à deux de l'anneau neuro-musculaire (D_8^6, D_8^6 ; C_7^8, C_7^8), le nombre des cellules est maintenant porté à 128. En même temps s'accomplit l'invagination qui caractérise la phase de *gastrula*. Le processus de l'invagination semble plus primitif chez les *Phallusia* et même chez les *Clavellina* que chez les *Ciona*. Chez les premières, où il existe une cavité de segmentation, l'hémisphère formé de grosses cellules s'invagine dans l'autre ; chez les *Clavellina* la face de la *blastula*, formée de petites cellules, devient convexe, la face opposée concave, et l'embryon prend la forme d'une coupe à parois formées de deux assises de cellules. Chez les *Ciona*, l'invagination résulte tout à la fois de l'enfoncement des cellules entodermiques qui entourent le pôle dorsal de l'embryon et de l'envahissement de ce pôle par les cellules exodermiques à multiplication rapide. Ainsi se forme un grand orifice dorsal, le blastopore. Les deux anneaux mésenchymo-cordal et musculo-nerveux se sont également enfoncés au-dessous de cet orifice (fig. 1599) [1].

Le blastopore se ferme peu à peu, plus rapidement en avant qu'en arrière, de sorte qu'il est graduellement refoulé dans la région postérieure de l'embryon, où il prend une forme triangulaire ; le même résultat est obtenu chez les *Clavellina* et *Phallusia* (fig. 1600) par un changement dans les courbures de l'embryon analogue à celui décrit p. 2157 chez l'*Amphioxus*. Une fois la forme triangulaire réalisée, la fusion des deux lèvres du blastopore s'accomplit au contraire, d'arrière en avant, et commence dans la région de petites cellules mésodermiques aplaties C_7^4 D_7^4. De chaque côté de la ligne d'union des lèvres du blastopore, règne une rangée régulière de cellules nerveuses. Ces cellules seront ultérieurement couvertes, d'arrière et des deux côtés en avant, par l'exoderme ; elles formeront la région postérieure du cordon nerveux. Au-dessous d'elles et n'en différant encore par aucun caractère histologique, ayant d'ailleurs la même origine, sont les cellules formatrices des muscles de la queue. La plaque nerveuse dérivée de la région antérieure de l'anneau neuro-musculaire, et qui fournira tout le système nerveux du tronc, *est*

---

[1] Il suit de là que chez les Ascidies simples, comme chez l'*Amphioxus* et les Vertébrés, les ébauches du système nerveux, du système musculaire et de la corde (*organes dorsaux*) sont déjà distinctes avant la fermeture du blastopore, formées de parties symétriques qui circonscrivent les lèvres de celui-ci, et d'abord séparées par toute sa largeur.

entièrement située en avant de la région de concrescence des lèvres du blastopore, et, par conséquent, ne recouvre jamais cet orifice ; il ne peut donc pas se former, chez les *Ciona*, de canal neurentérique[1].

Dans la région correspondant à la concrescence des lèvres du blastopore, le cordon nerveux est peu à peu recouvert par l'exoderme d'avant en arrière, dans le sens même où s'est accomplie la concrescence. Dans cette région, les cellules nerveuses ne forment jamais un tube, mais bien un cordon plein, sur la coupe duquel on aperçoit, en général, quatre cellules. Au moment où le blastopore est sur le point de se fermer, la plaque médullaire formée par l'axe antérieur de l'anneau musculo-nerveux s'est étendue sur une grande partie de l'embryon et s'est enfoncée de manière à former une fossette plus profonde à son extrémité antérieure qu'à son extrémité postérieure qui correspondait au bord antérieur du blastopore.

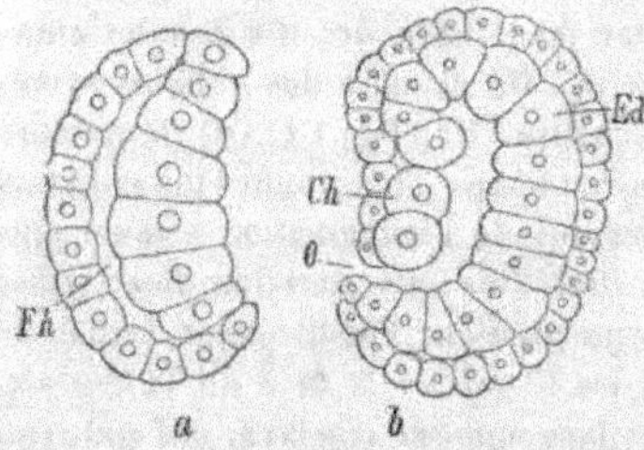

Fig. 1600. — Développement de la *Phallusia mamillata*. — *a*, phase de l'aplatissement précurseur de la gastrulation ; *b*, gastrula ; *Fh* cavité de segmentation ; *O*, blastophore ; en ce point où se formera plus tard le canal neurentérique ; *Ch*, cellules entodermiques destinées à former la corde dorsale ; *Ed*, entoderme (d'après Kowalevsky).

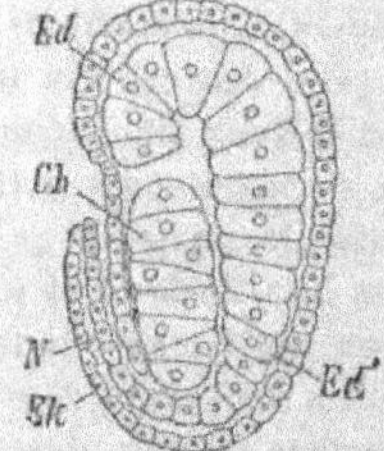

Fig. 1601. — Coupe longitudinale d'un embryon plus avancé. — *Ek*, exoderme ; *N*, double paroi externe du tube nerveux, continue avec le bord postérieur du neuropore ; la cavité du tube située au-dessous de cette double paroi est continue en bas avec la cavité entodermique, formant ainsi le *canal neurentérique* (à la hauteur de lettre *Ek*) ; la paroi interne simple du tube nerveux est continue en haut avec le bord antérieur du neuropore ; *Ch*, corde dorsale ; *Ed*, *Ed'*, entoderme (d'après Kowalevsky).

Lorsque ce dernier se ferme, elle commence à constituer un canal qui se complète peu à peu d'arrière en avant. Chez les *Phallusia* et les *Clavellina*, la large fossette qui correspond au rudiment du système nerveux est déjà bien caractérisée avant

[1] De la régularité que présente la segmentation chez un grand nombre d'Ascidies et chez beaucoup d'autres animaux, de la fixité qu'on observe dans la position des éléments qui en proviennent, il résulte que ces éléments forment des régions déterminées du corps de l'adulte. On peut déterminer à quelles parties du corps correspond chaque cellule, en observant ce qui arrive lorsqu'elle vient à mourir soit par une cause accidentelle, soit par suite d'une blessure expérimentale, telle que les piqûres que Chabry a su réaliser. Il résulte des recherches de Chabry que la corde dorsale est formée de deux moitiés symétriques équivalentes pouvant se développer indépendamment l'une de l'autre ; qu'il existait originairement deux yeux et deux otolithes ; dans les larves normales, l'œil et l'otolithe droits se développent seuls ; on peut les faire avorter en piquant la cellule droite, antérieure du stade IV pour l'œil, la postérieure pour l'oreille, et l'on voit alors quelquefois se former en compensation l'organe symétrique. Les organes de fixation descendent des deux cellules antérieures de ce stade ; les quatre cellules de ce stade prennent part à la formation de la corde. On pourrait conclure de là que la position occupée par chaque cellule dans l'œuf segmenté est la cause de sa différenciation particulière ; mais les phénomènes singuliers de développement des Salpes constituent une grosse objection à cette hypothèse.

la clôture du blastopore; elle est ouverte en avant, fermée en arrière et *le blastopore* (fig. 1600, *O*) *s'ouvre dans sa région postérieure*. Le pourtour de la fossette nerveuse est constitué par un bourrelet saillant, en forme de fer à cheval, le *bourrelet
médullaire*. La fossette se rétrécissant peu à peu, les deux bourrelets se rapprochent, finissent par se souder d'arrière en avant (*N*), *en passant au-dessus du blastopore* et par constituer un *canal médullaire* qui, en avant, demeure longtemps en
communication avec l'extérieur; son orifice est le *neuropore*. La gouttière se ferme
en arrière, au-dessus du blastopore, bien avant que celui-ci soit clos; de sorte
que la cavité du canal médullaire communique alors avec la cavité entodermique
par un *canal neurentérique*, comme chez l'*Amphioxus* (fig. 1601).

   3° *Corde dorsale, mésoderme et entoderme*. — A partir du moment où le canal
médullaire s'est constitué, l'embryon s'allonge rapidement; en même temps sa
forme se modifie beaucoup, et l'arrangement des cellules qui le composent est
considérablement remanié. Son extrémité postérieure, qui jusqu'à la fin de la gastrulation était la plus large, se rétrécit de plus en plus, et forme finalement la
queue repliée, dans l'œuf, sur la face ventrale du tronc. Le rudiment de la corde
consistait en une plaque de cellules (fig. 1599, n° 13, *cd*, et fig. 1601, *Ch*) située sur
la paroi dorsale de l'entoderme, latéralement par rapport au blastopore; ce rudiment
s'allonge, ses cellules se pressant et s'insinuant les unes entre les autres jusqu'à ce
qu'elles ne forment qu'une seule rangée médiane de cellules discoïdales, placées
bout à bout, se prolongeant, au-dessous du cordon nerveux, jusqu'à l'extrémité
postérieure de la queue, et s'arrêtant à peu près vers le milieu de la longueur du
tronc. Les cellules musculaires (fig. 1599, *md*) qui étaient placées sur les côtés et
en arrière du blastopore se disposent de même bout à bout, de chaque côté de
la corde, sur toute sa longueur. Les cellules mésodermiques (*ms*) se concentrent
surtout dans la région postérieure du tronc, où elles forment deux masses com-
pactes de cellules fortement colorées par l'hématoxyline; plus tard ces masses se
résoudront en cellules migratrices, corpuscules du sang, cellules tunicières, etc.

   Avant la fermeture du blastopore, l'endoderme forme, à lui seul, dans sa région
la plus antérieure, la paroi de l'archentéron; dans cette région sa lumière est
presque entièrement oblitérée; plus en arrière, la corde forme la paroi dorsale de
l'archentéron, les cellules mésodermiques ses parois latérales, les cellules entodermiques son plancher. Dans la région de fermeture du blastopore, les cellules
entodermiques ne forment qu'une double rangée ventrale le long de la ligne
médiane. Cette double rangée s'étend en arrière sur presque toute la longueur de
la queue, formant *un cordon entodermique caudal* qui plus tard se dissocie, soit
que ses éléments deviennent des cellules migratrices, soit qu'ils se résorbent au
profit des cellules mésodermiques du tronc. A l'extrémité postérieure de ce cordon
se trouvent deux petites cellules mésodermiques qui ont parfois été considérées
comme appartenant au système nerveux; elles se transforment sans doute en cellules migratrices. En pénétrant dans la région postérieure du tronc, le cordon entodermique s'élargit en une plaque de quatre cellules au moins. Les cellules latérales
de cette plaque se déplacent vers le dos, et se rejoignent au-dessous de la corde,
le long de la ligne médiane; l'entoderme du tronc se transforme ainsi en une vésicule complètement close, à extrémité large tournée en avant. Au-dessus d'elle se
trouve la corde; de chaque côté, les cellules mésodermiques.

Habituellement, dans les cloisons de séparation des cellules de la corde apparaissent des vacuoles situés sur la ligne médiane de l'organe; ces vacuoles, en grandissant, refoulent la paroi des cellules qui prennent aussi la forme de lentilles biconcaves, et finissent par se réduire à de simples lamelles de séparation entre les masses gélatineuses qui remplissent les vacuoles. L'évolution s'arrête là chez les *Clavellina*, mais le plus souvent les lamelles elles-mêmes se résorbent en leur milieu, et les masses gélatineuses qui forment à ce moment une sorte de chapelet, arrivent enfin à constituer un cylindre continu, autour duquel les restes des cellules de la corde forment une gaine.

4° *Différenciation des régions du corps de l'embryon.* — Le fait que les cellules de la corde forment momentanément la paroi de la cavité gastrique primitive, concurremment avec les cellules mésodermiques, a une importance considérable, à cause de l'identité de cette disposition avec celle que présente l'*Amphioxus*. Seulement, chez ce dernier, la différenciation de ces catégories d'éléments est tardive et se produit pour des raisons que l'on peut, en partie, discerner; ici la différenciation est précoce et semble spontanée; c'est encore un phénomène de tachygénèse, impliquant que les Ascidies sont les descendants et non les ancêtres des Provertébrés [1].

Les premières cellules mésodermiques sont, chez les *Distaplia* et chez les *Clavellina* [2], disposées à peu près comme chez les *Ciona*, à l'entour du blastopore. Plus tard, on trouve chez les *Clavellina* [3] le mésoderme constitué de chaque côté de la région antérieure du corps par un massif de cellules qui s'étend de l'entoderme ventral au canal médullaire en entourant les cellules de la corde, et ces dernières forment, comme chez les *Ciona*, le toit dorsal de la cavité digestive; l'aspect du mésoderme est, dans cette région, le même que s'il résultait, comme chez l'*Amphioxus*, de deux évaginations latérales de l'entoderme, et, bien qu'au premier abord, l'origine des deux formations paraisse différente, rien n'empêche de voir dans ce qu'on observe chez les Tuniciers une modification tachygénétique du processus que présente l'*Amphioxus*. Dans les deux cas, la cavité des évaginations mésodermiques est tout à fait transitoire, et ne représente pas la cavité générale définitive. Celle-ci se creuse à nouveau dans le massif mésodermique plein, résultant de la disparition des cavités d'évagination; mais le mésoderme évolue d'une manière toute différente; il ne présente, chez aucun Tunicier connu, de trace de métaméridation. Dans la région postérieure du corps des *Clavellina* le mésoderme se réduit de chaque côté à une seule assise cellulaire et l'entoderme à une double rangée de cellules, comme chez les *Ciona*.

L'embryon ne conserve pas longtemps la forme ovoïde à laquelle nous l'avons conduit. Principalement par suite de l'élongation des cellules qui la composent, sa région postérieure s'amincit encore, grandit, se recourbe sur la face ventrale (fig. 1602, n° 1), et constitue la queue de la larve; cette queue non seulement peut atteindre l'extrémité antérieure du corps, mais encore être obligée de se recourber

[1] Le mésoderme se constitue exclusivement aux dépens de l'exoderme chez les blastozoïdes de Botryllidæ (p. 2298); il est possible qu'il en soit de même chez leur larve.

[2] Davidoff, *Untersuchungen zur Entwickelungsgeschichte der Distaplia magnilarva*, Mittheilungen der zoologische Station Neapel, 1889-91.

[3] Van Beneden et Julin, *Recherche sur la morphologie des Tuniciers*, Archives de Biologie, t. VI, 1887.

à l'extrémité sur le côté droit (*Clavellina*) ; elle subit, en même temps, une certaine torsion autour de son axe longitudinal, de sorte que le canal nerveux parait se porter vers la gauche de l'embryon. Après l'éclosion, la queue reprend une direction longitudinale et se place sur le prolongement du corps de la larve (fig. 1602, n° 3).

La région antérieure du corps, d'abord arrondie, s'allonge, elle aussi ; à son extrémité antérieure, trois épaississements exodermiques dessinent bientôt les rudiments des *papilles fixatrices*, dont l'épithélium subira une modification glandulaire et fournira une sécrétion propre à assujettir la larve. En même temps, les cellules exodermiques, qui étaient d'abord cubiques, s'aplatissent, et à leur surface

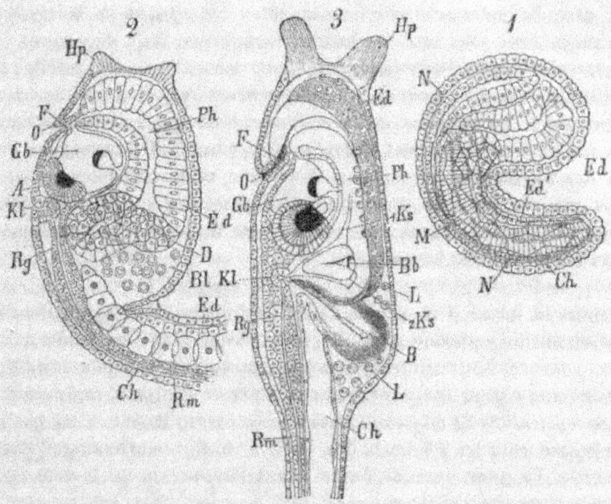

Fig. 1602. — Suite du développement de la *Phallusia mamillata*. — N° 1, coupe longitudinale optique d'un embryon dont la queue est déjà bien développée. — N° 2, larve venant d'éclore. — N° 3, larve âgée de deux jours. — *Ed*, *Ed'*, entoderme ; *Ch*, corde dorsale ; *Kp*, papilles fixatrices ; *Ph*, cavité pharyngienne ; $_1Ks$, $_2Ks$, lacunes avoisinant les fentes branchiales (Willey) ; *Bb*, orifice cloacal droit situé en arrière des deux fentes branchiales primitives ; *O*, bouche ; *F*, neuropore ; *Gb*, vésicule sensorielle contenant l'otocyste ; *A*, œil ; *Rg*, région somatique de la moelle ; *Rm*, région caudale de la moelle ; *N*, tube nerveux ; *Kl*, invagination cloacale ; *M*, cellules musculaires de la queue ; *L*, cavité générale ; *Bl*, globules sanguins ; *B*, sac digestif (d'après Kowalevsky, mais un peu autrement interprétée).

apparait une couche cuticulaire qui, dès sa formation, présente les réactions de la cellulose. C'est le premier rudiment de la tunique. Cette couche cuticulaire forme le long des bords dorsal et ventral de la queue une bande membraneuse qui constitue la nageoire caudale.

Les deux bandes mésodermiques accompagnent la corde sur toute sa longueur, et la dépassent un peu en avant. Dans leur partie postérieure, elles sont formées de trois rangées de cellules unisériées qui donnent naissance aux muscles de la queue de la larve. Ces cellules s'allongent de manière à présenter, en coupe optique, l'aspect d'hexagones allongés ; sur leur face interne et sur leur face externe se développent des fibrilles musculaires, dirigées un peu obliquement par rapport à l'axe longitudinal du corps et de telle façon que les fibrilles externes croisent les fibrilles internes sous un angle très aigu ; ces fibrilles sont confusément striées.

La région antérieure des bandes mésodermiques est constituée par un massif de cellules plus petites que les cellules musculaires et dont les plus internes forment à la corde un revêtement qui semble continuer l'assise des cellules musculaires caudales ; effectivement ces cellules donnent naissance à la musculature du tronc. D'habitude les autres remplissent d'abord toute la cavité générale primitive ; mais celle-ci s'agrandit peu à peu, et se trouve envahie par une substance gélatineuse qui écarte les cellules mésodermiques ; ces cellules prennent alors une forme arrondie ; avec la substance gélatineuse, elles constituent le mésenchyme dans lequel se creuseront plus tard les lacunes sanguines. Aux dépens de ce mésenchyme se formeront tous les organes internes : musculature des orifices afférent et efférent, musculature des parois du corps, organes d'excrétion, corpuscules du sang, organes génitaux. Au moment de la métamorphose qui suit la fixation, aux éléments du mésenchyme viennent s'ajouter tous ceux qui proviennent de la désagrégation des organes larvaires, mais il est peu vraisemblable que ces éléments reprennent une vie nouvelle et ne continuent pas à dégénérer, en abandonnant au milieu ambiant des substances qui peuvent être utilisées à la nutrition des tissus et des organes en voie de formation.

5° *Développement du système nerveux.* — Le système nerveux central ne garde pas longtemps la forme d'un simple canal médullaire. Il s'élargit bientôt dans sa région antérieure où se forme, par suite, une *vésicule cérébrale*, tandis que la région postérieure conserve son calibre et constitue le cordon nerveux caudal. Entre les deux régions une région moyenne, creuse, à parois épaisses, représente la *portion viscérale du myélencéphale* ou *ganglion abdominal* ; cette région n'est pas constante ; bien développée chez les *Phallusia* (fig. 1602, n° 3, *Iig*), elle manque, par exemple, aux *Ascidiella*. Le neuropore se ferme avant l'apparition de la bouche définitive qui se creuse dans son voisinage.

Les parois de la vésicule cérébrale sont minces et constituées par un épithélium aplati, mais qui s'épaissit un peu dans la région dorsale où un léger sillon médian permet de distinguer dans la vésicule, un cul-de-sac droit et un cul-de-sac gauche. Dans le cul-de-sac droit sont contenus les *organes des sens*, auxquels on a attribué, sans être cependant bien fixé sur leur fonction, les noms d'*œil* et d'*oreille*. Ces organes se trouvent quelquefois plus ou moins développés accidentellement dans le cul-de-sac gauche, ce qui implique que la larve était primitivement symétrique.

L'*œil* est dorsal ; il est constitué par de longues cellules colonnaires, disposées en une coupe dont la cavité contient une lentille réfringente, coiffée d'un ménisque transparent. Les cellules constituant la coupe sont les *cellules rétiniennes*. Les cellules rétiniennes, le cristallin et la couche pigmentée ou choroïdienne se forment côte à côte sur la paroi dorsale de la vésicule sensorielle. A gauche un certain nombre de cellules dorsales s'allongent et constituent les cellules rétiniennes ; à côté d'elles vers la droite, trois cellules plus hautes et dont le protoplasme s'éclaircit se caractérisent comme *cellules cristalliniennes*. La région de la vésicule sensorielle située en dehors et à droite des cellules cristalliniennes forment un pli qui s'enfonce au-dessous de ces dernières (*Distaplia, Didemnum, Diplosoma*). le *pli choroïdien* ; les cel-

lules du feuillet de ce pli qui passe immédiatement au-dessous des cellules cristalliniennes se pigmentent et forment la choroïde. En raison de ces dispositions, les
cellules cristalliniennes doivent passer au-dessus des cellules rétiniennes pour
arriver à leur position définitive. Le plus souvent les trois cellules cristalliniennes
prennent part à la formation du cristallin et du ménisque; mais il peut arriver
aussi (*Clavellina, Diplosoma*) qu'une seule de ces cellules y soit employée; les deux
autres sont résorbées ou contribuent peut-être à la formation des liquides réfringents de l'œil.

La *vésicule auditive* se constitue à l'aide d'une cellule de la paroi de la vésicule
sensorielle; cette cellule grandit, devient piriforme et ne tarde pas à faire saillie
dans la vésicule. D'abord dorsale, elle passe peu à peu à la face ventrale droite de
la vésicule sensorielle, et, par son extrémité amincie, demeure implantée dans
l'épithélium de celle-ci. Son extrémité large est revêtue de pigment; les cellules
de l'épithélium de la vésicule sensitive qui avoisinent la vésicule auditive portent
des cils auditifs raides, dirigés vers cette vésicule, au-dessous de laquelle se trouve
un espace vésiculaire vide. Elles constituent une sorte de *crête acoustique*. Il peut
exister plusieurs otocyste chez les *Amaroucium* (Maurice et Schulgin).

Le *ganglion abdominal* est le prolongement immédiat du cul-de-sac gauche de la
vésicule cérébrale. Du côté dorsal, les cellules du ganglion sont disposées sur une
seule couche et ne diffèrent pas de celles de la vésicule cérébrale; mais sur la face
ventrale, elles se multiplient de manière à former un véritable massif où l'on peut
distinguer une région antérieure qui se rattache à la vésicule cérébrale et une
région postérieure dont les cellules entourent un axe fibrillaire. La partie caudale
du tronc nerveux se prolonge jusqu'à l'extrémité postérieure, mais sa cavité
disparaît, et le tronc lui-même n'est bientôt plus formé que par quatre files de cellules, une dorsale, une ventrale et deux latérales. Comme la cavité du tube digestif
a de son côté disparu dans cette région, il n'y a plus de canal neurentérique. Du
tronc caudal naissent, chez l'*Ascidia mentula*, des faisceaux de fibrilles que l'on doit
considérer comme des nerfs spinaux. Ces faisceaux sont disposés par paires; la
première naît des régions abdominale et caudale du tronc et les autres à des
distances qui correspondent sensiblement à la longueur d'une cellule musculaire
de la queue. Les larves de *Distaplia* présentent, à des distances équivalentes, dix
petits groupes de cellules ganglionnaires rappelant ceux qu'on observe sur le
cordon nerveux caudal des Appendiculaires (p. 2234). Malgré les discordances
qu'on observe entre le nombre des parties constituées de la queue de ces animaux,
il n'est pas invraisemblable que ces dispositions aient eu pour origine une disposition métamérique qu'il y aurait lieu de rechercher dans les formes les moins
altérées.

6° *Développement du sac branchial et de l'intestin*. — Au point où nous l'avons
laissée chez les *Ciona*, la vésicule entodermique, complètement close, est encore
formée, dans sa région postérieure, des cellules entodermiques ventrales, des cellules mésodermiques latérales et des cellules de la corde, qui sont dorsales; en
avant, elle est uniquement constituée de cellules entodermiques, en arrière elle est
en continuité avec le cordon cellulaire qui représente le tube digestif rudimentaire
de la queue. En se multipliant, les cellules entodermiques voisines de la corde et
du mésoderme arrivent, après la séparation de ces parties, à fermer complètement,

du côté dorsal, le tube digestif, qui s'isole du cordon entodermique caudal, en constituant au-dessous de la corde un diverticule du sac stomacal, en forme de cul-de-sac étroit, à extrémité légèrement recourbée vers le dos. Chez les *Ciona*, les *Phallusia*, etc., le cordon entodermique caudal se dissocie bientôt et la place qu'il occupait se transforme en une lacune caudale, en continuité avec celle du tronc et dans laquelle flottent les éléments dissociés du cordon qui ont pris un aspect analogue à celui des globules du sang.

Après la réduction de son prolongement caudal, l'entoderme n'est plus qu'un sac complètement clos; la *vésicule entodermique* présentent du côté droit un diverticule tantôt court et large (*Phallusia*, *Ascidiella*), tantôt assez étroit (*Ciona*, *Clavellina*). La région antérieure de la vésicule fournit le sac branchial, tout au moins dans le plus grand nombre des cas les sacs péribranchiaux et toujours le canal hyponeural; sa région postérieure produit les tubes épicardiques d'où se détache le cœur et qui sont l'origine des bourgeons; le diverticule produit tout au moins l'œsophage et l'estomac.

Chez les *Phallusia*, *Ciona*, etc., le diverticule s'allonge verticalement, se recourbe en anse en remontant, et se termine d'abord en cæcum. La branche droite devient l'œsophage; la courbure de l'anse ventralement située devient l'estomac; la branche gauche ascendante le rectum qui finit par s'ouvrir au dehors. Chez les *Ascidiella* et peut-être la *Molgula macrosiphonica* un repli ventral, transversal, sépare la vésicule entodermique en deux chambres qui ne communiquent entre elles que dans la région dorsale droite; la chambre antérieure devient le sac branchial, dont la section verticale prend rapidement la forme d'un T à branches latérales situées du côté dorsal; la branche postérieure, dans laquelle se loge l'extrémité antérieure de la corde a, par cela même, d'emblée la forme d'un V vertical qui se comporte comme l'anse graduellement développée des *Phallusia*. Chez la *Clavellina Rissoana*, le diverticule subcordal de la vésicule entodermique ne produit que l'œsophage et l'estomac; l'intestin provient d'un autre diverticule qui naît à gauche, sur la face ventrale du sac branchial et se dirige ensuite vers l'avant et vers le haut.

Il n'y a d'abord ni bouche, ni anus. Bientôt l'extrémité antérieure du sac digestif s'allonge en un diverticule qui se courbe du côté dorsal, immédiatement en avant de la vésicule cérébrale, et se met en contact avec l'exoderme. Au point de contact l'exoderme s'épaissit, et s'invagine légèrement en cul-de-sac; les deux membranes exodermique et entodermique se perforent et ainsi se trouve réalisée la bouche de la larve, destinée à demeurer l'orifice afférent de l'adulte. Le neuropore continue encore quelque temps à être visible dans le canal constitué par la fusion des deux culs-de-sacs. Comme chez l'*Amphioxus*, l'*endostyle* se différencie dans la région la plus antérieure du sac branchial, et sa position est, au début, dorso-ventrale (fig. 1603, *End*; p. 2273). Il est constitué par deux bourrelets saillants, comprenant entre eux une gouttière vibratile. Ces bourrelets s'allongent dans la direction postérieure, et deviennent ainsi franchement ventraux [1].

La *glande pylorique* ou *organe réfringent* apparait à la jonction de l'estomac et

[1] Willey, *On the development of the hypophysis in the Ascidians*, Zoologische Anzeiger, 1892.

de l'intestin sous forme d'un diverticule comparable au diverticule hépatique de l'*Amphioxus* et qui va se ramifiant de plus en plus, réalisant ainsi les formes précédemment décrites chez les adultes (p. 2249).

De très bonne heure, sur la paroi interne de la chambre branchiale, entre les deux trémas primitifs (voir le paragraphe suivant) se montrent des replis entodermiques qui sont les premiers rudiments des côtes transversales; sur ces replis apparaissent, chez les types pourvus de méridiens principaux, des tubercules qui bientôt se bifurquent, et par leur jonction avec les papilles voisines donnent naissance à ces méridiens. Les premiers rudiments de la gouttière péricoronale et de la couronne tentaculaire sont également très précoces. Les premiers tentacules sont toujours disposés symétriquement.

7° *Développement des poches péribranchiales.* — A peu près vers l'époque où se forment les plis endostylaires qui divisent en trois lobes la face antérieure de la vésicule entodermique, deux invaginations symétriques de l'exoderme se forment dans la région postérieure du tronc, immédiatement en arrière de la vésicule sensorielle. Ce sont les premières ébauches des poches péribranchiales. En face de ces poches, il se produit chez la *Ciona intestinalis* [1] une invagination de la vésicule entodermique; les bords antérieur et postérieur de cette invagination arrivent au contact du sac exodermique voisin, se soudent à lui et une perforation se produit bientôt à chacun des points de soudure (fig. 1602, n° 2, *Bb*; p. 2265). Ces deux perforations *simultanément* produites, comme si elles n'étaient au fond qu'un seul et même organe, sont les *fentes branchiales primitives*. Un espace vide se trouve compris entre elles, le fond de la poche exodermique et le fond de l'invagination entodermique; c'est vraisemblablement une ébauche du premier sinus sanguin transverse de la branchie; le tube ainsi formé entre les deux fentes a été comparé à la languette qui divise chacune des fentes branchiales de l'*Amphioxus*. La poche péribranchiale exodermique s'ouvrant d'une part à l'extérieur, d'autre part dans la vésicule entodermique par les deux fentes branchiales primitives, la vésicule entodermique communique désormais avec l'extérieur.

Chez la *Phallusia scabroïdes* (van Beneden et Julin), l'*Ascidia mentula* (Della Valle), l'*A. villosa* (Pizon), la *Clavellina lepadiformis*, la vésicule entodermique primitive se mettrait en rapport avec les poches exodermiques par deux évaginations volumineuses qui ont été désignées sous le nom de *tubes branchiaux primitifs* et au sommet desquels se formeraient les fentes branchiales. Il peut n'y avoir là, au fond, qu'une interprétation différente de faits identiques. Tous les observateurs figurent, en effet, la vésicule entodermique comme trilobée antérieurement. Mais les uns considèrent le lobe médian comme l'ébauche de l'endostyle et les lobes latéraux comme correspondant aux faces latérales du sac branchial; tandis que pour les autres, le lobe médian est le sac branchial tout entier et les lobes latéraux représentent, en conséquence, les poches péribranchiales. La question sera facilement jugée par la détermination des points où se forment les trémas définitifs; mais le mode de production des cavités péribranchiales est si différent dans les bourgeons des Ascidies composées (p. 2282 et 2306) de ce que montrent les larves des Ascidies simples,

---

[1] A. WILLEY, *Studies on the Protochordata*, Q. Journal of the microscopical Science, 3° série, t. XXXIV, 1893.

qu'une modification dans le mode de production de ces cavités, chez l'oozoïde de certaines Ascidies composées tout au moins, n'est pas invraisemblable.

8° *Développement du tube dorsal.* — La région antérieure de la gouttière nerveuse donne naissance à un organe important en raison de sa constance chez les Tuniciers et qui comprend : 1° l'*organe cilié* ou *tubercule dorsal* de l'entrée du sac branchial ; 2° l'*entonnoir cilié* et le tube qui lui fait suite ; 3° la *glande hyponeurale* ou *glande hypophysaire* ; peut-être même, dans certains cas, le ganglion nerveux définitif. Tandis qu'avant la fermeture du neuropore, la région de cette gouttière située à droite se renfle, de manière à former la vésicule nerveuse dont la cavité s'isole complètement de celle du tube nerveux, la gouttière produit en avant un diverticule tubulaire qui se prolonge peu à peu jusqu'au contact de la vésicule entodermique. Il se constitue ainsi un *tube hyponeural* que d'abord le neuropore met en communication avec l'extérieur, comme le tube neural lui-même. Mais le neuropore se ferme bientôt et le tube hyponeural s'ouvre alors à l'entrée de la cavité branchiale. L'orifice ainsi formé est l'ébauche du *tubercule dorsal* ou *organe cilié* ; le canal qui fait suite à cet orifice est l'entonnoir vibratile, dont la cavité se continue en arrière avec celle du tube nerveux. Plus tard encore le tube hyponeural ayant cessé de communiquer avec le tube neural, entre en communication avec la vésicule sensorielle, tandis que sa paroi opposée à cette vésicule prolifère de manière à constituer l'ébauche de la glande hyponeurale.

9° *Développement de l'appareil cardiaque, des tubes épicardiques et de la cavité périviscérale.* — C'est de la partie postérieure du sac entodermique que naissent les tubes épicardiques, le péricarde et le cœur des Ascidiidæ. A la face ventrale du tube digestif se différencient, tout près de l'extrémité de l'endostyle, deux cordons cellulaires pleins, très rapprochés l'un de l'autre, peut-être parfois confondus et dont le gauche est généralement plus développé que le droit. Ces cordons constituent le *procardium*. A leur intérieur apparaît bientôt une cavité ; puis les deux tubes se confondent à leur extrémité postérieure, de manière à constituer une poche impaire que deux canaux dirigés en avant mettent en communication avec le fond du sac branchial. De la poche impaire se détache bientôt une vésicule dont la face dorsale se creuse en gouttière. Cette gouttière n'est pas autre chose que le cœur et le reste de la vésicule représente le péricarde. La gouttière cardiaque communique librement au début avec les lacunes sanguines du mésenchyme. Les parties restantes du procardium forment l'*épicarde*, qui finit par s'isoler complètement des cavités entodermiques antérieures. Le cæcum terminal de l'épicarde s'accroît postérieurement, s'étend au-dessus du rudiment du cœur et, chez les Tuniciers fixés, s'accole si bien aux bords de la gouttière cardiaque que celle-ci se trouve transformée en un tube ouvert seulement aux deux bouts. La face ventrale de l'épicarde qui vient ainsi fermer le cœur, porte le nom de *raphé cardiaque dorsal*. La paroi du cœur n'est d'abord qu'une simple lame formée d'une seule assise de cellules identiques à celles du péricarde, avec qui elles se continuent. Plus tard, sur la face de ces cellules tournée vers la cavité du cœur se différencient des fibrilles contractiles striées. Il n'existe, au moins au début, ni endocarde, ni revêtement endothélial des lacunes sanguines.

Le sac épicardique prend d'ailleurs un développement important, au cours duquel, en s'appliquant sur le tube digestif d'une part, et d'autre part sur la paroi primitive du corps contre laquelle il refoule les éléments mésodermiques, il circonscrit une pseudo-cavité générale, dans laquelle semblent au premier abord flotter les viscères chez les *Ciona* et qui a été déjà désignée sous le nom de *cavité périviscérale*. Il joue chez les Ascidies bourgeonnantes un rôle prédominant dans la formation des bourgeons.

Structure de la larve adulte; fixation et métamorphose. — La larve est maintenant mûre pour l'éclosion. Au moment où elle devient libre, elle a la forme d'un têtard minuscule de Batracien. Son corps se décompose en un tronc ovoïde et une queue bordée d'une membrane natatoire le long de ses lignes médiane, dorsale et ventrale. Trois ventouses fixatrices sont portées chacune à l'extrémité d'un appendice céphalique exodermique. La bouche est située immédiatement en avant de la vésicule cérébrale, du côté neural, comme chez les Invertébrés; en raison de la réduction de la vésicule cérébrale, elle est médiane, au lieu d'être latérale comme chez l'*Amphioxus*; mais les organes sensoriels sont asymétriques et comme chez les animaux nageurs, pas plus que chez les animaux fixés par une extrémité de leur corps, aucune cause de dissymétrie n'apparaît, force est bien de rapporter celle des larves de Tuniciers à une influence héréditaire dont l'histoire de l'*Amphioxus* fournit vraisemblablement le point de départ (p. 2168).

La vésicule cérébrale est ordinairement suivie par un ganglion abdominal, mais celui-ci n'est pas toujours différencié, et dans ce cas le tube neural qui se prolonge jusqu'à l'extrémité de la queue, fait immédiatement suite à la vésicule; les nerfs latéraux sont tout à fait transitoires (moins d'une minute, Küpffer). Au-dessous du tube nerveux s'étend, sur toute la longueur de la queue, et parfois jusque vers le milieu du tronc, la corde dorsale, flanquée dans la queue de muscles puissants. Le tube digestif comprend : 1° une région branchiale, pourvue de chaque côté de deux fentes branchiales; 2° un œsophage antéro-postérieur légèrement sinueux; 3° un estomac dorso-ventral; 4° un intestin qui remonte vers la gauche et s'ouvre dans la cavité cloacale résultant de la fusion des deux cavités péribranchiales. Les cavités péribranchiales s'ouvrent au dehors chacune par un orifice efférent, situé au niveau des fentes branchiales correspondantes. En avant de la vésicule cérébrale, dans la cavité buccale, s'ouvre le *tube hyponeural*, et l'endostyle est nettement différencié. Toutefois chez les larves patrogoniques des Ascidies simples, il n'occupe pas la position antéro-postérieure qu'il occupera chez l'adulte; il est dorso-ventral, comme chez la larve d'*Amphioxus*, et situé le long de la ligne médiane de la face antérieure du sac digestif (fig. 1603, *en*). L'épicarde et le péricarde sont bien développés et le cœur exécute déjà des pulsations; elles ne possèdent encore ni glande pylorique, ni organes génitaux, ni muscles longitudinaux du tronc. Les larves ainsi construites ne nagent que quelques heures; au bout de ce temps, elles se fixent par leur extrémité antérieure, et alors commence ce qu'on nomme avec raison leur métamorphose. Le changement dans le mode de fonctionnement des organes qu'entraîne leur immobilité a pour conséquence l'atrophie des organes locomoteurs, le développement exagéré du sac branchial et peut-être, en raison de l'orientation nouvelle de la résultante des pressions exercées sur les orifices des sacs péribranchiaux par l'eau arrivant en plus grande quantité dans ces sacs, le rapprochement graduel de ces orifices latéraux et leur fusion en un orifice dorsal unique. C'est vraisemblablement à cela et au développement des organes génitaux que se borne la métamorphose chez les *Boltenia*, où le lobe préoral s'allonge démesurément et prend la forme d'un long pédoncule (fig. 1562, n° 2; p. 2173); mais chez les *Ciona*, où il ne se produit qu'un court pédoncule transitoire (fig. 1603, 1604 et 1605, *p*), et dans toutes les formes où il ne s'en développe pas, la métamorphose se complique d'une rotation de 90° à 180° autour d'un axe horizontal [1].

Dans les embryogénies patrogoniques (*Phallusia, Ascidia, Ciona*), ces phénomènes suivent réellement la fixation qui est leur cause; chez quelques Ascidies simples et chez la plupart des Ascidies bourgeonneantes la tachygénèse intervient d'une façon de plus en plus active (p. 2293); ils se produisent de plus en plus tôt.

Chez les *Phallusia* et *Clavellina* une seule des trois papilles antérieures est utilisée pour la fixation; les autres s'atrophient très vite. La papille fixatrice se résorbe elle-même bientôt, de sorte que la jeune Ascidie ne semble plus fixée que par la région antérieure, désormais basilaire, de la tunique; chez les *Clavellina*, l'adhérence est renforcée par la production de *stolons*, à la formation desquels contribuent les tubes épicardiques qui ont pris une grande élongation, le manteau et la tunique; c'est sur ces stolons que pousseront les nouveaux individus. Il peut arriver (*Distaplia magnilarva*) que la queue tombe purement et simplement; mais la règle est qu'elle se rétracte à l'intérieur du corps et qu'elle y soit résorbée, aussitôt après la fixation. Les organes locomoteurs étant les mêmes chez toutes les larves et subissant la même atrophie, il est probable que le processus de leur réduction est partout sensiblement identique; il a été suivi en détail chez les *Didemnum*. Dans ce genre, les muscles de la région antérieure de la queue qui s'attachent assez loin en avant, à l'intérieur du corps de l'embryon, se contractent. Par l'effet de cette contraction, l'extrémité antérieure de la corde et les muscles adjacents sont écartés de leur position axiale et plus ou moins fortement courbés; en outre, la corde et les organes auxquels elle est liée sont raccourcis, tirent à eux les extrémités de la gaine exodermique de la queue et commencent à l'invaginer; cette contraction a également pour effet de déterminer une compression réciproque des cellules exodermiques qui passent de la forme cubique à la forme cylindrique. En se propageant vers l'extrémité de la queue, la contraction des fibres musculaires a pour conséquence de chasser les organes caudaux à l'intérieur du tronc, où ils se pelotonnent en tire-bouchon; ils entraînent avec eux la gaine exodermique, qui d'abord ne fait que se raccourcir, se plisser et s'épaissir, mais, suivant toujours

---

[1] Une rotation analogue se produit chez la plupart des animaux qui se fixent par l'extrémité antérieure de leurs corps tels que les Crinoïdes, les Cirripèdes et les Bryozoaires; elle est accompagnée de changements plus ou moins importants dans la forme de l'animal, changements qui constituent ce qu'on peut appeler une *métamorphose rotative*. Les principes de la *fixation des attitudes* et de la *répétition de leurs phases successives par l'embryogénie* donnent de ces métamorphoses une explication aussi satisfaisante que celles qu'ils ont déjà fournies de la torsion des Gastéropodes (p. 2071) et de la dissymétrie de l'*Amphioxus* (p. 2165 et 2168). Tout animal fixé par sa région antérieure est dans une position désavantageuse par suite du voisinage de la bouche et du corps contre lequel a eu lieu la fixation; ce corps diminue le champ d'action des organes au moyen desquels l'animal attire à lui ses aliments. Si la région céphalique ne s'allonge pas en un pédoncule comme cela a lieu chez les Crinoïdes, les Anatifes et les Bolténies l'animal contracte une des moitiés de son corps, et relâche l'autre de manière à amener sa bouche autant que possible à l'opposé du plan de fixation. Il y réussit plus ou moins, et toutes les phases intermédiaires entre les attitudes extrêmes sont, comme d'habitude, fixées dans la série des formes adultes.

le mouvement de rétraction des organes caudaux, finit par s'invaginer à l'intérieur du tronc.

Au cours de ces transformations purement mécaniques, des transformations chimiques s'accomplissent aussi dans les parties en voie de régression. La substance gélatineuse de la corde disparait et ses cellules deviennent libres. Cessant de présenter une disposition hélicoïdale pour se rassembler en un seul tractus, elles sont ensuite, ainsi que les cellules musculaires, résorbées par les phagocytes. Il est possible que les cellules exodermiques jouent également un rôle dans cette digestion, car, au cours de leur invagination, elles grandissent beaucoup et se remplissent de corpuscules réfringents de telle sorte qu'elles finissent par ressembler aux sphères granuleuses des pupes de Muscides. Une fois qu'il a pénétré à l'intérieur du corps, l'exoderme caudal y prend l'aspect d'une vésicule qui se pédiculise et finit par s'isoler complètement de l'exoderme normal. La vésicule se transforme à son tour en une masse solide de cellules sphéroïdales, lâchement unies (fig. 1603 et 1604, q), qui peu à peu se dissocient et se désagrègent. La tunique caudale elle-même tombe (Küpffer) ou est résorbée (H. Milne-Edwards, Seeliger). La vésicule sensorielle subit un peu plus tard une dégénérescence analogue; ses éléments se gonflent, se dissocient, tombent dans la cavité générale et se résorbent; il en est de même des grosses cellules nerveuses caudales. Les papilles fixatrices perdent rapidement leurs ventouses; leurs cellules s'écartent les unes des autres, demeurent quelque temps encore maintenues par une substance gélatineuse, puis se dissocient et disparaissent (*Didemnum*).

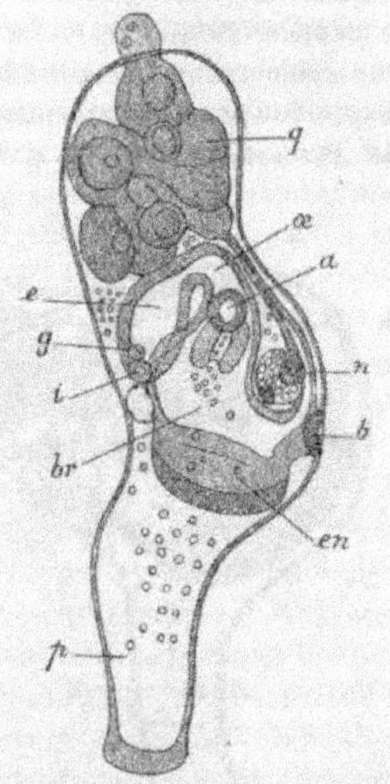

Fig. 1603. — Jeune *Ciona intestinalis* peu de temps après la fixation, vue du côté droit. — *q*, queue en voie de résorption surmontée du reste de la tunique caudale; *œ*, œsophage; *a*, orifice péribranchial droit et au-dessous de lui, pointillées, les deux fentes branchiales primitives encore fermées; *n*, vésicule nerveuse supportée par le tube nerveux qui communique encore en avant avec le sac branchial; *a*, une des invaginations cloacales; *b*, bouche; *en*, endostyle; *p*, pédoncule fixateur; *br*, branchie; *i*, rudiment de l'intestin, *g*, ébauche du corps réfringent; *e*, estomac (d'après Willey).

Pendant que la queue du têtard est ainsi résorbée, la rotation qui doit amener la bouche à l'opposé du plan de fixation se prépare, et en même temps, le système nerveux définitif se constitue; il nait des cellules qui forment le ganglion abdominal et de celles qui le prolongent en quelque sorte, à gauche de la vésicule sensorielle. Ces dernières forment le ganglion définitif, tandis que le ganglion larvaire abdominal donne naissance au cordon nerveux cellulaire qui s'étend le long de la ligne médiane dorsale au sac branchial, passe ensuite à gauche de l'œsophage et se termine entre les deux diverticules hépatiques (*Clavellina*). Chez les BOTRYLLIDÆ, le système nerveux larvaire se désagrège presque complètement et le ganglion de l'adulte résulte de la prolifération de quelques cellules de la région antérieure du système nerveux larvaire auquel il demeure quelque temps attaché par un nerf gros et court.

Bientôt la tunique qui passait sans s'interrompre au-dessus des orifices afférent et efférents s'ouvre au niveau de ces orifices et le courant d'eau qui doit traverser la chambre branchiale commence à s'établir. Sur les parois de cette chambre, les fentes branchiale se multiplient. Chaque fente n'est d'abord qu'un diverticule aplati de la paroi entodermique de la cavité branchiale qui vient se souder avec la paroi de la cavité péribranchiale. Au point de soudure se perce un très petit orifice. Chez les Ascidies à développement patrogonique il se forme d'abord six fentes branchiales ou trémas. Ces fentes ont leur grand axe dirigé transversalement (fig. 1604 et 1605, f_1, f_2), c'est-à-dire perpendiculairement à l'endostyle; elles se multiplient pendant un certain temps, en gardant la même orientation et en formant ainsi une seule rangée longitudinale; cette disposition primitive est conservée chez les *Pyrosoma* (fig. 1587, p. 2214). Ces

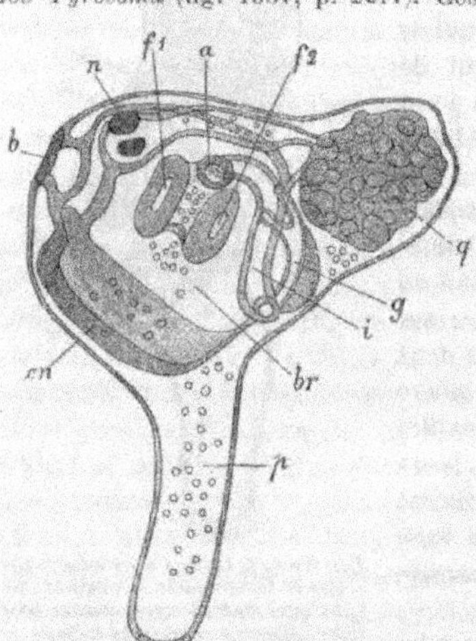
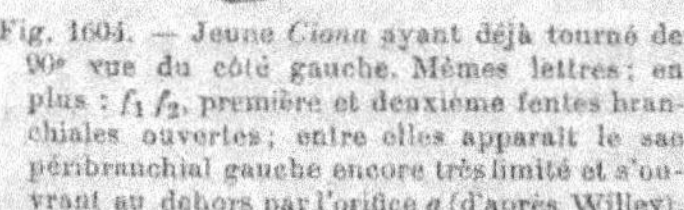
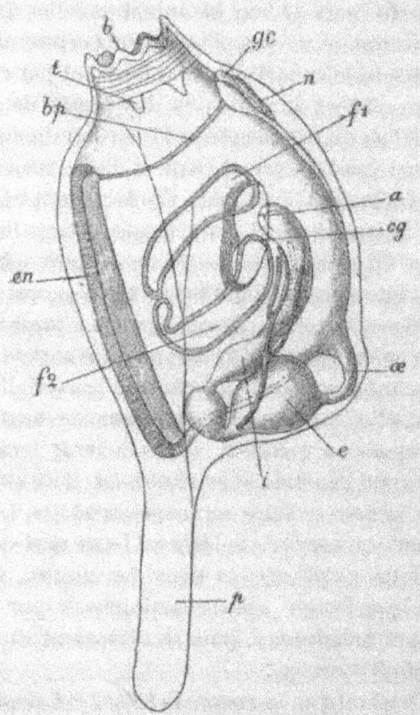

Fig. 1604. — Jeune *Ciona* ayant déjà tourné de 90° vue du côté gauche. Mêmes lettres; en plus : f_1 f_2, première et deuxième fentes branchiales ouvertes; entre elles apparaît le sac péribranchial gauche encore très limité et s'ouvrant au dehors par l'orifice *a* (d'après Willey).

Fig. 1605. — Jeune *Ciona* ayant accompli toute sa rotation. Mêmes lettres; *gc*, rudiment du cerveau; *cg*, extrémité supérieure de la 2e partie apparaissant à travers l'invagination locale; *bp*, arc cilié; *t*, tentacules; *b*, orifice afférent; sur l'intestin commencent à s'étendre les branches de l'organe réfringent (d'après Willey).

longs trémas se divisent chacun en deux par la production de languettes qui naissent indifféremment de leur bord antérieur ou de leur bord postérieur; puis ce processus se répétant, chaque tréma est remplacé par une rangée transversale de courts trémas. Les trémas changent enfin de forme; leur grand axe transversal devenant longitudinal, c'est-à-dire parallèle à l'endostyle (fig. 1577, p. 2193). Les trémas issus de la division transversale d'une même fente primitive se disposent ainsi en une rangée transversale de trémas longitudinaux, et le nombre de ces rangées transversales est au début égal au nombre des fentes primitives; mais après être devenus longitudinaux, les trémas se divisent encore par des cloisons transversales, de sorte que le nombre de leurs rangées transversales augmente ainsi peu à peu.

La formation des six premières fentes s'accomplit chez la *Ciona intestinalis* comme si ces fentes appartenaient à des métamères successivement développés. Il s'en produit d'abord de chaque côté, deux simultanément par le procédé précédemment décrit. Une fois ces deux fentes formées, elles s'allongent transversalement et deviennent concaves l'une vers l'autre (fig. 1605, f_1, f_2); bientôt leurs extrémités endostylaires se rencontrent en dedans, arrivent à se toucher et parfois se confondent, de manière qu'alors les deux fentes apparaissent comme une fente unique divisée en deux par une languette longitudinale; en général cependant, chaque extrémité recourbée se sépare de la fente à laquelle elle appartient, sans se fusionner avec l'autre, et il se constitue entre les deux fentes jumelles, deux nouvelles fentes qui n'en sont qu'une dépendance. Les quatre premières fentes ainsi formées ne représentent donc, en somme, qu'une fente unique; en arrière de ces quatre fentes, il s'en forme bientôt d'une manière indépendante deux nouvelles, ce qui porte leur nombre total à six. Les six premières fentes étant désignées par un chiffre romain correspondant à leur âge, sont donc disposées dans l'ordre suivant :

I. III. IV. II. V. VI.

Sauf que la formation de la fente VI n'est pas indiquée, la formule donnée par Kowalevsky pour la *Phallusia mamillata* est identique à la précédente; celle donnée par Ed. Van Beneden et Julin pour la *P. scabroides* est différente (II. IV. V. I. III. VI). Mais, outre que de telles différences dans le même genre sont rares, le degré de modification des fentes branchiales représentées dans la figure donnée par les savants belges d'un jeune individu à six fentes est justement d'accord avec la formule de la *Ciona*. Il est donc probable que cette formule est typique pour toutes les Ascidies patrogoniques qui reconnaîtront dès lors pour ancêtre un provertébré métaméridé à trois paires de fentes branchiales primitives dont la première aurait conservé un mode de transformation analogue à celui que présentent encore les fentes de l'*Amphioxus*.

Phénomènes de tachygénèse. — Les phénomènes de développement dont nous venons d'exposer l'histoire peuvent être affectés de tachygénèse à toutes les phases de l'embryogénie. La tachygénèse porte principalement : 1° sur le mode de segmentation du vitellus et de formation des feuillets; 2° sur l'origine des cellules tunicières; 3° sur le développement du système nerveux; 4° sur celui de la corde dorsale; 5° sur la formation des cavités péribranchiales, de la cavité dorsale et de l'orifice afférent; 6° sur l'évolution de la vésicule entodermique primitive et la formation du sac branchial; 7° sur le mode de formation du tube hyponeural et de la glande qui en dépend; 8° sur l'évolution de l'appareil cardiaque; 9° sur la rapidité de la métamorphose.

1° *Phénomènes de tachygénèse dans la segmentation du vitellus*. — Chez les Ascidies composées (*Distaplia*, HYPOGONA), où l'œuf contient une très grande quantité de vitellus nutritif, la segmentation devient très inégale; la cavité de segmentation est très petite, transitoire ou nulle, et l'exoderme forme d'abord un disque de petites cellules qui grandit sur les bords (*Distaplia*[1], *Amaroucium*[2], *Didemnum*, *Diplosoma*), recouvre peu à peu l'entoderme, de sorte que dans la formation des feuillets, le procédé épi-

---

[1] DAVIDOFF, *Untersuchungen zur Entwickider Distaplia magnilarva*, Mittheil. a. d. Zool. Stationz. Neapel, 1889-1891.
[2] CH. MAURICE et SCHULOIN, *Embryologie de l'Amaroucium proliferum*, Annales des Sciences naturelles, 6ᵉ série, t. XVII, 1881.

bolique remplace complètement le procédé embolique. Le mode de segmentation dont le détail est encore imparfaitement connu chez les POLYCLINIDÆ, ne diffère que d'une façon insignifiante chez les *Distaplia*, les *Diplosoma* et les *Didemnum*. On peut prendre comme type le second de ces genres, où il a été suivi rigoureusement [1].

Chez les *Diplosoma* la segmentation jusqu'au stade huit se fait comme chez les Ascidies simples. Ainsi que chez les *Distaplia*, les quatre premiers blastomères sont égaux; les kalymmocytes s'introduisent dans les sillons de segmentation et les comblent presque entièrement; mais quand la segmentation est plus avancée, ils se placent d'abord sur le pourtour de l'exoderme et finalement sur les côtés de la queue de la larve (fig. 1606, n° 4, *K*). Contrairement à ce que nous ont montré les *Ciona*, les quatre petits blastomères du stade 8 entrent exclusivement dans la constitution de l'exoderme et marquent, en conséquence, la face ventrale de l'œuf; les quatre gros sont dorsaux, et contribueront à former le mésoderme et l'entoderme. Deux des quatre petits blastomères ventraux se divisent d'abord et caractérisent l'extrémité antérieure de l'embryon; puis viennent les deux autres; il se produit ainsi un stade à dix, bientôt suivi d'un stade à douze blastomères. Les deux blastomères dorsaux antérieurs se divisent alors, ce qui porte à quatorze le nombre total des éléments embryonnaires. Les huit petits éléments ventraux occupent déjà plus de place que les six éléments dorsaux [2]; tous tendent à se disposer symétriquement par rapport à un même plan qui sera conservé comme plan de symétrie jusqu'à l'état adulte.

Les huit éléments ventraux sont disposés, en conséquence, deux en avant, deux en arrière, deux de chaque côté; tous prennent peu à peu une forme en coin et se disposent de manière que leurs sillons de séparation convergent à peu près vers le pôle ventral. Les quatre blastomères latéraux sont alors tronqués par un plan parallèle à l'équateur, de manière que le nombre des blastomères passe à dix-huit; des douze blastomères ventraux, quatre entourent le pôle ventral, les autres sont disposés en rayonnant autour d'eux. Par une nouvelle division équatoriale des blastomères latéraux antérieurs et une double division des postérieurs, le nombre des blastomères ventraux est porté d'un coup à dix-huit, le nombre des blastomères dorsaux demeurant de six, en tout vingt-quatre. Au stade suivant la double rangée médiane dorsale compte deux blastomères de plus, et les deux blastomères latéraux dorsaux se sont subdivisés transversalement; le nombre vingt-huit est ainsi atteint. Les blastomères ventraux arrivent ensuite au nombre de trente-six, les blastomères dorsaux à celui de douze, au total quarante-huit (fig. 1606, n° 1 et 2); le même mode de symétrie est conservé, et les blastomères se laissent facilement répartir en quatre quadrants contenant chacun neuf blastomères, dont trois en contact avec la ligne médiane ventrale et six latéraux. Les blastomères ventraux forment une double rangée médiane de six blastomères symétriques deux à deux, dont les médians sont les plus petits, les postérieurs les plus gros, et deux rangées latérales de trois blastomères chacun. Ces blastomères distants de ceux de la rangée médiane sont appliqués contre la paroi exodermique et vont en décroissant d'avant en arrière (fig. 1606, n° 2).

[1] SALENSKY, *Beiträge zur Entwickelungsgeschichte der Synascidien*, Mittheilungen an den zool. Station zu Neapel. t. XI, 1894-95.

[2] Il y a aussi chez les *Clavellina* un stade à 6 éléments mixtes dont quatre résultant de la première division équatoriale et deux fournis par la division de deux des éléments ventraux provenant de cette division; les éléments restant sont tous englobés dans l'exoderme.

La rapidité avec laquelle se sont multipliés les éléments ventraux, a pour conséquence l'enveloppement graduel des blastomères dorsaux par la calotte ventrale exodermique, dont on peut désigner le pourtour sous le nom de blastopore. Comme la croissance de cette calotte est plus rapide en avant qu'en arrière, le pôle du blastopore se trouve transporté vers la région postérieure de l'embryon. Les cellules qui le circonscrivent sont plus grandes que celles du pôle ventral et s'amincissent graduellement de manière à lui former un bord tranchant. En raison du rétrécisse-

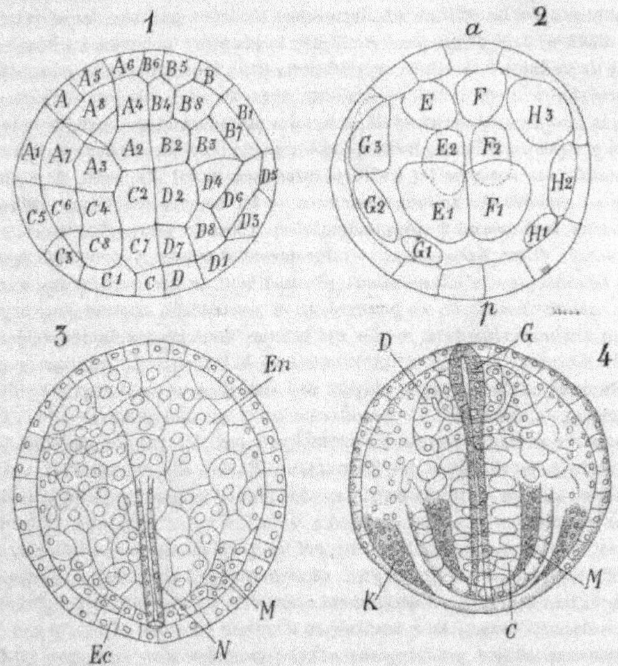

Fig. 1606. — Premiers stades du développement du *Diplosoma Listeri*. — 1, Vue ventrale et, 2, vue dorsale d'un œuf à quarante-huit blastomères; les blastomères sont disposés symétriquement; les lettres A, B, C, D indiquent la descendance des quatre premiers blastomères ventraux; E, F, G, H, celle des quatre premiers blastomères dorsaux; les indices numériques indiquent l'âge des blastomères. — 3. Vue dorsale d'un jeune embryon dont la gouttière nerveuse N n'est pas encore entièrement fermée. — 4. Vue dorsale d'un embryon plus âgé dont la gouttière nerveuse est fermée et la vésicule entodermique primitive D, constituée; dans cette figure et la précédente (n° 3) : — Ec, exoderme; En, entoderme servant de vitellus; G, vésicule nerveuse; M, mésoderme de la queue; C, corde dorsale; K, kalymmocytes (d'après Salensky, gr. 145).

ment du blastopore, on peut déjà considérer les grands blastomères dorsaux de la rangée médiane comme formant un entoderme, les blastomères latéraux comme formant un mésoderme. Pendant que le blastopore continue à se rétrécir, les kalymmocytes se pressent dans l'orifice du blastopore, qu'ils obstruent [1]. Il est probable

[1] De la présence des kalymmocytes en ce point résulte la formation d'une fossette que l'on retrouve avec un aspect analogue chez les *Distaplia* et qui a été considérée (Davidoff) comme le rudiment d'une cavité d'invagination.

qu'ils sont employés à nourrir l'entoderme, dont l'évolution s'accentue. Les blastomères entodermiques se multiplient, en effet, très vite et, par division transversale,
se disposent en deux assises, l'une dorsale, l'autre ventrale, formée d'éléments plus
volumineux que ceux de l'assise dorsale. Ces derniers se groupent symétriquement
en éventail autour du blastopore. Peu à peu le blastopore se clôt, *en demeurant
toujours circulaire*, contrairement à ce qui a lieu chez les *Distaplia* et l'*Amphioxus*:
mais avant sa clôture, on distingue déjà, à partir de son bord antérieur, au moins
une double rangée de cellules exodermiques séparées par une fente extrêmement
fine (fig. 1606, n° 3, *N*) et qui paraissent être la première ébauche, ici *axiale d'emblée*
et formée de cellules à la vérité symétriques, mais immédiatement en contact, de la
plaque médullaire d'où naîtra le système nerveux. Du blastopore partent, à ce
moment, la plaque médullaire et deux bandes mésodermiques, symétriques par rapport à la plaque médullaire, formées chacune de plusieurs assises et figurant dans
leur ensemble une sorte de fer à cheval ouvert en avant (fig. 1606, n° 4, *M*).

2° *Origine variable des cellules tunicières*. — La couche tunicière demeure homogène chez les *Doliolum* et les Appendiculaires. Chez les autres Tuniciers, y compris
les Pyrosomes et les Salpes, des cellules mésodermiques y pénètrent après avoir
traversé l'exoderme [1], s'y multiplient, s'y modifient de diverses façons, constituant
ainsi les *cellules tunicières*, et peuvent aussi contribuer, comme phagocytes, à la
résorption des individus dont le rôle est terminé dans les ascidiodèmes des Synascidies [2]. La nécessité pour les cellules tunicières de traverser l'exoderme pour arriver
dans la tunique explique que la plupart des auteurs leur aient attribué une origine
exclusivement exodermique. Le mésoderme lui-même pouvant naître de l'exoderme,
il arrive aussi que celui-ci fournisse par tachygénèse, des cellules tunicières, soit par
toute sa surface (blastozoïdes des BOTRYLLIDÆ, Pizon), soit en certaines régions seulement, telles que les prolongements exodermiques que présentent tant de larves
d'Ascidies composées (Lahille). Salensky admet d'autre part que la tunique des
DIDEMNIDÆ, comme celle des *Distaplia*, est uniquement un produit de sécrétion des
cellules du follicule ou kalymmocytes; sa structure est alvéolaire et chaque alvéole
résulte de la transformation d'un élément cellulaire. Elle se développe graduellement
de la face dorsale vers la face ventrale et d'arrière en avant, de sorte que les ventouses fixatrices et les prolongements exodermiques n'en sont que tardivement
recouverts. Ces derniers sont au nombre de deux ou trois; tandis que les ventouses
servent à fixer la larve, ils sont l'origine des crampons qui fixent l'ascidiodème.

3° *La tachygénèse dans le développement du système nerveux*. — Le système
nerveux se différencie déjà à la fin de la segmentation aux dépens des cellules qui
entourent immédiatement le blastopore (*Clavellina, Distaplia*) et qui forment bientôt
une plage dorsale, légèrement enfoncée, près de l'extrémité postérieure de
laquelle se trouve le blastopore; autour de cette plage l'exoderme forme un bourrelet saillant, le *bourrelet médullaire*, en forme de fer à cheval, ouvert en avant et
passant en arrière du blastopore. Cette plage est large chez les *Clavellina* et les

<hr>

[1] KOWALEVSKY, *Eine Beiträge zur Bildung der Mantels der Ascidien*, Mém. Académ. des
Sciences Saint-Pétersbourg, 1892. — SALENSKY, *Beiträge zur Entwickelungsgeschichte der
Pyrosomen*, Zool. Jahrb. Abth. f. Anatomie, IV Bd. 1891, et V Bd. 1892.
[2] MAURICE, *Étude monographique d'une espèce de Synascidie (Fragaroïdes aurantiacum)*,
Archives de Biologie, t. VIII, 1888.

Distaplia; elle est très étroite chez les *Didemnum* et les *Diplosoma*, où le système nerveux prend ainsi d'emblée sa position axiale; dans tous les cas, six files de cellules symétriques deux à deux prennent ordinairement part à sa formation. Deux de ces files séparées par une mince fente aboutissant au blastopore sont déjà reconnaissables chez les *Diplosoma* un peu avant la fermeture de ce dernier (fig. 1606, nº 3, N). Chez les *Clavellina*, comme chez les Ascidies simples, les bords du bourrelet médullaire croissent de manière que le bord postérieur passe au-dessus du blastopore et le recouvrent, celui-ci demeurant à l'état de canal neurentérique; chez les *Distaplia*, *Didemnum*, *Diplosoma*, après la fermeture du blastopore, la plaque neurale se creuse simplement en une gouttière plus profonde en arrière qu'en avant et dont les bords commencent à se rapprocher en arrière. Chez les *Distaplia* il n'y a en arrière que quatre files de cellules; il y en a six en avant et les deux cellules latérales arrivant simplement au contact lors de la fermeture, le tube nerveux se trouve formé en avant de six files de cellules; chez les DIDEMNIDÆ, les cellules extérieures de la région antérieure du tube arrivent non seulement au contact, mais chevauchent l'une sur l'autre; une d'entre elles demeure dans l'exoderme, l'autre forme la partie supérieure du canal et peut être désignée sous le nom de *cellule recouvrante*; en avant le tube nerveux ne présente donc que cinq files de cellules, il en reprend six en arrière; ici, pas plus que chez les *Distaplia*, il n'y a de canal neurentérique. Toutefois chez les *Distaplia* la cavité digestive primitive s'est déjà creusée et les cellules qui en délimitent la région postérieure forment d'abord un tube, puis un cordon plein que l'on peut suivre jusqu'au sommet postérieur du tube neural.

Chez les *Distaplia* et les DIDEMNIDÆ, la gouttière nerveuse demeurée ouverte et élargie en avant, produit dans sa région ouverte, une évagination qui est située du côté droit et devient la vésicule sensorielle, dont les diverses productions ont été décrites p. 2266. En même temps, dans l'axe de la gouttière, il se produit un diverticule antérieur, l'ébauche du *tube hyponeural* qui s'allongera plus tard jusqu'au contact du sac branchial, dans lequel il s'ouvrira. Ce diverticule ne se montre pas chez les *Botryllus*, où le tube hyponeural se forme tout autrement (p. 2294); en revanche les deux culs-de-sac de la vésicule sensorielle apparaissent séparément. A un moment où la queue de la larve est nettement différenciée, mais où la larve ne présente encore d'autres organes internes qu'une vésicule entodermique sphéroïdale, entièrement close, dans la région encore ouverte antérieurement de la gouttière nerveuse apparaissent deux bosselures qui s'enfoncent peu à peu au-dessous de l'exoderme, et se transforment en deux vésicules formées chacune d'une seule assise de grosses cellules cubiques. Ces vésicules s'individualisent et demeurent suspendues par un pédoncule plein au fond de la gouttière épiblastique; elles ne se ferment pas simultanément; de la paroi de la vésicule qui se complète la première, proémine vers l'intérieur, une cellule plus grosse présentant à quelque distance de son noyau un amas pigmentaire brunâtre; c'est la vésicule optique; l'autre est manifestement la vésicule acoustique. Plus tard le tube nerveux qui fait suite aux vésicules sensorielles se transforme, sauf dans la queue, en un cordon plein formé de cellules multipolaires et dont l'extrémité antérieure s'épanouit en capsule, pour embrasser les vésicules sensorielles. Celles-ci, à part quelques modifications dans leurs dimensions et la forme de leurs cellules, s'arrêtent à ce degré de développement.

Le tube nerveux se prolonge en arrière de la vésicule sensorielle jusqu'à l'extrémité de la queue, en passant au-dessus de la corde dorsale. Dans la région caudale, il perd sa lumière et se transforme en un cordon plein. Par suite de la prolifération des cellules de sa paroi inférieure, le tube lui-même s'oblitère et se transforme en un véritable ganglion en arrière de la vésicule sensorielle. Ce ganglion devient le ganglion définitif de l'adulte chez les *Distaplia*; il n'a qu'une existence temporaire chez les Didemnidæ, où le ganglion définitif est formé par une prolifération de la région postéro-inférieure du tube hyponeural au moment où celui-ci vient s'ouvrir dans le sac branchial. La région correspondante au ganglion des *Distaplia* devient dans cette famille le nerf viscéral. Immédiatement en arrière de la vésicule sensorielle, de la région antérieure du cordon médullaire somatique, se détache presque dès le début de la formation du système nerveux, chez les *Diplosoma*, un cordon creux qui se dirige vers la droite et se placera entre le diverticule branchial et le diverticule stomacal, c'est le *nerf latéral*. Ce nerf demeure creux à sa base, mais il est solide sur la plus grande partie de son étendue; il ne redevient creux que tout près de son extrémité légèrement renflée, située au niveau du milieu du sac branchial du blastozoïde (fig. 1611, *n*; p. 2289). Cette partie creuse et renflée est l'origine du ganglion nerveux et de l'entonnoir dorsal de ce dernier. Ces parties font défaut aux *Didemnum*, qui ne prolifèrent pas dans l'œuf.

4° *Tachygonie de la corde dorsale*. — La première ébauche de la corde qui forme, chez les *Ciona*, la paroi dorsale du sac digestif, apparait chez les *Distaplia* et les Didemnidæ bien avant qu'une cavité digestive soit différenciée, et même que la gouttière nerveuse se soit fermée. C'est une masse de cellules situées immédiatement au-dessous de la plage nerveuse et qui tranchent par leur teinte pâle et leurs contours plus accusés sur le reste de l'entoderme. Chez les *Distaplia*, dans la région postérieure du corps, une double assise de cellules destinées à former l'entoderme caudal les sépare de l'exoderme. Une lumière qui apparait entre ces deux rangées et se prolonge en avant, en se recourbant de manière à venir aboutir à peu près à l'extrémité antérieure de la plage nerveuse, est la première indication de la cavité digestive. Une masse entodermique demeure indifférenciée en avant de l'assise qui délimite cette cavité gastrique primitive; c'est l'*entoderme prégastrique* ou *frontal* (fig. 1609, *of*; p. 2287), qui sera plus tard digéré par des cellules mésodermiques devenues libres. Latéralement la corde dorsale est entourée par les cellules mésodermiques, qui viennent se fusionner avec l'entoderme prégastrique et que sépare en dessous l'entoderme caudal. Les rapports demeurent donc les mêmes que chez l'*Amphioxus*. Les Didemnidæ présentent des dispositions exactement analogues, si ce n'est que chez eux la cavité gastrique apparait plus tardivement et se forme d'une manière notablement différente. Le prolongement entodermique caudal présente une lumière dans la région voisine de la vésicule entodermique et forme longtemps un diverticule médian de cette vésicule; dans la région caudale il disparait de bonne heure chez les *Didemnum*, tandis qu'il forme chez les *Diplosoma* un cordon plein sous-caudal qui persiste encore après l'éclosion [1].

1. La persistance du cordon entodermique caudal dans tous les types, la présence d'une cavité à son intérieur chez les *Diplosoma*, impliquent évidemment que chez les formes ancestrales dont les larves des Tuniciers sont la représentation, le tube digestif s'étendait d'une extrémité à l'autre du corps ou tout au moins, comme chez l'*Amphioxus*, sur

5° *Développement tachygénétique des sacs péribranchiaux et des trémas.* — Des divergences s'étant élevées au sujet de la façon dont se forment les sacs péribranchiaux chez des espèces voisines d'un même genre (*Phallusia, Clavellina*) ou chez des genres voisins (*Ascidia, Ciona*), il est impossible de faire sûrement à l'heure actuelle la part de la tachygénèse dans le développement de ces sacs et des trémas. Les recherches de Kowalevsky (*Phallusia mamillata*), Mestchnikoff, Seeliger, Willey (*Ciona intestinalis*), Lahille (DIDEMNIDÆ), Caullery (Ascidies composées), Salensky (*Pyrosoma, Didemnum, Diplosoma*), Ulianin (*Doliolum*), donnent aux sacs péribranchiaux une origine exclusivement exodermique (fig. 1607, n° 2). Pendant qu'ils se

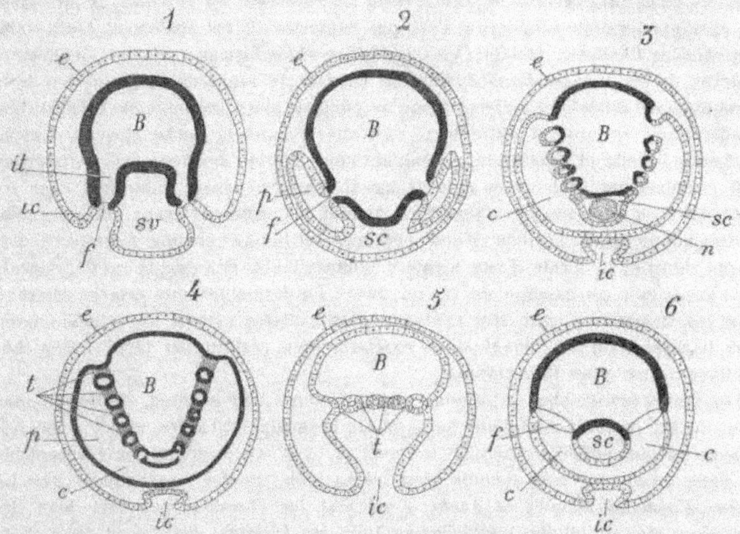

Fig. 1607. — Coupes transversales schématiques de la région branchiale de divers Tuniciers, montrant les transformations du mode de développement de leur système péribranchial ; le trait noir indique les parties d'origine entodermique ; le double trait, les parties d'origine exodermique. — 1. Appendiculaires. — 2. Ascidies pleurogones. — 3. Larves DIDEMNIDÆ. — 4. Oozoïdes des BOTRYLLIDÆ et des POLYCLINIDÆ ; blastozoïdes des Ascidies et des Salpes où toutes les parties internes sont d'origine entodermique. — 5. Oozoïde de *Doliolum* entièrement exodermique. — 6. Oozoïde des Salpes. — *e,* exoderme ; *B,* cavité du pharynx ; *f,* fentes branchiales ; *t,* trémas ; *p,* cavités péribranchiales ; *c,* cavité dorsale ; *ic,* orifice cloacal ; *sc,* sinus subcloacal ; *n,* moelle (d'après Salensky).

développent la vésicule entodermique primitive est divisée par deux plis longitudinaux ventraux, en trois chambres communiquant entre elles du côté dorsal. La chambre médiane représente, pour ces observateurs, la première ébauche de l'endostyle ; les chambres latérales et l'espace dorsal indivis représentent la cavité du sac branchial ; les trémas se percent au contact des sacs péribranchiaux exodermiques et des parois des chambres latérales. Pour Van Beneden et Julin (*Phallusia scabroides, Clavellina lepadiformis*), della Valle (*Ascidia mentula*), Maurice

une grande longueur ; le rectum de l'Ascidie adulte est par conséquent une formation nouvelle et qui se constitue effectivement après coup chez les embryons ou les bourgeons de diverses espèces de Tuniciers.

et Schulgin (*Amaroucium proliferum*), Pizon (*Ascidia villosa*, *Botryllus*, *Parascidia elegans*, *Amaroucium Nordmanni*), la chambre médiane de la vésicule entodermique est le sac branchial tout entier; les chambres latérales représentent soit la plus grande partie (*Phallusia*, *Ascidia*, *Clavellina*), soit la totalité (*Botryllus*, *Parascidia*, *Amaroucium*) des sacs péribranchiaux; les invaginations exodermiques qui demeurent réduites dans les trois premiers genres, cessent totalement de se produire dans les trois derniers. La divergence en ce qui concerne les genres *Phallusia*, *Ascidia* et *Clavellina*, tient évidemment à ce que l'évolution des invaginations exodermiques et celle de la vésicule entodermique n'a pas été suivie assez loin dans les espèces examinées. En ce qui concerne les DIDEMNIDÆ, les *Pyrosoma*, les *Doliolum*, la formation de sacs exodermiques latéraux n'est pas contestée. Il est également bien établi que chez les *Phallusia*, *Ascidia*, *Ciona*, *Clavellina* et les formes analogues, les orifices latéraux de ces invaginations demeurent ouverts, se rapprochent peu à peu de la ligne médiane dorsale et arrivent jusqu'au contact; alors une nouvelle invagination exodermique se produit entre eux, va s'ouvrir dans la poche cloacale formée au-dessous d'elle et détermine, en même temps, l'union des deux orifices latéraux que remplace un seul orifice cloacal dorsal. La tachygénèse intervient chez les DIDEMNIDÆ en supprimant ce transfert graduel des orifices latéraux qui se ferment de très bonne heure; l'orifice cloacal, précocement indiqué par une fossette exodermique dorsale, se forme d'une manière indépendante, dès que la cavité cloacale s'est constituée au-dessous de lui (p. 2283). La fermeture des orifices latéraux chez les DIDEMNIDÆ peut être évidemment considérée comme un acheminement vers la disparition des invaginations exodermiques, réalisée par tachygénèse chez les BOTRYLLIDÆ et les POLYCLINIDÆ.

Les fentes branchiales se forment par la fusion à leur sommet, de diverticules issus du sac péribranchial d'une part, du sac branchial de l'autre, et il y a généralement un moment (*Clavellina*, *Didemnum*) où il n'existe qu'une fente branchiale ou deux de chaque côté, comme chez les Ascidies simples; mais tandis que les larves d'Ascidies simples se fixent à cet état, les *Clavellina* ont déjà deux, les *Perophora* trois ou quatre, les *Didemnum* trois, les *Distaplia*, les POLYCLINIDÆ et les autres DIDEMNIDÆ quatre rangées de trémas. De plus, au lieu de se former, par la division des trémas préexistants, comme chez les Ascidies simples, et de se modifier dans leur forme et dans leur orientation, les trémas se forment isolément, sont d'abord arrondis, et prennent rapidement ensuite leur forme et leur disposition définitives. Le nombre des rangées de trémas augmente après la fixation chez les *Clavellina*, les POLYCLINIDÆ; le nombre trois demeure définitif chez les *Didemnum*, le nombre quatre chez les *Perophora*, *Distaplia*, *Diplosoma* et autres Ascidies composées qui semblent ainsi réellement affectées d'un arrêt de développement, sans doute en rapport avec l'apparition de la blastogénèse. Chez les *Botryllus*, les trémas de l'oozoïde se forment par la division des trémas préexistants de la larve, comme chez les Ascidies simples; chez les blastozoïdes dont le développement est plus rapide, ils apparaissent au contraire d'une manière indépendante; on peut voir là une preuve que le second procédé est une accélération du premier.

Le développement de l'appareil branchial des *Didemnum*, étudié par Salensky, fournit un bon exemple de tachygonie chez les Ascidies composées. Après la fermeture de leurs orifices externes qui n'ont rien de commun avec les *fossettes exoder-*

miques (fig. 1581, *o*; p. 2200) considérées à tort par Lahille comme des restes de ces orifices, les sacs péribranchiaux constituent deux vésicules closes, situées dans la région postérieure dorsale du tronc de la larve. En avant de ces deux sacs, la vésicule entodermique, d'abord refoulée par eux, mais qui s'est éloignée depuis des parois exodermique, forme deux diverticules (*tubes branchiaux primaires*) dont le sommet vient s'appliquer contre la surface des sacs péribranchiaux; une perforation se produit au point du contact; c'est la *fente branchiale primitive*. Elle divise le sac péribranchial en deux régions, l'une qui s'accroitra vers la région antérieure de la larve, en longeant le sac branchial; l'autre postérieure qui s'accroitra vers la région postérieure, au delà du sac. Le sac branchial envoie vers chaque sac péribranchial des diverticules qui ne tardent pas à s'ouvrir à son intérieur, et qui se forment successivement trois par trois, à mesure que le sac péribranchial s'allonge d'arrière en avant; les trémas forment ainsi trois rangées postéro-antérieures, parallèles à la face dorsale de la larve. Comme l'orifice buccal apparait normalement à ces rangées, sur la face dorsale de la larve, vers le milieu du sac branchial (fig. 1596, n° 3, *A*; p. 2252), il se trouve que l'axe longitudinal du sac branchial est perpendiculaire d'emblée à l'axe longitudinal de la larve, et que la rangée de trémas la plus dorsale par rapport à l'orientation de la larve, deviendra la rangée supérieure, de trémas de l'ascidiozoïde adulte. Dans chaque rangée les trémas les plus jeunes sont les trémas voisins de l'endostyle (*en*), qui est lui-même tourné vers la région antérieure de la larve; le tréma dorsal de chaque triade est au contraire le premier formé et ce sont ces trémas dorsaux qui forment la rangée supérieure du sac branchial de l'adulte. Les parties des sacs péribranchiaux qui croissent vers la région postérieure de la larve arrivent à se rencontrer en arrière du sac branchial et à se fusionner; ils forment ainsi la cavité cloacale; l'espace compris entre la paroi du sac branchial et celle du cloaque constitue le *sinus subcloacal*. Quand la cavité cloacale est constituée, une invagination dorsale se dirige vers elle, s'ouvre à son intérieur et l'orifice efférent est ainsi constitué; mais sa perforation, de même que la perforation de l'anus, ne se produit que très peu de temps avant l'éclosion.

Chez les larves de *Diplosoma* où l'ozoïde produit un blastozoïde au cours même de son développement (fig. 1596, n° 2; p. 2252), il apparait naturellement deux paires d'invaginations exodermiques (fig. 1611, p. 2289). Celles de l'oozoïde (*pod*) se montrent plus tôt que celles du blastozoïde, à peu près au moment où se constituent les ventouses. Elles sont symétriquement situées, en avant de la vésicule sensorielle, de chaque côté de la région moyenne de la vésicule entodermique primitive. Les invaginations exodermiques du blastozoïde (*pbd*) n'apparaissent qu'après l'étranglement du diverticule branchial (*bo*, *bb*) et du sac intestinal (fig. 1610, n° 2, *ir*; p. 2288); elles sont situées à peu près à la même hauteur que celles de l'oozoïde, mais assez loin d'elles, nettement sur la face ventrale. Celle de droite se forme presque au contact du futur sac branchial du blastozoïde; celle de gauche (fig. 1612, *pbg*) en est très éloignée, touche presque le sac intestinal et doit accomplir une véritable migration pour arriver à sa place définitive. Cette migration a pour instrument l'extrémité dorsale de l'arc intestinal du blastozoïde (fig. 1610, n° 2, *ir*); l'extrémité de l'arc intestinal s'allonge effectivement, en se rapprochant du côté gauche du sac branchial, et le sac péribranchial gauche la suit dans son mouvement, en se portant sur sa face interne, de manière à se mettre en contact avec la future branchie. L'ouverture cloacale est de bonne heure indiquée par une invagination exodermique; mais cette invagination ne s'ouvre que très tard dans la cavité cloacale, en raison de la lenteur du développement des poches péribranchiales. Les fentes branchiales apparaissent très rapidement; elles forment presque d'emblée quatre séries de perforations arrondies, naissant, comme d'habitude, sous forme de saillies du sac branchial qui vont se souder au sac péribranchial, la région soudée se résorbant bientôt. Le sac branchial du blastozoïde se développe comme celui de l'oozoïde, mais éprouve en même temps un mouvement de rotation, de sorte que son plan sagittal vient peu à peu se confondre avec le plan frontal de l'embryon; l'axe longitudinal de la branchie du blastozoïde est d'ailleurs horizontal quand celui de l'oozoïde est vertical (fig. 1596, n° 2; p. 2252).

6° *Tachygénèse dans le développement de la vésicule entodermique primitive.* — La vésicule entodermique est encore produite vraisemblablement par invagination chez les Botryllidæ, comme chez les Ascidies simples et les *Clavellina*. Lorsque le développement est épibolique et conduit à un embryon sphéroïdal plein, la cavité digestive peut apparaître comme nous l'avons vu chez les *Distaplia*, par simple écartement des cellules de l'entoderme immédiatement au-dessous de la corde; il en est probablement de même, à quelques détails près, chez les *Amaroucium*[1]; mais ce procédé est remplacé par un autre assez différent chez les Didemnidæ. Après la fermeture du blastopore, l'entoderme des *Didemnum* et des *Diplosoma* est représenté par une masse compacte de cellules polygonales, à la surface dorsale de laquelle se distingue, immédiatement au-dessous de la plaque nerveuse, une assise de cellules nucléées, allongées, plus petites que les autres; cette assise donnera naissance à la cavité digestive primitive; le reste formera une masse nutritive qui sera distincte jusqu'à l'éclosion, dans la région antérieure du tronc de la larve, et qui correspond à l'*entoderme prégastrique* des *Distaplia*; la région du tronc qui la contient sera convenablement désignée sous le nom de *région frontale*. Dans sa région antérieure, la plaque digestive est légèrement concave vers le bas; sa concavité est une première ébauche de la cavité digestive, elle est naturellement refoulée dans sa région moyenne par le tube nerveux. Les bords de la plaque digestive se développent plus vite que la région moyenne en se dirigeant en avant; le tout se transforme d'avant en arrière, par simple reploiement des bords primitivement libres, en un sac en forme d'U, dont le sommet est situé sous la vésicule nerveuse et dont les branches dirigées en avant et en bas sont de forme triangulaire. Ce sac (fig. 1606, n° 4, *D*, p. 2277) repose sur la masse des blastomères entodermiques non différenciés.

Quel que soit son mode de formation, la vésicule entodermique donne naissance antérieurement à deux évaginations latérales qui chez les Ascidies simples, les *Clavellina* et les Didemnidæ se bornent à constituer les tubes branchiaux primitifs, et prennent ainsi part à la constitution de la première fente branchiale (fig. 1607, n° 2, *f*; p. 2281), tandis que chez les Botryllidæ (fig. 1608, *perb*) et les Polyclinidæ, elles ne se mettent pas isolément en communication avec l'extérieur et s'élargissent

---

[1] Maurice et Schulgin, Recherches sur le développement de l'*Amaroucium proliferum*, Ann. Sc. Nat., 8° série, t. XVII, 1884.

de manière à constituer d'abord les sacs péribranchiaux, puis en se fusionnant sur la ligne médiane dorsale, la cavité cloacale, sous la paroi ventrale de laquelle se trouve un sinus sanguin (fig. 1607, n° 4) ; un enfoncement exodermique, ébauche de l'orifice efférent, met finalement en communication cette cavité avec l'extérieur, comme chez les DIDEMNIDÆ. Il y a donc ici substitution de l'entoderme à l'exoderme dans la constitution des sacs péribranchiaux et de la cavité cloacale ; la même substitution est absolument générale dans la formation de la cavité branchiale des blastozoïdes d'Ascidies, à quelque famille qu'ils appartiennent. Sur sa face dorsale, la vésicule entodermique des BOTRYLLIDÆ et des POLYCLINIDÆ produit encore un diverticule qui se dirige en avant, passe sous la vésicule sensorielle et va s'ouvrir dans le pharynx ; ce diverticule n'est autre chose que l'ébauche du tube hyponeural (fig. 1608, c.vib) qui, chez les Ascidies où les cavités péribranchiales naissent de l'exoderme, nait lui aussi de la gouttière nerveuse, c'est-à-dire de l'exoderme. Cette nouvelle substitution de l'entoderme sera étudiée p. 2291.

Postérieurement ou latéralement la vésicule entodermique des Ascidies simples donne naissance aux ébauches du tube digestif et à celles des sacs périviscéraux ou des tubes épicardiques qui sont leurs équivalents chez les Ascidies bourgeonnantes. Les tubes épicardiques naissent ici sous forme de diverticules de la vésicule entodermique primitive, chez les *Perophora, Ciona, Diazona, Clavellina, Circinalium, Fragaroïdes, Amaroucium, Didemnum*

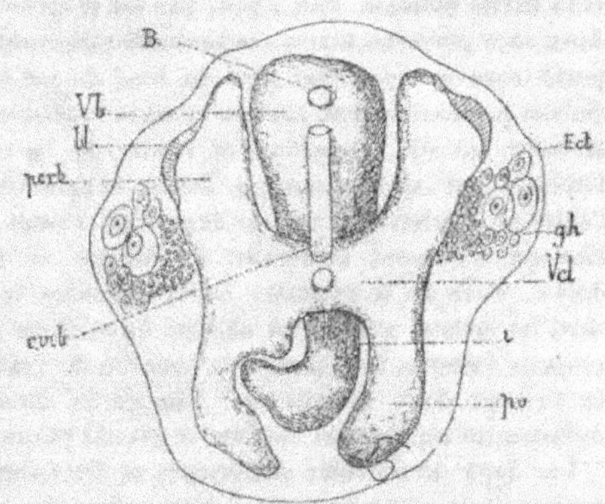

Fig. 1608. — Fig. schématique d'un jeune oozoïde ou d'un bourgeon de *B. violaceus* au stade IV, vu par la face dorsale. — *Vb*, sac branchial qui se continue postérieurement par le tube digestif *i* ; *B*, future ouverture branchiale ; *per*, sacs péribranchiaux ; *pv*, les diverticules périviscéraux ou épicardiques qui s'étendront autour du tube digestif ; *Vcl*, future cavité cloacale qui s'ouvre encore dans le sac médian par sa région ventrale ; *c.vib*, tube de l'organe dorsal ouvert dans le cloaque et le sac branchial au quatrième stade ; *Ect*, exoderme ; *gh*, glandes génitales ; *bl*, rudiments de deux nouveaux blastozoïdes (d'après Pizon).

(fig. 1609, cd, cg), *Diplosoma* (fig. 1610, cd, cg), mais ils perdent bientôt leur communication avec elle. Ils constituent par leur fusion à leur extrémité libre un tube épicardique, qui, chez les HYPOGONA, cesse de se mouler sur le tube digestif, ne fait que le longer, se continue bien au delà, en se coiffant de l'exoderme et détermine ainsi la formation du *post-abdomen* ou *stolon génitalifère*, dans lequel se développent les organes génitaux (fig. 1565, cl ; p. 2178 et 1594, cl, oe ; p. 2235). Ce stolon est aussi, dans la famille des POLYCLINIDÆ, le lieu de formation des bourgeons.

Toutes ces parties se forment presque simultanément chez les BOTRYLLIDÆ. Ici la vésicule entodermique est sphéroïdale. A chacune de ses extrémités antérieure et postérieure apparaissent en même temps, sur la face ventrale, deux replis latéraux symétriques qui s'accentuent, les antérieurs d'avant en arrière, les postérieurs d'arrière en avant (fig. 1608) ; les deux systèmes de replis marchent ainsi à la rencontre l'un de l'autre, mais n'arrivent pas à se rencontrer. La région de la vésicule entodermique comprise entre les deux replis antérieurs, deviendra le sac branchial (*Vb*); les portions de cette vésicule respectivement situées en dehors de ces replis constitueront les cavités péribranchiales (*perb*); la région moyenne de la vésicule entodermique que la division n'atteint pas constituera la cavité cloacale (*Vcl*). La région comprise entre les deux replis postérieurs est le rudiment de l'intestin (*i*); les régions extérieures à ces replis deviendront les deux sacs périviscéraux (*pv*). A un certain moment, par l'intermédiaire de la cavité cloacale future, communiquent donc ensemble le sac branchial, les deux sacs péribranchiaux, l'intestin, les deux sacs périviscéraux. A ce moment le tube hyponeural (*cvib*) établit lui-même une seconde communication entre la région antérieure du sac branchial et la cavité cloacale. Peu à peu, par les progrès des replis latéraux antérieurs, les deux sacs péribranchiaux s'isolent complètement du sac branchial; les deux replis postérieurs se rejoignent près du fond du sac branchial, de manière à former une cloison horizontale qui, tout en laissant subsister la communication de ce sac avec le futur intestin, isole l'un et l'autre de la vésicule cloacale. Le rudiment de l'intestin est ainsi constitué. Deux évaginations en verre de montre, l'une à l'extrémité antérieure du sac branchial, l'autre sur la face dorsale de la vésicule cloacale, s'ouvrent finalement au dehors au niveau des extrémités d'un sillon dorsal, reste de la gouttière qui a engendré le tube nerveux primitif, et forment ainsi les orifices afférent et efférent de la larve qui sont d'emblée les orifices définitifs de l'adulte. Plus tard, à la jonction de l'intestin avec le renflement stomacal se forment deux diverticules; l'un est le diverticule hépatique; l'autre, qui se dichotomise rapidement, devient la glande pylorique.

Les deux diverticules postérieurs de l'entoderme qui doivent former la cavité périviscérale s'étendent peu à peu autour du tube digestif; la moitié externe de leur paroi s'accole à l'exoderme; sa moitié interne se moule sur le tube digestif. Les deux sacs se rapprochent beaucoup l'un de l'autre, le long des lignes médianes dorsale et ventrale, sans arriver cependant à se souder, les intervalles qui subsistent entre eux constituant des sinus sanguins. D'autre part, la paroi interne des sacs périviscéraux est obligée de se plisser pour suivre l'intestin dans sa double courbure; les lames qui relient ces plis à la paroi externe constituent un véritable mésentère, et leur intervalle représente de nouveaux sinus sanguins. Quelques sinus traversent aussi la cavité péribranchiale et mettent les sinus branchiaux en rapport avec les sinus péribranchiaux; ils naissent comme de simples diverticules externes de la paroi péribranchiale. L'extrémité de l'intestin finit par percer la paroi interne dont il s'est coiffé et s'ouvre dès lors dans le cloaque. A aucune époque de la vie il n'y a de séparation entre les cavités péribranchiales, périviscérales et cloacale, qui, chez les BOTRYLLIDÆ, demeurent toujours en communication directe.

Nous avons vu que la vésicule entodermique primitive des DIDEMNIDÆ prenait la forme d'un fer à cheval à branches verticales chez les *Didemnum*, dirigées en avant chez les *Diplosoma* (fig. 1606, *D*; p. 2277). Dans les deux genres la région moyenne de la vésicule entodermique primitive devient aussi le sac branchial de l'oozoïde, mais l'évolution des autres parties suit une marche simple chez les *Didemnum*, tandis qu'elle est modifiée chez les *Diplosoma* par les phénomènes de bourgeonnement précoce qui donnent naissance à l'appareil branchio-intestinal du blastozoïde, aux dépens des ébauches mêmes qui servent exclusivement ailleurs à la constitution de

l'oozoïde. Il est donc nécessaire de suivre d'abord le développement de ces parties
latérales chez les *Didemnum*. La première modification consiste dans l'apparition
des *tubes épicardiques* (*Keimenschlauch*, Salensky) qui se produisent à la jonction
de la région moyenne et des branches latérales de la vésicule entodermique, en
avant de celles-ci, qu'elles suivent dans leur trajet vers la face ventrale. Presque
en même temps, la région moyenne de la vésicule entodermique produit deux
diverticules latéraux dirigés en avant, qui correspondent manifestement aux *diver-*

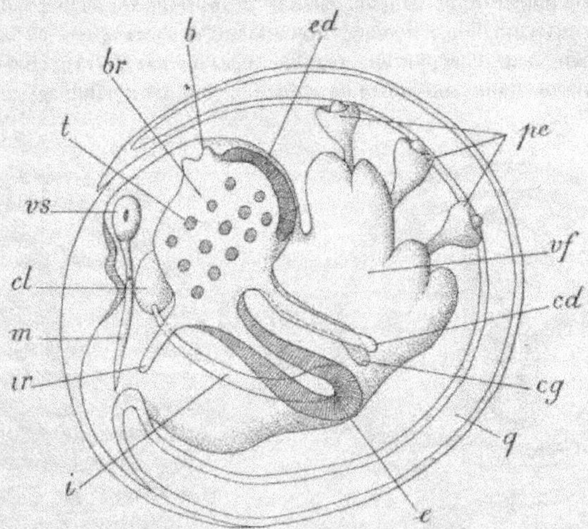

Fig. 1609. — Schéma de l'organisation d'une larve de *Didemnum*, destiné à faire comprendre la signification des phénomènes de développement des *Diplosoma*. — *b*, bouche; *ed*, endostyle; *pe*, prolongements
exodermiques; *vf*, vitellus frontal; *cd*, tube épicardique droit; *cg*, tube épicardique gauche; *q*, queue;
e, estomac; *i*, intestin en continuité en *e* avec l'estomac; *ir*, diverticule caudal du pharynx; *m*, moelle;
cl, vésicule cloacale; *vs*, vésicule sensorielle; *br*, branchie; *t*, trémas (figure combinée par Pizon).

ticules péribranchiaux entodermiques des autres Ascidies, mais qui ne prennent ici
qu'un faible développement et qu'il convient de désigner simplement sous le nom
de *tubes branchiaux primitifs*. A ce moment, le sac branchial porte donc de chaque
côté trois diverticules symétriques. Les diverticules des deux paires antérieures
gardent leur symétrie; les premiers prennent part à la formation des fentes branchiales primitives; les seconds (fig. 1609, *cd*, *cg*) se rejoignent sur la ligne médiane
ventrale et s'y confondent pour former le *sac épicardique* d'où se détachera par
simple étranglement le sac péricardique; les troisièmes (*e*, *i*) se rejoignent aussi
sur la face ventrale et par leur fusion constituent le tube digestif, mais leur développement est asymétrique : tandis que le diverticule droit, gardant sa communication avec le sac branchial, donne naissance à l'œsophage et à l'estomac, le gauche
donne naissance à l'intestin et au rectum, perd sa communication avec le sac
branchial et va s'ouvrir dans le sac péribranchial gauche (*cl*); son orifice dans ce
sac est l'anus.

Par la façon dont elles se développent les branches latérales de la vésicule entodermique des *Diplosoma* semblent correspondre d'emblée aux trois diverticules

latéraux de celle des *Didemnum*. Leur extrémité antérieure donne naissance, en effet, aux sacs péribranchiaux; la branche droite (fig. 1610, n° 1) produit sur sa face externe deux diverticules latéraux (*cd*, *e*) qui se dirigent vers la face ventrale, comme chez les *Didemnum*; le diverticule antérieur correspond par sa position au tube épicardique de ces derniers (fig. 1609, *cd*), le diverticule postérieur au diverticule stomacal (*e*); de même la branche gauche formera aussi, comme chez les *Didemnum*, deux diverticules latéraux (fig. 1610, n° 2, *cg*, *ir*): le premier est un rudiment de tube épicardique gauche, destiné à avorter; le second est le rudiment de l'intestin; mais au lieu d'évoluer directement, il s'étranglera en son milieu, se courbera en arc dans chacune des régions séparées par l'étranglement et figurera ainsi dans son ensemble une sorte de chiffre 3, tout en demeurant uni à la région

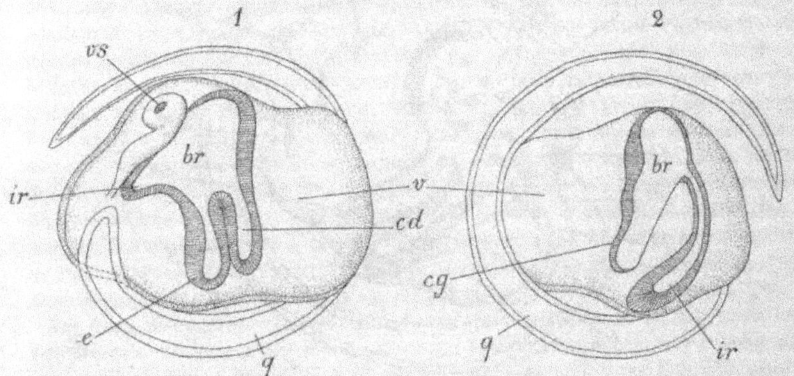

Fig. 1610. — Jeune larve de *Diplosoma*. — 1. Vue par le côté droit. — 2. Vue par le côté gauche. — *vs*, vésicule sensorielle; *ir*, diverticule caudal entodermique; *br*, branchie; *v*, vitellus frontal; *cd*, tube épicardique droit précocement formé; *cg*, tube épicardique gauche; *e*, bourgeon stomacal; *ir*, bourgeon intestinal; *q*, queue (figure schématique combinée par Pizon).

moyenne de la vésicule. Les deux branches latérales de celle-ci paraissent donc de bonne heure totalement dissymétriques.

Dans cette interprétation, il est évident que les tubes épicardiques symétriques des *Didemnum*, ayant revêtu une autre physionomie, doivent paraître absents; c'est, en effet, ce qu'on a cru. Mais leur présence effective est accusée par ce fait que les ébauches qui les remplacent sont justement employées, *avant de se caractériser comme tubes épicardiques*, à la fonction que ces derniers rempliront ultérieurement dans l'évolution de l'ascidiodème (p. 2308), c'est-à-dire à la constitution des nouveaux zoïdes. Le tube épicardique droit s'étrangle, en effet, en son milieu (fig. 1611, *bb*); la moitié qui demeure en rapport avec la vésicule moyenne (*bo*), futur sac branchial de l'oozoïde, est destinée à disparaître sans jouer de rôle particulier; la moitié terminale en forme de cæcum (*bb*) sert à constituer le sac branchial du blastozoïde, sac qui donnera plus tard naissance aux tubes épicardiques de ce dernier, tandis que le sac branchial de l'oozoïde régénérera les siens. L'arc antérieur du 3 (fig. 1612) que forme la branche gauche (*ir*) de la vésicule entodermique correspond au moins *topographiquement*, c'est-à-dire par sa position relativement au sac branchial de l'oozoïde, à la partie intestinale du tube digestif de ce dernier; elle conserve cette attribution embryogénique, et comme elle doit produire dans le bourgeonnement ordinaire des DIDEMNUM (p. 2309) le rectum du blastozoïde, elle se dédouble par tachygénèse au cours même de la formation en deux boucles dont l'inférieure devient la partie terminale de l'intestin du blastozoïde.

Le sac stomacal de l'oozoïde et celui du blastozoïde sont produits tous deux par le diverticule stomacal (c) de la branche droite de la vésicule intestinale primitive. A cet effet, ce diverticule s'étrangle en son milieu comme le diverticule branchial; la moitié située au-dessus de l'étranglement demeure en rapport avec le futur sac branchial de l'oozoïde, dont elle constituera l'œsophage et l'estomac (fig. 1612, eo, eb); l'autre moitié constituera l'estomac et l'œsophage du blastozoïde. La partie étranglée du diverticule grandit beaucoup et se transforme en un long et étroit canal qui jusqu'après l'éclosion maintient les deux estomacs en communication l'un avec l'autre (fig. 1613, em). Les deux intestins demeurent eux-mêmes fort longtemps unis par une anastomose transversale (im).

Pour compléter les deux tubes digestifs, les deux arcs issus de la branche entodermique gauche n'auront plus qu'à se mettre en communication, le supérieur avec le sac stomacal de l'oozoïde, l'inférieur avec le sac stomacal du blas-

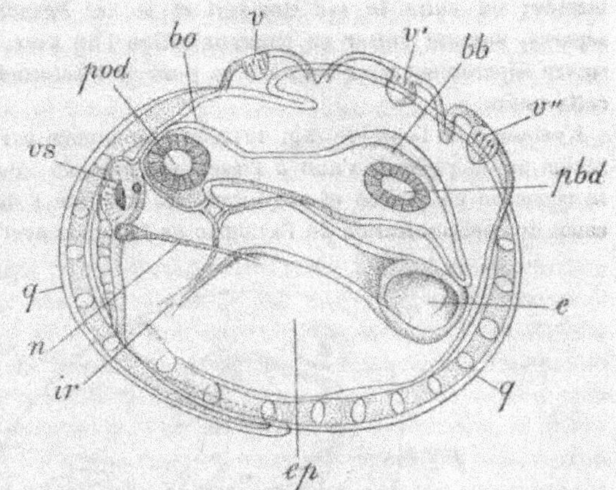

Fig. 1611. — Embryon plus avancé, vu par le côté droit. — Mêmes lettres; en outre : *bo*, branchie de l'oozoïde; *bb'*, branchie du blastozoïde; *pod*, invagination péribranchiale droite de l'oozoïde; *pbd*, invagination péribranchiale droite du blastozoïde; *v*, *v'*, *v''*, ventouses; *n*, nerf; *ep*, vitellus (figure schématique combinée par Pizon, d'après Salensky).

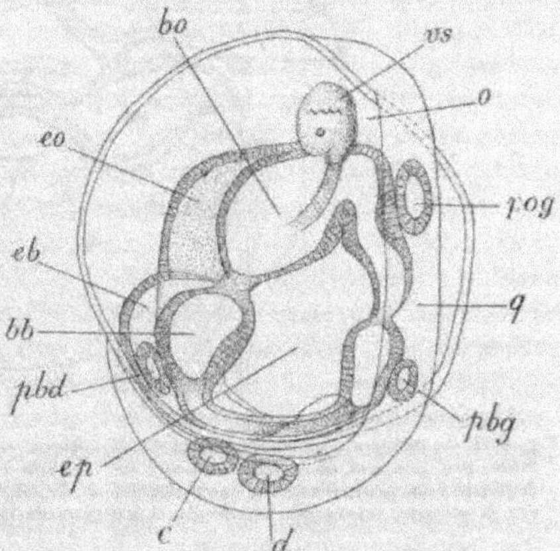

Fig. 1612. — Embryon à peu près du même âge, vu de face. — *vs*, vésicule sensorielle; *bo*, ébauche branchiale de l'oozoïde prolongée à droite et en haut par l'ébauche intestinale de l'oozoïde qui suit celle du blastozoïde; *bb*, ébauche branchiale du blastozoïde; *eo*, *eb*, ébauches stomacales de l'oozoïde et du blastozoïde; *pog*, *pbg*, invaginations péribranchiales gauches de l'oozoïde et du blastozoïde; *pbd*, invagination péribranchiale droite de ce dernier; *o*, *ep*, vitellus; *q*, queue; *c*, *d*, organes d'adhérence; au-dessus de ces organes le prolongement de l'ébauche intestinale de ce blastozoïde, croise les prolongements marchant en sens inverse de l'ébauche branchiale et de l'ébauche stomacale du blastozoïde; toutes trois se terminent encore en cæcum sur la face opposée de l'œuf (d'après Salensky).

tozoïde; en outre le sac stomacal et le sac branchial de ce dernier, encore
séparés, devront entrer en communication l'un avec l'autre. Il est nécessaire de
suivre séparément pour l'oozoïde et pour le blastozoïde la façon dont s'accomplit
cette union.

L'estomac de l'oozoïde (fig. 1612, *eo*) commence par se renfler beaucoup; de la
région par laquelle il s'unit à l'œsophage naît, du côté externe, un diverticule qui
se recourbe en arrière et en dedans, de manière à diriger son extrémité vers le
canal de communication de l'estomac de l'oozoïde avec celui du blastozoïde (*eb*); le

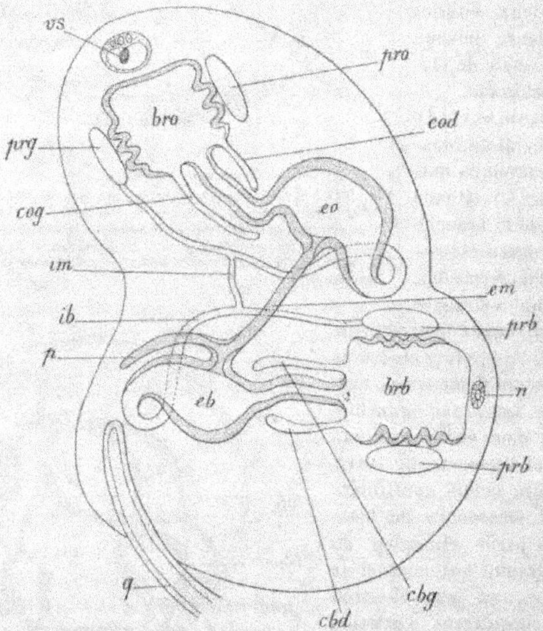

Fig. 1613. — Schéma d'une larve adulte de *Diplosoma*. — *bro*, *brb*, branchie de l'oozoïde et du blastozoïde; *prg*, *pro*, *prb*, sacs péribranchiaux de l'oozoïde et du blastozoïde; *cog*, *cod*, *cbg*, *cbd*, tubes épicardiques; *im*, anastomose des deux intestins *is*, *ib*; *eo*, *eb*, les deux estomacs; *em*, leur anastomose; *p*,
son diverticule; *vs*, vésicule sensorielle; *n*, ganglion du blastozoïde; *q*, queue (figure combinée par Pizon).

diverticule pylorique ainsi formé atteint, dépasse et contourne ce canal, vers lequel
se dirige en même temps l'extrémité inférieure de l'arc intestinal correspondant.
Bientôt le diverticule pylorique se renfle près de son extrémité en une seconde
poche stomacale; son extrémité et celle de l'arc intestinal dorsal se confondent,
tandis que disparaît la communication de l'intestin avec le sac branchial en formation; le tube digestif de l'oozoïde est ainsi complètement constitué.

L'estomac du blastozoïde, au début tout à fait indépendant du sac branchial qui
lui correspond, se met en rapport avec lui en formant un diverticule œsophagien qui
vient s'ouvrir dans son intérieur. Il a lui-même une forme arquée et son extrémité

inférieure, dépassant la ligne médiane ventrale, empiète sur le côté gauche de l'embryon. Dans sa croissance, l'extrémité inférieure de l'arc intestinal ventral qui s'est complètement séparé de l'arc dorsal arrive rapidement à rencontrer l'extrémité stomacale; les deux ébauches se soudent et s'ouvrent l'une dans l'autre; le tube digestif du blastozoïde se complète ainsi, bien avant celui de l'oozoïde. A ce moment, la branchie de l'oozoïde, la branchie, l'estomac et l'ébauche intestinale du blastozoïde, l'intestin de l'oozoïde encore en communication avec sa branchie, forment un cercle complet de cavités s'ouvrant les unes dans les autres. L'extrémité dorsale de l'arc intestinal du blastozoïde est d'abord elle-même éloignée du sac branchial correspondant; elle s'en rapproche peu à peu par sa croissance et dans ce mouvement entraîne avec elle la poche cloacale gauche du blastozoïde, qu'elle amène, ainsi que nous le verrons, à sa position définitive. La formation de l'anus est liée à celle de la cavité cloacale et ne se produit qu'en dernier lieu. Pour des raisons de pure topographie, l'anse digestive du blastozoïde se développe plus vite que celle de l'oozoïde; c'est le contraire pour le sac branchial et les cavités péribranchiales. La région de la branche de la vésicule entodermique primitive sur laquelle naît le diverticule branchial, forme le sac branchial de l'oozoïde. Bien avant que le sac branchial du blastozoïde se soit isolé, deux plis antéro-postérieurs et parallèles au plan médian ont séparé dans le sac branchial de l'oozoïde les trois régions qui correspondent à la région endostylaire et aux régions latérales du sac branchial. Les transformations ou productions des deux branches de la vésicule entodermique, laissent subsister intactes chez les *Diplosoma* les extrémités antérieures et postérieures de ces branches. Les extrémités antérieures s'allongent en deux culs-de-sac auriformes qui semblent correspondre aux tubes branchiaux primaires du *Didemnum*. Des deux culs-de-sac postérieurs le gauche disparaît; le droit s'allonge, se courbe en arc et se transforme en un canal qui finit par s'ouvrir dans la cavité générale. Cette communication entre l'estomac et la cavité générale n'est d'ailleurs que temporaire.

7° *Tachygonie de l'appareil hyponeural.* — L'origine du tube hyponeural a donné lieu aux mêmes interprétations que celles des sacs péribranchiaux [1]. Le mode de formation décrit p. 2270 a été observé chez les Ascidies simples et les DIDEMNIDÆ, où les sacs péribranchiaux sont d'origine exodermique.

Chez les BOTRYLLIDÆ et les POLYCLINIDÆ (*Parascidia elegans, Amaroucium Nordmanni*) où ces sacs dérivent de la vésicule entodermique — et il en est de même pour tous les bourgeons, y compris ceux des DIDEMNIDÆ — le tube hyponeural est d'abord un diverticule de la vésicule entodermique, clos en avant. Chez les BOTRYLLIDÆ, ce diverticule se montre sur la région moyenne dorsale de la vésicule entodermique, encore très incomplètement divisée, de la larve (Pizon). D'abord terminé en cæcum, il se dirige en avant; à mesure qu'il grandit, il passe à gauche de la vésicule sensorielle et vient finalement s'insinuer entre elle et l'exoderme; en continuant à s'allonger, il se recourbe vers le sac branchial qui se différencie lui-même de plus en plus du diverticule péribranchial et dans la région antérieure duquel il vient finalement s'ouvrir. Pendant ce temps son orifice postérieur a été peu à peu

----

[1] On l'a aussi considéré comme un diverticule de l'orifice du sac branchial d'où sa comparaison avec l'*hypophyse* des Vertébrés (Seeliger, Van Beneden et Julin).

transporté dans la région demeurée toujours indivise de la vésicule entodermique qui doit devenir la cavité cloacale. A ce moment la cavité cloacale et la région antérieure du sac branchial sont mis en communication par un *tube dorsal* qui s'étend sur près d'un tiers de la longueur du tronc de l'animal (fig. 1608, *cvib*, p. 2285). L'orifice postérieur de ce tube ne tarde pas à s'oblitérer; le tube lui-même cesse d'être en continuité avec la vésicule cloacale, et l'organe apparait alors comme un simple diverticule en forme de cæcum de la région antérieure du sac branchial. C'est à cet état qu'il demeure chez la plupart des Ascidies dégradées; chez les Ascidies simples, l'extrémité cæcale de ce tube prolifère, et constitue alors la glande hyponeurale. Il en est de même chez les larves de *Perophora* et de *Clavellina*.

Chez les larves de POLYCLINIDÆ (*Parascidia elegans, Amaroucium Nordmanni*), les choses se passent à peu près de la même façon[1]. La vésicule entodermique forme en avant trois diverticules : deux pour les cavités péribranchiales, un pour le tube dorsal. Ce troisième diverticule, dans sa croissance en avant, rencontre la vésicule sensorielle, s'accole à ses parois et finit par s'ouvrir dans sa cavité; continuant ensuite sa croissance en avant, il s'accole à la paroi du jeune sac branchial, là où naitra le siphon branchial, tandis que sa communication avec la vésicule entodermique s'oblitère. Bientôt, il s'ouvre dans la cavité péribranchiale, et perd toute communication avec la vésicule sensorielle. Au voisinage de la substance pigmentaire granuleuse de la vésicule sensorielle, les parois de cette dernière prolifèrent activement, et engendrent une masse de petites cellules qui passent sous le tube vibratile, le contournent et vont se concentrer sur sa face dorsale, en s'accolant à lui au point de paraitre dues à sa prolifération; ces cellules sont l'ébauche du ganglion de l'oozoïde qui nait de la même façon chez les *Distaplia* (Hjort).

Les communications décrites entre la vésicule sensorielle et le sac branchial (*Phallusia* et *Amaroucium*, Kowalevsky; *Pyrosoma*, Joliet; *Clavellina*, Seeliger; *Parascidia*, Maurice; *Distaplia*, Lahille; diverses Ascidies, Willey) ne sont vraisemblablement que le résultat des relations secondaires établies entre ces organes par le développement du tube dorsal (*Ascidia villosa, Cynthia morus*[2]).

Tandis que chez les Ascidies simples, l'extrémité postérieure du tube hyponeural se transforme en une glande complexe, chez les BOTRYLLIDÆ, les cellules du cul-de-sac que l'organe constitue après s'être isolé, prolifèrent, et l'organe devient pyriforme; puis quelques-unes s'isolent et tombent dans la cavité de l'organe, qu'elles finissent par oblitérer. Enfin chez les individus adultes, la région moyenne elle-même s'oblitère, et le pavillon vibratile persiste seul, sans modification. La prolifération du cul-de-sac postérieur cesse enfin de se produire et l'organe se réduit presque à l'entonnoir cilié chez le plus grand nombre des Ascidies composées. Il semble donc que d'une manière générale l'organe hyponeural soit plus particulièrement atteint par la dégradation qui frappe l'organisme dans la série régressive des Tuniciers.

8° *Tachygonie de l'appareil cardiaque.* — Le péricarde et le cœur se constituent

---

[1] Pizon, *Évolution du système nerveux et de l'organe vibratile chez les larves des Ascidies composées*; Comptes rendus de l'Académie des Sciences, 25 février 1895.

[2] A. Pizon, *Contribution à l'étude des Ascidies simples*, Comptes rendus de l'Académie des Sciences, 29 juillet 1895.

toujours aux dépens de l'appareil épicardique; le cœur n'est jamais lui-même que le résultat d'une invagination de la surface dorsale du sac péricardique. Mais les tubes épicardiques ou *procardium* et le péricarde lui-même peuvent se former autrement qu'il n'a été dit p. 2270. Chez les *Botryllus*, le *procardium* est représenté par les deux diverticules postérieurs de la vésicule entodermique qui doivent constituer les sacs périviscéraux (fig. 1608, *perb*, p. 2285). Le péricarde naît d'une manière indépendante sous forme d'un petit diverticule de la région postérieure et ventrale de la vésicule entodermique dont il se sépare de bonne heure. Chez toutes les autres Ascidies composées deux tubes épicardiques naissent de l'extrémité postérieure du sac branchial au voisinage de l'endostyle (fig. 1613, *cod*, *cog*; *cbd*, *cbg*). Après un trajet plus ou moins long, ces deux tubes se fusionnent et forment un sac épicardique de l'extrémité postérieure duquel se détache enfin le sac péricar-

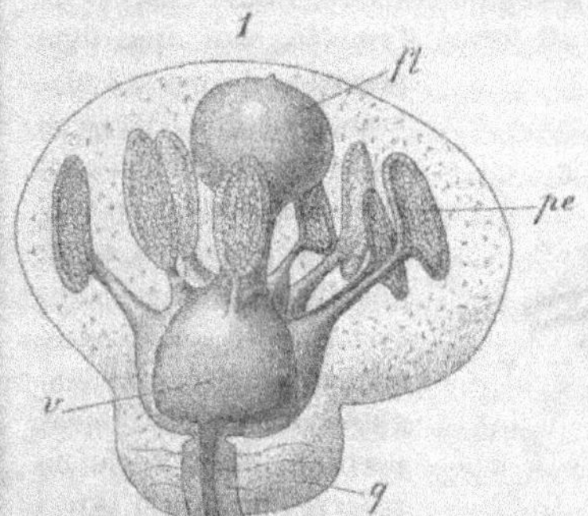

Fig. 1614. — Larve de *Polycyclus Renieri*, à huit prolongements exodermiques. — *fl*, réserve vitelline frontale; *pe*, prolongements exodermiques; *v*, vésicule entodermique primitive; *q*, queue (d'après Lahille).

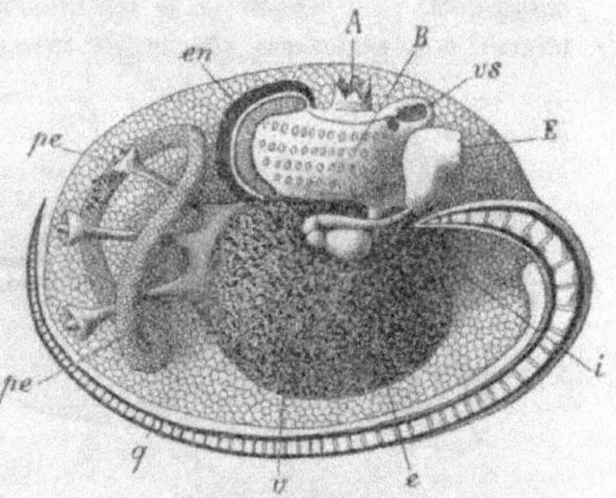

Fig. 1615. — Larve de *Cystodites durus*. — *pe*, prolongements exodermiques autour d'un anneau; *en*, endostyle; *A*, orifice afférent; *B*, branchie; *vs*, vésicule sensorielle; *E*, orifice efférent; *i*, intestin; *e*, estomac (dans le prolongement du trait) se détachant en blanc sur le vitellus *v*; *q*, queue (d'après Lahille, gr. = 50).

dique. En s'allongeant au-dessus du sac péricardique, la partie restante du sac épicardique ferme la fente résultant de l'invagination cardiaque; il se prolonge ensuite au delà du cœur et devient un des facteurs les plus importants du bourgeonnement des Ascidies composées autres que les Botryllidæ.

9° *Accélération de la métamorphose.* — Les phases normales de la métamorphose (p. 2274) et l'organisation des larves urodèles au moment où elles vont se fixer, sont naturellement modifiées par les phénomènes de tachygénèse qui viennent d'être décrits. Les phénomènes de régression du système nerveux et de l'appareil locomoteur qui conservent à peu près la même organisation dans toutes les larves, sont naturellement à peu près constants; les modifications portent surtout sur le degré de développement et sur l'orientation du sac branchial à l'intérieur de la larve, sur l'abondance plus ou moins grande des réserves larvaires et sur la constitution de l'appareil fixateur. Ces modifications apparaissent déjà chez les larves de *Clavellina*. Tandis que chez les *Phallusia*, les *Ciona*, etc., la larve ne possède que deux paires de fentes branchiales, qu'il n'y a pas à proprement parler de sac branchial différencié, que la métamorphose rotative s'accomplit lentement, les larves de *Clavel-*

lina ont non seulement un sac branchial présentant deux rangées de trémas, pourvu de son orifice d'entrée définitif, entouré de deux sacs périviscéraux dont les orifices latéraux se sont déjà confondus en un orifice cloacal unique et dorsal, mais l'orientation de ce sac s'est modifiée; son axe longitudinal est incliné d'environ 45° sur celui de la larve, et l'élongation de la région inférieure et dorsale de celle-ci qui doit permettre l'achèvement de la rotation, est préparée par l'élongation de la partie de l'exoderme comprise entre la bouche et les papilles fixatrices. Pour se loger sous la tunique, cette région de l'exoderme est obligée de former un profond repli prébuccal. La partie du corps située au-dessous de ce pli contribuera, avec les tubes épicardiques, à former les stolons de l'adulte; la partie supérieure du pli tournera peu à peu autour d'un axe horizontal jusqu'à ce que l'orifice efférent soit arrivé à l'opposé du plan de fixation. Chez les *Perophora* et toutes les Ascidies composées, non seulement le sac branchial a acquis trois ou quatre rangées de trémas, non seulement son orifice cloacal s'est formé d'emblée, sans apparition préalable de deux fentes branchiales, de telle façon que le sac branchial peut être déjà complet avant la fixation (*Perophora*, *Distaplia*, DIDEMNIDÆ), mais encore il s'est constitué de manière que son axe longitudinal soit exactement perpendiculaire à celui de la larve (fig. 1615 et 1616); il a accompli plus de la moitié du chemin qu'il aura à parcourir pour ar-

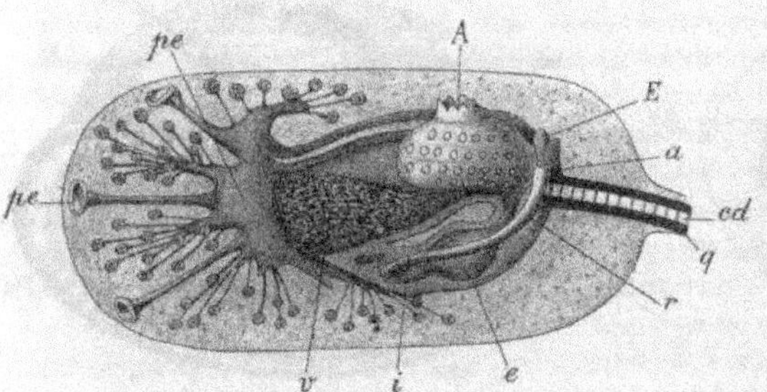

Fig. 1616. — Larve d'*Amaroecium Nordmanni*. — *d*, *a*, anus; *c* corde dorsale; *r*, rectum; les autres lettres comme précédemment (d'après Lahille, gr. = 50).

river à sa position définitive [1]. Les *Phallusia*, *Ciona*, *Clavellina*, etc., ont déjà épuisé, au moment de leur fixation ou même de leur éclosion, leurs réserves nutritives; la région du corps de leurs larves située en avant de la bouche, et qu'on peut nommer *région préorale* ou *lobe préoral*, semble uniquement destinée à servir de support aux papilles. Même à cet état réduit, elle contient cependant soit des éléments libres, soit un véritable mésenchyme d'origine mésodermique. Ce mésenchyme est particulièrement abondant chez les larves de CYNTHIIDÆ, de BOTRYLLIDÆ (fig. 1614, *ft*) et de STYELIDÆ, auquel il donne une physionomie particulière. C'est là une véritable masse de réserve, une sorte de vitellus à laquelle on a quelquefois donné le nom de *mamelon*. Cette masse existe aussi chez les larves des *Distaplia* et des DIDEMNIDÆ; on a vu p. 2280 que c'était là un reste de l'entoderme auquel le nom d'*entoderme prégastrique* a été appliqué.

Un appareil de fixation complémentaire se développe souvent autour de cette réserve chez les Ascidies composées. Son développement coïncide d'ordinaire avec une réduction des papilles adhésives qui sont saillantes chez les STYELIDÆ, BOTRYL-

---

[1] J'ai déjà insisté en 1881 sur ces phénomènes de gradation (*Colonies animales*, Masson éditeur, p. 392).

LIDÆ, ASCIDIIDÆ, etc., ou remplacées par de simples ventouses. L'appareil complémentaire est constitué par des *appendices exodermiques* qui ont été aussi désignés chez les DIDEMNIDÆ par le nom d'*organes en pelote*.

Ces prolongements exodermiques forment une sorte d'entonnoir dirigé en avant et à bord découpé chez les larves de *Styela*; chez les BOTRYLLIDÆ (fig. 1614), les lobes de l'entonnoir sont indépendants, fortement claviformes et au nombre de huit seulement. Les larves de *Diplosomoïdes Lacazii* (fig. 1596, n° 4, p. 2252) et *Johnsoni* ont un entonnoir analogue à celui des *Styela*, mais il n'y a plus de mamelon et les papilles saillantes sont remplacées par des ventouses. Ces prolongements sont disposés en cinq ou six faisceaux et chacun d'eux est capité chez les larves d'*Amaroucium* (fig. 1616). Les larves de *Didemnum cereum* (fig. 1596, n° 3) n'en ont que de quatre à huit, partant d'un tronc commun, à la hauteur du pharynx, le *D. niveum*, cinq, et le *Diplosoma Listeri* (n° 2), trois seulement. Ils sont entourés d'un anneau chez les *Cystodites* (fig. 1615). Contrairement à une ancienne opinion ces prolongements ne jouent aucun rôle dans le bourgeonnement; ils contribuent surtout à la production des cellules tunicières. Du côté gauche, en arrière du sac branchial, les *Didemnum* présentent un autre appendice exodermique qui n'apparaît que tardivement et se transforme peut-être en stolon. C'est du reste probablement le sort des appendices exodermiques ordinaires.

Suppression tachygénétique de la phase urodèle chez quelques Molgulidæ. — Les *Cynthia*, les *Lithonephria*, les Ascidies bourgeonnantes, dont les œufs se développent dans la cavité péribranchiale, sont à des degrés divers affectés de tachygénèse. Mais la tachygénèse peut être poussée si loin chez certaines espèces de MOLGULIDÆ (*Anurella*) dont les œufs se développent cependant à l'extérieur de leur parent, que la phase de têtard est, pour ainsi dire, supprimée. Déjà chez la *Ciona intestinalis*, il arrive quelquefois que le têtard ne peut pas éclore et accomplit toutes ses transformations sous les enveloppes de l'œuf; ce phénomène devient normal chez l'*Eugyriopsis manhattensis*; c'est un acheminement vers la suppression du têtard réalisée chez les *Anurella*. De cette suppression, il résulte que ces MOLGULIDÆ

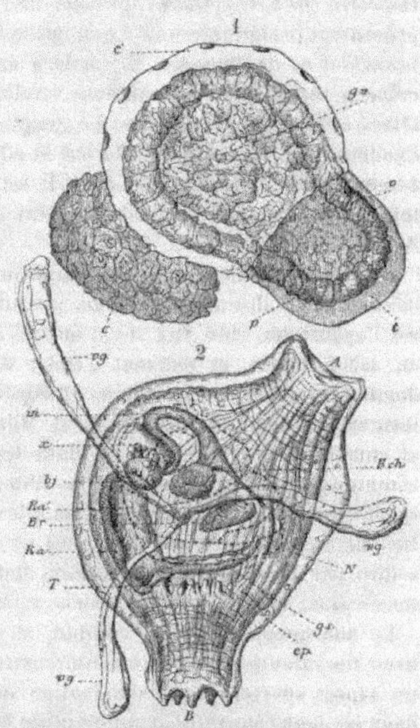

Fig. 1617. — 1. Embryon d'*Anurella* au moment de son éclosion. — *c*, coque de l'œuf dont l'animal s'est débarrassé; *c'*, seconde enveloppe que l'animal quitte également; *t*, tunique; *p*, couche tégumentaire; *vg*, masse viscérale (gr. 300 fois). — 2. Jeune *Anurella* à peu près complètement développée. — *B*, orifice afférent; *T*, tentacules à l'orifice de la branchie; *Br*, premières fentes branchiales; *Bch*, bouche; *in*, intestin; *Ra*, endostyle; *x*, cœur et amas de cellules qui l'avoisinent; *hj*, rein; *N*, position du ganglion nerveux; *op*, *gs*, partie supérieure de la branchie; *vg*, premiers organes d'adhérence (gr. = 175 fois, d'après de Lacaze Duthiers).

ne sauraient se fixer; elles vivent, en effet, dans le sable dont elles agglutinent les grains à la surface de leur tunique hérissée de nombreuses villosités. L'œuf très opaque produit directement, en se segmentant, un embryon sphéroïdal (fig. 1617, n° 1), présentant cinq prolongements exodermiques, revêtus par une couche de substance tunicière (n° 2, *vg*). Dans l'intérieur de l'embryon un sac opaque, à parois épaisses, présentant postérieurement un diverticule horizontal, est le premier rudiment du sac branchial et de l'intestin. En arrière du diverticule intestinal, un amas de grosses cellules remplies de granulations vitellines représente probablement la queue du têtard à l'état de régression. Le ganglion nerveux se forme par une invagination exodermique. Les orifices afférent et efférent, ainsi que l'endostyle, se constituent comme chez les autres Ascidies. Il est probable qu'on découvrira de nombreux intermédiaires entre ce mode accéléré de développement et le mode habituel aux Ascidies simples fixées.

Divers types de bourgeonnement et formation des ascidiodèmes. — Une des conséquences des simplifications produites chez les Tuniciers par la fixation au sol est l'apparition, chez eux, de la faculté de produire des bourgeons qui s'organisent en ascidiozoïdes, et peuvent s'isoler d'une manière complète (*Doliolum, Salpa*), demeurer unis par des stolons (*Perophora, Perophoropsis, Clavellina, Ecteinascidia*, formant les ASCIDIES SOCIALES de H. Milne-Edwards), ou se souder par leur tunique et constituer des ascidiodèmes dans lesquels finissent par apparaître des organes communs à plusieurs ascidiozoïdes (POLYSTYELINÆ, BOTRYLLIDÆ, *Diazona, Tylobranchion*, DISTOMIDÆ, HYPOGONA, formant les ASCIDIES COMPOSÉES de H. Milne-Edwards). De tels ascidiodèmes peuvent aussi se constituer d'ailleurs par *concrescence*, c'est-à-dire par la soudure de plusieurs individus issus d'œufs différents (*Circinalium concrescens, Distaplia, Diplosomoïdes*, p. 2308, et accidentellement *Botryllus*).

Le bourgeonnement est continu, et se poursuit même en hiver[1], mais toutefois avec un ralentissement. Les POLYCLINIDÆ prennent au commencement de l'hiver un aspect spécial, dû à l'élimination de la génération adulte et à l'accumulation dans les bourgeons, qui acquièrent de bonne heure leur indépendance, de réserves nutritives leur permettant, au réveil, un développement rapide. Ces bourgeons hivernaux jouent un rôle analogue à celui des statoblastes de Phylactolèmes (p. 1491) ou des gemmules des Eponges d'eau douce (p. 571) et de quelques Eponges marines[2].

La durée des ascidiodèmes est de beaucoup supérieure à celle des ascidiozoïdes qui les composent. Les générations d'ascidiozoïdes disparaissent, en effet, successivement après avoir produit, par bourgeonnement, les ascidiozoïdes qui doivent les remplacer et auxquels peuvent s'ajouter des ascidiozoïdes nés par génération sexuée. Les éléments anatomiques des ascidiozoïdes en voie de disparition se dissocient, les noyaux des éléments devenus libres perdent leur chromatine, se rassemblent souvent en groupes (*Distaplia*) et finissent par être digérés par les phagocytes.

Dans la famille des BOTRYLLIDÆ, les bourgeons prennent leur origine sur la paroi

[1] M. CAULLERY, *Contribution à l'étude des Ascidies composées*, Bulletin scientifique de la France et de la Belgique, juillet 1895.

[2] TOPSENT, *Sur les gemmules de quelques Silicisponges marines*; Comptes rendus des séances de l'Académie des sciences, t. 106, 1888. — WILSON, *Observations on the gemmules and eggs; development of marine Sponges*; Journal of Morphology, t. IX, 1894.

des sacs péribranchiaux; partout ailleurs, leurs points de départ sont les tubes
épicardiques qui produisent ordinai-
rement à eux seuls tous les organes
internes des blastozoïdes; toutefois,
dans la famille des Didemnidæ, des
diverticules du tube digestif contribuent, avec ceux qu'émet le sac épicardique, à la formation des bourgeons. On peut donc distinguer chez
les Tuniciers trois types de bourgeonnement :

1° Le *bourgeonnement péribranchial*
propre aux Botryllidæ et aux *Goodsiria* [1]; 2°, le *bourgeonnement épicardique* qui se retrouve, avec de
simples modifications de détail, chez
les *Perophora, Perophoropsis, Ectei-
nascidia, Clavellina, Distaplia, Doliolum,* Polyclinidæ, *Pyrosoma, Salpa*; 3° le *bourgeonnement entéro-épicardique* parti-
culier aux Didemnidæ.

Dans tous les cas, les éléments génitaux formés dans l'oozoïde ou dans
une génération quelconque de blastozoïdes sont, en partie, transmis
aux générations suivantes, et se multiplient à mesure que leur émigration se poursuit.

Bourgeonnement péribranchial[2].
— La production des bourgeons est
extrêmement précoce chez les Botryllidæ. Elle se manifeste déjà chez
les larves, avant leur éclosion, alors
qu'elles sont encore contenues entre
l'exoderme et la paroi de la cavité
péribranchiale de la mère, à un moment où le sac branchial ne présentant que deux rangées de trémas,
communique encore latéralement
avec deux diverticules qui sont les
rudiments de la cavité péribranchiale.
La paroi externe du diverticule latéral

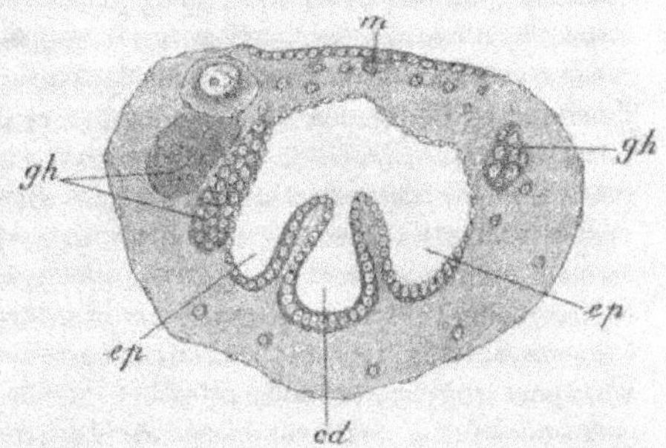

Fig. 1618. — Coupe d'un bourgeon de *Botrylloides rubrum*,
au moment de la différenciation de la cavité branchiale
cd et de la cavité péribranchiale *ep*; *m*, cellules mésodermiques; *gh*, glande hermaphrodite (d'après Pizon).

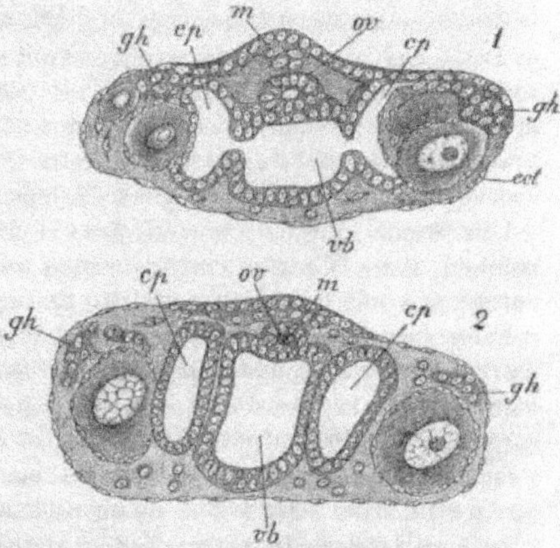

Fig. 1619. — Coupes de bourgeons de *Botryllus violaceus*.
— 1. Stade de la différenciation et de la cavité branchiale *vb* et des cavités péribranchiales *ep*. — 2. Stade
de la séparation complète de ces trois cavités. — *m*,
cellules mésodermiques; *ov*, diverticule dorsal de la vésicule entodermique primitive; *gh*, glande hermaphrodite;
des œufs sont différenciés dans son voisinage; *ect*, exoderme (d'après Pizon).

droit porte un épaississement qui est le rudiment du premier blastozoïde. Un peu
plus tard, le nombre de rangées de fentes branchiales s'étant élevé à trois, des

[1] Ritter, *On budding in Goodsiria and Perophora*, Anatomische Anzeiger, L. X, 1895.
[2] A. Pizon, *Histoire de la blastogénèse chez les Botryllidæ*; Annales des Sciences naturelles, 7° série, t. XIV, 1892.

traces d'un épaississement semblable se montrent dans le diverticule gauche, établissant que la blastogénèse était primitivement symétrique; mais le bourgeon droit se développe seul, le bourgeon gauche étant gêné par la distension qu'impose à la paroi de la cavité péribranchiale, l'anse intestinale, elle aussi située à gauche. Les bourgeons de second ordre et d'ordre plus élevé commencent d'une façon identique; ils sont indiqués encore plus tôt sur les bourgeons eux-mêmes. Alors que les fentes branchiales ne sont encore représentées que par de simples épaississements et que la cavité branchiale et les deux cavités péribranchiales ne forment qu'une seule et même cavité incomplètement divisée par deux replis longitudinaux (fig. 1618), chaque cavité péribranchiale présente un épaississement épithélial semblable (fig. 1608, *bl*; p. 2285), de sorte que le bourgeonnement des blastozoïdes n'est plus unilatéral, comme celui de l'oozoïde, mais parfaitement bilatéral. La plage correspondant à ces épaississements devient peu à peu convexe vers l'extérieur, refoule devant elle l'exoderme maternel et se transforme en une vésicule qui demeure quelque temps reliée à la cavité péribranchiale du parent par un étroit pédoncule creux. Cette *vésicule primitive* est enveloppée à distance par une vésicule exodermique, également pédonculée et dont le pédoncule contient celui de la vésicule primitive. La double vésicule ainsi construite est le rudiment du nouveau blastozoïde (fig. 1622, B₃; p. 2302). Sauf l'absence de vésicule sensorielle et de queue, le développement des bourgeons est d'ailleurs identique à celui de la larve (p. 2285 et 2291). Les parois de la vésicule primitive étant d'origine entodermique, la paroi somatique de la cavité périviscérale est tapissée par un épithélium entodermique, et comme c'est toujours par le même procédé que le sac branchial et les sacs péribranchiaux dérivent du sac péribranchial de leur parent, toutes ces parties doivent être également considérées comme d'origine entodermique.

L'exoderme joue de son côté, dans le développement du blastozoïde, son rôle habituel. Dans la région correspondante au tube dorsal, il s'épaissit, puis donne naissance à une bandelette cellulaire de laquelle se détachent non seulement des cellules mésodermiques et des cellules migratrices, mais encore les cellules qui doivent former les glandes génitales. Le ganglion nerveux apparaît assez tardivement, lorsque le tube dorsal est déjà complètement constitué. C'est au début un cordon plein, situé entre le tube dorsal et la paroi de la vésicule entodermique et s'étendant en arrière, en s'amincissant, bien au delà de la cavité cloacale. Peut-être n'est-il dans cette région qu'un prolongement d'un nerf du parent. Le ganglion d'un blastozoïde quelconque proviendrait dès lors du système nerveux de son ascidiozoïde progéniteur.

Les BOTRYLLIDÆ vivent en ascidiodèmes dans lesquels un certain nombre d'ascidiozoïdes constituant un *système* ou *démule*, sont groupés autour d'un cloaque commun (p. 2182). Partant de la larve bourgeonnante qui ne produit que l'oozoïde duquel dérive un blastozoïde unique, il y a lieu de rechercher : 1° comment le premier démule se constitue; 2° comment des démules nouveaux viennent accroître les dimensions de l'ascidiodème.

La formation du premier démule par l'exercice du bourgeonnement tel que nous venons de le définir, ne comprend pas moins de sept stades successifs à partir de la fixation de la larve. Au cours de ces stades, tandis que des blastozoïdes nouveaux se forment, les plus anciens entrent en dégénérescence, de sorte que l'ascidiodème en voie de formation comprend successivement : 1° l'oozoïde (B_1) et son jeune blastozoïde de droite (B_2); — 2° l'oozoïde (B_1) en voie de dégénérescence très précoce, le blastozoïde B_2 devenu adulte et portant lui-même deux jeunes blastozoïdes (B_3); — 3° le blastozoïde B_2 qui a succédé à l'oozoïde B_1, complètement disparu; les deux blastozoïdes B_3 qui ont produit chacun deux jeunes blastozoïdes B_4 (en tout sept ascidiozoïdes à des degrés divers d'évolution, fig. 1620); — 4° le blastozoïde B_2 en dégénérescence, les deux blastozoïdes B_3 adultes, les quatre blastozoïdes B_4 qui ont déjà produit chacun deux nouveaux blastozoïdes B_5 (en tout quinze individus); — 5° les mêmes, sauf le blastozoïde B_2 qui a disparu; — 6° deux blastozoïdes B_3 en dégénérescence, quatre blastozoïdes B_4 adultes, huit blastozoïdes B_5, porteurs chacun de deux rudiments de blastozoïdes B_6; — 7° quatre blastozoïdes B_4 groupés en croix après la disparition des blastozoïdes B_3, huit blastozoïdes B_5; seize blastozoïdes B_6.

A partir de ce moment le premier démule est constitué; il comprend en tout vingt-huit individus appartenant à trois générations différentes et dont seize vont produire ensemble trente-deux bourgeons. Ce démule se perpétuera sur place par la formation incessante de bourgeons nouveaux qui viendront compenser la dégénérescence et la disparition successive des générations les plus anciennes de bourgeons. En raison de ce double phénomène, le nombre des générations représentées dans un même démule est généralement de trois,

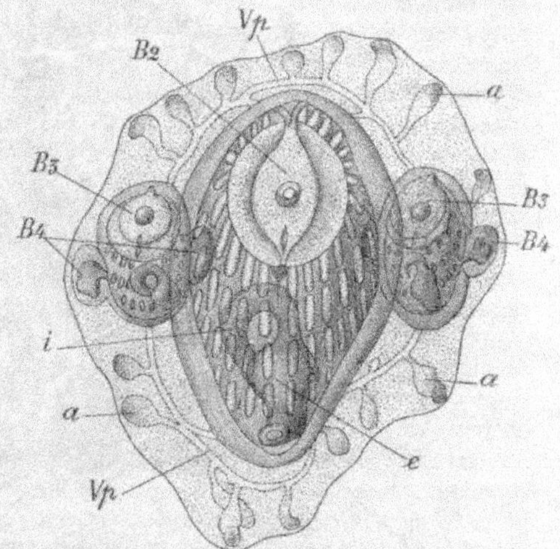

Fig. 1620. — Jeune démule de *Botryllus violaceus* formé par le blastozoïde B_2, né de l'oozoïde et destiné comme lui à se résorber avant d'arriver à l'état adulte; de ses deux blastozoïdes B_3, porteurs chacun de deux bourgeons B_4. — *i*, intestin; *e*, estomac; *Vp*, vaisseau périphérique; *a*, ampoules vasculaires (d'après Pizon).

non compris les bourgeons les plus jeunes, à peine ébauchés, et la génération en voie de dégénérescence, lorsqu'elle subsiste encore. Tous les Ascidiozoïdes d'une même génération arrivent à maturité en même temps, et entrent à peu près simultanément en dégénérescence. Quelques phénomènes accessoires peuvent venir troubler cet ordre régulier : plusieurs larves se fixent parfois les unes auprès des autres; leurs tuniques se fusionnent et il se forme ainsi, par *concrescence*, un démule unique où le cloaque commun apparaît d'autant plus tôt que les ascidiozoïdes sont plus rapprochés les uns des autres (*Botryllus violaceus*, *Botrylloïdes rubrum*); des larves peuvent accidentellement ne pas s'échapper du cloaque commun et y bourgeonner; les blastozoïdes qui prennent ainsi naissance viennent s'intercaler entre les blastozoïdes préexistants et hâter la mort des plus âgés d'entre eux.

Au cours de ces modifications, la pression réciproque qu'exercent les uns sur les autres les ascidiozoïdes d'un même démule en chasse quelques-uns hors du démule, ce qui diminue d'autant le nombre des ascidiozoïdes que le calcul lui assignerait d'après son âge. Ces ascidiozoïdes isolés sont le point de départ des démules nouveaux dont s'enrichit l'ascidiodème; quelquefois aussi ces démules résultent de l'association de deux ou trois ascidiozoïdes qui émigrent ensemble.

Dans un démule, chaque blastozoïde adulte est le point de départ de deux autres générations avec lesquelles il demeure en rapport, et constitue avec elles une petite

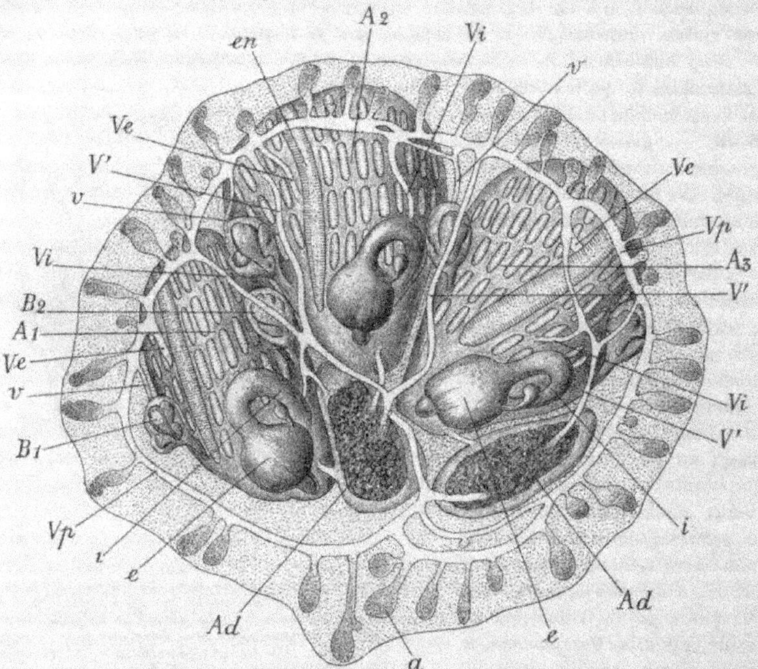

Fig. 1021. — Jeune ascidiodème de *Botryllus violaceus*, réduit à un démule, pour montrer la constitution et le développement de l'appareil vasculaire. — A_1, A_2, A_3 les trois ascidiozoïdes adultes du démule; B_1, B_2, deux jeunes ascidiozoïdes nés sur un adulte; Ad, Ad, deux ascidiozoïdes en dégénérescence; Vi, Ve, les deux tubes vasculaires de chaîne des ascidiozoïdes débouchent dans le grand vaisseau périphérique Vp; V', vaisseaux des ascidiozoïdes morts; v, vaisseaux des jeunes bourgeons; end, endostyle; e, estomac; i, intestin; a, ampoules vasculaires périphériques (d'après Pizon).

famille, une sorte de chaine à laquelle on peut donner le nom d'*ascidierme*[1]. Il existe entre les membres d'un même *ascidierme* des liens physiologiques qui justifieront bientôt cette distinction.

[1] De ασκιδια et ειρμος, suite d'objets semblables. Ce mot désigne ce que M. Pizon appelle un ascidiodème; mais d'après la nomenclature usitée dans les autres groupes, le mot ascidiodème doit s'appliquer à tous les ascidiozoïdes constituant un même organisme et non aux groupements qu'ils peuvent affecter dans cet organisme; ces groupements sont de deux sortes : les *démules* ou *systèmes* et les *ascidiermes*.

D'autre part, tous les ascidiozoïdes d'un même dème demeurent unis par des canaux qui les mettent en rapport les uns avec les autres et dont le développement, commencé avec l'oozoïde, se poursuit autant que dure l'ascidiodème. Ces canaux forment une sorte d'appareil vasculaire toujours très régulièrement constitué. Pour chaque démule, le système des canaux de communication comprend : 1° un *canal périphérique* faisant le tour du démule, et portant un grand nombre d'ampoules piriformes (fig. 1621, *Vp*); 2° des *canaux divergents*, au nombre de deux par ascidiozoïde adulte, qui mettent chaque ascidiozoïde en communication avec le canal périphérique (*Vi*); 3° des *canaux transversaux* qui s'étendent sur tout le démule en suivant un trajet plus ou moins sinueux (*V'*), s'anastomosent quelquefois avec d'autres qu'ils ont rencontrés sur leur passage et vont se jeter dans le canal périphérique, en un point souvent diamétralement opposé à celui d'où ils sont partis. Tout cet appareil a pour origine, dans le premier démule, les huit prolongements exodermiques de la larve. Ces huit prolongements persistent après la mort de l'oozoïde et se remplissent des éléments provenant de sa dégénérescence; une autre partie de ces éléments passe dans les lacunes du premier blastozoïde par le pédoncule exodermique qui le met en communication avec son parent. En outre, ce dernier produit deux diverticules exodermiques qui partent de sa face ventrale, se remplissent de corpuscules sanguins et se renflent également en ampoules.

Après la mort du premier blastozoïde, le pédoncule entodermique qui le reliait à l'oozoïde et ses deux diverticules exodermiques subsistent; quand le blastozoïde a disparu ils s'abouchent l'un dans l'autre, constituant l'ébauche du canal périphérique dans lequel s'ouvrent aussi les huit prolongements larvaires. Cette ébauche grandit avec le démule, des ampoules nouvelles se forment sur son parcours et ses deux extrémités finissent par se rejoindre (fig. 1620). Chaque blastozoïde nouveau, tout en demeurant directement relié à son parent par son pédoncule exodermique, forme, à son tour, deux canaux exodermiques ventraux, l'un dans la région de l'endostyle, l'autre au niveau de la courbure antérieure de l'intestin. Le premier de ces canaux (*canal endostylaire*) est déjà indiqué alors que le blastozoïde ne présente pas encore de fentes branchiales; il correspond à l'extrémité antérieure du cœur. L'autre (*canal sous-intestinal*) correspond à l'extrémité postérieure du cœur; il apparaît plus tardivement, mais tous deux, par le simple progrès de leur croissance provoquée par les poussées sanguines, vont finalement s'ouvrir dans le canal périphérique. Ces trois canaux, origines des *canaux rayonnants* (*Vi*), font communiquer toutes les lacunes de chaque blastozoïde avec le canal périphérique, et par ce dernier toutes les lacunes de tous les blastozoïdes communiquent indirectement entre elles. Les deux canaux qui mettent chaque blastozoïde en rapport avec le canal périphérique, les trois pédoncules exodermiques qui le mettent en communication soit avec son parent, soit avec ses deux bourgeons, persistent après sa disparition, et constituent les *canaux transversaux* (*V'*) qui traversent presque diamétralement l'ascidiodème.

Chaque démule est mis en communication avec le démule qui lui a donné naissance par le pédoncule exodermique, le canal endostylaire et le canal sous-intestinal de son ascidiozoïde ou de ses ascidiozoïdes fondateurs; de sorte que tout l'ascidiodème est parcouru par un seul et même système de canaux. Toutefois le canal sous-intestinal et le canal endostylaire ne contractant avec le démule progéniteur que des rapports secondaires, peuvent ne pas atteindre le canal périphérique qui le circonscrit, et s'ouvrir dans un quelconque des canaux qu'ils rencontrent sur leur chemin, au cours de leur accroissement.

De toutes façons, le sang, les corpuscules sanguins, les produits de dégénérescence des blastozoïdes dont la vie est terminée sont mis en commun entre tous les ascidiozoïdes de l'ascidiodème, quelle que soit son étendue comme dans chaque démule les éléments génitaux sont mis en commun entre les ascidiozoïdes d'un même ascidierme. Si autonomes, si équivalents entre eux que soient les ascidiozoïdes qui le composent, *un ascidiodème de Botryllidé apparaît donc nettement comme un véritable organisme.*

Des ampoules de l'appareil vasculaire et de toute la paroi externe des canaux, comme des prolongements exodermiques des larves, se détachent des cellules qui se répandent dans la tunique et en augmentent l'étendue. D'autre part les ascidiozoïdes morts se désagrègent ; les produits de cette désagrégation passent dans les canaux, et servent à l'alimentation des ascidiozoïdes adultes ou en voie de développement ; ils profitent surtout à l'ascidierme dont le zoïde désagrégé a été le point de départ. On observe une dégénérescence analogue chez les *Distaplia*, *Aplidium*, *Parascidia* et probablement bien d'autres genres : le sac branchial commence par s'affaisser ; le volume de l'ascidiozoïde diminue rapidement ; les limites des cellules deviennent indistinctes, les granulations chromatiques des noyaux se dissolvent dans le suc nucléaire et le tout se résout en vésicules dont la partie centrale absorbe encore le carmin, tandis que la périphérie ne se laisse pas imprégner par cette matière colorante. Les vésicules elles-mêmes se fusionnent, et la masse acquiert enfin une coloration brunâtre, due à la persistance des granulations

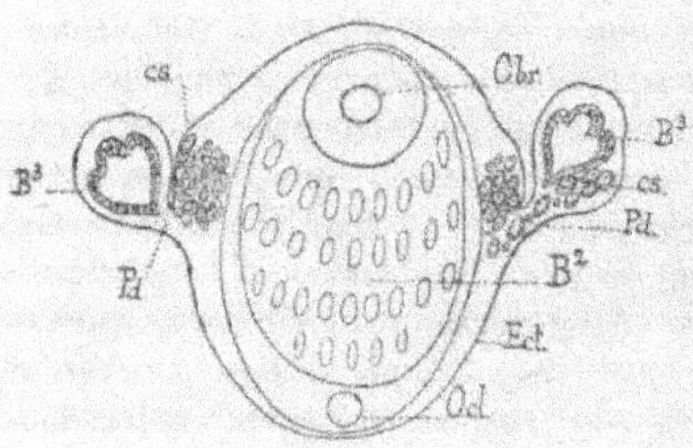

Fig. 1622. — Jeune blastozoïde B² de *B. Schlosseri* et les deux jeunes bourgeons B³ qu'il a engendrés. — A droite, les cellules sexuelles *cs* de B² sont en voie de migration dans B³. — A gauche, cette migration n'est pas encore commencée. — *Obr*, future ouverture branchiale ; *Ocl*, future ouverture cloacale ; *Pd*, pédicule entodermique qui relie chaque bourgeon B³ au parent (Pizon).

pigmentaires de l'ascidiozoïde vivant, qui prennent toutes une teinte uniforme d'un rouge vineux. Le cœur et le péricarde sont les derniers viscères atteints par la dégénérescence ; l'exoderme se modifie plus lentement encore, et ses éléments demeurés vivants, passent en grande partie dans la tunique, tandis que les éléments viscéraux circulent dans les canaux du dème, non sans avoir servi dans une certaine mesure à l'alimentation des éléments exodermiques. Dans les Ascidies composées, où il n'existe pas de tels canaux, les produits de désagrégation sont même entièrement absorbés par ces derniers éléments, qui jouent ainsi le rôle de phagocytes (*Parascidia*, la plupart des POLYCLINIDÆ et DIDEMNIDÆ).

Dans les générations successives qui précèdent la formation du premier ascidierme, il existe des éléments génitaux ; mais dans aucune d'elles ces éléments n'arrivent à maturité ; ils émigrent de bonne heure dans la génération suivante. Ceux de l'oozoïde B₁ passent dans le blastozoïde B₂ qu'il produit et s'y divisent en deux masses symétriques auxquelles viennent s'adjoindre de nouvelles cellules reproductrices, directement issues de la bande dorsale exodermique; mais la taille des cellules venues de B_1, a augmenté, et elles sont reconnaissables à côté des cellules formées dans B_2. Tous ces éléments passent intégralement dans les blastozoïdes B_3, soit que la masse de droite aille dans le blastozoïde de droite et celle de gauche dans le blastozoïde correspondant, soit que chaque masse de B_2 se divise en deux autres qui se partagent entre les deux blastozoïdes B_3 (fig. 1622, cs). Il s'ajoute à ces masses déjà formées d'éléments de deux âges différents, des éléments nouveaux, encore plus jeunes et qui demeurent de plus petite taille : ceux qui proviennent du mésoderme des blastozoïdes B_3. Après ces migrations successives, les ascidiozoïdes B_1 et B_2 paraissent naturellement asexués; les choses se poursuivent ainsi jusqu'aux blastozoïdes que nous avons appelés B_6. Ces générations B_1 à B_6 paraissent donc stériles, et il semble que ce soit faute d'éléments nutritifs qu'elles ne peuvent mener à bien leurs éléments reproducteurs. Effectivement lorsque se forme le blastozoïdes B_7, l'oozoïde B_1 et les blastozoïdes B_2 et B_3 étant en pleine régression, les produits de leur dégénérescence sont utilisés pour l'alimentation des blastozoïdes B_7 ou de leur descendance. A partir de ce moment, chaque génération de bourgeons arrive à son tour à maturité. Au mois de juillet, par exemple, chaque démule comprend : 1° des blastozoïdes B_n à orifices afférents ouverts à la surface de l'ascidiodème, présentant de chaque côté du sac branchial deux ou trois larves fortement saillantes dans la cavité péribranchiale, et deux glandes mâles mûres dont les spermatozoïdes s'écoulent dans la cavité péribranchiale par un court canal déférent; 2° des blastozoïdes B_{n+1} plus petits de moitié que les précédents, encore enfoncés dans la tunique, contenant seulement de chaque côté deux ou trois œufs volumineux, enfermés dans leur follicule et un testicule plurilobé, à spermatozoïdes imparfaitement mûrs; 3° des blastozoïdes B_{n+2} encore très imparfaitement développés, mais où l'on reconnait de chaque côté de jeunes ovules et des cellules non différenciées qui représentent la glande mâle rudimentaire.

Aux approches de l'hiver, les blastozoïdes B_n ont pondu leurs larves et émis leurs spermatozoïdes. Aussitôt après, ils commencent à entrer en dégénérescence; ils s'enfoncent peu à peu dans la tunique commune qui les recouvre complètement, et se transforment en une masse granuleuse qui est peu à peu absorbée par les générations plus jeunes; les blastozoïdes B_{n+1} se rapprochent peu à peu de la surface de l'ascidiodème, se logent dans l'intervalle des blastozoïdes B_n, dont ils atteignent bientôt la taille, arrivent à faire émerger leur siphon afférent, en même temps que leurs œufs et leur testicule prennent un plus grand volume. Les blastozoïdes B_{n+2} portent de chaque côté du sac branchial deux ou trois œufs qui, à eux seuls, constituent l'ovaire; les mêmes blastozoïdes contiennent de gros follicules testiculaires. Les blastozoïdes de la génération suivante B_{n+3}, simples ébauches en juillet, sont différenciés en leurs principaux organes; les glandes génitales sont constituées par un grand nombre de jeunes ovules dont quelques-uns plus gros que les autres et par une masse cellulaire qui représente les folliculaires testiculaires. Chacun des blastozoïdes B_{n+3} porte les rudiments des deux blastozoïdes B_{n+4} qu'il doit produire. Dans ces démules printaniers chaque ascidierme comprend un blastozoïde B_n, deux blastozoïdes B_{n+1}, quatre blastozoïdes B_{n+2}, huit blastozoïdes B_{n+3} et à l'état de rudiments, seize blastozoïdes B_{n+4}, soit en tout trente et un blastozoïdes.

Du printemps à juillet suivant, les blastozoïdes B_n se résorbent, et le démule revient à l'état correspondant de l'année précédente, sauf que le nombre de toutes ses parties est doublé. La migration des éléments génitaux dans les ascidiermes de ces démules âgés n'est pas moins manifeste que dans l'ascidierme issu de l'oozoïde. Dans un blastozoïde tel que celui que nous avons désigné par le symbole B_{n+3} on peut répartir les cellules génitales en quatre groupes : 1° deux ou trois gros ovules ; 2° des ovules moyens ; 3° de petits ovules ; 4° des cellules non différenciées qui sont destinées à devenir soit des ovules, soit des follicules testiculaires. Ces dernières sont seules produites par le bourgeon qui les contient, celles des trois autres groupes ont successivement émigré des trois générations B_{n+3}, B_{n+1}, B_n. Les deux ou trois gros ovules de B_{n+3} qui proviennent de B_n sont seuls destinés à être fécondés dans B_{n+3}. Lorsque ces blastozoïdes arriveront à maturité, tout le reste de la masse ovarique émigrera dans les deux bourgeons B_{n+4} ; dans ceux-ci les deux ou trois œufs les plus gros seront de même fécondés lors de la maturité, les autres poursuivront leur émigration dans les générations suivantes des blastozoïdes. En somme, *des œufs produits par un bourgeon quelconque aucun n'est fécondé avant d'avoir été transmis au moins à trois générations successives.* Les testicules paraissent, au contraire, se développer sur place ; il en existe déjà dans la génération B_7, mais aucun des œufs de l'ascidierme dont ces blastozoïdes sont l'origine ne sont encore prêts à être fécondés, et la masse ovarique ne fait que les traverser pour arriver dans B_8 ; B_8 sera la première génération dont les œufs seront fécondés. Désormais l'évolution des organes génitaux suivra une marche régulière. Le développement de l'oviducte et du canal déférent, en fixant les œufs mûrs et les masses testiculaires, empêche leur migration, tandis que le courant sanguin entraîne les moyens et les petits ovules.

En même temps qu'ils émigrent, les éléments sexuels évoluent. Dans un très jeune bourgeon dont la vésicule entodermique commence à constituer ses diverticules latéraux, les glandes génitales, déjà volumineuses, comprennent : 1° deux ou trois gros ovules pourvus d'une enveloppe folliculaire presque complète et accompagnés d'ovules plus petits, mais nettement différenciés ; 2° une masse de petites cellules à gros noyau entouré d'une faible zone de protoplasme, et d'où partent des trainées cellulaires dont les unes s'insinuent entre les ovules tandis que les autres se relient à la bande mésodermique dorsale. Les ovules différenciés proviennent des blastozoïdes antérieurs ; la masse des petites cellules concentrées en avant des glandes génitales, au-dessous des ovules les plus volumineux, est destinée à former la glande mâle qui n'émigre pas ; les trainées qui s'insinuent entre les ovules formeront de nouveaux ovules ou les follicules des ovules déjà formés ; les autres trainées sont des cellules non différenciées, souvent munies de deux prolongements opposés qui viennent s'ajouter à la masse génitale. Il est à remarquer que l'œuf et son follicule proviennent, d'après cela, de deux générations différentes de blastozoïdes.

A mesure que s'accroit la masse cellulaire mâle, elle commence à se diviser en deux par un sillon qui part de sa face externe. Dans chacun des lobes ainsi formés, apparait une cavité à l'intérieur de laquelle sont en liberté quelques cellules ou groupes de cellules, identiques d'ailleurs à celles qui constituent la paroi de la cavité. La glande grossit et se découpe en six ou sept lobes qui sont déterminés par l'obstacle que la pression des œufs oppose à sa croissance dans certaines directions. Peu à peu les cellules de l'assise externe de la paroi testiculaire s'aplatissent et s'allongent de manière à constituer une membrane d'enveloppe; toutes les autres cellules sont employées, à partir du centre de chaque follicule, à la formation des spermatozoïdes. Le canal déférent apparaît comme une simple bosselure qui s'allonge peu à peu et vient, par le plus court chemin, s'ouvrir dans la cavité péribranchiale; ses parois sont formées par une seule assise de cellules qui gardent une forme cubique.

Bourgeonnement épicardique ou stolonial. — Tandis que chez les BOTRYLLIDÆ le bourgeonnement se localise sur les parois externes de la cavité péribranchiale, il se manifeste chez les *Perophora*, les *Clavellina*, les DISTOMIDÆ et les POLYCLINIDÆ, dans la région du sac épicardique; ce dernier se développe en laissant à sa base l'appareil cardiaque et l'appareil génital chez les *Perophora*, les *Clavellina* et les DISTOMIDÆ, où il se constitue ainsi de simples stolons (fig. 1564, *Ff*; p. 2176), tandis qu'il entraîne à son extrémité libre l'appareil génital et surtout le cœur chez les POLYCLINIDÆ (fig. 1589, *o*, *e*; p. 2217 et fig. 1594, *ov*, *cv*; p. 2233); de là vient le nom de post-abdomen donné au *stolon génitalifère* de ces Tuniciers. Les stolons des uns, le post-abdomen des autres sont tellement homologues que ce dernier est parfois susceptible de se ramifier (*Circinalium*). Ils ont d'ailleurs exactement la même structure, étant constitués par un tube exodermique recouvert de tunicine et dont la cavité est séparée en une chambre dorsale et une ventrale par le sac épicardique. Ce sac circonscrit lui-même une cavité médiane plus ou moins aplatie. Les parois internes du tube exodermique sont revêtues d'une couche épaisse de cellules mésodermiques bourrées de réserves, et qui laissent subsister une partie de la cavité générale primitive. Le sac épicardique ne va pas tout à fait à l'extrémité du tube exodermique chez les *Perophora*, les *Clavellina* et les DISTOMIDÆ; il ne laisse libre que la place de l'appareil cardiaque chez les POLYCLINIDÆ et se bifurque même quelquefois pour chevaucher sur cet appareil (*Amaroucium*). Le procédé de formation des nouveaux ascidiozoïdes aux dépens du stolon subit dans les divers genres des transformations graduelles.

Sur les stolons rampants et ramifiés des *Perophora* et des *Clavellina*, les nouveaux ascidiozoïdes naissent sous la forme de vésicules formées par un repli exodermique, doublé d'un repli fourni par le sac épicardique. Les deux replis comprennent entre eux des cellules mésodermiques. Ces doubles vésicules se pédiculisent, mais ne se séparent pas d'une manière complète, de sorte que les *Perophora* forment des grappes (fig. 1568, p. 2182), les *Clavellina*, des touffes plus ou moins volumineuses. Chez les *Colella* les stolons, sans se ramifier, s'étendent jusque dans le pédoncule de l'ascidioderme.

Chez les *Distaplia* et les *Colella*, les bourgeons naissent à l'extrémité inférieure de l'endostyle sous forme de diverticules de la paroi branchiale, et sont recouverts par un tube exodermique correspondant. Entre les deux sont emprisonnées un certain nombre de cellules mésodermiques. Les bourgeons apparaissent déjà chez la larve encore libre; ils s'isolent de très bonne heure, mais n'arrivent pas à se développer. Il n'en est plus ainsi après la fixation; là encore les bourgeons s'isolent de bonne heure, se multiplient un petit nombre de fois par division à l'intérieur de la tunique, puis se développent en produisant des ascidiozoïdes qui viennent s'ajouter à ceux qui existent déjà et constituent avec eux l'ascidiodème. Tout se passe ici comme si le stolon des précédentes formes, au lieu de s'allonger et de bourgeonner latéralement, ne formait que des bourgeons terminaux et, par conséquent, se fragmentait successivement. Il est possible que certaines espèces de DISTOMIDÆ se comportent ainsi, mais chez la *D. magnilarva* la fragmentation est très précoce et le stolon à peine formé se détache pour constituer un bourgeon apte lui-même à se diviser. On peut donner le nom de *propagules* aux bourgeons libres de bonne heure qui possèdent cette faculté.

Chez les *Colella* pédonculées, les propagules sont de deux sortes [1] : les unes se trouvent dans la région renflée de l'ascidiodème ; leur exoderme est mince, et elles évoluent sans doute directement ; les autres ont un exoderme très épais et bourré de substances de réserve ; ce sont probablement des propagules dormantes qui n'entrent en activité que dans certaines circonstances, peut-être lorsque la masse renflée de l'ascidiodème a disparu soit par accident, soit par suite des froids de l'hiver. Ces *propagules* dormantes rappellent les *statoblastes* des Bryozoaires (p. 1491) et les gemmules des SPONGILLIDÆ (p. 571).

Malgré la présence du cœur à l'extrémité du stolon génitalifère, ou post-abdomen des POLYCLINIDÆ, ce stolon sert à la multiplication comme celui des HEMIGONA et réalise justement le cas intermédiaire qui fait défaut, chez ces dernières, entre le mode de multiplication des *Perophora* et celui des *Distaplia*. Au moment de la multiplication, le post-abdomen des *Amaroucium* s'allonge et se détache, à sa base, de l'abdomen. A son extrémité, le cœur continue à battre longtemps après cette séparation. Le post-abdomen ainsi séparé se divise ensuite lui-même par des constrictions transversales en un nombre variable de segments. Le dernier segment, celui qui contient le cœur, se développe de la même façon que les autres, après que l'appareil cardiaque qu'il avait emprunté à l'ascidiozoïde progéniteur s'est résorbé. Le stolon contient d'ailleurs non seulement un prolongement des tubes épicardiques, mais encore un prolongement de l'ovaire du parent sous forme d'une longue bande cellulaire, creuse dans une partie de son étendue [2]. Cette bande se segmente en même temps que le stolon, de sorte que chaque propagule est pourvue dès l'origine d'un petit cordon génital indifférencié, provenant du parent (*Amaroucium proliferum* et *Nordmanni, Morchellium argus, Circinalium concrescens*).

L'extrémité supérieure de chaque segment ne tarde pas à se dilater ; elle constituera l'appareil digestif du jeune blastozoïde ; la partie inférieure formera son tube épicardique. Les jeunes ascidiozoïdes, d'abord placés bout à bout, chevauchent bientôt les uns sur les autres en prenant des orientations variables, et remontent sur les côtés de leur progéniteur ; à mesure qu'ils s'élèvent, ils s'orientent comme lui et viennent successivement l'entourer. Leur développement n'est pas, en effet, simultané ; ils n'arrivent que l'un après l'autre à l'état parfait. Pendant que ces phénomènes s'accomplissent, l'ascidiozoïde progéniteur reconstitue son cœur et son stolon génitalifère. C'est seulement après leur groupement autour de leur parent que les blas-

---

[1] MAURICE CAULLERY, *Sur les Synascidies du genre* Colella *et le polymorphisme de leurs bourgeons*, Comptes rendus de l'Académie des sciences, 11 mai 1896.
[2] PIZON, *Observations sur le développement des bourgeons de* Circinalium concrescens *et* d'Amaroucium argus ; Bulletin des Sciences naturelles de l'Ouest, 1892.

tozoïdes, bien que déjà virtuellement divisés en ascidiozoïde proprement dit et en stolon génitalifère, acquièrent un post-abdomen de quelque étendue.

Dans toutes les formes dont il s'agit ici, la vésicule entodermique, fournie par le sac épicardique, est divisée par deux plis latéraux en trois cavités qui deviennent, comme chez les BOTRYLLIDÆ (fig. 1622, B₃), le sac branchial et les sacs péribranchiaux. Comme chez les BOTRYLLIDÆ, la division en trois cavités demeure incomplète chez les *Perophora* et les *Clavellina*; les deux plis latéraux séparent du sac branchial, en même temps que les sacs péribranchiaux une région moyenne avec laquelle ils ne cessent jamais de communiquer et qui devient la cavité cloacale. La division s'effectue chez les *Perophora* de telle sorte que la cavité péribranchiale gauche demeure en communication avec celle du stolon [1]. Chez les *Distaplia* et les POLYCLINIDÆ, les deux plis s'enfoncent d'avant en arrière, et avant qu'ils ne soient complètement détachés, les deux sacs péribranchiaux s'allongent en pointe vers la région dorsale; les deux pointes se rencontrent, se soudent, s'ouvrent l'une dans l'autre, et constituent ainsi la poche cloacale. Le tube digestif naît de la vésicule entodermique bien avant la complète séparation des sacs péribranchiaux, sous la forme d'un diverticule médian qui s'incline vers la gauche, se courbe en V en avant et vient finalement s'ouvrir dans la cavité cloacale. Les deux tubes épicardiques naissent seulement plus tard du fond de la cavité branchiale et du côté ventral; ils se fusionnent ensuite pour former le sac épicardique dont l'extrémité antérieure se modifie pour constituer le péricarde et le cœur; la cavité branchiale communique donc en arrière avec les tubes épicardiques, le péricarde et le sac épicardique, qui ne forment à leur tour qu'un seul et même système de cavités (*Clavellina*). Ce système de cavités se sépare complétement de la cavité branchiale chez les POLYCLINIDÆ.

Les divergences qui se sont produites relativement au mode de développement du tube dorsal (p. 2291) expliquent que l'on ait attribué au système nerveux une origine tantôt entodermique (Kowalevsky), tantôt mésodermique (Seeliger); il est vraisemblable qu'il se détache toujours de l'exoderme (van Beneden et Julin).

Les organes génitaux naissent chez les *Clavellina* d'une bande mésodermique médiane. Les ovules se différencient de très bonne heure dans les propagules des *Distaplia*, qui se multiplient par division, comme les bourgeons stériles de la larve, jusqu'à ce que chaque fragment ne contienne plus qu'un seul ovule. Il y a donc ici des phénomène de migration des éléments génitaux comme chez les BOTRYLLIDÆ.

Les phénomènes du bourgeonnement chez les Tuniciers pélagiques sont au fond très semblables à ceux des POLYCLINIDÆ, mais ils sont liés si intimement au développement de l'oozoïde et compliqués d'un tel polymorphisme qu'il est nécessaire de les décrire à part (p. 2314, 2317, 2321 et 2339).

Bourgeonnement entéro-épicardique. — La famille des DIDEMNIDÆ présente de remarquables phénomènes de tachygénèse, en même temps qu'un mode de bourgeonnement tout particulier qu'on peut appeler le *bourgeonnement entéro-épicardique*. Dans un certain nombre de genres de cette famille (*Leptoclinum*, *Didemnum*) la larve, à son éclosion, contient comme celle des autres Synascidies, un sac branchial parfaitement développé avec ses quatre rangées de trémas, son endostyle, son orifice

[1] LEFÈVRE, *On budding in Perophora*, John Hopkins University, XIV, 1895.

buccal ; l'axe longitudinal de ce sac est perpendiculaire à celui de la larve ; la métamorphose rotative est à moitié accomplie. Les choses vont plus loin chez les *Diplosoma* et surtout les *Diplosomoïdes*. A leur éclosion les larves des premiers contiennent deux blastozoïdes (p. 2253 et 2287), celle des seconds trois. Il est facile de reconnaître que dans les deux cas, un seul de ces ascidiozoïdes correspond à l'oozoïde des autres genres ; un seul en effet est accompagné d'une vésicule sensorielle et des appendices exodermiques, caractéristiques de la larve ; cet oozoïde a déjà produit, avant l'éclosion, chez les *Diplosoma* un blastozoïde. L'axe longitudinal du sac branchial de ce blastozoïde est perpendiculaire au plan qui contient à la fois l'axe longitudinal du sac branchial de l'oozoïde et l'axe longitudinal de la larve.

Chez les *Diplosomoïdes* il existe deux sortes de larves : 1° de petites larves dont la queue se résorbe rapidement, qui ne bourgeonnent pas et servent seulement à l'accroissement de l'ascidiodème ; 2° de grandes larves abondamment pourvues d'aliments de réserve, qui conservent longtemps leur queue, et quittent l'ascidiodème pour aller en fonder un nouveau. Ces grandes larves bourgeonnent avec une telle rapidité qu'elles contiennent déjà deux blastozoïdes au moment de leur mise en liberté. Ces blastozoïdes ont été décrits comme issus d'un bourgeon unique dont l'origine et le mode de développement n'ont d'ailleurs pas été suivis.

Chez les *Leptoclinum*, *Didemnum* et *Diplosoma*, les tubes épicardiques du parent fournissent encore la plus grande partie des organes du jeune blastozoïde, y compris l'œsophage ; mais son estomac, sa glande pylorique et son anse intestinale sont fournis par un diverticule de l'œsophage, son rectum par un diverticule du rectum du parent. Les glandes génitales présentent les mêmes phénomènes d'émigration que chez les autres ascidies composées. Les tubes épicardiques [1] (fig. 1623, n° 2, *te, te'*) sont ici séparés de bonne heure de la chambre branchiale. Au lieu de se souder pour constituer un sac épicardique unique d'où se détachera plus tard la vésicule entodermique, origine d'un nouveau bourgeon, ces deux tubes, par une évidente tachygonie, constituent d'emblée, *en même temps qu'ils se soudent*, le sac branchial et les deux sacs péribranchiaux du nouveau blastozoïde ; ils en forment ce qu'on appelle le *bourgeon thoracique*. Dans l'état de repos, ils s'étendent à peu près de l'estomac au péricarde du blastozoïde qui va bourgeonner ; ils sont comprimés et, sauf sur leur bord tourné vers l'intérieur de l'anse intestinale, leurs parois sont épaisses et formées d'un épithélium cubique, constamment en voie de prolifération. Sur une portion de leur trajet, le long de leur bord externe, les deux tubes épicardiques ne tardent pas à s'élargir en refoulant devant eux l'exoderme ; leurs cellules se superposent en plusieurs assises, et ils finissent par se souder et par s'ouvrir l'un dans l'autre le long de ce bord par leurs faces en regard (fig. 1622, n° 1, *bb*). Presque en même temps, sur la face opposée de chacun d'eux se produit un diverticule. L'organe trilobé ainsi constitué est l'ébauche du sac branchial et des deux sacs péribranchiaux du blastozoïde ; il correspond exactement par sa forme et ses fonctions à l'organe trilobé qui chez les POLYCLINIDÆ dérive de la vésicule entodermique. La cavité cloacale, les orifices branchiaux, le tube

---

[1] MAURICE CAULLERY, *Sur le bourgeonnement des* DIPLOSOMIDÆ *et des* DIDEMNIDÆ, Comptes rendus de l'Académie des Sciences, 20 août 1894.

dorsal se forment comme chez les POLYCLINIDÆ, et le ganglion bourgeonne sur le
tube dorsal. Après la formation de ces divers organes, il se produit aux dépens
de la partie du tube épicardique droit encore en communication avec la chambre
branchiale rudimentaire du bourgeon un diverticule qui se dirige vers l'œsophage
du parent, dans lequel il finit par s'ouvrir, après s'être isolé du tube épicardique,
c'est l'œsophage du blastozoïde en formation. Il naît exactement au même point
que l'ébauche de l'anse digestive chez les DISTOMIDÆ et les POLYCLINIDÆ.

Les deux tubes épicardiques (n° 2, *te, te'*) demeurent longtemps en communi-

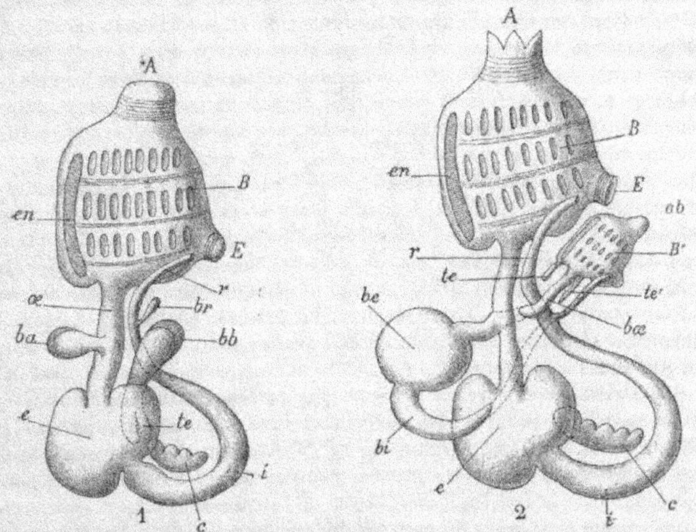

Fig. 1623. — 1. Figure demi-théorique destinée à montrer l'origine des parties dans le bourgeonnement
entéro-épicardique des *Didemnum*. — A, orifice afférent encore clos; *en*, endostyle; *œ*, œsophage; *ba*, bourgeon stomacal; *e*, estomac; *c*, cœur; *te*, tubes épicardiques soudés à leur extrémité supérieure pour
constituer le bourgeon branchial *b b*; *br*, bourgeon rectal; *r*, rectum; E, orifice afférent; B, branchie.
— 2. Figure demi-théorique représentant une phase ultérieure du développement. Mêmes lettres; le bourgeon *ba* a donné l'ébauche de l'estomac *be* et de l'intestin *bi* qui s'unira plus tard, comme l'indique le
pointillé, à l'ébauche rectale; *bœ* bourgeon œsophagien qui s'unira, comme l'indique le pointillé, au
bourgeon stomacal; *te, te'*, tubes épicardiques du jeune blastozoïde; *bœ*, bourgeon œsophagien; *ab*, orifice afférent encore fermé du blastozoïde; B', branchie du blastozoïde (figures combinées par Pizon et
Perrier).

cation avec la chambre branchiale, mais peu à peu ils s'en séparent et passent
dans la région pédonculaire où se trouvent déjà l'œsophage et le rectum.

La région qui les unit au sac branchial du blastozoïde est d'ailleurs bientôt le
siège d'une nouvelle prolifération; il en résulte deux diverticules qui s'allon-
geront en tube lorsque l'anse digestive se sera constituée de manière à pénétrer
dans l'abdomen du blastozoïde nouveau. Ces deux diverticules tubulaires se
soudent à leur extrémité, de manière à former ensemble un sac; puis chacun d'eux
s'étrangle, et la partie commune s'isole pour constituer l'apppareil cardiaque du
bourgeon. Les parties distinctes des deux diverticules s'isolent à leur tour des tubes

épicardiques du parent, pour constituer les tubes épicardiques du jeune zoïde. Ces tubes seront ultérieurement le point de départ d'un nouveau blastozoïde.

Cependant, tout auprès de la nouvelle région de prolifération des tubes épicardiques, l'œsophage du parent, comme s'il était soumis à la même suractivité, produit un diverticule d'abord aveugle (n° 1, *ba*) qui ne tarde pas à mettre en communication l'œsophage et le rectum de cet ascidiozoïde dont le tube digestif parait ainsi dédoublé. Le diverticule ainsi formé constitue, avec la partie demeurée inactive des tubes épicardiques de l'adulte, ce qu'on nomme le *bourgeon abdominal*. A ses dépens se différencient l'estomac, la glande et l'anse intestinale du jeune blastozoïde.

Dès le début des phénomènes du bourgeonnement, le rectum du parent a de son côté produit un diverticule (n° 1, *br*) qui vient s'ouvrir dans la partie cloacale du bourgeon, un peu à gauche, et constitue son rectum. L'anse digestive et le rectum du bourgeon, nés séparément sur le tube digestif du parent, s'isolent, entrent en communication et constituent une nouvelle anse digestive qui se trouve d'ailleurs d'emblée en rapport avec le nouvel œsophage (n° 2, *bœ, be, bi, br*).

Les glandes génitales proviennent, comme chez les autres Ascidies composées, d'une migration des éléments génitaux, vraisemblablement continue à partir de l'oozoïde. Chaque ascidiodème après l'émission des larves est, en effet, un assemblage d'ascidiermes composés chacun d'un ascidiozoïde adulte, d'un ascidiozoïde formé de deux bourgeons soudés ou sur le point de l'être et présentant déjà de légères ébauches d'un troisième ascidiozoïde. Près de l'adulte, à côté des follicules testiculaires se trouve le reste du cordon ovarien qui a déjà fourni les œufs d'où sont provenues les larves; le cordon s'effile en cheminant auprès du canal déférent et vers sa partie supérieure ne présente plus que des cellules indifférenciées. A un certain moment, il quitte le canal déférent et va se prolonger jusque dans la région abdominale du deuxième ascidiozoïde de l'ascidierme, avant la soudure de ses deux bourgeons. Il fournit les glandes génitales de cet ascidiozoïde, et plus tard se prolonge dans le troisième ascidiozoïde de l'ascidierme [1].

Dans chaque blastozoïde les parties entodermiques des deux bourgeons se sont formées sur les tubes épicardiques du parent qui les maintiennent longtemps unies entre elles. Il peut arriver que l'un des deux bourgeons n'arrive pas à se constituer ou se constitue d'une façon tardive; il en résulte alors de simples apparences de monstruosité de certains blastozoïdes qui paraissent avoir deux thorax ou deux abdomens; d'autres fois plusieurs bourgeons simultanés se forment sur le système épicardique d'un même blastozoïde. Souvent alors les organes du parent, qui sont ainsi doublés, disparaissent et sont remplacés par les organes plus jeunes du blastozoïde complet. Mais, en général, les parties issues du bourgeon thoracique et du bourgeon abdominal se combinent de manière à former un ascidiozoïde complet.

Le bourgeonnement commence dans les larves de *Diplosoma* dès que les deux ascidiozoïdes qu'elles contiennent se sont complétés; les bourgeons sont déjà bien reconnaissables, avant l'éclosion, sur chaque ascidiozoïde. La portion du sac épicardique encore en contact avec la fente de l'invagination cardiaque produit un diverticule pyriforme qui est l'ébauche de la branchie et de l'œsophage d'un nouveau

---

[1] Pizon, *Évolution des éléments sexuels chez les Ascidies composées*, Comptes rendus de l'Académie des Sciences, 1ᵉʳ octobre 1894.

blastozoïde. Un autre diverticule voisin du précédent et semblable à lui, est émis par l'œsophage du parent avec lequel le premier est encore en communication par les tubes épicardiques; ce nouveau diverticule formera l'estomac, l'intestin et la glande intestinale du blastozoïde. La répartition des rôles entre les deux bourgeons est donc ici un peu différente de celle qui s'établit entre les deux bourgeons formateurs des deux ascidiozoïdes larvaires. Cette répartition sera conservée dans la suite du bourgeonnement.

Généralités sur le développement des formes pélagiques. — Les considérations développées p. 2171 sur la phylogénie des Tuniciers impliquent, comme une conséquence nécessaire, que les Tuniciers pélagiques dérivent des Tuniciers fixés. Les Pyrosomes sont tout à la fois les formes dont l'organisation, à l'état adulte, s'éloigne le moins de l'organisation des Ascidies et celles dont le développement a été le plus modifié. Ici, en effet, non seulement le développement s'accomplit entièrement au sein de l'organisme maternel, ce qui tend à faire disparaître les adaptations locomotrices propres à l'embryon, mais grâce à l'existence d'un énorme vitellus, la segmentation est profondément modifiée et la tachygonie est telle que la larve urodèle est complètement supprimée, que l'oozoïde n'éclôt même pas, n'achève pas son développement et produit, à peine ébauché, quatre bourgeons disposés en série linéaire (fig. 1625, n° 2, a' à a''';

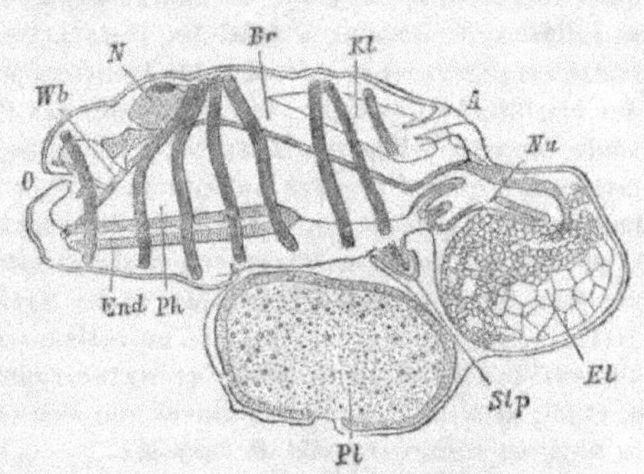

Fig. 1624. — Jeune oozoïde de *Thalia mucronata-democratica* venant d'éclore. — *O*, bouche; *Wb*, arc cilié, *N*, ganglion nerveux; *Br*, bandelette épibranchiale; *Kl*, cavité cloacale; *A*, orifice efférent; *Nu*, appareil digestif; *El*, éléoblaste (queue en régression tachygénétique); *Stp*, jeune stolon; *Pl*, placenta; *Ph*, pharynx; *End*, endostyle (d'après Grobben).

p. 2313). Ces bourgeons arrivent à l'état adulte pendant que l'oozoïde se résorbe, s'arrangent en un petit ascidiodème (n° 3) et ont déjà esquissé des bourgeons au moment de leur mise en liberté. La formation de l'oozoïde et de ses quatre blastozoïdes marchant de pair peut être étudiée dans le même paragraphe, tandis que l'étude du bourgeonnement subséquent doit être traitée dans un paragraphe spécial. La tachygénèse a évidemment supprimé ici toute possibilité de fixation et imposé la vie pélagique à l'animal.

Le développement des *Doliolum* et celui des Salpidæ sont extraordinairement différents dans leurs premières phases. Tandis que la segmentation du vitellus des premiers est à peu près normale, elle suit chez les Salpidæ une marche tout à fait exceptionnelle, en raison de l'intervention incessante des cellules folliculaires ou kalymmocytes; elle aboutit cependant, dans les deux cas, à la constitution de formes larvaires présentant de frappantes ressemblances. L'oozoïde des Salpidæ, comme celui des Doliidæ, atteint effectivement d'emblée sa forme définitive, peu différente dans les deux ordres; il est pourvu d'une queue chez les *Doliolum* (fig. 1626, p. 2320) et ne diffère de l'oozoïde larvaire des Ascidies composées que par la forme de son appareil branchial dont les orifices sont terminaux et par son orientation qui est la même que celle du têtard. Le jeune oozoïde des *Salpa* (fig. 1624) ne diffère, à son tour, de celui des *Doliolum* que parce que sa queue (l'*éleoblaste*, *El*, des anciens auteurs) est impropre à la locomotion et parce qu'à sa face ventrale demeure attaché un organe de nutrition tout spécial, le *placenta* (*Pl*). En faisant disparaître les organes de fixation et en déterminant d'emblée la constitution de l'oozoïde à l'état d'animal capable de nager par les contractions de son corps, la tachygénèse a encore supprimé la phase de fixation.

Il est manifeste d'ailleurs que les Tuniciers pélagiques se rattachent aux Ascidies composées. Tous, en effet, sont susceptibles de bourgeonner; de plus, tandis que le mode de bourgeonnement des DOLIOLIDÆ rappelle celui des DISTOMIDÆ et notamment des *Distaplia*, le mode de bourgeonnement des PYROSOMIDÆ et des SALPIDÆ se rattache étroitement à celui des POLYCLINIDÆ. Les différences les plus importantes consistent en ce que, chez les Tuniciers pélagiques, l'oozoïde diffère toujours des blastozoïdes; en outre, les propagules des DOLIOLIDÆ, indépendantes de bonne heure, comme celles des *Distaplia*, au lieu de rester enfermées dans la tunique maternelle, qui est presque nulle, vont se fixer sur un prolongement du corps de leur parent, le *cadophore*, et subissent des adaptations différentes (p. 2186), suivant la position qu'ils occupent sur ce prolongement, position déterminée elle-même par leur âge. Chez les PYROSOMIDÆ et les SALPIDÆ, l'oozoïde et les blastozoïdes demeurent unis, au moins pendant un certain temps. Dans la première famille, ils forment ensemble un manchon creux susceptible de nager en mer (fig. 1570, p. 2183); dans la seconde ils forment une chaîne dont les fragments les plus âgés se séparent successivement de l'oozoïde.

Tandis que l'oozoïde des *Pyrosoma* demeure, comme nous l'avons dit, à peine ébauché, celui des SALPIDÆ atteint, au contraire, une taille plus grande que celle des blastozoïdes qu'il entraîne pendant un certain temps avec lui (p. 2185), et présente une forme extérieure et une organisation un peu différentes de celles de ces derniers. Les blastozoïdes héritent chez les PYROSOMIDÆ de la faculté de bourgeonner que possédait déjà à une époque si précoce de son développement l'oozoïde; les blastozoïdes des Salpes sont, au contraire, stériles.

Développement des Pyrosomes. — 1° *Développement de l'oozoïde et des quatre blastozoïdes primaires.* — Les éléments génitaux des PYROSOMIDÆ se transmettent de génération en génération, comme ceux des BOTRYLLIDÆ; seulement, au lieu de demeurer isolés, ils forment un cordon continu à travers tous les blastozoïdes d'un même ascidierme. Ce cordon contient des œufs de diverses grandeurs et des cellules indifférentes (fig. 1626, *cist*, p. 2317). De ces œufs un seul est fécondé et se développe en embryon dans chaque blastozoïde; les cellules indifférentes sont employées à former le follicule de l'œuf et l'oviducte d'une part, le testicule de l'autre. L'oviducte se développe à partir du follicule, et finit par s'ouvrir dans la cavité cloacale, ce qui permet aux spermatozoïdes d'arriver jusqu'à l'œuf. La vésicule germinative et le vitellus formateur qui l'entoure ne constituent qu'une petite éminence à la surface du jaune. Après la fécondation, un assez grand nombre de cellules du follicule ou *kalymmocytes* émigrent entre ce dernier et la surface du vitellus, comme chez les *Distaplia* et les DIDEMNIDÆ; puis une lame cellulaire se détache de la région du follicule voisine de l'oviducte, et vient s'appliquer sur le pôle correspondant de l'œuf; cette *lame operculaire* n'intervient pas dans le développement. La segmentation est discoïdale, comme celle des Céphalopodes et des Vertébrés supérieurs; elle commence par la formation de sillons méridiens qui portent à huit le nombre des blastomères; puis elle cesse d'être régulière et aboutit à la constitution d'un *disque germinatif*, formé de plusieurs assises de cellules disposées sans ordre. Parmi ces cellules s'introduisent un assez grand nombre de kalymmocytes, qui peu à peu perdent leurs caractères propres et finissent par ressembler beaucoup aux blastomères; il paraît vraisemblable cependant que ces cellules entrent en dégénérescence, ne prennent aucune part à la constitution de l'embryon et servent seulement à alimenter les blastomères. En revanche, un certain nombre de blastomères doués d'actifs mouvements amiboïdes se détachent du

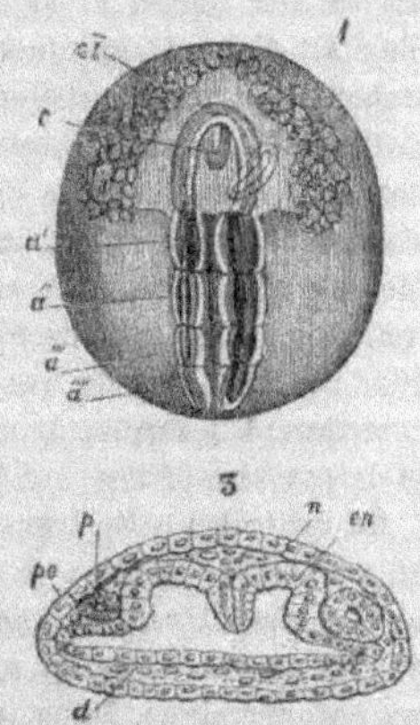
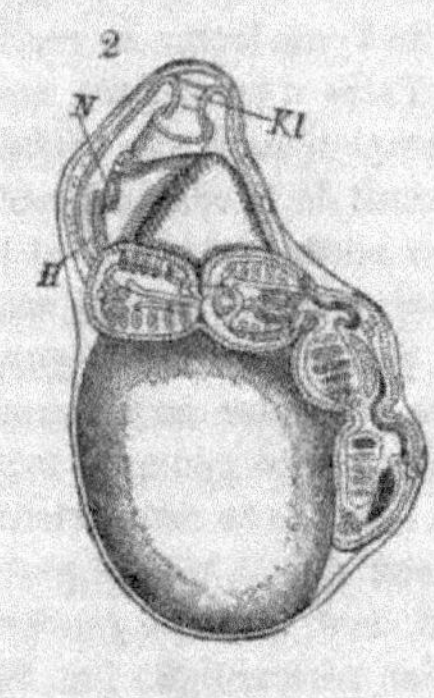

Fig. 1625. — Embryogénie des Pyrosomes. — 1. Le premier ascidierme; *c*, oozoïde; *a*, *a'*, *a''*, *a'''*, *a''''*, les quatre premiers blastozoïdes encore en série linéaire; *cl*, demi-cercle cellulaire mésodermique. — 2. Phase plus avancée où les quatre blastozoïdes primaires s'enroulent autour du vitellus; *N*, vésicule nerveuse; *H*, orifice efférent; *z*, vitellus nutritif. — 3. Coupe transversale à travers l'un des blastozoïdes de la figure n° 1; *pc*, sacs périthoraciques; *en*, branchie dans la région endostylaire; *d*, région opposée; *n*, téguments.

disque germinatif et pénètrent dans le vitellus, qu'ils contribuent sans doute à digérer. Bientôt les cellules polygonales, toutes semblables entre elles, qui constituent ce disque, s'accumulent plus particulièrement sur une région qui sera la région postérieure de l'embryon. L'assise la plus superficielle des cellules du disque prend peu à peu les caractères d'un épithélium et se constitue en exoderme; l'assise en contact avec le vitellus prend un caractère glandulaire et tend à former un feuillet entodermique; le reste constitue le mésoderme, à peine représenté par quelques cellules dans la région antérieure du disque.

Pendant que se différencient les trois feuillets, trois systèmes de cavités apparaissent dans le mésoderme, en rapport avec autant d'invaginations de la surface entodermique du disque : l'une de ces cavités est médiane et située en avant d'une invagination entodermique qui correspond à la corde dorsale; les deux autres sont latérales et symétriques, elles correspondent aux sacs cœlomiques. Les premiers organes qui apparaissent ensuite sont le *système nerveux* et les *tubes péribranchiaux* ou *tubes cloacaux* (fig. 1625, n° 2, *pc*). Le premier rudiment du système nerveux est un épaississement exodermique qui se creuse bientôt en gouttière et se transforme finalement en une vésicule qui deviendra le ganglion. Les tubes cloacaux sont d'abord deux invaginations exodermiques, en forme de tubes qui s'accroissent rapidement d'avant en arrière; ces tubes s'ouvrent plus tard dans une poche unique présentant un orifice médian en avant du rudiment du ganglion. Pour Kowalevsky les deux poches se seraient fusionnées dans leur région antérieure et leurs orifices se seraient confondus, mais il est possible que les orifices des deux poches s'étant fermés de bonne heure, celles-ci soient venues s'ouvrir dans une poche médiane, constituée par une invagination indépendante de l'exoderme. En tout cas, l'orifice de cette poche demeure la future ouverture cloacale.

Cependant le disque germinatif se soulève un peu en son milieu et sa surface entodermique s'écarte ainsi du vitellus sur lequel elle était d'abord appliquée; puis les bords de l'entoderme se replient en dedans, marchent l'un vers l'autre et peut-être avec l'aide d'un certain nombre de cellules vitellines (Salensky) finissent par enclore complètement une cavité qui n'est autre chose que celle du tube digestif; un plissement de la région postérieure de la face dorsale de ce dernier, entre les deux tubes péribranchiaux, est le rudiment de l'endostyle (fig. 1625, n° 3, *en*). Des deux cavités cœlomiques qui sont entrées en communication l'une avec l'autre dans la région postérieure du disque, la gauche se rétrécit; les cellules de ses parois cessent de présenter un arrangement régulier et contribuent à former le mésenchyme de la cavité générale primitive; les parois de la cavité médiane qui correspondent à la corde se comportent de la même façon. Au contraire cette transformation n'atteint que la région postérieure de la cavité cœlomique droite; sa région antérieure, dont la paroi gauche est renflée en une vésicule latérale, donne naissance au sac péricardique (fig. 1625, n° 2, Z), qui dans les autres Tuniciers naît des tubes épicardiques et a, par conséquent, une origine entodermique. Dans le péricarde, comme d'habitude, se fait une invagination qui constitue le cœur. Un demi-cercle de cellules (n° 2, *cl*), ouvert en arrière, entoure le disque à quelque distance; ce demi-cercle est formé de cellules mésodermiques, associées peut-être à des kalymmocytes et résultant de la désagrégation des parois cœlomiques. Par les progrès de sa croissance, le feuillet exodermique de la région antérieure du disque germinatif envahit peu à peu toute la surface du vitellus, et recouvre cette zone semi-circulaire qui finit par se dissocier en îlots cellulaires, longtemps reconnaissables à la surface du vitellus.

La région postérieure du disque germinatif s'accroît en longueur, au lieu de s'accroître en surface, pour envelopper le vitellus et former ainsi un véritable *blastoderme*; mais ici c'est, abstraction faite du blastoderme, le corps tout entier qui s'allonge avec l'exoderme, y compris le rudiment du tube digestif, l'endostyle, les sacs péribranchiaux et, du côté droit, le rudiment du sac péricardique; il en résulte un stolon rectiligne, aussi large que le corps de l'oozoïde. Trois sillons transversaux ne tardent pas à diviser ce stolon en quatre segments qui sont les ébauches d'autant de *blastozoïdes primaires* (n° 1, *a'*, *a''*, *a'''*, *a''''*). L'oozoïde continue à s'accroître dans toutes ses dimensions, sans cependant que ses organes se perfectionnent; il devient ainsi beaucoup plus large que les quatre blastozoïdes, qui s'accroissent surtout en longueur, et ne trouvent bientôt plus assez de place sous les enveloppes de l'œuf pour demeurer en série linéaire avec l'oozoïde ; leur chaîne s'incurve donc peu à peu (n° 3), et finit par former autour du vitellus une demi-ceinture équatoriale que ferme l'oozoïde. En même temps, les parties étranglées qui séparaient les blastozoïdes, s'allongent, se rétrécissent et se replient de telle façon que les axes de ces derniers, jusque-là tangents à un même arc de cercle, deviennent parallèles entre eux et à celui de l'oozoïde. A partir de ce moment, l'oozoïde commence à se rapetisser, tandis que les blastozoïdes grandissent, acquièrent six ou sept fentes branchiales transversales, une ébauche de système nerveux et d'orifice afférent. La tunique fait son apparition bien avant que l'oozoïde ait enveloppé tout le vitellus ; elle s'étend avec lui et englobe peu à peu les quatre blastozoïdes. Mais l'oozoïde produit à lui seul toute la substance tunicière du premier ascidierme ; au-dessus de chacune de ses cellules exodermiques se développe un prisme de tunicine, et tous ces prismes assez distincts à leur base, coalescents à la périphérie, forment la tunique primitive. Dans cette tunique émigrent des cellules mésodermiques qui se disposent de manière à former un réseau à larges mailles hexagonales, longtemps reconnaissable. Les cellules exodermiques sécrètent aussi sur leur face interne de la tunicine qui contribue à former le mésenchyme dont le cœlome primitif est rempli (Salensky). Une enveloppe assez épaisse de tunicine recouvre tout le jeune ascidierme, lorsque celui-ci quitte la chambre incubatrice pour arriver dans le cloaque, par l'ouverture duquel il s'échappe. Les jeunes ascidiodèmes de Pyrosomes passent entre deux eaux les premiers temps de leur existence, car on ne rencontre, près de la surface, que des ascidiodèmes déjà avancés dans leur développement.

Après l'éclosion, les sacs péribranchiaux de l'oozoïde s'oblitèrent complètement. Au contraire, la cavité cloacale entre en communication directe avec le tube digestif infundibuliforme de l'oozoïde qui est lui-même encore en continuité par son extrémité rétrécie avec celui des blastozoïdes. La vésicule nerveuse, jusqu'ici complètement close, s'allonge postérieurement et vient aussi s'ouvrir dans le tube digestif par un orifice qui est l'ébauche de l'organe vibratile de l'oozoïde ; sa région antérieure, séparée du conduit postérieur par un sillon, devient le ganglion nerveux ; il en naît deux prolongements latéraux qui embrassent entre eux le tube digestif et vont se perdre sur la paroi inférieure de la poche cloacale. L'oozoïde ne poursuit pas plus loin son développement ; quelque temps encore il forme comme le fond d'une coupe sur les bords de laquelle les blastozoïdes seraient disposés, d'où le nom de *cyathozoïde* que lui a donné Huxley ; mais son orifice cloacal se ferme ; toutes ses parties entre en régression et il finit par disparaître sans laisser de trace.

Les divers organes des quatre blastozoïdes primaires se développent respectivement aux dépens des quatre tubes qu'ils contiennent et qui représentent chez eux autant d'organes de l'oozoïde. A mesure que les sillons de séparation des quatre blastozoïdes s'approfondissent, le canal médian représentant le tube digestif se rétrécit au niveau des sillons, mais les segments ainsi formés ne se séparent d'une façon complète que lorsque chaque ascidiozoïde a atteint son complet développement. La séparation est, au contraire, très précoce pour les tubes péribranchiaux ; de bonne heure aussi l'ébauche de l'endostyle s'efface dans la région antérieure de chaque segment du tube digestif et se localise dans la région postérieure pour devenir l'endostyle définitif et revêtir peu à peu la forme décrite p. 2204. Immé-

diatement en avant de l'endostyle, une fossette exodermique marque la place du
futur orifice afférent; plus en avant se trouve l'ébauche du ganglion nerveux. A ce
moment cette ébauche, la fossette buccale et la gouttière endostylaire sont situées
sur un même méridien de l'ellipsoïde qui représente chaque blastozoïde et dont le
grand axe coïncide avec l'axe du stolon. La fossette buccale fait le départ de ce
qui sera plus tard la face dorsale et la face ventrale de l'embryon, faces qui, par
suite du changement d'orientation des blastozoïdes dans l'ascidierme, deviendront
normales à l'axe primitif de celui-ci.

La formation des fentes branchiales est préparée par une évagination de la paroi
du tube entodermique qui s'avance vers la paroi voisine du sac péribranchial, se
soude avec elle et se perfore au point de soudure. Les fentes se forment d'avant
en arrière; d'abord courtes, elles s'allongent peu à peu et changent d'orientation à
mesure que l'animal grandit, de manière à demeurer toujours normales à l'endostyle
qui passe graduellement d'une direction parallèle à l'axe du stolon à une direction
perpendiculaire; pendant ce temps les orifice buccal et cloacal, d'abord situés tous
deux dans la région antérieure du blastozoïde, se placent peu à peu à l'opposé l'un de
l'autre, aux deux extrémités de l'axe longitudinal de l'animal. Les plis normaux aux
fentes se développent plus tard aux dépens de la paroi interne de la branchie ; ces
plis d'abord obliques comme les fentes, deviennent longitudinaux lorsque les fentes
sont elles-mêmes devenues transversales.

Une bosselure en fer à cheval, de la face dorsale du sac branchial, ouverte en
arrière, est le premier rudiment du tube digestif. La branche gauche, terminée en
cæcum, de ce fer à cheval devient la première indépendante du sac branchial; elle
représente le rectum et finit par s'ouvrir dans la cavité cloacale. La branche droite
s'isole ensuite, mais demeure en communication avec le sac branchial par un orifice ;
elle donne naissance à l'œsophage et à l'estomac. La glande pylorique se développe
ensuite.

Le ganglion a pour origine une invagination de l'exoderme de la région dorsale
des blastozoïdes, qui ne tarde pas à s'isoler en formant une vésicule triangulaire à
sommet postérieur. Un épaississement de la région dorsale de la vésicule forme le
ganglion, tandis que les angles se prolongent en deux *nerfs latéraux*; la région postérieure rétrécie de la vésicule s'allonge et finit par s'ouvrir dans le sac branchial,
mais le canal ainsi formé est destiné à s'oblitérer ainsi que la cavité de la vésicule
nerveuse, et une invagination spéciale de l'entoderme, située au voisinage de son
orifice primitif, donne naissance à la fossette ciliée ; le fond de cette invagination se
dilate en une grosse glande hypoganglionnaire.

Le prolongement du sac péricardique de l'oozoïde se désagrège de bonne heure.
Les éléments, qui limitaient les cavités cœlomiques et ceux de la corde, s'associent
sans doute aux éléments de la zone semi-circulaire pour se répartir entre les quatre
blastozoïdes; ils se rassemblent dans chacun d'eux en deux masses postérieures
formées respectivement de deux assises cellulaires, appliquées l'une contre l'exoderme, l'autre contre l'entoderme. L'assise interne de chaque côté constitue les
cordons péricardiques; l'externe, l'ébauche de l'organe de réserve connu sous le
nom d'*éléoblaste*. Des deux cordons péricardiques, le droit se développe seul, en
avant, en une vésicule qui forme, suivant les procédés ordinaires, le péricarde et
le cœur. La partie postérieure du cordon péricardique droit et le cordon péricar-

dique gauche formeront, lorsque le blastozoïde primitif développera son stolon prolifère, les deux cordons mésodermiques de ce stolon.

De la formation des sacs péribranchiaux et des bandes mésodermiques latérales
résulte la réduction de la cavité générale primitive à deux sinus, l'un supra-intestinal, l'autre infra-intestinal. Dans le
dernier se rassemblent les éléments mésodermiques qui, dans la partie postérieure de l'ascidiozoïde, constitueront le
cordon génital. Plus tard les éléments de
ce cordon se disposent en une seule assise, de manière à former un tube; mais
la lumière du tube s'oblitère de nouveau
par la suite. De ce cordon génital nai-
tront non seulement les organes génitaux
de l'ascidiozoïde qui le contient, mais
encore ceux des blastozoïdes qu'il produira; ces organes s'atrophient chez les
quatre premiers blastozoïdes; les organes
mâles arrivent seuls à maturité dans
les jeunes ascidiodèmes, et l'hermaphro-
disme n'apparait que dans ceux qui ont
atteint un certain développement. Tous
ces phénomènes ne sont manifestement
qu'une modification légère de ceux qui
ont été décrits p. 2297, chez les BOTRYL-
LIDÆ.

Le ganglion nerveux et la gouttière
endostylaire étant primitivement situés
sur le même méridien, le ganglion bai-
gne dans le sinus supra-intestinal. L'invagination exodermique qui forme la fossette buccale, s'enfonce elle-même dans
le sinus et semblerait devoir l'interrompre; mais, à ce moment, juste au-dessous de cette invagination, la surface
dorsale du tube digestif s'est également
invaginée en une gouttière dont les bords
se rapprochent et se soudent, en formant
au-dessous de la fossette buccale un canal longitudinal, ouvert aux deux bouts,
la *bande diapharygienne* (Huxley) ou *sinus
pharyngien* (Salensky) qui met en com-

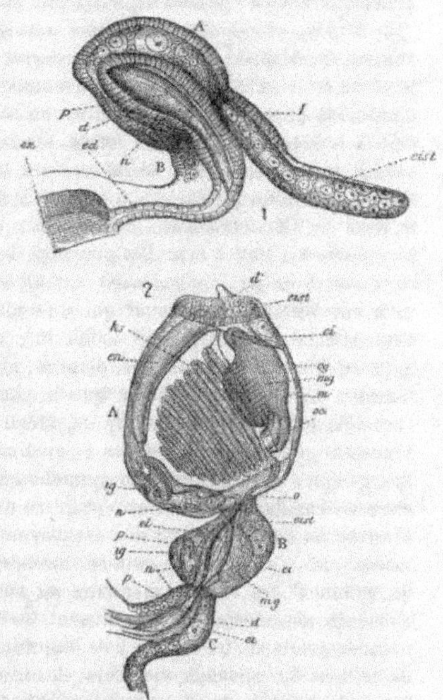

Fig. 1696. — Développement des blastozoïdes secondaires des *Pyrosoma.* — 1. Chaîne de bourgeons
peu de temps après sa formation sur le prolongement endostylaire (tube épicardique) *en* d'un individu adulte. — *AB*, les blastozoïdes en formation;
ed, prolongement né sur l'endostyle *en* et destiné
à former la branchie et le tube digestif des jeunes;
d, téguments du bourgeon formés aux dépens de
ceux du parent; *p*, sac péribranchial; *n*, ganglion
nerveux; *eist*, cordon génital coiffant le tube épicardique. — 2. Chaîne de trois bourgeons *A*, *B*, *C*,
plus avancés dans leur développement (grossis 80
fois). Même lettres et en outre : — *en*, endostyle;
eg, point où se formera l'orifice efférent; *ig*, orifice
afférent; *ks*, fentes branchiales; *œ*, œsophage; *m*,
mg, estomac; *ei*, l'œuf destiné à mûrir dans l'ascidie;
o, orifice de communication entre les bourgeons.

munication les deux parties du sinus supra-intestinal primitif. Ce canal n'a qu'une
existence temporaire. De chaque côté de l'orifice branchial, entre l'entoderme et
la paroi de la cavité péribranchiale, se trouve un *amas lenticulaire* de cellules, formé
probablement par des kalymmocites en dégénérescence; un autre *amas oblong* de

cellules se trouve dans le sinus sanguin du côté neural; la signification de ces formations est inconnue.

Les fibres musculaires naissent de trainées de cellules mésodermiques, à l'intérieur desquelles la substance contractile se différencie en rubans disposés comme les génératrices d'un cylindre autour d'une substance axiale non différenciée.

2° *Développement des blastozoïdes secondaires.* — Comme chez les Botryllidæ, chaque ascidiozoïde adulte d'un Pyrosome est le chef de file d'un ascidierme composé de trois individus dont le développement est d'autant plus avancé que l'individu est plus éloigné de l'origine du stolon. L'ascidiozoïde terminal commence déjà à bourgeonner quelque temps avant de se détacher. Lorsqu'il a à peu près atteint son organisation définitive, cet ascidiozoïde présente immédiatement en arrière de l'endostyle (fig. 1626, n° 1, *en*), au niveau du péricarde et plongeant dans le tissu de l'éléoblaste, une excroissance en cul-de-sac (*ed*) de la paroi branchiale; ce cul-de-sac, tour à tour désigné sous les noms de *canal entodermique, prolongement entodermique, prolongement endostylaire,* n'est autre chose que le reste du tube entodermique du stolon qui unissait le blastozoïde qui le porte à celui qui s'est détaché immédiatement avant lui; il est le point de départ de l'ascidierme dont ce blastozoïde, une fois détaché, sera bientôt porteur. Ainsi chez les blastozoïdes des *Pyrosoma*, tandis que le péricarde nait du mésoderme, comme chez l'oozoïde, le tube entodermique du stolon demeure un prolongement direct du sac branchial, prolongement unique et médian, à la vérité, mais équivalent aux tubes épicardiques des Ascidies bourgeonnantes. Dans l'éléoblaste, au voisinage de cette ébauche entodermique, un groupe serré de cellules mésodermiques est la première ébauche du cordon génital de l'ascidierme; quelques ovules y sont déjà reconnaissables (*eist*). Cet amas de cellules mésodermiques s'est du reste lui-même détaché du rudiment des organes génitaux du blastozoïde générateur de l'ascidierme. Les éléments mésodermiques produisent les muscles, le péricarde, l'éléoblaste et les organes génitaux. De chaque côté du prolongement endostylaire se trouve un cordon de cellules du mésenchyme; celui de droite peut être suivi jusqu'au sac péricardique du blastozoïde, de même que cela a lieu pour le cordon analogue des quatre premiers blastozoïdes relativement à l'oozoïde; le rôle de ces cordons est inconnu.

La région de l'exoderme vers laquelle se dirige le cul-de-sac entodermique s'épaissit déjà dès les premières phases du développement; elle se renfle bientôt et forme une saillie qui n'est autre chose que le stolon rudimentaire. Ce tube exodermique (*d*) s'allonge, sans présenter, au cours du développement, aucune modification particulière, ni prendre part à la formation d'aucun organe; seulement à la fin du développement, les hautes cellules qui le composent s'aplatissent pour former la membrane exodermique de l'ascidiozoïde.

De la vésicule interne, issue du prolongement de l'endostyle de l'ascidiozoïde parent, naissent les *cavités péribranchiales,* le *canal dorsal* et le tube digestif[1]. Les *cavités péribranchiales* commencent à se constituer à l'intérieur de l'ascidiozoïde-chef de l'ascidierme par deux évaginations latérales et symétriques du tube entodermique qui s'isolent et se disposent sur ses côtés, sous forme de feuillets. Ces

---

[1] Kristine Bonnevie, *On gemmation in Distaplia magnilarva and Pyrosoma elegans*, The Norwegian North Atlantic Expedition, 1896.

feuillets s'allongent avec le bourgeon et en occupent toute l'étendue. Lors de la formation des constrictions exodermiques qui délimitent chaque blastozoïde, ils se fragmentent en autant de parties qu'il doit y avoir de blastozoïdes, tandis que le tube entodermique ne fait que s'étrangler entre les blastozoïdes consécutifs, tout en demeurant continu. Ces fragments ainsi séparés se transforment en deux vésicules latérales, d'abord isolées, mais qu'un tube transversal dorsal ne tarde pas à réunir au-dessous de l'ébauche du sac branchial. Cependant un cordon cellulaire, issu de chaque sac péribranchial, au niveau de ce tube, grandit vers le haut; les deux cordons se rencontrent et se fusionnent en une volumineuse masse cellulaire à l'intérieur de laquelle apparaît une cavité, tandis qu'une lumière se forme aussi dans les cordons latéraux; il se produit ainsi un anneau tubulaire entourant la région étranglée du tube dorsal contenu dans le bourgeon; cet anneau s'isole des cavités péribranchiales; ses parties latérales et sous-intestinales perdent leur cavité et se transforment en nerf, tandis que sa partie supérieure donne naissance au ganglion, à la glande hyponeurale et au tubercule dorsal. L'intestin est représenté de bonne heure par deux évaginations de la face inférieure du tube entodermique. Par la croissance des poches péribranchiales, ces évaginations sont refoulées vers la région distale du bourgeon et se soudent; celle de gauche perd sa communication avec le sac branchial et forme l'intestin, tandis que celle de droite devient l'œsophage.

Les amas lenticulaires et oblongs des cellules, l'éléoblaste, la musculature, le sac péricardique naissent de groupes épars de cellules mésodermiques qui subissent d'ailleurs les mêmes transformations que dans le premier ascidierme.

D'abord situé sur le côté droit du bourgeon, le sac péricardique émigre ensuite vers la ligne médiane, et contrairement à ce qui a lieu chez les autres Ascidies, se place sur la face dorsale du prolongement endostylaire qui correspond lui-même au tube épicardique. Le cordon génital de chaque bourgeon se divise très précocement en deux parties. La partie distale, entourée par l'éléoblaste, devient le cordon génital du stolon; la partie proximale est constituée par l'œuf unique (p. 2312), qui, entouré de son follicule, arrivera à maturité dans l'ascidiozoïde considéré, et par un amas de cellules encore indifférentes qui constituera le testicule; cet amas est placé à la gauche de l'œuf. Dans cette masse se différencie une couche épithéliale superficielle de laquelle naît le canal déférent, comme l'oviducte naît du follicule de l'œuf.

Développement des *DOLIOLIDÆ*. — Les trois genres *Anchinia*, *Dolchinia*, *Doliolum* qui forment la famille des DOLIOLIDÆ présentent une différenciation et une solidarisation croissantes de leur oozoïde et de leurs blastozoïdes; concurremment apparaissent de remarquables différences tachygénétiques dans la constitution du stolon aux dépens duquel se forment les blastozoïdes, et dans le mode de développement de ces derniers. Malheureusement l'oozoïde des seuls *Doliolum* est connu, et son embryogénie a été seule étudiée. Après avoir décrit cette embryogénie, il sera nécessaire d'exposer l'étude de la blastogénèse dans ce genre comparativement avec celle des *Anchinia* et des *Dolchinia* qui l'éclairent.

L'œuf des *Doliolum*[1] (fig. 1627, *Ov*), entouré de son follicule tombe dans la cavité

---

[1] ULIANIN, *Die Arten der Gattung Doliolum in Golfe von Neapel*, Fauna und Flora von Neapel, 1884.

cloacale, où il effectue parfois une partie de son développement; le plus souvent cependant il n'est fécondé qu'après avoir quitté celle-ci. Le vitellus s'entoure alors d'une membrane homogène, le *chorion*, qui peu à peu s'éloigne et vient s'appliquer contre la paroi du follicule dont les éléments demeurent encore longtemps reconnaissables.

La segmentation est totale, presque égale, et conduit à la formation d'une *blastula* qui se transforme bientôt en une *gastrula* à vaste cavité d'invagination. L'embryon devient ensuite piriforme, tandis qu'un sillon qui se dessine sur sa face ventrale tend à isoler de plus en plus sa région caudale de sa région antérieure. L'ento-

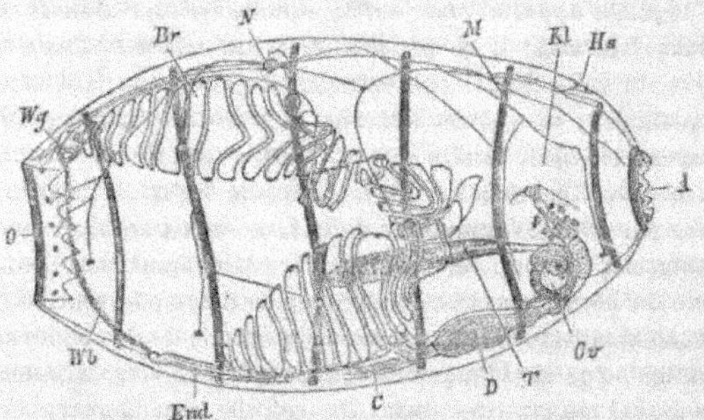

Fig. 1627. — Individu sexué ou gamozoïde de *Doliolum denticulatum*. — *O*, bouche; *R*, anus; *Kl*, cloaque; *N*, centre nerveux; *As*, organe sensoriel cutané; *Wb*, arc cilié; *Wg*, fossette ciliée; *End*, endostyle; *Br*, branchie; *C*, cœur; *D*, tube digestif; *T*, testicule; *Ov*, ovaire; *M*, cercles musculaires (d'après Grobben).

derme est presque entièrement employé à constituer les cellules de la corde caudale et le mésoderme, qui ne tarde pas à s'étendre, sous forme de deux bandes latérales, symétriques, sur toute la longueur du corps; presque toute la surface dorsale de l'exoderme représente l'ébauche du système nerveux. Avant que la larve se soit encore débarrassée de son enveloppe folliculaire, la queue se redresse en entrainant la partie de cette enveloppe qui lui correspond et se place dans le prolongement du corps. La larve devient ainsi fusiforme, commence à nager et se débarrasse du follicule. Entre la région où se forme le jeune *Doliolum* et la région cau-

Fig. 1628. — Larve de *Doliolum*. — *a*, vésicule exodermique faisant suite au corps proprement dit; *Ch*, corde qui soutient la queue (d'après Grobben).

dale, son corps se renfle en une sorte de vésicule à parois exclusivement exodermiques et paraissant contenir un liquide transparent (fig. 1628). La région caudale a la même structure que celle des larves d'Ascidie; l'extrémité antérieure de la corde s'étend jusque dans la vésicule moyenne; elle est entourée d'une masse mésodermique qui ne se transforme pas en muscles, mais se réduit à deux petits amas cellulaires, symétriquement placés de chaque côté de sa pointe antérieure.

L'organisation de la région du corps antérieure à la vésicule est très rudimentaire. Au contact de la vésicule se trouvent deux bandes mésodermiques d'où se détachent des éléments qui flottent dans le liquide vésiculaire et sont destinés à devenir des corpuscules sanguins. En avant et entre ces bandes, l'ébauche du

système nerveux occupe la région dorsale. Au-dessous de cette ébauche, dans la
région ventrale, *une invagination exodermique médiane est le premier rudiment du
tube digestif*[1]; en avant de cette invagination et du système nerveux, le corps
s'effile en une sorte de cône creux, exclusivement exodermique. Par une simple
dilatation de l'invagination ventrale se constitue le sac branchial, en arrière duquel
un bourgeon plein est la première indication de tout le reste du tube digestif.
Cependant, du côté dorsal, au niveau de la région postérieure du sac branchial,
une invagination exodermique médiane vient, en grandissant, tapisser de l'un de
ses feuillets le sac branchial (fig. 1607, n° 5, *ic*; p. 2281), tandis que l'autre s'applique contre l'exoderme. *Le sac cloacal, qui chez les Ascidies simples se formait par
la fusion de la région dorsale des sacs péribranchiaux, qui était arrivé par tachygénèse
à se former d'une manière indépendante chez les Ascidies composées, finit donc ici par
se substituer aux sacs péribranchiaux eux-mêmes.* Une lumière apparaît dans la région
moyenne du bourgeon digestif, aux dépens duquel se différencient l'œsophage,
l'estomac, la glande pylorique et l'intestin; finalement l'œsophage et l'intestin
s'ouvrent rapidement dans le sac branchial et la cavité cloacale, tandis que par le
processus ordinaire se constituent d'abord deux paires dorsales, puis deux paires
ventrales de fentes branchiales arrondies (*t*). Ces quatre paires de fentes branchiales
sont les seules que possède l'oozoïde.

L'ébauche du système nerveux s'amincit en avant et en arrière, tandis que la
région moyenne conserve son volume relatif et constituera le ganglion définitif.
Dans la région antérieure, réduite, de ce rudiment apparaît une cavité, et cette
région donnerait naissance au canal de l'organe hyponeural (Ulianine). La région
moyenne du rudiment nerveux forme à la fois le ganglion et la glande hyponeurale. Quant à sa région postérieure, elle devient le nerf branchial. Plus tard une
nouvelle invagination exodermique constitue, du côté gauche, l'otocyste; une cellule pariétale fait peu à peu saillie dans cette vésicule et produit des otolithes à
son intérieur. L'invagination demeure toujours ouverte et en forme de coupe chez
le *D. Mulleri*.

La formation du stolon prolifère, celle du péricarde seraient ici, comme chez les
Pyrosoma, transférées au mésoderme. Le mésoderme forme, avant la constitution
de la cavité péribranchiale, un revêtement continu autour du sac pharyngien; près de
la ligne médiane ventrale, au-dessous de la région postérieure de ce sac, deux amas
superposés de cellules mésodermiques se différencient, l'un accolé à l'exoderme,
l'autre à l'entoderme. Le premier formera le mésoderme du stolon; le second est
l'origine du sac péricardique. Ce sac une fois formé, une gouttière dorsale sur
les bords de laquelle s'étendra plus tard une lamelle, sans doute mésodermique,
constituera, comme d'habitude, le cœur à ses dépens. Des fissures qui apparaissent
dans le feuillet mésodermique, d'abord continu, délimitent les unes par rapport
aux autres les futures bandes musculaires.

Enfin se différencient le *stolon prolifère ventral* et l'*appendice dorsal* ou *cadophore*.
Le premier apparaît derrière la cinquième bande musculaire; le second derrière la

---

[1] Le mode exceptionnel du développement du jeune *Doliolum* conduit à soupçonner
qu'il pourrait bien n'être qu'un blastozoïde formé sur un oozoïde à dégénérescence précoce représenté par la vésicule moyenne; ce serait une hypothèse à vérifier.

septième. L'ébauche du stolon ventral est désignée sous le nom d'*organe en rosette* en raison de l'arrangement régulier des masses cellulaires qu'elle contient (p. 2324). Le cadophore n'est qu'un prolongement exodermique creux dont la cavité est séparée en deux sinus sanguins par une cloison conjonctive médiane.

Migration des propagules sur le cadophore. — Chez les DOLIOLIDÆ, le cadophore sert de support aux jeunes blastozoïdes en cours de développement. Il présente chez les *Anchinia* et les *Dolchinia* à peu près la même structure; il a la forme d'un cylindre gélatineux, plein, marqué d'une légère gouttière dorsale. Le cylindre est limité extérieurement par une assise de cellules exodermiques aplaties. Des cellules mésodermiques simples chez les *Anchinia*, étoilées chez les *Dolchinia*, sont disséminées dans la masse gélatineuse interne; elles se multiplient rapidement et s'accumulent alors en certains points; des éléments amiboïdes très actifs sont associés à ces cellules. Une couche assez épaisse de tunicine revêt l'assise des cellules exodermiques. La tunicine contient des éléments analogues à ceux de l'axe gélatineux interne; seulement les cellules étoilées des *Dolchinia* ne se rassemblent pas en petits amas, et les cellules amiboïdes granuleuses sont lobées. Chez les *Anchinia* une rangée irrégulière de grosses cellules amiboïdes, migratrices, occupe la région ventrale médiane du cadophore; des cellules semblables se retrouvent à la base des zoïdes les plus développés. Le cadophore des *Doliolum* est, comme on vient de le voir par son mode de développement, un peu autrement construit. Dans les trois genres, les rapports du stolon ou des propagules qu'il produit avec le cadophore sont notablement différents.

Chez les *Anchinia*, le stolon est très allongé; il contourne probablement la face inférieure du corps de l'oozoïde inconnu, et vient se placer le long de la ligne médiane dorsale du cadophore, entre la couche de tunicine et l'assise exodermique. Sur les fragments de cadophore qui ne portent encore que des *phorozoïdes* tout à fait asexués (p. 2186), il forme un long cordon irrégulièrement sinueux, duquel se détachent des bourgeons latéraux ou *propagules*. Sur les fragments de cadophore qui portent la deuxième forme stérile, le stolon se désagrège en propagules où les éléments anatomiques sont fusionnés en une masse protoplasmique plurinucléée; toute trace du stolon disparaît enfin sur les fragments de cadophore qui portent les *gamozoïdes*. C'est, en résumé, par suite de l'allongement même du stolon prolifère que les propagules sont portées sur le cadophore. Les bourgeons des *Anchinia* sont d'abord totalement indépendants de l'assise des cellules exodermiques, mais lorsque, sauf pour les dimensions, leur développement est presque terminé, ils se fixent sur cette assise dont les éléments forment une sorte de plaque placentaire. Cette plaque entre en dégénérescence dans sa partie centrale, quand le blastozoïde approche de l'état adulte; le moindre mouvement le met alors en liberté.

Chez les *Dolchinia* et les *Doliolum*, les propagules se détachent de bonne heure du stolon qui est localisé sur la face ventrale. Pour arriver à leur place définitive, elles cheminent d'une manière indépendante sur cette face et sur le cadophore, en suivant une route déterminée, probablement analogue à celle que parcourt le stolon lui-même chez les *Anchinia*. Chez les *Dolchinia*, les éléments amiboïdes de la tunicine se rassemblent autour des propagules et constituent des *cellules ambulatoires* qui déterminent leur locomotion. Chaque propagule chemine à la surface de la tunicine. Chez les *Doliolum* l'organe en rosette du jeune oozoïde s'allonge en une saillie piriforme que prolonge un cordon grêle, le véritable stolon. Ce cordon se divise par des coustrictions transversales en propagules qui se détachent successivement, en gardant d'abord bien entendu la structure du stolon lui-même. Dans la tunicine du stolon ventral se trouvent deux rangées latérales de grandes cellules amiboïdes; chaque propagule en se détachant emporte les cellules qui l'avoisinent et qui lui servent, comme chez les *Dolchinia*, de cellules ambulatoires. Par elles, la propagule est transportée de la face ventrale de l'oozoïde sur la face dorsale du cadophore. Les propagules se fixent sur cet organe au moyen de leurs deux rangées symétriques de cellules ambulatoires. Durant cette période de locomotion, elles peuvent se diviser à l'une de leurs extrémités en fragments qui emportent avec eux deux ou trois cellules ambulatoires et qu'on peut nommer des *schizoblastes*. Mais bientôt un certain nombre de propagules et de schizoblastes s'enfoncent dans la tunicine et arrivent au contact de l'assise de cellules exodermiques. A leur contact, les cellules exodermiques s'allongent et constituent une plaque ovale qui reste soudée au pédoncule du bourgeon et fonctionne probablement comme une sorte de *placenta*.

Après leur fixation, les propagules et les schizoblastes des *Dolchinia* cessent de bourgeonner et se transforment en *phorozoïdes*. Sur le pédoncule de ceux-ci il se creuse toujours une excavation dont l'épithélium est libre de tunicine. Lorsque des propagules ou des schizoblastes encore en migration viennent à rencontrer une de ces excavations, ils y pénétrent, s'y fixent, grandissent en se contournant en haricot, et continuent à produire des schizoblastes par une de leurs extrémités, sans se transformer d'ailleurs jamais en ascidiozoïde. Les schizoblastes ainsi produits se disposent autour du cylindre progéniteur en rangées divergentes commençant par les plus jeunes schizoblastes. Tous ces schizoblastes se transforment en *gamozoïdes* qui abandonnent les phorozoïdes à mesure qu'ils arrivent à un certain degré de développement, et vivent en liberté. Les phorozoïdes ne sont donc pas encore employés ici au transport pélagique des gamozoïdes en voie de développement. Comme les gamozoïdes s'isolent à mesure qu'ils arrivent à maturité, le nombre des schizoblastes portés par un même phorozoïde ne s'accroît pas indéfiniment, mais il peut s'élever à une cinquantaine, sans que l'activité du cylindre progéniteur paraisse en rien diminué. La tunicine passe au-dessus de chacun de ces nids et le protége; les gamozoïdes prêts à se détacher font seuls hernie à sa surface, en formant une rangée médiane et deux rangées latérales.

Chez les *Doliolum*, les premières propagules qui arrivent sur le cadophore demeurent à sa base, s'y divisent, et produisent ainsi les bourgeons des *trophozoïdes* (p. 2188) qui se fixent sur les deux côtés de cet appendice et qui sont de plus en plus développés à mesure qu'on va de sa base à son extrémité. Les propagules qui arrivent plus tard se placent sur la ligne médiane du cadophore; ce sont les bourgeons des *phorozoïdes*; sur leur pédoncule vient se fixer une nouvelle propagule dont la division fournit les bourgeons des ascidiozoïdes sexués ou *gamozoïdes*. Les groupes ainsi formés se disposent alternativement le long de la ligne médiane. Dans un même groupe les bourgeons sont inégalement développés, mais les formes les plus développées de chaque groupe sont, elles aussi, de plus en plus avancées à mesure que l'on se rapproche de l'extrémité libre de l'appendice. Ainsi l'oozoïde produit seul des propagules; les premières propagules fournies ne donnent naissance qu'à des *trophozoïdes* asexués sans organes locomoteurs; un peu plus tard de nouvelles propagules sont destinées à former des individus également asexués, mais doués de muscles puissants, ce sont les *phorozoïdes*; les dernières propagules produisent enfin des *gamozoïdes* (fig. 1637, p. 2320) qu'emportent avec eux les phorozoïdes (ULJANINE) [1].

Structure du stolon et des propagules. — D'après ce qui précède, la structure du stolon n'a pu être directement observée que chez les *Anchinia* et les *Doliolum*, mais il est extrêmement vraisemblable que chez les *Dolchinia* les jeunes propagules qui se fixent sur un zoïde ont encore conservé la structure du stolon, comme celles des *Anchinia* et des *Doliolum* qui viennent de se détacher. Il est donc possible de comparer la structure initiale du stolon prolifère dans les trois genres de DOLIOLIDÆ et l'on constate que par un effet intéressant de *tachygénèse, ses éléments se différencient de plus en plus tôt* des *Anchinia* aux *Dolchinia*, de celles-ci aux *Doliolum*.

Le stolon prolifère des *Anchinia* est un tube grêle, composé d'une assise de cellules exodermiques revêtant un cylindre axial, formé de grosses cellules entodermiques, qui forment deux rangées sur les coupes longitudinales, et apparaissent au nombre de cinq ou six sur les coupes transversales. Les bourgeons, au moment où ils viennent de se détacher, sont constitués par une vésicule sphéroïdale, formée de cellules exodermiques, contre lesquelles sont appliquées des cellules entodermiques, circonscrivant une cavité qui correspond à la région où le bourgeon adhère encore au stolon. Ces éléments se répartissent d'abord en deux groupes compacts. Le premier est formé de grosses cellules; il adhère à l'exoderme par un point seulement où se formera plus tard l'ouverture pharyngienne; c'est l'ébauche du sac pharyngien et de tout le tube digestif. Le deuxième groupe est formé de cellules d'abord disposées en rangées, mais qui ne tardent pas à se dissocier dans l'espace compris entre l'exoderme et l'entoderme. Ces cellules encore libres se répartissent rapidement en trois amas dont l'un sera l'origine du système nerveux; un autre fournira les éléments génitaux; un troisième sera formé d'éléments mésodermiques libres. A partir de ce moment on distingue donc, dans chaque bourgeon, quatre ébauches correspondant à l'appareil branchio-intestinal, au système nerveux, aux glandes génitales et au mésoderme. Plus tard des sacs péribranchiaux se différencieront aux dépens de l'exoderme; un sac péricardique aux dépens de la masse branchio-intestinale.

Une partie de cette spécialisation des éléments anatomiques est réalisée d'emblée dans les propagules des *Dolchinia*. Les plus jeunes de ces propagules sont des corps constitués par une masse cellulaire interne, revêtue d'un épithélium exodermique. La masse cellulaire comprend déjà deux groupes d'éléments, l'un supérieur, l'autre inférieur. Ce dernier est formé d'éléments moins volumineux que le premier; il se décompose en trois cordons : un médian et deux latéraux. Le cordon médian est destiné à former le pharynx, les cordons latéraux forment les muscles lorsque la propagule se transforme en phorozoïde. Les schizoblastes ont d'abord naturellement

---

[1] GROBBEN a donné de ces faits, deux ans avant ULJANINE, une interprétation un peu différente mais qui ne rentre pas aussi bien dans la règle générale. Il fait naître tous les blastozoïdes d'une propagule initiale, située à la base de l'appendice dorsal; les gamozoïdes seraient à leur tour issus d'un bourgeon né sur les blastozoïdes de la rangée médiane.

une structure analogue; mais les deux masses cellulaires, au lieu de se superposer, se juxtaposent; une des cellules de la masse à gros éléments est le rudiment des organes génitaux; le reste doit constituer le système nerveux.

Le stolon ventral des *Doliolum* est enfin constitué par une saillie piriforme continuée par un cordon grêle. Dans le tube exodermique qui limite l'un et l'autre, on distingue sept cordons cellulaires parallèles : trois médians impairs et superposés de la région ventrale à la région dorsale, quatre latéraux et symétriques deux à deux. De ces quatre derniers, les deux dorsaux (*cordons cloacaux*) sont des proliférations de la région postérieure du sac cloacal; ils se réfléchissent en arrière; les deux portions réfléchies se soudent et constituent le cordon médian dorsal; les deux cordons ventraux (*cordons branchiaux*) sont des proliférations du sac branchial, ils se dédoublent rapidement et leur branche interne se soudant avec sa symétrique forme le cordon médian moyen. Le cordon médian inférieur résulte du développement de la masse mésodermique qui a déjà formé le péricarde et qui demeure en arrière de cet organe. Conformément aux règles de la tachygénèse chacun de ces sept cordons a sa destinée assignée d'avance. Le cordon médian supérieur est l'ébauche du système nerveux qui provient indirectement, par conséquent, du sac cloacal de l'oozoïde; le cordon moyen est l'ébauche du pharynx; le cordon inférieur celle du sac péricardique. Les cordons latéraux dorsaux donnent naissance aux muscles, les ventraux aux glandes génitales [1].

Organogénie des blastozoïdes des DOLIOLIDÆ. — 1° *Anchinia*. — Chez les *Anchinia*, les ébauches du système nerveux et du tube digestif s'accroissent rapidement, et séparent deux groupes symétriques de cellules. La masse entodermique s'allonge, puis un étranglement la sépare en deux parties correspondant au sac pharyngien et au reste du tube digestif. Dans la région antérieure du rudiment du pharynx se creuse une première vacuole qui deviendra le péricarde; en même temps se creuse également la cavité stomacale, tandis qu'un diverticule de la poche stomacale constitue le premier rudiment de l'intestin. Bientôt l'exoderme épaissi se dédouble antérieurement, puis sur toute la face dorsale et finalement en bas et en avant; sa lame interne est destinée à former la musculature. A la région antérieure de cette plage délaminée, se creuse la dépression buccale; en arrière se caractérise le pédoncule, tandis que de chaque côté, dans la région moyenne se forment deux dépressions, ébauches de sacs péribranchiaux qui sont d'origine exodermique, comme chez l'oozoïde et les blastozoïdes primaires des *Pyrosoma*. Les deux dépressions cloacales se transportent en arrière et vers le milieu des bourgeons; leurs bords, qui se regardent, sont assez mal délimités; ils se rapprochent l'un de l'autre et se rejoignent en circonscrivant, comme chez les Ascidies simples et les *Clavellina*, une dépression d'abord à peine sensible, dans laquelle vient s'ouvrir le rudiment de l'intestin. L'anus est à ce moment presque superficiel; mais peu à peu les demi-cercles qui délimitaient extérieurement les deux orifices cloacaux se rap-

---

[1] Cette interprétation est celle d'Uljanine qui ramène le développement des propagules de *Doliolum* au mode normal du développement des bourgeons des Tuniciers. Grobben a admis, au contraire, que les cordons latéraux ventraux fournissent le pharynx et l'intestin; les latéraux dorsaux, les cavités péribranchiales qui naissent tout autrement pourtant chez l'oozoïde; le cordon médian axial donnerait les glandes génitales; le ventral, outre le péricarde, les muscles.

prochent de la ligne médiane pour constituer ensemble un orifice cloacal circulaire unique, conduisant dans une chambre médiane dorsale, le cloaque, où s'ouvrent tout à la fois l'intestin et les deux sacs péribranchiaux. L'orifice cloacal ne tarde pas à se transformer en une fente allongée.

Par les progrès de sa croissance le pharynx a peu à peu entraîné sur sa face ventrale et tout près de son bord œsophagien, la vésicule péricardique. Celle-ci finit par se détacher et constitue une vésicule close dans laquelle le cœur se forme, comme d'ordinaire, par invagination. Le système nerveux se transforme, à son tour, en un tube à parois épaisses, occupant toute la longueur de la ligne médiane dorsale et présentant deux renflements, l'un antérieur, l'autre postérieur. La région amincie se rétrécit en arrière, et se change en un cordon de cellules dévié latéralement et se terminant dans un amas de cellules semblables aux cellules génitales [1].

En raison, sans doute, du développement des glandes génitales, le rudiment du système nerveux parait réduit chez la forme sexuée au renflement antérieur.

Peu à peu les poches cloacales se développent de manière à embrasser toute la face postérieure du pharynx, tandis qu'en avant deux expansions latérales de ce sac viennent à leur rencontre en recouvrant latéralement une partie du tube nerveux. Lorsque les poches cloacales et les sacs péripharyngiens arrivent au contact (fig. 1607, n° 2, p. 2281), il se produit entre les deux ordres de formation une vaste communication constituant la *fente branchiale primitive*. Un peu plus tard, les deux poches cloacales s'étendent sur tout le tube digestif et le cloaque médian, agrandi, divise alors chacune d'elles en une aile supérieure et une aile inférieure. Au contact du cloaque médian et du pharynx, il se forme une fossette en rapport avec des cellules nerveuses sous-jacentes, et qui constituent un organe sensitif. Pendant ce temps, des deux côtés des fentes branchiales primitives qui se sont rétrécies, des fentes nouvelles se sont formées sur la surface de contact des sacs péripharyngiens et du pharynx; ce sont les trémas.

Cependant les cellules libres des régions latérales de la cavité cœlomique du blastozoïde se soudent, de chaque côté, en une bande qui va en droite ligne de l'orifice cloacal à l'orifice pharyngien. Autour de ces orifices, les deux bandes s'élargissent pour les circonscrire, tandis que leur région médiane s'allonge et s'amincit en un long cordon grêle courbé en S, le muscle caractéristique des *Anchinia*. Autour des deux orifices buccal et cloacal les bandes musculaires annulaires se dédoublent; la bande musculaire en S résulte elle-même de l'union de deux bandes musculaires distinctes; de sorte que les *Anchinia* ont, en somme, six bandes musculaires.

De nombreuses cellules éparses, parmi lesquelle les cellules génitales, demeurent longtemps en amas dans la région postérieure du corps. Les cellules génitales n'évoluent que chez la forme sexuée; elles forment trois groupes, dont l'un est constitué par les œufs, le second par des cellules qui se disposent en follicules autour des œufs, le troisième par des cellules indifférentes dont un certain nombre se transforment en ovules, tandis que les autres forment une masse testiculaire. Les cellules

[1] L'évolution de cet organe rappelle singulièrement celle du canal dorsal de Pizon. Les deux formations ne seraient-elles pas identiques, comme semble l'indiquer la formation ultérieure de l'hypophyse aux dépens de la paroi de la vésicule antérieure?

éparses qui n'ont pas été utilisées pour la formation des glandes génitales se réunissent en une masse ventrale et postérieure, surtout développée chez la première forme stérile, et se répandent finalement autour de l'intestin.

Dolchinia et Doliolum. — Dès le premier âge des schizoblastes, les ébauches du système nerveux, des glandes génitales, des muscles du pharynx sont déjà distincts chez les *Dolchinia*, et il en est de même de celle du péricarde chez les *Doliolum*. Dans ces deux genres, il n'y a plus d'invaginations exodermiques latérales, destinées à former les sacs péribranchiaux et le sac cloacal. Celui-ci se forme d'emblée, par une invagination exodermique dorsale médiane, comme chez les BOTRYLLIDÆ et POLYCLINIDÆ (fig. 1607, n° 4; p. 2281). Pendant ce temps, l'ébauche du pharynx s'est creusée de deux cavités chez les *Dolchinia*, d'une seule chez les *Doliolum*. La seconde cavité des *Dolchinia* est celle du péricarde dont les parois s'isoleront bientôt de celles du sac pharyngien. A partir de ce moment, le schizoblaste des *Dolchinia* aura la même constitution que celle présentée d'emblée par le schizoblaste des *Doliolum*.

Dans les deux genres, l'ébauche du sac pharyngien produit un diverticule médian qui deviendra l'intestin, et deux expansions latérales postérieures, d'abord pleines chez les *Dolchinia*, mais qui se transforment aussi en culs-de-sac. Ces sacs latéraux sont les ébauches des cavités péribranchiales. Après leur formation, la poche cloacale produit chez les *Dolchinia* quatre diverticules, deux chez les *Doliolum*. Les diverticules antérieurs des *Dolchinia*, de même que ceux des *Doliolum*, vont au devant de ceux du sac pharyngien, se soudent à eux sur une certaine étendue, et sur toute la surface de soudure, apparaissent des trémas qui la transforment en branchie. L'apparition des trémas est précédée chez les *Dolchinia* de celle des deux fentes branchiales primitives qui mettent le pharynx et le sac cloacal en communication. Dans ce genre les diverticules antérieurs du sac cloacal ne forment d'ailleurs que la branchie ventrale; les deux diverticules postérieurs s'accolent à la paroi dorsale du pharynx; des trémas apparaissent sur les surfaces accolées et caractérisent la branchie dorsale. Plus tard, les diverticules pharyngiens des *Dolchinia* s'élargissent et font partie intégrante du pharynx. Les ébauches génitales des phorozoïdes se résorbent; celle des gamozoïdes se divisent en deux masses inégales dont l'antérieure, plus petite, donne naissance à l'ovaire, l'autre au testicule (*Doliolum*, fig. 1627, p. 2320). Le système nerveux évolue comme celui de l'oozoïde des *Doliolum*.

Développement des Salpes [1]. — *Signification de la génération alternante des Salpes*. — Une Salpe solitaire est un oozoïde qui produit un ascidierme linéaire comme celui des DOLIOLIDÆ, comme l'ascidierme primaire des *Pyrosoma*. Les blastozoïdes de cet ascidierme se dissocient par groupes constituant ce qu'on nomme une *chaîne* de Salpes. Comme chez les BOTRYLLIDÆ, les PYROSOMIDÆ et les DOLIOLIDÆ, l'oozoïde ne conduit pas à maturité les éléments génitaux qu'il produit; ces éléments passent dans le stolon prolifère et sont englobés dans les blastozoïdes en voie de formation. Les blastozoïdes des *Iasis* englobent plusieurs œufs, cinq chez les *I. cordiformis* et *hexagona* (fig. 1629); ceux des autres genres un seul, comme cela

---

[1] W. K. BROOKS, *The genus Salpa*, Memoirs of the biological laboratory of the John Hopkins University, Baltimore, 1893.

a lieu chez les Pyrosomidæ, mais les blastozoïdes des Salpidæ ne bourgeonnent
pas, de sorte que chaque oozoïde ne produit qu'un seul ascidierme multisegmenté,
comme celui des Doliolidæ. L'oozoïde des Salpidæ ne produit pas non plus d'autres
éléments génitaux que ceux qui achèvent leur évolution dans les blastozoïdes et
qui y deviennent, les uns des spermatogemmes, les autres des œufs. On peut donc
considérer l'oozoïde comme l'unique individu sexuel de l'ascidierme; il est hermaphrodite. Les blastozoïdes sont absolument stériles, en ce sens que les éléments
sexués qu'ils contiennent, proviennent tous d'éléments qui leur ont été directement transmis par l'oozoïde (Brooks); ils nourrissent ces éléments sexués pendant que ceux-ci achèvent leur évolution,
mais ils n'en produisent pas; ils se comportent à l'égard des éléments génitaux comme à l'égard des larves, les neutres des
Abeilles et des Fourmis.

Les différences qu'on observe dans la forme extérieure et
l'organisation de l'oozoïde d'une part, des blastozoïdes de l'autre,
résultent, en partie de l'action exercée sur les blastozoïdes par
la présence, dans leur organisme, d'éléments génitaux *dont ils
sont les frères*; en partie du genre de vie différent qui est imposé
à ces deux ordres de zoïdes par les conditions mêmes de leur
développement. Il n'y a dans ces différences rien qui ne soit conforme aux règles ordinaires de la biologie [1].

*Fécondation, formation et modification graduelles du canal de
fécondation et du follicule.* — Les œufs ont déjà atteint un assez
haut degré de développement à l'intérieur des blastozoïdes avant
que les testicules soient mûrs. Il s'en suit que les œufs d'une
chaîne ne peuvent être fécondés que par les spermatozoïdes
d'une autre chaîne. Cette fécondation a lieu avant que les chaînes
soient détachées de l'oozoïde. L'œuf entouré de son follicule
(p. 2246) est placé immédiatement en avant du nucleus, à la
droite de l'œsophage (fig. 1572, *Emb*; p. 2185). Les Salpes composant une chaîne continuent à grandir après que la chaîne a
pris sa liberté; l'œuf que contient chacune d'elles se développe

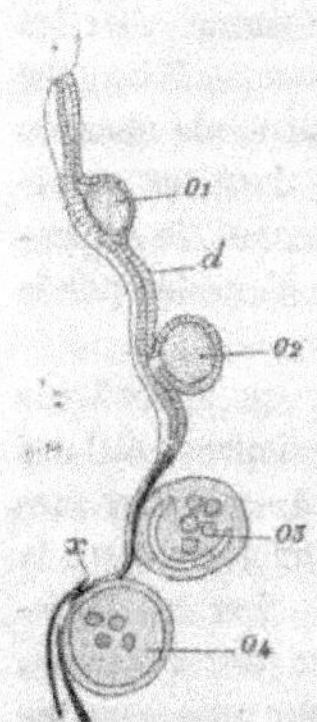

Fig. 1629. — Canal de
fécondation de *Sal-
sis hexagona* portant
quatre œufs ou em-
bryons. — o_1-o_4,
œufs de degrés di-
vers de développe-
ment; *d*, canal de
fécondation; *x*, com-
munication secon-
daire entre la cavité
cloacale et le canal
de fécondation (d'a-
près Brooks).

en même temps, de sorte que c'est sur les plus jeunes chaînes qu'il faut étudier le
développement de l'oozoïde.

Un canal plus ou moins allongé met le follicule en communication avec la

1. Le mode de reproduction des Salpes a été, comme on sait, le point de départ de la
célèbre théorie finaliste des *générations alternantes*, par laquelle Steenstrup avait essayé
de réunir dans une même formule la reproduction des Méduses, celle des Pucerons,
celle des Trématodes, celle des Salpes et à laquelle on avait même essayé de rattacher
celle des Échinodermes et de certaines Annélides. Il résulte de tout ce qui a été exposé
à cet égard dans cet ouvrage, que les prétendus phénomènes de génération alternante ne
sont, comme l'avait indiqué P. J. Van Beneden, que des phénomènes de bourgeonnement,
ou, ce qui revient au même, de *croissance* (de Quatrefages), compliqués de *dissociation
du corps* et d'une *division du travail* entraînant un degré élevé de dimorphisme ou même
de *polymorphisme* entre l'oozoïde et les blastozoïdes. Ce dernier point avait été bien vu
par Leuckart. La *parthénogénèse* peut, comme la *blastogénèse*, servir de point de départ
à ces phénomènes que tous les intermédiaires possibles relient aux cas les plus ordinaires de développement des organismes ramifiés ou segmentés, de bourgeonnement avec
ou sans dissociation du corps, et de reproduction parthénogénétique (p. 43 à 59).

chambre cloacale où il se termine sur la droite, en arrière de l'avant-dernière bande musculaire; sa partie terminale se dilate graduellement en entonnoir; cette partie terminale, fort longue chez les *Salpa bicaudata*, s'ouvre entre deux lèvres saillantes dites *replis incubateurs*. Le canal qui conduit dans la cavité du follicule sert uniquement à l'entrée des spermatozoïdes; il convient donc de le désigner, non pas sous le nom d'*oviducte*, mais sous celui de *canal de fécondation*. Chez les *Iasis*, les œufs sont disposés par rang d'âge, dans des diverticules d'un seul et même canal (fig. 1629, O_1, O_2, O_3, O_4). Après la fécondation, la lumière du canal se rétrécit d'abord et les cellules qui la circonscrivent arrivent à se disposer en une seule file; les parties de ce cordon cellulaire qui sont, chez les *Iasis*, intercalées entre les œufs, ne tardent pas à disparaître, de sorte que les œufs sont ainsi isolés les uns des autres; mais chaque follicule s'ouvre bientôt isolément par un nouveau canal (x) dans la cavité cloacale. Dans les autres formes, le cordon cellulaire se raccourcit; ses cellules chevauchent les unes sur les autres de manière à se disposer sur plusieurs rangs; en même temps, elles s'écartent de l'axe, de sorte que le cordon se transforme de nouveau en un canal qui se raccourcit de plus en plus. L'œuf et son follicule arrivent ainsi tout près du pavillon et de la chambre cloacale. La pénétration du spermatozoïde et la formation du pronucléus mâle se produisent entre l'émission du premier corpuscule de rebut et celle du second.

Premières phases de la segmentation; transformations simultanées du follicule. — La segmentation est totale, égale encore au stade 4 chez la *Thalia mucronata*, déjà inégale à ce stade chez les *Cyclosalpa pinnata* et *Salpa punctata*. Au stade 8, les blastomères sont symétriquement rangés par rapport au plan qui passait par les deux pronucléus mâle et femelle. Au stade 16, les blastomères sont encore en contact les uns avec les autres (fig. 1630, n° 2). A mesure que le canal de fécondation se raccourcit, des cellules (*s*) se détachent de sa paroi et de celle du follicule, viennent se superposer aux blastomères et rendent très difficile une observation rigoureuse des détails de la segmentation. Ces éléments folliculaires (*cellules lécithiques*, de Todaro), correspondant aux cellules de la *testa* ou kalymmocytes des autres Tuniciers, finissent par envelopper complètement l'embryon, par rapport auquel elles auront à jouer, en se multipliant, un rôle des plus importants.

Cependant l'épaississement épithélial de la cavité respiratoire qui entourait l'orifice de l'oviducte, se renfle de manière à faire de plus en plus saillie dans la cavité cloacale. Cette région renflée est la première indication de la capsule épithéliale dans laquelle l'embryon accomplira les premières phases de son développement. Le canal de fécondation continue à se raccourcir, et prend peu à peu la forme d'un cône court dont la pointe correspond à son orifice primitif et dont la base va en s'élargissant à mesure que l'axe se raccourcit. Par suite de l'élargissement de cette base, le follicule proprement dit, sur l'orifice duquel elle repose, prend lui-même d'abord la forme d'une coupe, puis celle d'une plaque cellulaire qui est, chez la *Thalia mucronata*, le premier rudiment du placenta. En même temps que les blastomères se multiplient lentement (fig. 1630, n° 2, *b*), les cellules du follicule (*s*) se multiplient activement, et non seulement les enveloppent mais viennent se mêler à eux (n° 3). Suivant le degré relatif d'activité de ces deux phénomènes simultanés, le développement de l'oozoïde peut prendre d'une espèce à l'autre des aspects divers. Mais le type du développpement demeure le même; il a été surtout complètement étudié chez la *Cyclosalpa pinnata*.

Avant la fécondation, l'œuf (*Iasis hexagona*, *Cyclosalpa pinnata*) occupe toute la cavité du follicule; mais aussitôt que la segmentation commence, il se produit un vide latéral entre une partie de la paroi de l'œuf et celle du follicule (fig. 1630, n° 1, *cf*). Les cellules de la moitié de la paroi folliculaire qui demeurent en contact avec l'œuf gardent leur caractère primitif et toute la netteté de leurs contours, celles de

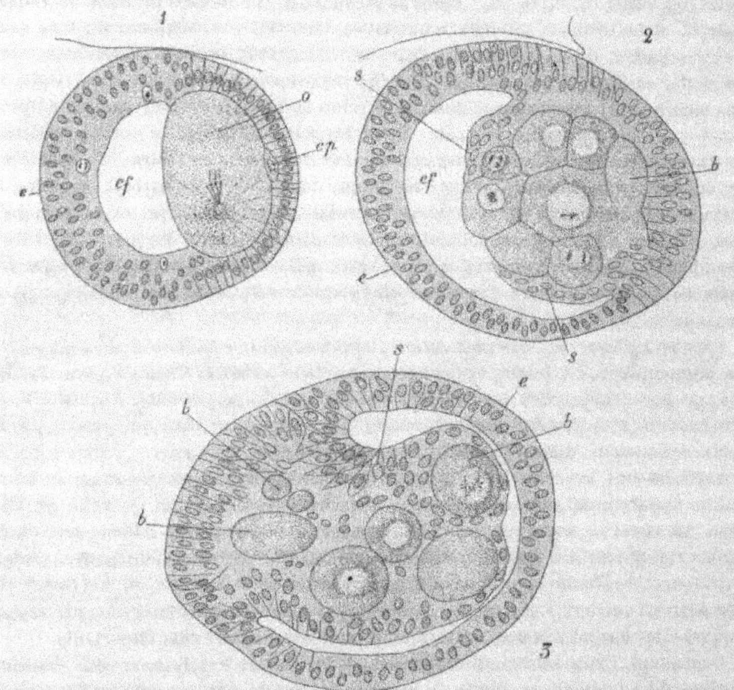

Fig. 1630. — Premiers stades du développement de l'œuf de la *Iasis hexagona*. — 1. OEuf fécondé, avant la segmentation; — 2, OEuf au stade, à blastomères encore contigus; — 3, OEuf plus avancé dont les blastomères ont été séparés par l'intercalation entre eux des kalymmocytes — *cf*, cavité primaire du follicule; *e*, couche somatique du follicule; *s*, masse viscérale du follicule; *b*, blastomères; *cp*, corpuscules polaires (d'après Brooks).

la région qui s'est isolée (*e*) deviennent au contraire mal limitées et se multiplient rapidement par karyokinèse, de sorte que cette région devient beaucoup plus épaisse que l'autre (n° 1). Bientôt, au contact des deux régions, les cellules folliculaires glissent à la surface des blastomères déjà formés (n° 2, *s*), et finissent par les recouvrir entièrement. En même temps, les cellules de la région contre laquelle l'œuf était accolé, émigrent radialement vers l'intérieur de l'œuf et pénètrent entre les blastomères qu'elles séparent. Il se forme ainsi une protubérance (n° 3) constituée par des blastomères (*b*) épars au sein d'une masse de cellules de follicule (*s*) dite *masse viscérale*, qui finit par envahir toute la cavité du follicule ; ce dernier demeure circonscrit par une couche de cellules folliculaires dite *couche somatique (e)*.

Formation de l'ébauche de l'oozoïde par les cellules folliculaires. — Tandis que les cellules de la couche somatique commencent à se diviser lentement par karyokinèse, les cellules de la masse viscérale se multiplient activement par division directe du noyau ; leurs limites s'effacent entièrement ; les noyaux eux-mêmes subissent au voisinage des blastomères un commencement de dégénérescence, puis pénètrent dans ces derniers, à la nutrition desquels ils sont employés ; ils semblent contribuer surtout à l'accroissement de la quantité de chromatine que contient leur noyau. Les blastomères se multiplient en même temps ; ils sont d'abord facilement reconnaissables parmi les cellules folliculaires, à leur taille plus grande ; mais même lorsque leurs noyaux sont tombés à la taille des noyaux folliculaires, ils

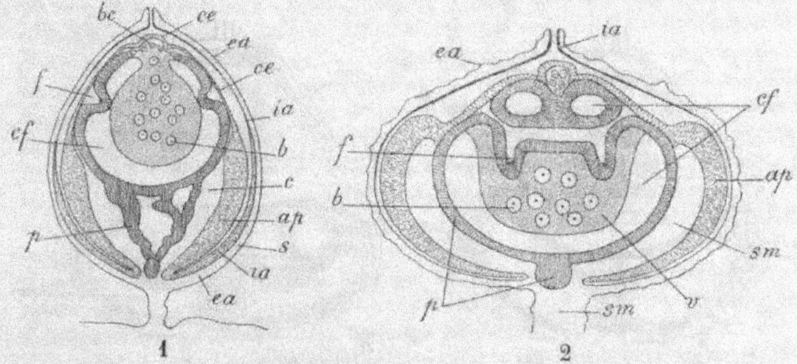

Fig. 1631. — Sections verticales de jeunes embryons de *Cyclosalpa pinnata*, à deux stades successifs de développement. — 1. Embryon à l'époque de la première apparition des ébauches des tubes péribranchiaux. — 2. Les ébauches des cavités péribranchiales s'ouvrent encore dans le follicule, mais se sont réunies sur la ligne médiane et ont produit deux diverticules inférieurs. — *ea*, feuillet externe de l'amnios ; *ce*, capsule épithéliale ; *be*, blastomères entodermiques ; *ia*, feuillet interne de l'amnios ; *c*, cavité entre les deux plis du sac embryonnaire ; *ap*, anneau de support du placenta ; *p*, portion placentaire du follicule ; *cf*, cavité du follicule ou cavité générale de l'embryon ; *f*, orifice des sacs péribranchiaux (d'après Brooks).

se distinguent encore à leurs gros nucléoles et à leur réseau chromatique, tandis que les noyaux folliculaires, arrangés par paires, sont transparents et vésiculaires. Dans leur développement rapide, *les éléments folliculaires se disposent de façon à reproduire les traits essentiels de l'organisation de l'embryon*, et emprisonnent, en des places déterminées, les blastomères encore non différenciés les uns des autres. Ceux-ci ayant atteint leur place définitive, commencent alors à se diviser rapidement, absorbent, pour s'en nourrir, les cellules folliculaires, et se substituant au canevas formé par ces dernières, finissent par produire les tissus et les organes du jeune animal [1].

La période où la masse folliculaire viscérale et la couche somatique sont en con-

---

[1] Ce singulier phénomène de tachygénèse avait conduit Salensky à penser que l'embryon était produit par un *bourgeonnement folliculaire* et que les blastomères étaient résorbés.

tact dure peu ; elles s'écartent de nouveau, laissant ainsi apparaître la cavité générale qui persistera désormais (fig. 1631, *cf*). Presque en même temps, latéralement se
forment deux invaginations symétriques de la couche somatique (fig. 1631, n° 1, *f*)
qui sont les rudiments des tubes péribranchiaux. Ces tubes s'allongent, se rejoignent
à travers la masse folliculaire viscérale, se fusionnent sur la ligne médiane pour
former le cloaque (fig. 1631, n° 2, *f*); c'est seulement quand cette fusion s'est
accomplie que se ferment les orifices latéraux au moyen desquels chacun d'eux
s'ouvrait dans la cavité de la capsule épithéliale.

Après cette fermeture, chaque tube péribranchial continue à s'allonger au-dessus
et au-dessous de la cavité cloacale, de manière que l'ensemble des cavités péribranchiale et cloacale a la forme d'une H ; mais les branches inférieures de l'H

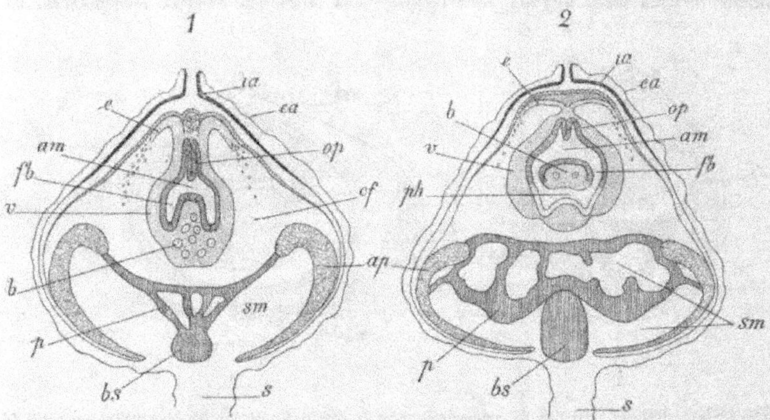

Fig. 1632. — Coupes verticales de stades plus avancés de l'embryon de la *Cyclosalpa pinnata*. — N° 1, les
poches péribranchiales sont réunies sur la ligne médiane pour constituer la cavité cloacale *am*, et ont
produit les diverticules *fb*, qui contribueront à former les fentes branchiales ; en haut elles se sont rapprochées et ne sont plus séparées que par la cloison *op*; la couche somatique *e* est en voie de dégénérescence et ses cellules deviennent libres ; — N° 2, la cavité pharyngienne *ph* s'est constituée et les
diverticules *fb* se sont ouverts dans son intérieur formant ainsi les fentes branchiales; *bs*, bourgeon sanguin.
Les autres lettres comme dans les figures précédentes (d'après Brooks).

plongent dans la masse viscérale où elles se terminent en cæcum, en demeurant
écartées, tandis que les branches supérieures se rapprochent l'une de l'autre jusqu'au voisinage de la ligne médiane, tout en demeurant distinctes (fig. 1632, n° 1,
fb, am, op). Bientôt, dans la partie solide de la masse viscérale située au-dessous
des deux culs-de-sac terminaux des tubes péribranchiaux, apparaît une cavité, c'est
la cavité pharyngienne (fig. 1632, n° 2, *ph*) qui se met finalement en communication avec les deux tubes péribranchiaux en s'ouvrant dans leurs cæcums; les
deux ouvertures ainsi constituées sont les fentes branchiales (fig. 1632, n° 2, *fb*),
et la bande de substance (*b*) qui persiste entre la cavité cloacale et la cavité pharyngienne représente l'ébauche du tube épibranchial ou branchie des auteurs anciens
(p. 2212). La formation de la cavité pharyngienne et celle des fentes branchiales
sont dues à la dégénérescence des cellules folliculaires correspondantes. Ces cel-

lules s'écartent les unes des autres, deviennent amiboïdes et demeurent assez longtemps flottantes dans la cavité avant de disparaître.

Substitution des éléments issus des blastomères aux éléments folliculaires. — A partir
de ce moment, les blastomères rentrent en scène et remplacent peu à peu la trame
constituée par les cellules folliculaires. Jusqu'ici ils n'ont fait que se multiplier en
se rapetissant; ils sont disséminés dans la masse folliculaire viscérale sous la
région des tubes péribranchiaux et du cloaque. Lorsque se forme la cavité pharyngienne, ils se placent entre les cellules folliculaires viscérales et les cellules
somatiques en dégénérescence, de telle sorte que l'épithélium pharyngien se complète peu à peu; en même temps, à travers les fentes branchiales, d'autres blastomères émigrent au-dessous des cellules somatiques, se multiplient et forment aux
fentes branchiales un épithélium continu.

L'œsophage, l'estomac et l'intestin ont pour ébauche un diverticule de la paroi
postérieure du pharynx un peu à droite de la ligne médiane, après sa constitution
définitive. Lorsque l'épithélium définitif de la branchie est lui-même constitué,
l'intestin pénètre au-dessus de lui, en se dirigeant en avant et ne s'ouvre que tardivement dans le cloaque. A une période très précoce, une invagination stomodéale
de l'exoderme se dirige vers une évagination correspondante du pharynx, mais ces
deux amorces ne s'ouvrent que tardivement l'une dans l'autre pour constituer la
bouche au devant de laquelle la tunique passe longtemps d'ailleurs, sans s'ouvrir.
La branchie (fig. 1632, n° 2, *b*) est d'abord pleine et formée de cellules du follicule
entremêlées de blastomères. Ces derniers, en se multipliant, couvrent d'abord sa
face inférieure d'épithélium définitif; ses parois latérales sont seulement revêtues
plus tard d'un épithélium de ce genre, et sa surface supérieure seulement quand
l'embryon a déjà acquis presque tous ses organes. La cavité interne ne commence
à se former que lorsque l'intestin a pénétré au-dessus de la branchie (p. 2214).

La cavité cloacale (*am*) est d'abord limitée par des cellules folliculaires somatiques;
quelques-unes de ces cellules se détachent de très bonne heure de ses parois, et, le
processus se poursuivant, sa cavité finit par être presque oblitérée; mais un épithélium blastodermique remplace bientôt l'épithélium primitif: les cellules dégénérées
disparaissent alors, pendant que la cavité cloacale s'agrandit rapidement. Lorsque
l'épithélium blastodermique cloacal s'est complété, dans la région où doit se former
l'orifice afférent, il se forme un repli concave, annulaire, de l'exoderme. Des cellules
folliculaires s'accumulent à l'intérieur de l'anneau, soulevant en un tubercule saillant la plage exodermique qu'il circonscrit; ces cellules deviennent bientôt vacuolaires et disparaissent, ainsi que la calotte exodermique qui les recouvrait. Les
bords de l'anneau se replient alors en dedans et vont se souder à l'épithélium
cloacal, qui disparaît à l'intérieur du cercle de soudure, laissant désormais la
cavité cloacale en libre communication avec l'extérieur. L'orifice cloacal est d'abord
situé à peu près au pôle supérieur de l'embryon, vers le milieu de la face dorsale;
peu à peu, la bouche demeurant à la place qu'elle a prise d'emblée, l'orifice cloacal
se déplace vers l'extrémité postérieure du corps, qu'il finit par atteindre.

Dès le début des phénomènes de développement que nous venons de décrire, la
masse viscérale et la couche somatique de cellules folliculaires étaient en continuité sur une certaine étendue, correspondant au milieu de la face dorsale de l'embryon. Dans cette région commune, un certain nombre de blastomères arrivent à

s'insinuer entre le follicule et la capsule épithéliale, le long de la ligne médiane dorsale (fig. 1631, n° 1, *ce*); ils sont l'origine de l'exoderme. La capsule épithéliale ne tarde pas à se replier autour d'eux, et ils forment alors le long de la ligne médiane dorsale un demi-cylindre saillant (n° 2) que le développement des tubes péribranchiaux et de leurs dérivés finit par séparer des blastomères de la masse viscérale, sauf en avant et en arrière de la cavité cloacale. Plus tard les blastomères

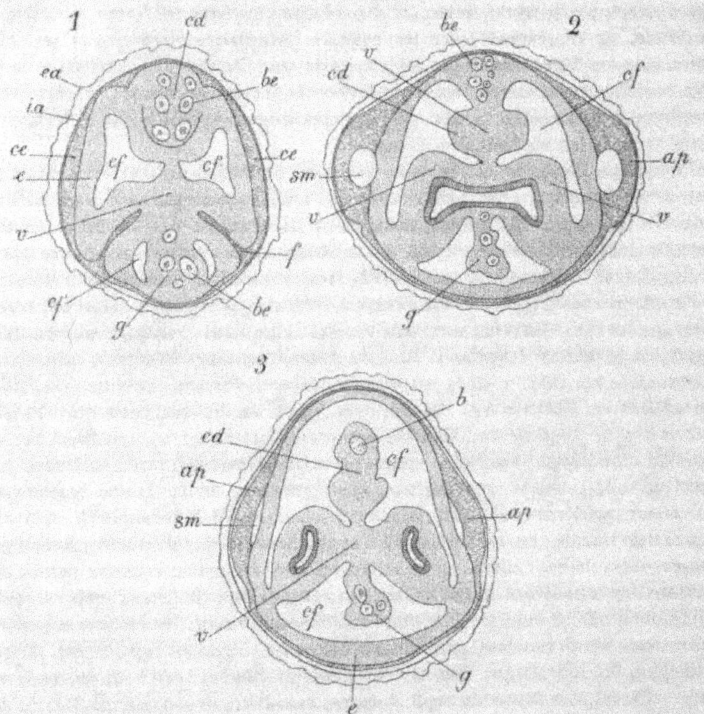

Fig. 1633. — Coupes horizontales à des niveaux successifs de l'embryon représenté fig. 1629, N° 2. La coupe n° 1 passe au niveau de l'orifice des tubes péribranchiaux; la coupe n° 2, au niveau du sac cloacal; la coupe n° 3 intéresse les diverticules qui aboutiront aux fentes branchiales. — Mêmes lettres que dans les figures précédentes; en outre : *cd*, rudiment de la corde, du ganglion nerveux; *e*, ébauche viscérale (d'après Brooks).

émigreront, à partir de cette saillie dorsale, sur les côtés de l'embryon, qu'ils recouvriront d'une plaque exodermique rappelant celle des œufs à segmentation discoïde; cette plaque finira par recouvrir tout l'embryon; à partir de ce moment la tunique apparaît à sa surface.

A mesure que l'embryon grandit et que la cavité générale (*cf*) devient plus spacieuse, la masse viscérale, d'abord sphéroïdale, se creuse de sillons méridiens qui la divisent en deux lames verticales, se croisant à angle droit. Dans les coupes horizontales, elle apparaît alors sous la forme d'une croix (fig. 1633) dont le plus grand bras correspond à la région médiane et postérieure de l'embryon ; les petits bras sont en continuité avec la couche somatique sur le pourtour de l'orifice des tubes péribranchiaux. Le bras médian antérieur de la croix (*g*) est le rudiment du ganglion nerveux ; il est continu au niveau des orifices péribranchiaux (n° 1, *f*) avec la couche somatique, et dans cette région ses blastomères font suite à ceux de la ligne médiane dorsale. Le grand bras médian de la croix *cd* présente deux régions renflées, séparées par deux enfoncements latéraux verticaux ; le renflement postérieur représente le système nerveux rudimentaire de la région caudale de l'embryon et ses blastomères se relient aussi à ceux de la ligne dorsale ; le renflement antérieur de ce même bras est le rudiment de l'éléoblaste. C'est dans la région de croisement des bras de la croix que se creuse la cavité pharyngienne.

Le rudiment du système nerveux caudal commence de bonne heure à dégénérer, par la région où il est en continuité avec la série dorsale de blastomères ; il est probable que les blastomères qu'il contient disparaissent avec lui. Le développement et la structure de l'*éléoblaste* dans la *S. cordiformis* ne peut laisser aucun doute qu'il représente, à l'état dégénéré, la queue du têtard ordinaire des Ascidies. On reconnaît, en effet, dans une coupe de cet organe : 1° la tunique ; 2° une assise de cellules exodermiques aplaties ; 3° un espace annulaire, dépendance de la cavité générale, contenant des corpuscules sanguins, et des éléments folliculaires migrateurs ; 4° une masse centrale de cellules subconiques, radialement disposées, identiques aux cellules ordinaires de la corde, ayant toutes leur protoplasme et leur noyau à la périphérie de la masse ; 5° une petite masse axiale de protoplasme avec des noyaux épars. Comme chez les *Doliolum*, cette queue persiste longtemps, conserve les mêmes connexions que la queue du têtard (fig. 1634, n° 1, *ch* ; n° 2, *el*) et il peut en subsister des vestiges, même à l'état adulte. Mais la tachygénèse provoque une désorganisation de plus en plus précoce de cet organe transitoire, devenu inutile, et déjà chez la *C. pinnata*, bien qu'il atteigne encore d'assez grandes dimensions, son organisation primitive demeure en tous temps méconnaissable. La tachygénèse va, chez cette espèce, jusqu'à empêcher les blastomères de se substituer à l'ébauche folliculaire de la corde ; ils sont résorbés soit en même temps qu'elle, soit auparavant.

Les blastomères du *ganglion nerveux* sont disséminés dans toute l'étendue d'une bande folliculaire qui s'étend de la saillie médiane dorsale d'où dérive l'exoderme et où ils sont extrafolliculaires jusqu'au pharynx. Tandis que du côté dorsal le ganglion tend à s'isoler de la couche somatique, une cavité apparaît à l'intérieur de la bande folliculaire qui lui sert d'ébauche, à peu près au moment même où se creuse la cavité pharyngienne dont la région stomodéale rétrécie se trouve placée immédiatement au-dessous de l'ébauche ganglionnaire. La cavité de celle-ci, celle de l'ébauche stomodéale entrent en communication, tandis que la cavité stomodéale, en s'élargissant, cesse de former une région distincte de la cavité pharyngienne. Au moment où la cavité du système nerveux vient d'être oblitérée et où les cellules centrales du ganglion dégénèrent pour former la substance centrale, des cellules ganglionnaires émergent de la surface dorsale du ganglion pour constituer la *saillie optique* qui prend d'emblée sa forme en fer à cheval. Cette saillie suit la croissance du ganglion, et ses cellules internes subissent les mêmes transformations que les cellules externes de ce dernier. Plus tard les cellules ganglionnaires superficielles de la saillie optique s'allongent, deviennent cylindriques, tandis que les cellules sous-jacentes, trois fois plus nombreuses, gardent leur caractère de cellules ganglionnaires; le tiers interne de ces cellules ne se modifie pas et forme les cellules intermédiaires; les deux tiers externes se remplissent de pigment, et, un peu après, l'épaississement pariétal apparaît dans la région interne des cellules superficielles qui ont ainsi revêtu tous les traits des cellules en bâtonnet. Ces cellules, d'abord tout à fait dorsales et verticales, sont transportées sur la face interne du fer à cheval

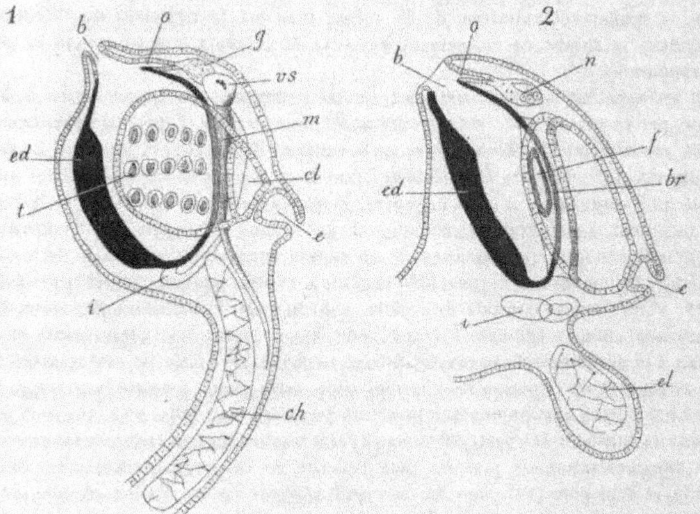

Fig. 1634. — Figures comparatives établissant l'analogie de développement des Salpes et des Didemniens. — 1, Schéma d'une larve de Didemnien; 2, schéma d'un jeune oozoïde de Salpe; dans les deux figures la position des orifices a été un peu modifiée de manière à rendre la comparaison plus frappante; le trait noir indique les parties d'origine entodermique; le double trait les parties d'origine exodermique; — *b*, bouche; *o*, orifice de la glande hyponeurale; *n*, ganglion nerveux; *f*, fente branchiale de la Salpe qui envahissent toute la paroi branchiale et la font disparaître sauf l'endostyle et le tube épibranchial, *br*, mais correspondant aux trémas *t* de l'Ascidie; *cl*, cavité cloacale; *e*, orifice efférent; *el*, éléoblaste de la Salpe correspondant à la queue *ch*, de l'Ascidie; *i*, intestin; *vs*, vésicule sensorielle; *m*, moelle; *ed*, endostyle (d'après Salensky).

optique par la croissance rapide de la face postérieure de celui-ci; elles deviennent, par cela même, horizontales.

La première trace de l'ébauche péricardique se montre immédiatement à la racine du grand bras ou bras postérieur de la croix qui représente la masse viscérale. Entre l'ébauche du pharynx et celle de la notocorde, cette région se creuse d'une cavité et se transforme en une grande vésicule qui court verticalement le long du pharynx. Sur sa face regardant le pharynx, une gouttière dont les bords se rapprochent et finissent par se confondre, d'abord dans la région médiane, constitue comme d'habitude le cœur, qui demeure ouvert à ses deux extrémités; il enferme alors les cellules folliculaires qui le séparaient du pharynx; ces cellules deviennent vacuolaires et disparaissent. Plus tard le pharynx, en grandissant, repousse au-dessous de lui le cœur qui finit par ne plus occuper que son extrémité postérieure.

Le *mésoderme* paraît dériver des blastomères entodermiques du pharynx; il est représenté, dans les premières phases où il a été aperçu, par un revêtement épithélial des cellules folliculaires viscérales et par des cellules amiboïdes de la cavité générale. Les bandes musculaires sont produites par des cellules du mésenchyme qui se disposent à la surface externe de la paroi pharyngienne en une plaque musculaire sur laquelle se distinguent de bonne heure des zones épaisses et des zones minces transversales (Salensky). Suivant ces dernières se forment des déchirures qui séparent les bandes les unes des autres, en commençant par la face dorsale. Les bandes épaisses présentent une cavité temporaire qui a été comparée à celle des myotomes de l'*Amphioxus*.

Si l'on fait abstraction de l'intervention dans le développement des cellules folliculaires, le développement de l'oozoïde des Salpes est, en somme, de tous points comparable à celui d'une Ascidie composée quelconque, comme cela résultera clairement de l'examen de la figure 1634 qui indique l'origine et la disposition des parties essentielles à l'oozoïde.

Élimination des éléments folliculaires de l'ébauche. — Pendant qu'au moyen des éléments issus de la division des blastomères, s'édifie le corps de l'embryon ébauché d'abord par la prolifération des cellules folliculaires, cette ébauche est éliminée; mais son élimination s'accomplit d'une façon différente suivant que l'on considère la masse viscérale ou la couche somatique. Cette dernière se divise elle-même en trois régions : 1° une calotte supérieure recouverte par la capsule épithéliale; 2° l'enveloppe des tubes péribranchiaux ; 3° une calotte inférieure baignée par l'hémolymphe du blastozoïde. Les éléments de la calotte inférieure (fig. 1632, *p*) persistent pour prendre part à la constitution du placenta (p. 2338); au contraire, ceux de la calotte supérieure commencent à se dissocier (fig. 1632, n°s 1 et 2, *e*) dès que la plaque exodermique, médiane, dorsale (n° 2) se différencie. A peine cette plaque qui doit finalement circonscrire l'embryon tout entier, a-t-elle commencé à s'étendre en s'appliquant contre la paroi interne de la capsule épithéliale que les cellules de la calotte supérieure de la couche somatique du follicule perdent leur contour, s'épaississent, deviennent amiboïdes et sont peu à peu séparées par une substance interstitielle, gélatineuse, transparente qui donne à la région ainsi transformée un aspect cartilagineux. La dégénérescence gagne peu à peu vers le pôle inférieur de la calotte, tandis que les éléments finissent par se dissocier tout à fait. Ils ne cessent pas, pour cela, de se multiplier rapidement par une division directe de leur noyau, tangentielle à la surface de la calotte; une des cellules filles reste encore quelque temps en place, l'autre devient amiboïde et tombe dans la cavité générale. Les cellules folliculaires somatiques se séparent ainsi dans toutes les parties du corps et sont bientôt résorbées. Ce travail est déjà terminé au moment où la cavité pharyngienne fait son apparition dans la masse viscérale.

L'ébauche folliculaire des tubes péribranchiaux commence à se dissocier et ses éléments acquièrent déjà des contours amiboïdes avant que les fentes branchiales aient apparu. Il a été indiqué p. 2333 qu'ils remplissent de bonne heure la cavité cloacale.

La désintégration de la masse viscérale se produit au moment où apparait la cavité pharyngienne. Après que l'épithélium blastodermique de cette cavité s'est constitué, une partie des cellules folliculaires continue à former pendant un certain temps encore, un revêtement extérieur à ces parties, comme cela a lieu pour les fentes branchiales; mais toutes les cellules finissent par disparaitre les unes en se vacuolisant sur place, les autres en se détachant et en devenant amiboïdes. Pendant que ces cellules migratrices, généralement à deux noyaux, se vacuolisent, à leur surface viennent s'attacher de petites cellules mésodermiques qui les enveloppent d'un réseau fibreux et se comportent à leur égard comme des phagocytes. Ce réseau persiste après leur disparition, et finit par constituer dans la cavité générale un réticulum conjonctif.

Amnios et placenta. — Les jeunes Salpes sont le plus souvent protégées dans les premiers temps de leur développement, par une enveloppe spéciale dite *amnios* (fig. 1631, 1632, 1633, *ea*, *ia*); elles demeurent en rapport de nutrition avec le blastozoïde qui les porte par l'intermédiaire d'un organe spécial de nutrition auquel il a déjà été fait allusion, le *placenta* (*p*).

A mesure que l'embryon grossit, il refoule devant lui la paroi de la cavité cloacale du blastozoïde qui le porte et qui s'est d'abord quelque peu épaissie au-dessus de lui, tout autour de la place occupée par l'orifice du pavillon. Cette région épaissie peut dériver entièrement du pavillon lui-même et par conséquent du follicule de l'œuf; c'est, en tout cas, une région où les cellules se multiplient pour permettre à la paroi de la cavité cloacale de suivre le développement de l'embryon et de former finalement autour de lui une mince enveloppe continue, la *capsule épithéliale*. Cette capsule se replie autour de l'embryon et se pédiculise, de manière que l'embryon semble suspendu dans la cavité cloacale, mais son pédoncule demeurant creux (fig. 1631 et 1632, *s*), l'hémolymphe du blastozoïde vient toujours baigner une certaine surface du follicule qui enveloppe l'embryon, surface qui après avoir subi les modifications décrites plus bas constitue le *placenta*. Le pédoncule est lui-même conique; comme dans sa cavité se développe la plus grande partie du placenta, on peut donner à cette cavité le nom de *chambre placentaire*. Bientôt l'épaisseur des parois de cette chambre augmente, par suite de l'élongation des cellules qui la composent, et qui d'aplaties deviennent cylindriques. Cette paroi épaissie est l'*anneau de support* du placenta (*ap*). Au-dessous d'elle le pédoncule très resserré forme une sorte de col qui se rompt lorsque l'embryon achève son développement, de sorte qu'en devenant libre celui-ci emporte avec lui tout le placenta (fig. 1624, *Pl*; p. 2311). Les choses peuvent en rester là et la capsule épithéliale se dissociant assez vite, sauf dans la région de l'anneau de support, l'embryon est exposé directement au contact de l'eau contenue dans la cavité cloacale; il est *nu* (*Pegea, Thalia* ou SALPÆ GYMNOGONÆ, Salensky). Mais le plus souvent, autour de la base du col du placenta, apparait un repli circulaire qui peut demeurer très réduit (*Iasis hexagona*), ou au contraire grandir autour de l'embryon de manière à former un sac qui l'enveloppe complètement et ne présente à son sommet qu'une ouverture ou une fente de faible dimension (SALPÆ THECOGONÆ). C'est le sac désigné sous le nom d'*amnios* (fig. 1631 et 1632, *ea*, *ia*). Entre les deux replis qui forment la paroi de l'amnios pénètre l'hémolymphe du blastozoïde; la cavité même du sac, simple dépendance de la cavité cloacale du blastozoïde, est la *chambre amniotique*.

L'amnios se forme de très bonne heure; il est complet alors que l'embryon est encore très petit et n'en suit pas la croissance. Aussi la jeune Salpe fait-elle bientôt hernie par l'orifice amniotique et, débarrassée également de sa capsule épithéliale, vient-elle s'exposer à nu dans la chambre cloacale, au contact de l'eau de mer. Le placenta lui-même arrive finalement à se dégager de l'amnios, qui ne tarde pas à se résorber.

Le placenta se constitue essentiellement aux dépens de la calotte inférieure du follicule, celle qui demeure baignée par l'hémolymphe du blastozoïde. Cette calotte s'épaissit; dans son épaisseur, les cellules se superposent en plusieurs assises, et elle finit par former une protubérance (fig. 1632, *bs*), dite *bourgeon hématique*, très irrégulièrement contournée et plissée (*Iasis hexagona*), contenue dans la chambre *sm* que forme à ce moment l'anneau placentaire, *ap*. Sur le pourtour de son cercle de contact avec cet anneau, la portion épaissie du follicule s'accroît elle-même annulairement vers le bas, de manière à doubler l'anneau placentaire, de sorte que l'ensemble de la portion placentaire du follicule prend l'aspect d'une cloche munie de son battant. Toutes ces parties continuant à croître, remplissent la chambre placentaire de leurs circonvolutions, dans les interstices desquelles l'hémolymphe du blastozoïde est retenue. En même temps, à partir du sommet du bourgeon hématique, se développe une cloison de tunicine qui va s'attacher à la paroi du cloaque du blastozoïde et qui divise le col du placenta en une région antérieure et une région postérieure, communiquant entre elles par les interstices des circonvolutions du bourgeon. Le cours du sang se trouve ainsi régularisé. C'est le bourgeon lui-même qui constitue cette cloison chez la *Cyclosalpa pinnata*; il se transforme, en effet, dans cette espèce, en un système de trabécules dont les lacunes (fig. 1631, n° 2, *sm*) communiquent avec les deux chambres du col, séparées par une membrane qui résulte de la fusion de ces trabécules. Un tel placenta est surtout disposé pour favoriser la nutrition des cellules folliculaires, et ce sont effectivement ces cellules, devenues libres et migratrices, qui servent à l'alimentation de l'embryon.

Chez la *Iasis hexagona*, l'anneau placentaire, au moment de la naissance, n'a d'autre rôle que de fixer en place l'embryon et le placenta et de maintenir béants les sinus dans lesquels circule l'hémolymphe du blastozoïde. Chez la *Cyclosalpa pinnata* l'anneau placentaire se replie en dedans vers le plafond du placenta auquel il vient se souder, en rompant, au contraire, sa continuité primitive avec la capsule épithéliale. Ses cellules se multiplient alors rapidement par division directe. Au bord supérieur de l'anneau de support, les cellules se séparent les unes des autres et sont entraînées par le courant circulatoire, il est probable qu'elles servent à la nutrition des grandes cellules que présentent alors diverses parties du placenta.

Bourgeonnement des Salpes. — *Mode de constitution du stolon génital.* — Le stolon prolifère des Salpes apparaît chez l'embryon; il est déjà transformé en un rudiment de chaine avant la mise en liberté de celui-ci (fig. 1624, *Stp*; p. 2311). C'est un diverticule conique de la chambre péribranchiale qui se constitue sur la ligne médiane ventrale, dans l'espace limité par les deux replis endostylaires, entre l'endostyle et l'orifice œsophagien. Ce diverticule est d'abord dirigé en avant; il creuse dans la tunique une cavité qui finit par s'ouvrir au dehors, de sorte que l'extrémité du stolon qui continue à croître flotte alors librement dans l'eau ambiante. Cette cavité est ventrale et se dirige en droite ligne, d'arrière en avant, chez les *Cyclosalpa pinnata, C. Chamissonis, S. cylindrica, Salpa affinis* et *dolichosoma*. Chez l'*Iasis Thilesii*, elle se dirige d'abord en avant, puis se recourbe à gauche et contourne le nucleus, en arrière duquel elle s'ouvre; chez la *Thalia democratica-mucronata* (fig. 1571, *Stp*; p. 2185 et fig. 1635), l'*Iasis zonaria* et la *Pegea scutigera-confœderata*, elle décrit un tour de spire autour du nucleus. Les futurs ascidiozoïdes ne sont d'abord différenciés que par la formation de constrictions du stolon, alternativement inclinées en sens inverse par rapport à son axe; mais, au lieu de demeurer sur un seul rang, comme ceux des Pyrosomes, ils éprouvent des changements de position qui les amènent à former des chaînes bisériées ou des couronnes (*Cyclosalpa*). Chez les formes voisines de la *Cyclosalpa pinnata*, le développement des blastozoïdes est progressif et graduel de l'origine à l'extrémité libre de la chaîne; dans les autres espèces, la chaîne se divise en trois ou quatre sections (fig. 1638, I, II, III, p. 2343) dans chacune desquelles les divers blastozoïdes ont à peu près le même degré de développement, et l'on passe brusquement d'un degré à l'autre. Chaque section contient chez la *Thalia mucronata* de

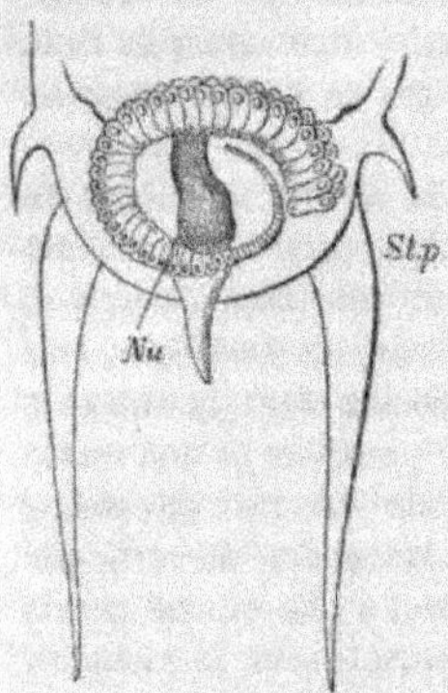

Fig. 1635. — Jeune chaîne de blastozoïdes encore contenue dans la tunique de l'oozoïde chez la *Thalia democratica-mucronata. Nu*, nucleus entouré par la jeune chaîne ou stolon (d'après Grobber).

quarante à soixante-cinq individus; chez la *S. cylindrica*, deux cents à deux cent cinquante.

Au moment de sa formation, le stolon est constitué par un simple repli entodermique (fig. 1636, *en, te*), dans une concavité postérieure duquel est logé un amas sphéroïdal de cellules qu'on peut appeler la *masse génitale (g)*; cet amas est, en effet, l'origine d'un cordon aux dépens duquel se formeront tous les éléments génitaux, aussi bien les œufs destinés à se développer dans les blastozoïdes que les éléments spermatiques de ceux-ci. L'origine de cette masse génitale est encore obscure; il n'est pas invraisemblable qu'elle provienne de la division d'un blastomère unique qui s'isole de bonne heure de ceux qui doivent constituer le

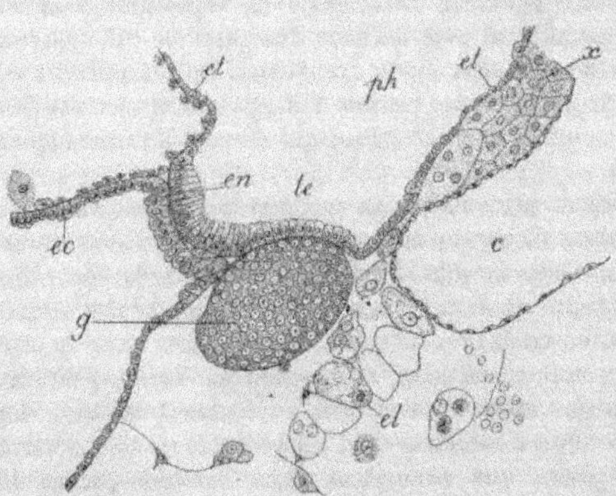

Fig. 1636. — Origine du stolon chez un embryon de *Cyclosalpa pinnata*; partie d'une coupe faite à la jonction du corps proprement dit et de l'éléoblaste; — *ec*, exoderme; *et*, entoderme; *en*, extrémité de l'endostyle; *te*, origine entodermique du stolon; *ph*, pharynx; *g*, origine du cordon génital; *x, c, el*, éléoblaste (d'après Brooks).

corps. Elle appartient en tout cas originairement à l'oozoïde et ses éléments ressemblent encore aux blastomères [1].

Dans un stolon plus âgé, on n'observe pas moins de six formations distinctes (fig. 1637) : 1° l'*enveloppe exodermique* du stolon (*cx*), continue avec l'exoderme de l'oozoïde; 2° le *tube nerveux* (*n*); 3° le *tube entodermique* (*te*) dont l'origine a été indiquée tout à l'heure; 4° les deux *tubes péribranchiaux*; 5° les deux *sinus sanguins* (*ss* et *si*); 6° le *cordon génital* (*g*). A ces six formations s'ajoutent des éléments mésodermiques isolés, résultant de la multiplication d'éléments analogues de l'oozoïde et qui ont pénétré, au moment de la formation du stolon, entre le tube entodermique et son enveloppe exodermique. A l'extrémité distale du stolon, le tube entodermique se termine en cæcum, laissant ainsi les deux sinus sanguins communiquer

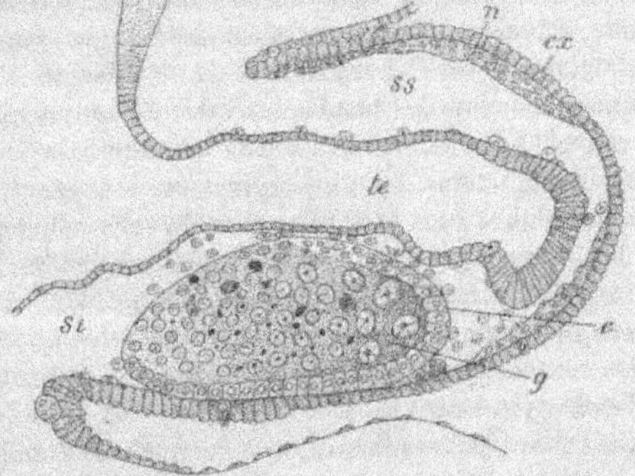

Fig. 1637. — Très jeune stolon de *Cyclosalpa pinnata*. Mêmes lettres que dans la figure précédente; en outre *n*, plaque nerveuse; *ss*, sinus supérieur; *si*, sinus inférieur; *e*, enveloppe folliculaire (d'après Brooks).

entre eux; un peu avant lui s'arrêtent les autres formations stoloniales. On peut convenir d'appeler *face supérieure* du stolon celle qu'occupe le tube nerveux, *face inférieure* celle qui correspond au stolon génital; le côté droit du stolon est celui qui est originairement situé du côté droit de l'oozoïde.

La région de l'exoderme de l'embryon qui formera l'*enveloppe exodermique* du stolon est comprise entre la face ventrale de l'embryon proprement dit et la queue rudimentaire qui contient l'éléoblaste (fig. 1624, *Stp*; p. 2311). La première indication de la formation de l'enveloppe exodermique est un accroissement en hauteur des cellules exodermiques, qui deviennent cylindriques, et se multiplient ensuite activement, formant ainsi une protubérance, puis un tube à l'intérieur duquel s'allonge le tube entodermique (fig. 1637, *ex*, *te*). Quelquefois un repli saillant de l'exoderme entoure la base ou extrémité proximale du stolon (*Cyclosalpa pinnata*), et comprime tellement cette région que tous les rudiments qu'il contient paraissent confondus en un amas de cellules indifférenciées; de là, sans doute, l'opinion erronée que toutes ces ébauches se différenciaient aux dépens d'une masse d'abord indifférente de cellules mésodermiques.

---

[1]. La cellule que Todaro appelle le *germo-blaste primitif*, et qui serait suivant lui l'origine de la masse génitale, n'est qu'une cellule folliculaire migratrice issue du placenta.

Le *tube nerveux* (*n*) est d'origine exodermique, mais il se différencie déjà lorsque l'enveloppe entodermique du stolon commence à peine à faire saillie entre l'embryon et sa queue rudimentaire. C'est, au début, un bourgeon plein de l'exoderme (fig. 1637, *n*) dans lequel apparaît du reste rapidement une cavité qui demeure sans communication avec l'extérieur. Ce cordon s'allonge d'une manière indépendante, en demeurant en contact avec l'exoderme.

Sur un stolon complètement développé le *tube entodermique* (*te*) demeure en communication avec la cavité pharyngienne de l'oozoïde par une fente étroite (*Cyclosalpa pinnata, S. cylindrica*). Ses faces inférieure et supérieure sont formées de cellules aplaties, tandis que les cellules des faces latérales sont très hautes et forment deux bandes très épaisses. A l'origine du stolon, ces bandes latérales se continuent sans interruption avec les bandes latérales épaissies de l'endostyle et la face ventrale avec le fond de l'endostyle; le tube entodermique n'est donc qu'un simple prolongement de la gouttière endostylaire. Il est d'abord ouvert du côté dorsal; à mesure que l'on s'éloigne de son origine, chacune des bandes latérales de hautes cellules est subdivisée en deux autres par l'apparition d'une bande longitudinale de basses cellules; les deux bandes de cellules basses, en s'invaginant et se soudant, ferment la face dorsale du tube entodermique. Plus loin la section du tube entodermique prend la forme d'une H dont les jambages verticaux et horizontal auraient un double contour; les deux contours du trait horizontal ou *poche médiane* (fig. 1639, *en*) et les contours internes des jambages verticaux ou *poches pharyngiennes latérales* (*tp*), sont formées de cellules plates; les contours extérieurs de ces jambages, de hautes cellules semblables à celles de l'endostyle. Entre les jambages verticaux et l'enveloppe exodermique se trouvent les tubes péribranchiaux, qui complètent avec le tube entodermique, une cloison horizontale, séparant l'un de l'autre les deux sinus sanguins (*ss, st*).

L'origine des *tubes péribranchiaux* n'a pu être rigoureusement déterminée. A leur naissance, qui est tout près de celle du stolon et où ils sont encore pleins, ils sont étroitement pressés entre l'enveloppe exodermique et le tube entodermique, de sorte que, de par leur position, on peut leur attribuer avec une égale vraisemblance une origine exodermique vers laquelle penche Brooks, ou une origine entodermique. Ce qu'on observe chez les Pyrosomes rend cette dernière opinion plus vraisemblable.

Le *cordon génital* (*g*) résulte simplement de l'élongation de la masse génitale de l'oozoïde.

Passage de l'arrangement unisérié à l'arrangement bisérié. — Les noms attribués aux diverses parties contenues dans l'enveloppe exodermique indiquent suffisamment leur rôle dans la formation des blastozoïdes. La délimitation de ces derniers les uns par rapport aux autres résulte de la formation de replis annulaires de l'exoderme (fig. 1638, *I*) par lesquels le tube nerveux, les tubes péribranchiaux, le cordon génital sont divisés en fragments correspondants à chaque blastozoïde. Le tube entodermique demeure seul très longtemps continu; à ses dépens se forment la cavité pharygienne et le tube digestif. Les mêmes constrictions exodermiques répartissent entre les divers segments les cellules mésodermiques libres qui sont destinées à former, outre les corpuscules sanguins, les muscles et vraisemblablement l'appareil cardiaque. Le nombre des blastozoïdes composant une même chaine varie de cinquante à plusieurs centaines. Si tous ces blastozoïdes gardaient

leur position primitive, on pourrait les considérer comme unis par un stolon perpendiculaire à l'axe longitudinal de l'oozoïde et identiquement orientés comme
l'oozoïde lui-même (fig. 1638). De cette façon le plan de symétrie de l'oozoïde divi-
serait tous les blastozoïdes en deux moitiés symétriques. Mais l'orientation des
blastozoïdes se modifie à mesure qu'ils grandissent, de telle sorte que chez les
espèces à double chaine ils finissent par former deux rangées alternes ; les blastozoïdes des deux rangées ont leur face ventrale située vers l'intérieur de la chaine,
leur face dorsale vers l'extérieur. Leur plan de symétrie est, en même temps,
devenu perpendiculaire à celui du stolon (fig. 1573, p. 2185). L'arrangement bisériel
résulte de ce que les blastozoïdes, tout en s'inclinant alternativement à droite et à
gauche du stolon, effectuent en même temps une rotation de 90° autour de leur grand
axe, de sorte que la face ventrale de chaque blastozoïde, qui était d'abord tournée
vers l'oozoïde, se tourne vers la ligne médiane du stolon ; l'extrémité postérieure du

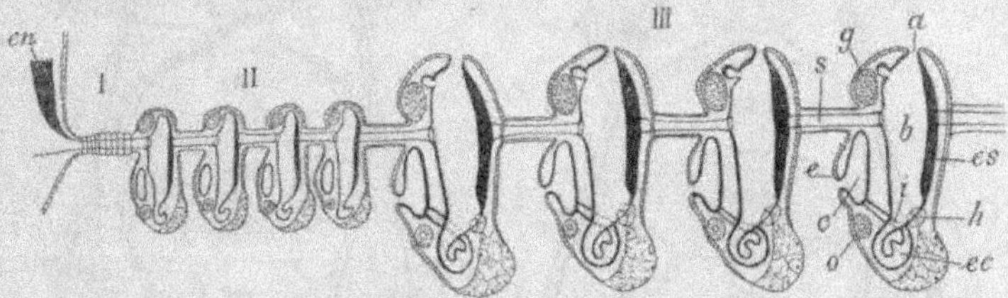

Fig. 1638. — Stolon de Salpe dans lequel tous les blastozoïdes sont censés avoir gardé leur position initiale comme dans les figures schématiques 1639 et 1640. — *I, II, III*, les groupes de blastozoïdes de
même degré de développement ; *s*, stolon ; *g*, ganglion nerveux ; *a*, bouche ; *b*, pharynx ; *es*, endostyle ;
h, cœur ; *ec*, estomac ; *i*, intestin ; *o*, œuf ; *c*, cloaque ; *e*, orifice efférent (d'après Brooks).

blastozoïde qui contient l'éléoblaste effectue cette rotation plus rapidement que
l'antérieure [1]. On peut suivre sur les diverses parties d'une même chaine toutes les
phases de ce déplacement, simple quant au résultat, mais dont l'étude est rendue
fort compliquée par le fait que tous les mouvement, s'accomplissent simultanément.

Chez 'la *Pegea scutigera-confœderata* tous les blastozoïdes gardent leur plan de
symétrie perpendiculaire à la direction du stolon ; dans les autres espèces, d'autres
changements se produisent encore. Ils peuvent être assez considérables pour que
l'axe longitudinal des blastozoïdes devienne parallèle à celui des stolons (*Iasis
cordiformis-zonaria*). Ce sont aussi des déplacements secondaires qui donnent naissance à la formation des couronnes circulaires des *Cyclosalpa* ; mais on ignore en
quoi ils consistent. Avant que ces déplacements se soient produits, les parties du
stolon intercalées entre les blastozoïdes, toutes sur le prolongement les unes des

[1] Brooks, pour faire comprendre ces phénomènes de rotation, compare un stolon de
Salpes à une file de soldats, tous sur la même ligne, les uns derrière les autres. De deux
en deux, les soldats tournent alternativement à droite et à gauche ; ils forment alors deux
rangées alternes, et les soldats d'une rangée regardent ceux de l'autre. Pour rendre la
similitude plus complète, on peut supposer maintenant que les soldats grossissent rapidement de la tête aux pieds, de manière à se refouler par pression réciproque, les têtes
formant déjà une double rangée quand les pieds sont encore sur la même ligne (fig. 1640)
et que dans la rotation précédente, qui s'accomplit en même temps que la croissance,
chaque soldat tourne d'abord sur ses pieds, la tête n'accomplissant sa rotation que beaucoup plus lentement.

autres, vont de la face ventrale d'un individu à la face dorsale du suivant (fig. 1638);
puis ces mêmes parties se disposent en zigzag, et leurs insertions dorsales se rapprochent de la face ventrale; enfin le stolon redevient presque rectiligne et chaque
blastozoïde ne s'insère plus sur lui que par un pédoncule ventral qui prend son origine au voisinage de l'orifice buccal. Deux canaux en communication avec les sinus
de la mère parcourent le stolon reconstitué, mais n'entrent pas en rapport avec les
sinus des blastozoïdes. Lorsque ceux-ci sont complètement développés, ce stolon
secondaire se résorbe et les divers blastozoïdes de la chaîne ne sont plus unis que
par des prolongements tégumentaires, contenant chacun un sinus (fig. 1645). Ces
prolongements se développent ordinairement sur quatre lignes, deux ventrales et

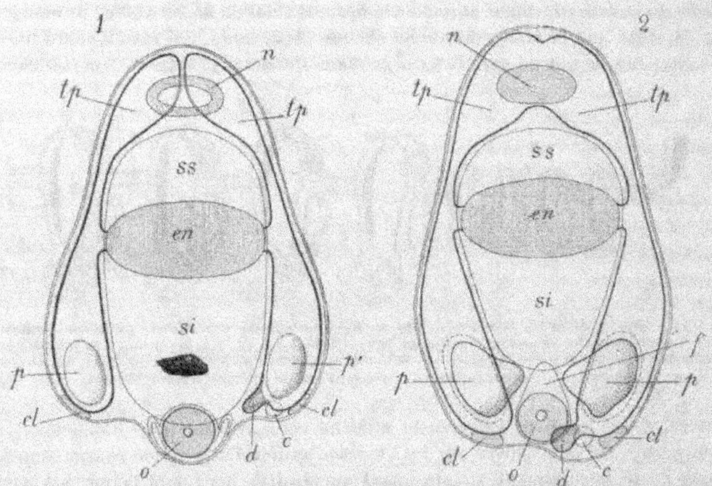

Fig. 1639. — Figures schématiques montrant le développement successif des organes dans une Salpe
agrégée. — N° 1, l'ébauche du système nerveux est creuse; les sacs pharyngiens latéraux antérieurs
sont encore séparés; au stade 2, l'ébauche du système nerveux est pleine; les sacs pharyngiens antérieurs
sont réunis en avant. Les jeunes blastozoïdes sont supposés encore unisériés, bien qu'ils aient déjà commencé leur torsion; les diverses parties occupent donc la même position respective que dans la figure 1638;
les figures peuvent être considérées comme des coupes verticales du stolon sur le plan desquelles
tous les organes d'un blastozoïde idéal de la figure 1638 ont été projetés. — *n*, ébauche du système nerveux; *tp*, sacs pharyngiens latéraux; *ss*, sinus supérieur; *si*, sinus inférieur du stolon; *en*, tube entodermique séparant les deux sinus; *p, p*, poches péribranchiales; *c*, péricarde; *cl*, éléoblaste; *o*, ovaire;
f, follicule; *d*, diverticule destiné à former l'intestin (d'après Brooks, un peu modifié).

deux latérales; ils unissent les individus de l'une des rangées à ceux de l'autre.
Chez les *Cyclosalpa*, il n'y a qu'un seul appendice ventral, situé en avant du cœur;
tous ces appendices s'unissent par leur tranche, de sorte que les blastozoïdes
rayonnent autour d'un axe commun.

Formation des cavités internes. — La plus grande partie de la cavité pharyngienne
est formée par les poches pharyngiennes latérales (fig. 1639, *tp*). Les poches antérieures se développent en avant, se rejoignent au devant de la face ventrale du
ganglion et s'ouvrent l'une dans l'autre sur toute leur surface de jonction (n° 2). La
région la plus antérieure de cette partie commune entre en contact avec l'exo-

derme ; une perforation se produit au point de contact qui est l'orifice efférent. Pendant ce temps les poches postérieures ont également grandi, de manière à atteindre l'extrémité postérieure, se sont rejointes et ouvertes l'une dans l'autre, mais plus tardivement. Ces poches latérales ne grandissent pas en demeurant symétriques, comme dans les figures théoriques 1639 et 1640 ; elles se courbent au contraire alternativement à droite et à gauche, comme dans la figure 1641 ; de telle sorte que leur rencontre se produit sur le côté du stolon qui est ainsi rejeté totalement hors du corps de la jeune Salpe. Après la résorption des poches, sur leur surface de

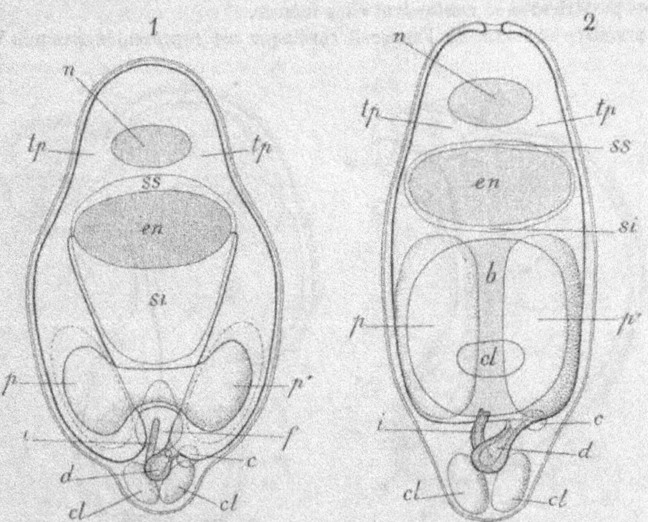

Fig. 1640. — Schéma de blastozoïdes plus développés que ceux de la figure précédente ; les sinus *ss* et *si* ont dû être figurés très réduits pour permettre de représenter la partie fusionnée des sacs pharyngiens. — Au stade nº 1, les poches péribranchiales, *p.p*, se sont réunies pour former la cavité cloacale. Au stade 2, les orifices afférent et efférent sont ouverts ; les sacs pharyngiens postérieurs se sont réunis et leur portion commune s'est élargie au dehors du sinus postérieur, *si* ; la cavité cloacale s'est étendue, de même que les poches péribranchiales, en détachant la bandelette épibranchiale, *b*. — Mêmes lettres ; en plus, dans le tiers postérieur de la figure nº 2, *cl*, orifice cloacal ; *i*, intestin (d'après Brooks).

contact, la cavité pharyngienne des blastozoïdes est donc complètement libre et reliée seulement au canal entodermique du stolon par d'étroits canaux qui finissent même par disparaître (fig. 1642 et 1643, *tp, t'p*).

Au cours de leur croissance, les poches latérales postérieures ont entraîné avec elles les vésicules résultant de la segmentation des tubes péribranchiaux (fig. 1639, nº 1, *p, p*) et ces vésicules se sont elles-mêmes agrandies. Chacune d'elles ne tarde pas à s'ouvrir dans la poche pharyngienne qui lui correspond par un vaste orifice elliptique ; ainsi se constituent les deux fentes branchiales qui ne cesseront désormais de grandir. Peu après la formation de ces fentes, chacune des vésicules produit une protubérance qui se dirige vers l'autre (nº 2) ; les deux protubérances se rencontrent, s'ouvrent l'une dans l'autre, et dès lors est constituée la cavité cloacale (fig. 1640, nº 1). La paroi dorsale de cette cavité s'applique contre l'exo-

derme, et l'orifice cloacal se produit au point de contact. La branchie n'est que la
partie de la paroi du corps qui subsiste entre la cavité pharyngienne en bas, les
fentes branchiales latéralement, la cavité cloacale en haut. L'estomac et l'intestin
apparaissent d'abord sous la forme d'un diverticule de la poche pharyngienne
latérale droite (fig. 1639, *d*), qui se produit avant que cette poche s'unisse à sa symétrique. L'estomac et l'intestin dirigé en avant se sont même différenciés avant qu'ait
eu lieu cette union, plus tardive que la formation de la cavité cloacale. L'intestin
débouche dans cette dernière cavité à peu près à l'époque où les deux poches pharyngiennes postérieures se confondent elles-mêmes.

La première ébauche de l'appareil cardiaque est représentée par une vésicule

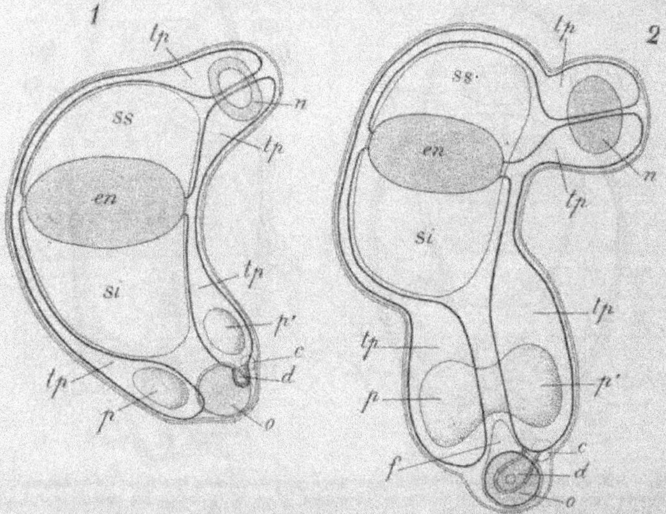

Fig. 1641. — Figures théoriques montrant la torsion éprouvée déjà par les blastozoïdes que les figures 1638
et 1639 représentent comme s'ils avaient conservé le plan de symétrie de l'oozoïde et qui sont représentés dans leur position réelle par les figures 1642 à 1645. — Le n° 1 correspond au stade n° 1 de la
figure 1638 le n° 2 à un stade un peu plus jeune que celui de la figure 1638, n° 1 (d'après Brooks).

close (*c*), d'origine incertaine, qui apparaît un peu en dehors de l'extrémité postérieure de la poche pharyngienne droite; cette poche, en grandissant, emporte avec
elle la vésicule que le développement du tube digestif refoule sur la face ventrale. Le cœur se forme, comme d'habitude, par une involution de la face dorsale
de cette vésicule.

Développement de l'œil. — Au début du développement, l'œil impair des blastozoïdes de la *Cyclosalpa pinnata* est semblable à celui de l'oozoïde, mais il ne tarde
pas à perdre sa forme en fer à cheval, à branches antérieures. Au-dessus de lui,
l'exoderme se bombe bientôt, entraînant les cellules optiques en rapport avec
sa surface interne et étirant en fibres fusiformes celles qui sont en connexion avec
la subsistance réticulée du ganglion cérébroïde. L'œil est alors une épaisse plaque
cellulaire, appliquée contre l'exoderme et reliée au ganglion par un pédoncule

formé des cellules fusiformes. Par la suite, tandis que le bord postérieur de la
plaque demeure en place, son bord antérieur se rapproche du ganglion cérébral
jusqu'à se mettre en contact avec lui; de ce mouvement de bascule, il résulte que
la plaque devient normale à la surface dorsale du ganglion; les fibres nerveuses
qui unissaient la substance réticulée du ganglion au centre de la plaque s'appliquent sur la face postérieure de celle-ci. Bientôt le bord postérieur de la plaque
se recourbe en haut et en arrière, formant la première ébauche de la partie accessoire de l'œil qui continue son mouve-
ment de bascule jusqu'à ce qu'étant
redevenu horizontal, son bord postérieur
soit maintenant en avant, et réciproque-

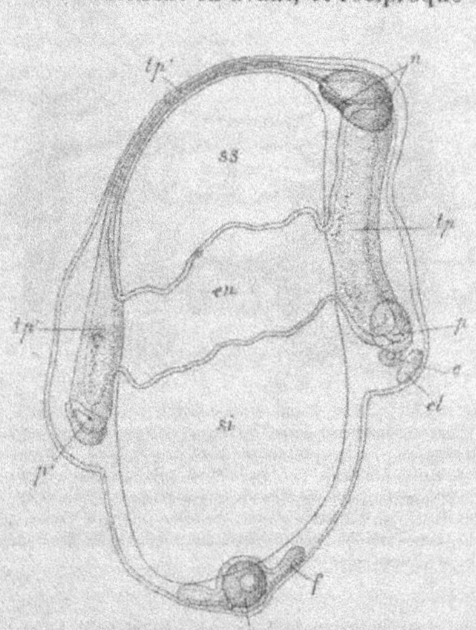

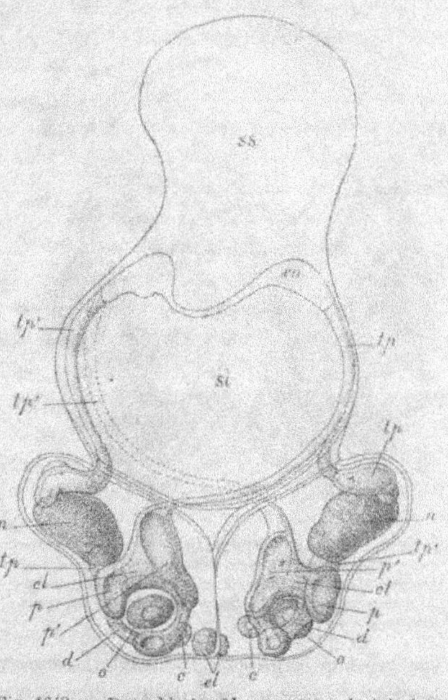

Fig. 1642. — Jeune blastozoïde de Salpe en voie
de formation sur le stolon à peu près au stade
de la figure 1641, n° 1 (d'après Brooks, un peu
modifié).

Fig. 1643. — Deux blastozoïdes ayant acquis, à la face
inférieure du stolon, la position qu'ils doivent prendre
pour constituer la double chaîne; stade un peu plus
avancé que celui de la figure 1641, n° 2. La cavité
cloacale est constituée, mais les deux sacs pharyngiens *tp*, *tp'* sont encore séparés.

ment. L'exoderme qui suit l'ébauche de l'œil dans tous ses déplacements forme
alors un double pli entre elle et le cerveau. Pendant que toutes ces modifications
s'accomplissent, les éléments de l'œil se différencient comme dans le cas de
l'oozoïde. Le pigment ne se développe chez la *Cyclosalpa pinnata* qu'entre le moment
où la chaîne se détache et celui où elle se dispose en couronne. Jusque-là la
partie accessoire de l'œil est reliée à la partie principale par une masse considérable de cellules ganglionnaires de forme ordinaire; cette masse se divise en
trois parties dont la moyenne fournit les cellules fusiformes qui unissent les deux
parties, tandis que les externes fournissent à chacune de ces deux parties son
pigment. Au cours de cette différenciation, l'extrémité de l'œil, devenue postérieure après sa rotation, se divise longitudinalement en deux branches de manière

à revêtir la forme de l'œil adulte. Les deux paires d'yeux latéraux ne se forment qu'après la séparation des chaînes, sans doute par une transformation directe des cellules ganglionnaires des régions cérébrales sur lesquelles ils sont situés.

Développement de l'appareil neural. — Chez les blastozoïdes de la *Cyclosalpa pinnata*, dans les premiers stades de développement du système nerveux, longtemps avant l'apparition des yeux, la cavité du ganglion et celle de l'entonnoir vibratile

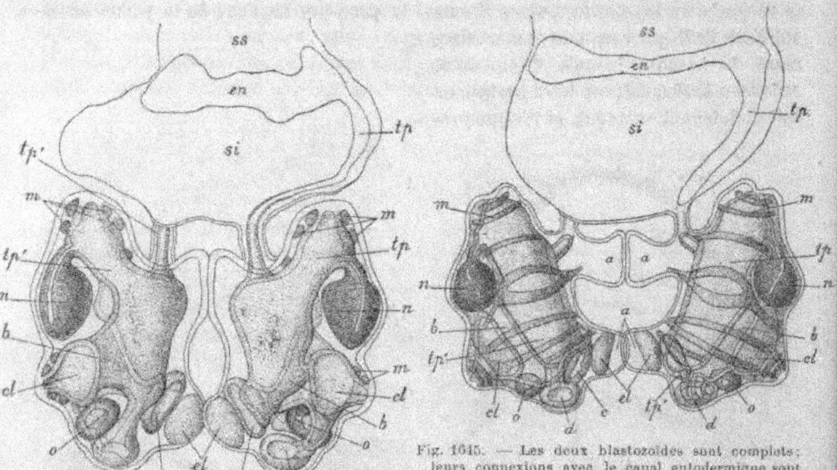

Fig. 1644. — La cavité pharyngienne et la cavité dorsale sont définitivement constituées, le ganglion nerveux communique avec la cavité pharyngienne. Le sinus supérieur *ss* n'a été qu'indiqué (d'après Brooks, un peu modifié).

Fig. 1645. — Les deux blastozoïdes sont complets; leurs connexions avec le canal autodermique sont rompues; leurs appendices sont développés. — Dans les figures 1642 à 1645 les lettres ont la même signification que dans les figures schématiques 1639 à 1644; en plus : *a*, appendices; *m*, muscles (d'après Brooks, un peu modifié; ces figures sont reconstituées par la superposition de coupes).

qui tire son origine de la paroi pharyngienne, communiquent ensemble par un large et court canal, ou, pour mieux dire, il n'y a entre ces parties aucune délimitation. La face ventrale de la partie postérieure du canal neural s'épaissit et donne naissance à la glande hyponeurale. Un peu plus tard, les cellules de la face dorsale de la région postérieure du canal neural commencent, elles aussi, à se multiplier rapidement, et se superposent sur une épaisseur qui atteint le double de celle de la face ventrale. Les cellules en contact avec la cavité du canal prennent un arrangement épithélial; les autres forment le ganglion dorsal. Au moment de l'apparition du rudiment de l'œil dorsal, les trois régions : entonnoir vibratile, canal hyponeural et cerveau sont nettement distinctes, et le canal n'est plus qu'un petit tube cylindrique unissant les deux autres parties [1]. Le ganglion cérébral est creux; sa masse est parcourue par de fines lacunes dont les unes s'ouvrent dans sa cavité, tandis que les autres s'ouvrent dans le sinus périviscéral. Cet état dure peu et le cerveau devient finalement compact. A ce moment il est encore relié à l'entonnoir cilié par

[1] Metcalf donne cette description comme pouvant aussi bien convenir aux *Doliolum* et aux *Pyrosoma*.

un cordon cellulaire plein, comme chez les *Doliolium* adultes ; mais ce cordon lui-
même disparait quand le blastozoïde a atteint à peu près la moitié de sa taille.
Vers l'époque où la plaque ophtalmique embryonnaire a pris sa position verticale,
les parois des chambres péribranchiales qui avaient été jusque-là intimement soudées à la face inférieure du cerveau commencent à s'en éloigner dans la région de
la ligne médiane, et ne lui demeurent adhérentes que le long de deux plages étroites ;
la région médiane continue à s'éloigner du cerveau, tandis que les adhérences
latérales persistent ; il se forme en ces points deux tractus tubulaires qui vont de
la face ventrale du cerveau à la paroi de la chambre branchiale. Ces tubes ne sont
pas autre chose que les ébauches des *tubes rénaux* (p. 2226).

Développement de l'appareil génital. — Les principales transformations du cordon
génital sont réalisées par la multiplication des éléments situés à sa base, la croissance et le changement de position des éléments ovulaires, la multiplication des
éléments de son épithélium périphérique. Ces derniers s'arrangent en épithélium,
en commençant par son extrémité distale et sa face hémale (fig. 1636, *g* ; p. 2341).
Finalement ils forment un revêtement régulier, recouvrant un cordon cellulaire
plein dans lequel des œufs commencent à se différencier, et sont reconnaissables à
leur grand noyau, contenant non plus des granulations éparses de chromatine,
mais un réseau chromatique avec gros nucléole. Tandis que les éléments périphériques continuent à se diviser, les œufs perdent cette faculté ; ils se bornent à
continuer à grossir. Des cellules détachées de la couche épithéliale du cordon génital
émigrent parmi les œufs, et contribuent à les nourrir. Dans la région où les œufs
se différencient, toute multiplication d'éléments cesse, de sorte qu'il ne se produit
d'œufs nouveaux qu'à l'origine du stolon. D'abord pressés les uns contre les autres,
les œufs par le progrès de leur croissance se disposent en séries qui peuvent se
réduire à une seule (*Cyclosalpa pinnata, S. cylindrica*, etc.). Lorsque les constrictions
exodermiques se développent, elles divisent le cordon génital en masses ellipsoïdales,
correspondant chacune à un blastozoïde. Chaque masse ne contient qu'un petit
nombre d'œufs caractérisés. On réunit dans le genre *Iasis*, les espèces où il s'en
développe plusieurs, cinq par exemple, comme chez l'*I. hexagona*. Chez la *Thalia
democratica-mucronata* plusieurs œufs se caractérisent comme chez les *Iasis*, mais
un seul arrive à maturité ; dans les autres espèces, on ne trouve jamais qu'un seul
œuf dans chaque masse. Les cellules qui l'accompagnent sont utilisées pour sa
nutrition ou forment autour de lui le follicule dont on a vu le rôle important.

A mesure que les cavités générales des divers blastozoïdes s'isolent les unes des
autres, l'épithélium épais qui recouvre chaque masse génitale se plisse au-dessous
de l'œuf et se développe en deux poches latérales qui deviennent les testicules,
tandis qu'un troisième pli qui se forme un peu plus tard constituera le canal de
fécondation par lequel l'œuf est attaché à la paroi de la cavité clocacale. Il se produit aussi un canal déférent qui passe entre le rectum et l'estomac pour s'ouvrir
sur une papille dans la cavité cloacale. L'œuf d'abord situé dans la partie postérieure du bourgeon émigre plus tard du côté dorsal, au-dessus de l'anse intestinale,
sur la ligne médiane ; le canal de fécondation courbé en S se dirige à droite pour
s'ouvrir dans la cavité cloacale.

I. CLASSE

TÉTHYES OU ASCIDIES.

Tuniciers fixés, tout au moins inaptes à la natation ou à la flottaison, solitaires, ou formant des ascidiodèmes fixés, plus ou moins compliqués.

I. ORDRE

PLEUROGONA

Organes génitaux sur les parois du manteau. Stolidobranches.

Fam. **CYNTHIIDÆ**. — Ascidiozoïdes toujours simples. Tentacules composés; sac branchial avec méridiens principaux sans papilles, et plus de quatre plis de chaque côté; trémas rectilignes quand la paroi branchiale n'est pas résorbée entre eux. Organes génitaux à la surface interne du manteau.

Trib. Bolteninæ. Corps longuement pédonculé. — *Boltenia*, Sav. Des trémas et de fins vaisseaux longitudinaux dans le sac branchial. *B. Bolteni*, Atl. N. — *Cystingia*, Mac Leay. Quatre lobes péribuccaux; sac branchial à larges mailles carrées, uniquement formées par les méridiens principaux et les parallèles; pas de trémas. *C. Griffithii*, mers arctiques. — *Fungulus*, Herdm. Trois lobes péribuccaux; sac branchial des *Cystingia*; pédoncule relativement court et épais. *F. cinereus*, Océan austral. — *Culeolus*, Herdm. *Fungulus* à pédoncule relativement long et grêle. *C. perlatus*, Long Island.

Trib. Cynthiinæ. Corps sessile ou très brièvement pédonculé; orifices des siphons quadrilobés. — *Microcosmus*, Heller. Lame dorsale à bord entier; anse intestinale étroite. *M. vulgaris*, Médit. — *Cynthia*, Sav. Lame dorsale à bord denté; anse intestinale large. *C. papillosa*, côtes de Fr. sur les Zostères.

Fam. **MOLGULIDÆ**. — Ascidiozoïdes toujours simples. Corps habituellement libre, quelquefois fixé, rarement pédonculé; test souvent couvert de sable. Six lobes péribuccaux, quatre péricloacaux. Sac branchial à méridiens principaux sans papilles, à trémas plus ou moins courbes, le plus souvent spiralés; tentacules ordinairement très ramifiés. Intestin fixé sur la paroi gauche du manteau; un sac rénal à droite; glandes génitales quelquefois unilatérales; mais toujours situées dans la paroi palléale.

Trib. Molgulinæ. Sac branchial pourvu de cinq à sept plis longitudinaux; des organes génitaux de chaque côté du corps. — *Ascopera*. Herdm. Corps pédonculé; sept plis branchiaux; trémas droits ou courbes, mais non spiraux, les deux branches de l'anse intestinale verticales. *A. gigantea*, îles Kerguelen (30 cm de long). — *Ctenicella*. Lac. Duth. (incl. *Paramolgula*, Traustedt). Lobes périsiphonaux laciniés; trémas courts, souvent peu courbés. *C. Lanceplaini* (*C. complanata*, Ald et H.?), Roscoff. — *Molgula*, Forbes (incl. *Gymnocystis* et *Lithonephria*, Giard). Corps libre, couvert de sable; lobes périsiphonaux entiers; trémas ordinairement spiraux. Espèces à larve urodèle (*Molgula* sens str.). *M. socialis*, Saint-Vaast, Roscoff. M. (*Lithonephria eugyranda*), Roscoff. Espèces naissant anoures (*Anurella*), *M. oculata*, dragages à Roscoff, *M. roscovita*, grèves de Roscoff, Saint-Malo, Saint-Quay, Saint-Vaast, etc.

Trib. Eugyrinæ. Une seule glande génitale. — A. *Glande génitale située à gauche.* — *Eugyriopsis*, Roule (incl. *Eugyriopsis*, R. et *Bostrichobranchus*, Traust.). Branchie à infundibulums plus ou moins développés, percés de très nombreux petits trémas courbes. *E. Lacazii*, Marseille. — *Eugyra*, Ald. et Hanc. Sous chaque méridien une rangée de plages circulaires dessinées par deux longs trémas spiralés, enroulés en sens inverse l'un de l'autre. *E. arenacea*, Roscoff.

B. *Glande génitale à droite.* — *Gamaster*, Pizon. Glande génitale rayonnée, branchie d'*Eugyra*. *G. dakarensis*, côtes du Sénégal. — *Astropera*, Pizon. Siphons nuls; chaque orifice bordé d'une double couronne de lobes inégaux. *A. sabulosa*, Nouvelle Hollande. — *Stomatropa*, Pizon. Siphon cloacal à quatre lobes égaux; siphon branchial courbe, à orifice tourné vers le bas, avec six lobes inégaux, les supérieurs formant une grande lèvre bifide; anse intestinale transversale, comme dans les genres précédents. *S. villosa*, Cap Horn (20 cm de long).

FAM. **STYELIDÆ**. — Corps fixé, sessile, rarement encroûté de sable. Quatre lobes péribuccaux ou plus; tentacules simples. Sac branchial à trémas rectilignes, présentant au plus quatre plis de chaque côté. Tentacules simples.

TRIB. STYELINÆ. Formes simples. — *Pelonaia*, Forbes et Goodsir. Sac branchial sans plis. *P. corrugata*. — *Styelopsis*, Traustedt. Orifices quadrilobés; sac branchial ne présentant qu'un pli rudimentaire à droite; canal digestif à gauche du sac digestif; une seule glande génitale située à droite. *S. grossularia*, Manche. — *Styela*, Maclay. Des plis branchiaux méridiens au nombre de quatre paires au plus; anse intestinale étroite; glandes génitales constituées par un ou plusieurs corps tubulaires simples, lobés ou ramifiée. *S. glomerata*, côtes Fr. *S. gyrosa*, Médit.; Australie. — *Polycarpa*, Heller. *Styela* à anse intestinale large; organes génitaux épars dans le manteau qui porte de nombreuses saillies (endocarpes) le séparant du sac branchial, *P. varians*, Médit. — *Bathyoncus*, Herdm. De chaque côté plusieurs larges plis branchiaux et un dorsal plus grand, du côté gauche; membrane du sac branchial résorbée entre les mailles carrées formées par les méridiens principaux et les parallèles, d'où absence de trémas. *B. mirabilis*, Océan austral, 1 600 brasses.

TRIB. POLYSTYELINÆ. Formes bourgeonnantes. Ascidiodèmes sans cloaques communs; ascidiozoïdes ordinairement sans abdomen; glandes génitales multiples, développées dans le manteau ou à sa surface.

Polystyela, Giard. Ascidiozoïdes saillants à la surface de l'ascidiodème; pas d'abdomen. *P. Lemirei*, Manche. — *Thylacium*, Carus. *Polystyela* avec abdomen. *T. aggregatum*, côtes d'Angleterre. — *Chorizocormus*, Herdm. Ascidiodème formé de petits démules unis par des stolons; ascidiozoïdes non saillants. *C. reticulatus*, île Kerguelen. — *Synstyela*, Giard. Ascidiodème mince et encroûtant; ascidiozoïdes non saillants. *S. variegata*, côtes de Fr. — *Oculinaria*, Gray. Ascidiodème épais, massif, encroûté de sable; ascidiozoïdes saillants. *O. australis*, Australie occidentale. — *Goodsiria*, Cunningham. *Oculinaria* non encroûtées de sable. *G. coccinea*, détroit de Magellan.

FAM. **BOTRYLLIDÆ**. — Ascidiozoïdes courts, non divisés en régions, formant des ascidiodèmes, où ils sont toujours groupés en démules. Démoscule souvent lobé, chaque lobe correspondant à un ascidiozoïde; en général pas de lobes péribuccaux. Trois côtes longitudinales et une lame dorsale; rarement plus de seize tentacules simples. Organe dorsal rudimentaire ou nul. Tube digestif le long du bord postérieur du sac branchial; estomac cannelé. Dans le test, de nombreux prolongements exodermiques très ramifiés et anastomosés. Blastogénèse périthoracique.

Botryllus, Gærtner. Ascidiozoïdes à orifices distants; ascidiodème sessile. S.-g. *Botryllus*, Gærtn. Démules pour la plupart circulaires; épaisseur de l'ascidiodème ne dépassant pas 5 millimètres. *B. violaceus*, *B. smaragdus*, Manche. S. g. *Polycyclus*, Lam. Ascidiodème dépassant 5 millimètres d'épaisseur. *P. violaceus*, Marseille. S. g. *Botrylloides*, M. Edw. Ascidiozoïdes cylindriques, à orifices digestifs rapprochés; démules pour la plupart ramifiés; ascidiodèmes ne dépassant pas une épaisseur de 5 millimètres. *B. rotifera*, *B. rubrum*, Manche. — *Sarcobotrylloides*, Dr. *Botrylloides* dépassant une épaisseur de 5 millimètres. *S. superbum*, Rovigno. — *Symplegma*, Herdm. Organes génitaux impairs, dans l'anse intestinale; un pédoncule commun. *S. viride*, Bermudes.

II. ORDRE

HEMIGONA

Organes génitaux autour de l'intestin ou dans l'anse intestinale. Phlébobranches ou aplousobranches.

FAM. **ASCIDIIDÆ**. — Ascidiozoïdes toujours simples. Branchie simple, mais pourvue de méridiens principaux papillaires; tentacules simples; trémas de formes diverses. Viscères placés au niveau de la branchie.

TRIB. ASCIDIINÆ. Viscères sur le côté gauche de la branchie; trémas rectilignes.
A. *Formes solitaires. Huit lobes péribuccaux, six péricloacaux.* — *Ascidia*, Linné. Branchie

droite; ganglion et organe vibratile éloignés; tunique flexible et mince. *A. mentula*, mers
d'Europe. — *Pachychlæna*, Herdm. *Ascidia* à tunique résistante, très épaisse. *P. gigantea*,
plus de 12 centimètres de long. Cap de Bonne-Espérance. — *Phallusia*, Sav. Branchie
recourbée sur elle-même à son extrémité inférieure. *P. mamillata*, mers d'Europe. —
Ascidiella, Roule. *Ascidia* à ganglion et glande hyponeurale placés immédiatement derrière l'organe vibratile. *A. aspersa*, Saint-Vaast.

B. *Formes bourgeonnantes.* — *Sluiteria*, E. v. Ben. Une lame dorsale; tubes buccal et
cloacal à sept lobes. *S. rubricollis*, Billiton. — *Perophoropsis*, Lah. Douze lobes péribuccaux;
six péricloacaux; lame dorsale remplacée par des languettes; de nombreuses rangées de
trémas. *P. Herdmanni*, Banyuls. — *Perophora*, Wiegm. Six lobes péribuccaux; seulement
des languettes dorsales; quatre rangées de trémas. *P. Listeri*, Manche, Atl. Médit.

TRIB. CORELLINÆ. Viscères sur le côté droit de la branchie; pas de papilles intermédiaires sur les méridiens principaux, parfois de simples papilles remplaçant les méridiens
eux-mêmes; estomac cannelé; organe vibratile éloigné du ganglion nerveux; trémas
droits ou courbes. — *Rhodosoma*, Ehr. (*Cherreulius*, Lac. Duth). Test bivalve; pas de sinus
anastomotiques longitudinaux. *R. callense*, Médit. — *Abyssascidia*, Herdm. Test ovoïde
des sinus longitudinaux; orifices très éloignés. *A. Wyvillei*, sud de l'Australie,
2 600 brasses. — *Corella*, Ald et Hanc. Caractérisés par des trémas courbes. *C. parallelogramma*, mers d'Europe. — *Chelyosoma*, Brod. et Sav. *Corella* à test contenant des plaques
de consistance cartilagineuse; six lobes aux deux orifices. *C. maclayanum*, Groënland
et Atl. N.

TRIB. CORYNASCIDINÆ. — Viscères sur le dos du sac branchial; trémas irréguliers ou
courbes; corps piriforme, longuement pédonculé; bords des siphons entiers. — *Corynascidia*, Herdm. Des méridiens principaux sans papilles; trémas spiraux à tours polygo-
naux ou rectangulaires. *C. Suhmi*, Valparaiso, 2 160 brasses. — *Hypobythius*, Moseley.
Corps cyathiforme; pas de méridiens principaux; trémas petits, irréguliers. *H. Moseleyi*,
Buenos-Ayres, 600 brasses.

FAM. **CIONIDÆ**. Branchie sans plis, mais pourvue de méridiens principaux ou de rangées de papilles lobées; trémas rectilignes en rangées nombreuses. Tentacules
simples. Viscères en arrière de la branchie.

A. *Formes solitaires.* — *Ciona*, Flem. Branchie à méridiens principaux et papilles
secondaires; corps cylindriques. *C. intestinalis*, côtes de Fr. — *Rhopalona*, Phil. (*Rhopalœa*,
auctor.). Branchie ondulée, à méridiens principaux, sans papilles secondaires; corps claviforme. *R. neapolitana*, Banyuls.

B. *Formes bourgeonnantes à six lobes prébuccaux au plus.* — *Ecteinascidia*, Herd. Pas
de lobes péribuccaux; branchies à méridiens principaux sans papilles secondaires; ascidiozoïdes seulement unis par des stolons. *E. turbinata*, Bermudes. — *Diazona*, Sav. Six
lobes péribuccaux; branchie sans papilles secondaires; ascidiozoïdes en partie libres.
D. violacea, Médit.; Manche. — *Tylobranchion*, Herdm. Six lobes péribuccaux; branchie
sans méridiens principaux, mais pourvue de papilles lobées; organes génitaux dépassant
l'intestin; ascidiozoïdes entièrement englobés dans la tunique. *T. speciosum*, île Kerguelen.

FAM. **DISTOMIDÆ**. — Orifice buccal simple, à quatre ou six lobes; orifice cloacal muni
d'un tube ou d'une languette. Branchie simple. Viscères inférieurs à la branchie,
de sorte que le corps est divisé en thorax et abdomen. Cœur et organes reproducteurs dans l'anse intestinale; follicules testiculaires nombreux; spermiducte droit.
Blastogénèse épicardique, nulle chez la larve ou très tardive. Des prolongements
stoloniformes exclusivement exodermiques; fort rarement des démules. Pas de
spicules calcaires étoilés.

Chondrostachys, Mac-Donald. Orifice buccal quadrilobé; ascidiozoïdes disposés en épi
sur un tronc commun, ayant une grande partie de leur corps libre; follicules testiculaires
en grappe. *C. Mac Donaldi* (n. nov.) détroit de Bass. — *Oxycorynia*, Drasche. *Chondrostachys*
à ascidiozoïdes entièrement englobés dans la tunique commune. *O. fascicularis*, îles Caro-
lines. — *Cystodites*, Dr. Orifice buccal à six lobes; un tube cloacal; des spicules discoïdes.
C. durus, Cette, Banyuls. — *Distoma*, Gærtner. *Cystodites* sans spicules. *D. cristallinum*,
Médit. — *Colella*, Herdmann. *Distoma* pourvues d'une poche palléale incubatrice; quatre
rangées de trémas, la deuxième et la troisième s'écartant l'une de l'autre, au voisinage de
l'endostyle, pour constituer un espace triangulaire plein. *C. pedunculata* (*Aplidium pedun-*

culatum, Quoy et Gaimard), île Kerguelen; *C. pulchra*, détroit de Torrès. — *Distaplia*, Della Valle. Orifice buccal à six lobes; quatre rangées de trémas; deuxième et troisième rangées normales; une bandelette transversale divisant en deux moitiés les trémas de chaque rangée. *D. rosea*, Saint-Vaast, Concarneau. — *Archidistoma*, Garstang. Colonies incrustantes, composées d'une portion rampante de laquelle s'élèvent des zoïdes à intervalles irréguliers; zoïdes entièrement libres ou partiellement fusionnés, de manière à former des démules claxiformes; orifices à 6 lobes; pas d'orifices communs; musculature thoracique formée de faisceaux longitudinaux et de faisceaux transverses; un oviducte et un canal déférent; pas de poche incubatrice chez l'adulte. *A. aggregatum*, Saint-Vaast.

    Fam. **CLAVELLINIDÆ** [1]. — Orifice buccal simple, à quatre ou six lobes. Branchie simple. Viscères inférieurs à la branchie; abdomen prolongé en un stolon formé d'un tube exodermique et d'un tube épicardique, stolon dans lequel peuvent pénétrer le cœur et une partie des glandes génitales. Blastogénèse épicardique, stoloniale.

Clavellina, Sav. (cor. *Clavelina*). Orifices buccal et cloacal circulaires; tous les viscères dans l'abdomen; stolon rampant, fixateur, produisant les blastozoïdes par bourgeonnement et les maintenant unis entre eux; follicules testiculaires en réseau. *C. lepadiformis*, côtes de Fr. — *Sigillina*, Sav. Orifices buccal et cloacal à six lobes; pas de démules; trois rangées de vingt-quatre trémas, séparées par une côte saillante avec languette dorsale; cœur et testicule dans l'anse intestinale; testicules à 8-12 lobes; ovaires dans le stolon. *S. australis*, Nouvelle Hollande. — *Polyclinopsis*. Gottschaldt. Des cloaques communs; branchie à douze rangées de trémas; testicule dans l'anse intestinale; cœur et ovaire dans le stolon. *P. Hæckeli*, Spitzberg.

    Fam. **OCTACNEMIDÆ**. — Corps aplati, à huit rayons. Sac branchial réduit à une membrane sans trémas, tendue au-dessus de la cavité cloacale. Organes génitaux et autres viscères rassemblés en nucleus. Pas de blastogénèse.

Octacnemus, Moseley. Genre et espèces uniques. *O. bythius*, îles Schouten à 1 070 brasses de profondeur.

III. ORDRE

HYPOGONA

Un stolon génitalifère contenant, outre le cœur, l'ovaire et le testicule; ou bien spermiducte très long, enroulé en hélice autour du testicule. Tous aplousobranches et blastogénétiques.

    Fam. **POLYCLINIDÆ**. — Branchie sans papilles ou à papilles simples; lame dorsale remplacée par des languettes. Corps divisé en thorax, abdomen et postabdomen, par suite du passage des glandes génitales dans le stolon, à l'extrémité duquel le cœur est situé. Blastogénèse épicardique.

Trib. Aplidiinæ. Stolon non pédiculé; estomac rayé, aréolé ou cannelé; branches descendante et ascendante du tube digestif parallèles. — *Psammaplidium*, Herdm. Pas de papilles branchiales; test incrusté de grains de sable, *P. spongiforme*, Port Jackson. — *Aplidium*, Sav. Test nu; pas de papilles branchiales; stolon plus court que le corps. *A. zostericola*, Roscoff, Saint-Vaast. — *Circinalium*, Giard. Huit lobes buccaux; pas de papilles branchiales; stolon plus long que le corps; estomac cannelé; démules isolés quand ils se constituent. *C. concrescens*, Saint-Vaast, Roscoff. — *Morchelliopsis*, Lahille. *Circinalium* à six lobes buccaux; cannelures stomacales larges et régulières. *M. pleyberianus*, Roscoff. — *Amaroucium* Edw. (corr. *Amarœcium*), *Morchelliopsis* à démules formant des ascidio-

[1] Constituée comme elle est ici, cette famille a été circonscrite par M. Caullery (Comptes rendus de l'Académie des sciences, 2 décembre 1895) et nommée Polyclinopsidæ; si l'on y range les *Clavellina*, ce genre est trop connu et trop ancien pour qu'on n'impose pas son nom à la famille.

dèmes. *A. proliferum*, Saint-Vaast, Roscoff. — *Parascidia*, Edw. (*Fragarium*, Giard). *Amaroucium* à huit lobes buccaux. *P. elegans* (*Fragaroïdes aurantiacum*, Maurice), Manche. — *Synoïcum*, Phipps. *Circinalium* à estomac aréolé; six lobes buccaux. *S. turgens*, mers arctiques. — *Morchellium*, Giard. *Synoïcum* à huit lobes buccaux. *M. argus*, Manche. — *Sidnyum*, Sav. *Synoïcum* à post-abdomen pédiculé. *S. turbinatum*, côtes d'Angleterre. — *Pleurolophion*, Giard. Branchies normales; des languettes branchiales sur deux rangées. *P. bilatérale*, Wimereux. — *Pharyngodictyum*, Herdm. Branchies sans trémas. *P. mirabile*, sud de l'Afrique.

Trib. POLYCLININÆ. Stolon pédiculé; jamais plus de six lobes buccaux; estomac le plus souvent lisse; intestin ordinairement tordu de manière que sa branche ascendante passe à droite de sa branche descendante. — *Aplidiopsis*, Lah. Pas de papilles branchiales; intestin non tordu. *A. vitreus*, Banyuls. — *Polyclinum*, Sav. *Aplidiopsis* à intestin tordu. *P. aurantium*, Granville. — *Glossophorum*, Lah. *Polyclinum* à papilles branchiales. *G. sabulosum*, Saint-Vaast, Roscoff. — *Atopogaster*, Herdm. Estomac à plis transverses. *A. gigantea*, détroit de Magellan. — *Polyclinoïdes*, Drasche. Estomac à plis longitudinaux. *P. diaphanum*, Rovigno.

    FAM. **DIDEMNIDÆ**. — Orifice buccal à cinq ou six lobes, parfois peu prononcés; orifice cloacal muni d'un tube plus ou moins réduit ou d'une languette. Des appendices musculaires fixateurs. Ascidiozoïdes petits, divisés en deux masses. Branchie simple, de deux à six rangées de trémas. Estomac à parois lisses. Ovaire très simple, accolé au spermiducte et dépourvu d'oviducte; œufs souvent très volumineux. Spermiducte long, enroulé en hélice. Blastogénèse généralement entéroépicardique, s'effectuant souvent dans la larve; démules nuls ou très irréguliers; ascidiodèmes sessiles.

Cœlocormus, Herdm. Orifice buccal à cinq lobes; nombreux follicules testiculaires; des spicules étoilés. *C. Huxleyi*, Patagonie, etc. — *Eucœlium*, Sav. Orifice buccal à six lobes; six rangées de trémas; spicules étoilés. *E. hospitiolum*, mer Rouge? — *Diplosomoïdes*, Herdm. Orifice buccal à six lobes; quatre rangées de trémas; plusieurs follicules testiculaires; des spicules. *D. Lacazii*, Roscoff. — *Leptoclinum*, M. Edw. *Diplosomoïdes* à un seul follicule testiculaire. *L. maculatum*, Saint-Vaast. — *Diplosoma*, Mac Donald (incl. *Astellium*, Giard, *Pseudodidemnum*, Giard). *Diplosomoïdes* sans spicules. *D.* (*Astellium*) *spongiforme*, Saint-Vaast, Roscoff; *D. gelatinosum*, Manche; *Diplosoma Listeri* (*Pseudodidemnum zosterarum*, Jourdain), Saint-Vaast. — *Didemnum*, Sav. (*Trididemnum*, della Valle). Cinq ou six lobes buccaux; trois rangées de trémas; des spicules calcaires. *D. niveum*, *D. cereum*, Saint-Vaast, Roscoff. — *Didemnoïdes*, Lahille (non Drasche). *Didemnum* sans spicules. *D. inarmatum*, Port-Vendres.

II. CLASSE

THALIDES (HYDRONECTES)

Tuniciers pélagiques, doués de blastogénèse endostylaire, à orifices des siphons généralement presque opposés, à branchies présentant au plus une rangée de trémas, nageant au moyen du recul produit par l'eau qu'ils chassent brusquement de leur cavité cloacale commune chez les LUCIA, de leur cavité pharyngienne chez les autres ordres.

I. ORDRE

LUCIA

Ascidiodèmes hydronectes, en forme de manchon creux, fermé à une extrémité, ouvert à l'autre. Oozoïde résorbé dans l'œuf; blastozoïdes bourgeonnants, pourvus d'un sac branchial normal ; trémas en forme de fentes transversales, traversant toute la branchie.

Fam. **PYROSOMIDÆ**. — Famille unique.

Pyrosoma, Péron et Lesueur. Genre unique. *P. elegans*, Médit. — Les colonies de *P. spinosum* et de *P. excelsior* dépassent 1 m. 20 de long et appartiennent à l'Atlantique tropical.

II. ORDRE

DOLIOLA

Oozoïde hydronecte en forme de barillet, muni d'un appendice dorsal (cadophore) sur lequel se fixent les blastozoïdes ; oozoïde et blastozoïdes de forme différente. Branchie réduite à une membrane tendue au-dessous de la cavité cloacale et présentant une rangée oblique de trémas.

Anchinia, Carl Vogt. Oozoïde inconnu ; cadophore portant dans la région basilaire un cordon génital ; blastozoïdes couvrant tout le cadophore, semblables entre eux sur une même région du stolon, mais différents d'une région à l'autre ; muscles latéraux en forme d'S. *A. rubra*, Nice. — *Dolchinia*, Korotnef. Oozoïde inconnu ; cadophore sans cordon génital, dépourvu de blastozoïdes sur sa face ventrale ; blastozoïdes différenciés en phorozoïdes et gamozoïdes, à bandes musculaires circulaires, *D. mirabilis*, Médit. — *Doliolum*, Quoy et Gaimard. Oozoïde en barillet, nageur, portant sur son cadophore trois rangées de blastozoïdes ; ceux-ci différenciés en trophozoïdes, phorozoïdes et gamozoïdes, *D. Mülleri*, Médit.

III. ORDRE

THALIA

Oozoïde produisant des chaines de blastozoïdes non bourgeonnants, qui se séparent périodiquement par fragments dont les ascidiozoïdes demeurent unis. Branchie réduite à sa bande médiane dorsale et à l'endostyle, par suite de la disparition de ses parois latérales. Muscles diversement disposés.

Fam. **SALPIDÆ**. — Famille unique[1].

Cyclosalpa, de Blainville. Pas de nucléus ; blastozoïdes se disposant en couronne. *C. pinnata*, *C. Chamissonis*, *C. dolichosoma-virgula*, Atl. — *Salpa*, Forskal. Un nucléus ; blastozoïdes disposés en chaine longitudinale, Sg. *Pegea*, Savigny. Des fossettes sur la bande branchiale ; un seul embryon nu. *P. scutigera-confœderata*, Atl. Médit. Sg. *Thalia*, Blum. *Pegea* à bande branchiale ne présentant que des lignes ciliées. *T. democratica-mucronata*, Médit., Atl., Sg. *Salpa*, Forsk. Un seul embryon protégé par un amnios, *S. africana-maxima*, Médit., Atl. Sg. *Iasis*, Sav. Plusieurs embryons. *I. cordiformis-zonaria*, Roscoff ; *I. costata-Thilesii* ; *I. hexagona*, Atl.

---

[1] Les oozoïdes et les chaines de blastozoïdes des Salpes se rencontrent souvent séparément, les deux formes ont fréquemment reçu chacune un nom distinct ; pour rentrer dans la règle générale, chaque espèce ne devrait être désignée que par le nom de l'oozoïde, et lorsqu'on parle seulement de l'une des deux formes les mots *Oosalpa* et *Blastosalpa* dispenseraient de répéter sans cesse : forme simple, forme agrégée, comme on le fait actuellement. Transitoirement cependant on désigne, sur la proposition de Carl Vogt, chaque espèce par ses deux noms spécifiques, lorsqu'ils existent, en plaçant le premier le nom de l'oozoïde.

III. CLASSE

COPELATES (LARVACÉS, APPENDICULAIRES, URONECTES)

*Tuniciers pélagiques, ne bourgeonnant pas, nageant à l'aide d'un appendice
caudal replié en avant.*

Fam. APPENDICULARIIDÆ. — Cavité pharyngienne présentant un endostyle, un arc
cilié et presque toujours une bande ciliée ventrale. Un cœur et un péricarde.

Trib. Appendiculariinæ. Queue au moins deux fois aussi longue que le tronc et quatre
fois aussi longue que large; paroi exodermique du corps sans capuchon; endostyle droit,
formé d'au moins quatre rangées de cellules; tube digestif s'étendant beaucoup dans la
région postérieure du corps; probablement toujours une coque. — *Oikopleura*, Mertens.
Corps ovoïde, sans plis; bouche avec une lèvre ventrale; deux spiracles étroits; intestin
et rectum longitudinaux; cœur ventral, dans l'anse intestinale; organes génitaux volumineux; ovaire impair entre les deux testicules; testicule impair chez l'*O. dioica*,
O. cophocerca, *O. dioica*, Médit. — *Appendicularia*, Fol. Corps court, comprimé en avant,
renflé en arrière; endostyle avec un bouquet de cils en avant; trois bandes ciliées ventrales, allant des fentes branchiales à l'œsophage; intestin dévié à droite, se courbant
autour du rectum dans le côté droit duquel il s'ouvre; cœur entre l'estomac, le rectum
et les organes génitaux; ovaire dorsal, testicule formant autour de lui un fer à cheval.
A. sicula, Messine (en Mai), Atlantique. — *Vexillaria*, J. Müller. Conduits spiraculaires
très longs, cylindriques; tube digestif formant un arc simple, sur le trajet duquel se
trouve un estomac brun jaunâtre; organes génitaux derrière l'intestin. *V. speciosa*. —
Stegosoma, Chun. Une grosse glande pluricellulaire de chaque côté de l'endostyle, en
avant; région branchiale du tube digestif étroite, déprimée; endostyle court, élargi en
avant; tube digestif formant un arc vertical; un foie s'ouvrant à gauche dans l'estomac;
cœur et péricarde appliqués au côté droit du foie; organes génitaux couvrant la région
postérieure de l'intestin. *S. pellucidum*, Naples, Atlantique. — *Megalocercus*, Chun. Vivement colorée en rouge, orangé et jaune; point de glande de chaque côté de l'endostyle;
bouche avec une lèvre ventrale; portion branchiale du tube digestif très large; conduits
spiraculaires très développés, aucun arc cilié à leur bord externe; endostyle long, accompagné de deux plis saillants qui en avant passent dans un large arc cilié et en arrière
sont prolongés par la bande ciliée conduisant dans l'œsophage; œsophage en demi-
cercle; estomac très large, avec plusieurs diverticules et un long cæcum hépatique;
ovaire et testicule probablement impairs. *M. abyssorum*, Ischia et Capri. — *Folia*,
Lohmann. Une masse glandulaire de chaque côté de la région postérieure de l'endostyle;
spiracles petits et ronds; œsophage très long, son extrémité postérieure coudée en dessous pour s'ouvrir dans l'estomac situé à gauche; intestin naissant à droite, de l'extrémité antérieure de l'estomac; ovaire formant une bande dorsale ventrale élargie aux
deux bouts à l'extrémité postérieure de l'abdomen. *F. œthiopica*, Atlant. tropical. —
Althoffia, Lohm. Point de glandes de chaque côté de l'endostyle; spiracles petits et ronds;
œsophage s'ouvrant dans la région dorsale droite de l'estomac qui est simple; intestin
mince, naissant à gauche de l'estomac; rectum court, fusiforme; organes génitaux ventraux, en avant de l'estomac; ovaire formant une bande à leur bord dorsal. *A. tumida*,
Atl. tropical.

Trib. Fritillariinæ. Corps très long, rétréci au milieu; queue au plus une fois et demie
aussi longue que le corps; paroi exodermique du corps avec un capuchon dorsal; endostyle recourbé en arc dans le plan médian formé tout au plus de vingt cellules; tube
digestif court, situé à droite. — *Fritillaria*, Quoy et Gaimard. Genre unique. *F. furcata*,
mers d'Europe.

Fam. KOWALEVSKIIDÆ. — Pas d'endostyle; pas de cœur; cavité pharyngienne garnie
de quatre rangées de saillies.

Kowalevskia, Fol. Genre unique. *K. tenuis*, Messine.

TABLE DES MATIÈRES

DU CINQUIÈME FASCICULE

II. Légion : **PHANÉROCHORDES**

I. Embranchement : **Acrâniens**. 2138.
Classe unique : *Leptocardes*. — Affinités; forme générale du corps. 2138. — Épipleures et cavité péribranchiale. 2139. — Structure des parois du corps. 2140. — Appareil digestif. 2144. — Appareil circulatoire. 2148. — Appareil excréteur; néphridies. 2150. — Organes des sens. 2152. — Système nerveux. 2152. — Appareil génital. 2155. — Développement. 2156.

II. Embranchement : **Tuniciers**. 2170. — Affinités des Tuniciers; modifications graduelles de leur organisme. 2170. — Morphologie externe des Ascidiozoïdes. 2175. — Morphologie des ascidiodèmes. 2181. — Associations et polymorphisme des Salpidæ et des Doliololidæ. 2184. — Coque des Appendiculaires. 2188. — Tunique. 2190. — Morphologie générale; manteau; cavités péribranchiale et périviscérale. 2192. — Paroi du corps des Appendiculaires. 2194. — Manteau ou paroi du corps des Ascidies et des Salpes. 2196. — Cavité péribranchiale. 2200. — Sac branchial. 2201. — Tube digestif. 2213. — Organe réfringent. 2219. — Appareil respiratoire. 2219. — Appareil hyponeural. 2223. — Néphridies des Salpes. 2226. — Cellules excrétrices; rein des Molgulidæ. 2226. — Organes lumineux. 2227. — Organes des sens. 2227. — Système nerveux. 2231. — Organes génitaux et endocarpes. 2234. — Développement des organes génitaux. 2241. — Développement de l'œuf. 2243. — Développement des spermatozoïdes. 2248. — Fécondation. 2250. — Conditions du développement. 2250. — Stades successifs du développement des Tuniciers. 2251. — Embryogénie normale ou patrogonique. 2251. — Structure de la larve adulte; fixation et métamorphose. 2271. — Phénomènes de tachygénèse. 2275. — Suppression tachygénétique de la phase urodèle chez quelques Molgulidæ. 2295. — Divers types de bourgeonnement et formation des Ascidiodèmes. 2296. — Bourgeonnement péribranchial. 2297. — Bourgeonnement épicardique ou stolonial. 2305. — Bourgeonnement entéro-épicardique. 2307. — Généralités sur le développement des formes pélagiques. 2311. — Développement des Pyrosomes. 2312. — Développement des Doliolidæ. 2319. — Développement des Salpes. 2327. — Bourgeonnement des Salpes. 2339.

I. Classe : *Téthyes ou Ascidies*. — 1. Ordre : Pleurogona. 2350. — 2. Ordre : Hemigona. 2351. — 3. Ordre : Hypogona. 2353.

II. Classe : *Thalides (Hydronectes)*. — 1. Ordre : Lucia. 2354. — 2. Ordre : Doliola. 2355. — 3. Ordre : Thalia. 2355.

III. Classe : *Copelates (Larvacés, Appendiculaires, Uronectes)*. 2356.

TRAITÉ

DE

ZOOLOGIE

FASCICULE VI

Le **TRAITÉ DE ZOOLOGIE** est publié en 2 volumes :

La *première partie* forme 3 fascicules gr. in-8 qui ont été publiés successivement et peuvent être achetés séparément :

Fascicule I. — **Zoologie générale**, avec 458 figures. . . . . 12 fr.

   —   II. — **Protozoaires et Phytozoaires**, avec 243 figures. . . . . 10 fr.

   —   III. — **Arthropodes**, avec 278 figures. . . . . 8 fr.

Elle est également vendue brochée en 1 volume (1344 pages et 980 fig.). 30 fr.

La *seconde partie* est publiée en fascicules gr. in-8, dont deux sont actuellement publiés et peuvent être achetés séparément :

Fascicule IV. — **Vers, Mollusques**, avec 566 figures . . . . 16 fr.

   —   V. — **Amphioxus, Tuniciers**, avec 97 figures. . . . . 6 fr.

   —   VI. — **Poissons**, avec 206 figures. . . . . 10 fr.

   —   VII. — **Vertébrés marcheurs** (*sous presse*).

Mars 1903.

1131-1902. — Coulommiers. Imp. PAUL BRODARD. — 3-03.